“十四五”时期国家重点出版物出版专项规划项目
碳中和交通出版工程 · 氢能燃料电池动力系统系列

质子交换膜燃料电池系统及其控制

戴海峰　余卓平　袁浩　著

本书是围绕我国碳中和发展目标和《新能源汽车产业发展规划（2021—2035 年）》发展愿景，为构建碳中和交通体系而编写的“碳中和交通出版工程·氢能燃料电池动力系统系列”之一。

燃料电池系统是一个复杂的电 - 气 - 热耦合系统，对燃料电池系统有效控制是提高其工作效率和可靠性、延长其使用寿命的关键之一。本书基于燃料电池系统的工作原理，阐述了燃料电池系统集成与控制中的关键技术问题；详细介绍了燃料电池系统集成设计与匹配，并进一步研究了燃料电池系统的关键子系统与部件特性；在此基础上，系统地研究了燃料电池进气子系统控制技术、热管理子系统控制技术、低温冷启动优化控制技术与燃料电池系统状态识别及老化预测技术，并给出了燃料电池控制系统的软硬件设计方法；最后对下一代燃料电池控制系统技术的发展趋势进行了展望。

本书适合燃料电池汽车及燃料电池系统相关的研发人员、管理人员，以及相关专业的老师和学生阅读参考。

图书在版编目（CIP）数据

质子交换膜燃料电池系统及其控制 / 戴海峰，余卓平，袁浩著 . —北京：机械工业出版社，2023.10

国家出版基金项目　“十四五”时期国家重点出版物出版专项规划项目　碳中和交通出版工程 . 氢能燃料电池动力系统系列

ISBN 978-7-111-74096-4

Ⅰ . ①质…　Ⅱ . ①戴… ②余… ③袁…　Ⅲ . ①质子交换膜燃料电池　Ⅳ . ① TM911.4

中国国家版本馆 CIP 数据核字（2023）第 192154 号

机械工业出版社（北京市百万庄大街 22 号　邮政编码 100037）

策划编辑：王　婕　　责任编辑：王　婕　丁　锋

责任校对：张爱妮　李　杉　闫　焱　　责任印制：常天培

北京铭成印刷有限公司印刷

2024 年 1 月第 1 版第 1 次印刷

180mm×250mm · 19 印张 · 2 插页 · 357 千字

标准书号：ISBN 978-7-111-74096-4

定价：199.00 元

电话服务	网络服务
客服电话：010-88361066	机　工　官　网：www.cmpbook.com
010-88379833	机　工　官　博：weibo.com/cmp1952
010-68326294	金　　书　　网：www.golden-book.com
封底无防伪标均为盗版	机工教育服务网：www.cmpedu.com

丛书编委会

丛书序

PREFACE

2022 年 1 月，国家发展改革委印发《“十四五”新型储能发展实施方案》，其中指出到 2025 年，氢储能等长时间尺度储能技术要取得突破；开展氢（氨）储能关键核心技术、装备和集成优化设计研究。2022 年 3 月，国家发展改革委、国家能源局联合印发《氢能产业发展中长期规划（2021—2035 年）》，明确了氢的能源属性，是未来国家能源体系的组成部分，充分发挥氢能清洁低碳特点，推动交通、工业等用能终端和高耗能、高排放行业绿色低碳转型。同时，明确氢能是战略性新兴产业的重点方向，是构建绿色低碳产业体系、打造产业转型升级的新增长点。

当前我国担负碳达峰、碳中和等迫切的战略任务，交通领域的低排放乃至零排放成为实现碳中和目标的重要突破口。氢能燃料电池已经体现出了在下一代交通工具动力系统中取代传统能源动力的巨大潜力，发展氢能燃料电池必将成为我国交通强国和制造强国建设的必要支撑，是构建清洁低碳、安全高效的现代交通体系的关键一环，也是加快我国技术创新和带动全产业链高质量发展的必然选择。

本丛书共 5 个分册，全面介绍了质子交换膜燃料电池和固体氧化物燃料电池动力系统的原理和工作机制，系统总结了其设计、制造、测试和运行过程中的关键问题，深入探索了其动态控制、寿命衰减过程和优化方法，对于发展安全高效、低成本、长寿命的燃料电池动力系统具有重要意义。

本丛书系统总结了近几年“新能源汽车”重点专项中关于燃料电池动力系统取得的基础理论、关键技术和装备成果，另外在推广氢能燃料电池研究成果的基础上，助力推进燃料电池利用技术理论、应用和产业发展。随着全球氢能燃料电池的高度关注度和研发力度的提高，氢燃料电池动力系统正逐步走向商业化和市场化，社会迫切需要系统化图书提供知识动力与智慧支持。在碳中和交通面临机遇与挑战的重要时刻，本丛书能够在燃料电池产业快速发展阶段为研发人员提供智力支持，促进氢能利用技术创新，能够为培养更多的人才做出贡献。它也将助力发展“碳中和”的国家战略，为加速在交通领域实现“碳中和”目标提供知识动力，为落实近零排放交通工具的推广应用、促进中国新能源汽车产业的健康持续发展、促进民族汽车工业的发展做出贡献。

丛书编委会

本书序

FOREWORD

随着全球经济的发展和汽车保有量的增多，能源紧缺和环境污染问题愈发凸显，发展新能源汽车将对全球汽车和能源技术、产业以及社会经济发展产生重大深远的影响，也是我国汽车产业实现“双碳”目标征途中的重要内容。我国从“十五”期间国家863计划电动汽车重大专项起便确定了纯电动、混合动力、燃料电池汽车动力技术研发齐头并进，按技术状态分阶段具体实施的电动汽车技术发展战略。经过我国汽车人二十余年的不懈努力，新能源汽车技术与产业的发展取得了辉煌的成就。

当前基于锂离子电池技术的新能源汽车动力系统技术路线基本解决了乘用车、公交车等电动化问题，并处于产业化快速展开阶段；商用车是公路运输的主要碳排放来源，解决重载、长里程的商用车电动化问题也势在必行，而燃料电池汽车因具有加氢时间短、一次加氢续驶里程长等优势可望成为未来商用车主导性技术之一。同时，氢能是一种来源丰富、绿色低碳、应用广泛的二次能源，发展燃料电池汽车对发展可持续低碳交通、稳定能源供给、促进能源结构低碳化，提升我国科技创新实力和国际竞争力，也具有非常重要的意义。

众所周知，当前燃料电池汽车的核心部件为质子交换膜燃料电池系统，一般简称为燃料电池发动机。它是以氢气为燃料，通过电化学反应将氢气中的化学能直接转变为电能的电气化动力系统动力源。燃料电池系统通常由燃料电池堆和维持其正常运行的辅助部件组成，通过相应的管理与控制技术实现在线检测、实时控制、故障诊断及通信交互等功能，确保发电稳定可靠。

在燃料电池汽车应用示范初期阶段，燃料电池系统管理与控制主要依据对系统外部某些物理量的实时测量值与试验和路测标定值进行对比，以确定操作条件安全边界，并对燃料电池堆的操作条件进行控制。虽然也采用闭环控制方式，但并非基于实时动态模型进行，因而管理与控制缺乏精准性。典型代表有“超越系列”燃料电池轿车以及世博会的示范运营燃料电池车辆。随着燃料电池材料、零部件和系统集成技术的逐渐成熟，以及燃料电池汽车应用范围逐步推广，燃料电池系统开始面临成本、使用寿命和环境适应性，以及精确化控制等问题，这对燃料电池系统的设计、管理与控制技术提出了新的需求。一方面，需要在设计阶段，综合考虑成本、体积、重量、寿命等约束，对燃料电池系统及关键零部件进行模块化设计和集成优化；另一方面，需要在传统控制方法基础上，充分利用车载系统有限的外部可检测物理量，借助系统模型或算法得到燃料电池内部状态信息后实时更新操作条件，进而通过更加精确的控制使燃料电池含水量、反应物浓度等内部状态处于优化范围内，保证燃料电池有效可靠工作，提升其使用寿命和环境适应性。

质子交换膜燃料电池是一个典型的多时间尺度、多物理场耦合的复杂非线性系统，其工作过程中涉及反应电荷转移、反应气体传递、电荷传输等基本电极动力学过程，且运行过程中的进气压力、进气流量及运行温度等操作条件对上述动力学过程均有不同程度影响。因此，研究操作条件对电极过程机理的影响规律是燃料电池系统设计、管理与控制的前提。在此基础上，还需要突破燃料电池固有封闭结构限制，尽可能获取内部关键状态变量，从而明确不同工作场景下的燃料电池系统控制目标。另外，燃料电池系统的非线性特征、反应气体流量压力之间的强耦合特性、冷却回路热容大等问题，使得频繁变载工况下电堆的操作条件难以精准控制，因而，如何尽可能地建立面向运行控制的燃料电池系统集总参数模型和分布参数模型，实现精确化的压力、流量和温度控制，且能够在零下低温环境下实现快速冷启动，已成为学术界和工业界近些年来持续关心和研究的重要课题。

本书作者及其所在研究团队在燃料电池、锂离子电池等电化学电源的管理与控制领域深耕多年，针对上述燃料电池系统集成与控制面临的研究课题已取得了一些令人瞩目的成果，这些均在本书中给以呈现，以飨读者。

本书对质子交换膜燃料电池的基本特性及电极过程机理，创新性地引入电化学阻抗谱这一理论方法，通过弛豫时间分布分析了燃料电池单体内部不同时间尺度的动力学过程，并据此分析了操作条件对动力学损失的敏感性；将小活性面积的燃料电池单体分析扩展至车用大活性面积的燃料电池堆，分析并阐明了操作条件对燃料电池单体电流密度不均匀和电堆单体间不一致性的影响规律；进一步阐述了不同初始条件和加载方式下燃料电池单体及电堆的低温冷启动特性，为后续的燃料电池系统设计和管理控制奠定了基础。

该书还较为全面地介绍了典型车用燃料电池系统的基本架构及集成方案，并给出了典型零部件的电气接口信息描述，以及子系统关键零部件的工作特性和参数匹配计算方法。该书较为详尽地阐述了进气系统和热管理系统控制方法，如针对空气流量与压力耦合问题，如何进行串级反向解耦控制器设计；针对排氢阀开启引起的压力波动问题，如何设计模糊 PI 前馈补偿控制器；针对大热容引起的冷却液温度波动大的问题，如何进行自适应模型预测控制；针对低温快速冷启动难题，如何构建基于粒子群算法的快速冷启动策略等。理论与应用实践已表明，这些控制方法均能较好地实现质子交换膜燃料电池操作条件的精准控制。

最后，该书还对基于滑模观测器的氧气过量系数估计，基于特征频率阻抗和混合深度学习的膜干、水淹和缺气故障诊断，以及基于模态分解和深度学习的短时电压衰减预测等状态识别 / 诊断功能方法进行了介绍。可以预见，这些技术的进一步发展与突破对于开发新型燃料电池管理与控制系统产品、提高燃料电池系统使用寿命和环境适应性，将发挥重要的作用。

到目前为止，该书所涉及的理论方法已部分在实际燃料电池系统产品中得到了广泛应用和验证，取得了良好的效果。相信本书的出版必将会对我国燃料电池系统集成研发人员进一步开展应用基础研究和产业技术研发有所裨益，并助力于我国燃料电池汽车商业化的发展，为我国新能源汽车事业贡献一份力量。

2023 年 11 月于同济大学

前言

PREFACE

经过二十余年的发展，我国新能源汽车行业已经跻身世界前列，拥有了全世界最大规模的新能源汽车市场，新能源汽车技术快速更迭、快速发展，正朝着汽车产业“双碳”目标阔步前进。作为“三纵三横”产业布局所关注的关键技术路线之一，燃料电池汽车因一次加氢续驶里程长、加氢速度快等优点，对商用车低碳转型的重要性不言而喻。

燃料电池系统作为燃料电池汽车的核心动力源，直接决定了整车性能，通常由燃料电池堆和提供反应需求的辅助零部件组成。早期，燃料电池系统集成通常只考虑如何将电堆和零部件合理连接即可，且一般通过开环标定的控制方式实现燃料电池系统的进气控制和热管理，旨在解决燃料电池系统在汽车上的可用性问题。但随着燃料电池产业技术不断发展，燃料电池系统的大规模推广应用开始面临成本、使用寿命和环境适应性等问题，进而对燃料电池系统集成和管控提出了新的要求。需要思考如何在成本、空间和寿命约束下，对燃料电池系统及其关键零部件进行模块化设计和集成优化；另外，需要将传统标定控制的思路，转变为通过先进测量、模型或算法得到燃料电池内部状态信息进行反馈控制，进而保证燃料电池内部状态处于合理范围内，提升其使用寿命和环境适应性。

本书着眼于燃料电池系统集成和控制，融合了同济大学电源智能管控实验室在燃料电池系统建模、分析、控制及诊断方面的相关研究成果。第 1 章介绍了燃料电池系统基本原理及控制现状。第 2 章详细介绍了燃料电池基本特性和电极过程机理，包括稳态、动态特性、电化学阻抗变化规律、低温冷启动特性、面内均质性和单体间不一致性。第 3 章从实际工程应用角度出发介绍了典型车用燃料电池系统的基本架构和集成方案，以及基本电气架构和零部件参数选型匹配方法。第 4 章先介绍了燃料电池系统建模和参数辨识方法，并阐述了燃料电池系统空气压力流量解耦控制和氢气压力控制方法。第 5 章着重介绍了燃料电池热管理子系统建模以及温度控制方法。第 6 章介绍了面向低温冷启动应用的燃料电池数值模型，并在此基础上论述了快速冷启动优化方法。第 7 章则介绍了燃料电池内部状态定量估计、故障识别以及短时衰减预测方法。第 8 章和第 9 章则对燃料电池控制系统设计和未来发展趋势进行了归纳。作者将多年研究成果和领域经验融入本书的内容中，力求为读者提供一本系统、全面、实用性强的参考书。

成书过程中，感谢孙泽昌教授和魏学哲教授悉心指导，感谢同济大学新能源汽车工程中心对相关工作的支持。参与本书相关资料整理和编撰的博士研究生有刘钊铭、唐伟、赵磊、李玉青等，在此也一并表示感谢。

同时，由于作者水平有限，恳请读者对本书的内容提出宝贵意见，并对书中存在的错误及不当之处提出批评和修改建议，以便本书再版修订时参考。

著 者

目 录

CONTENTS

燃料电池系统原理及控制

1.1 背景

2021 年，我国将生态文明理念和生态文明建设纳入中国特色社会主义总体布局，同时宣布力争 2030 年前实现碳达峰、2060 年前实现碳中和。构建以新能源为主体的新型能源系统，实施可再生能源替代措施，可以有效控制化石能源使用总量，促进构建清洁、低碳、安全、高效的现代能源体系，保障实现“双碳”目标。如今，“双碳”目标正在深刻影响着我国能源和交通领域的发展。

具体到交通领域，氢燃料电池汽车因近零排放、加氢时间短、一次加氢续驶里程长等优势而可望成为下一代新能源汽车主导技术。近日，国家发展改革委发布的《氢能产业发展中长期规划（2021—2035 年）》明确指出，氢能是未来国家能源体系的重要组成部分和用能终端实现绿色低碳转型的重要载体，是战略性新兴产业和未来产业重点发展方向。国务院办公厅印发的《新能源汽车产业发展规划（2021—2035 年）》也明确表示要加快氢能产业链建设，在 2025 年我国氢燃料电池汽车保有量达 10 万辆左右，2035 年氢燃料电池汽车保有量将达 100 万辆左右。因此，发展氢燃料电池汽车，对于发展可持续低碳交通、稳定能源供给、促进能源结构低碳化，具有重要意义。

通过多年积累，我国燃料电池汽车的发展探索出了独具特色的能量混合型（增程式）和功率混合型（全功率）两种动力系统技术路线，具有电 - 电混合、平台结构、模块集成的技术特征，并且燃料电池系统性能已基本达到国际先进水平。但是，燃料电池系统控制引起的系统可靠性、寿命及环境适应性等问题，仍是制约我国燃料电池汽车发展的难点和痛点。因此，开发先进的燃料电池系统控制技术，提升整车动力性、经济性和可靠性，延长燃料电池使用寿命，对于加快我国燃料电池汽车技术进步和推广应用有重要意义。

1.2 燃料电池

1.2.1 燃料电池类型

早在 19 世纪 30 年代，燃料电池原理就已经被提出，到如今已经发展了一百多年。燃料电池按照电解质的不同主要分为五大类型：质子交换膜燃料电池（proton exchange membrane fuel cell，PEMFC）、固体氧化物燃料电池（solid oxide fuel cell，SOFC）、碱性燃料电池（alkaline fuel cell，AFC）、磷酸盐燃料电池（phosphoric acid fuel cell，PAFC）和熔融碳酸盐燃料电池（molten carbonate fuel cell，MCFC）。表 1-1 给出了常见燃料电池的主要参数和特性，其中，质子交换膜燃料电池不但具有燃料电池的一般特点（无污染、能量转换效率高），与其他 4 种燃料电池相比，还具有功率密度高、工作温度低和启动速度快等优点，因此广泛应用于新能源汽车。目前国际上商业化的燃料电池汽车，例如丰田 Mirai、本田 Clarity、现代 NEXO 等，均采用质子交换膜燃料电池。

表 1-1 5 种燃料电池主要参数和特性

参数和特性	质子交换膜燃料电池	固体氧化物燃料电池	碱性燃料电池	磷酸盐燃料电池	熔融碳酸盐燃料电池
电解质	聚合物膜	陶瓷	液态 KOH	液态 H_3PO_4	熔融碳酸盐
催化剂	铂	钙钛矿	铂	铂	镍
导电离子	H^+	O^{2-}	OH^-	H^+	CO_3^{2-}
燃料兼容性	H_2、甲醇	H_2、CH_4	H_2	H_2、天然气	H_2、CH_4
工作温度/℃	室温～100	600～1000	60～220	160～220	600～700
质量比功率/（W/kg）	300～1000	15～20	35～105	100～220	30～40
启动时间	<5s	>10min	1～10min	1～10min	>10min

虽然质子交换膜燃料电池具有诸多优点，但是质子交换膜燃料电池成本和寿命等仍然是限制燃料电池汽车大规模推广的主要瓶颈。为了延长质子交换膜燃料电池使用寿命、提高其输出性能，除了对燃料电池本身关键部件进行设计外，还需合理控制燃料电池子系统，确保燃料电池工作在合适、高效的工作范围内。

1.2.2 燃料电池结构及基本工作原理

质子交换膜燃料电池是将外部供给的氢气和氧气的化学能通过电化学反应直接转化为电能、热能和其他反应产物的发电装置。由于单体电池输出电压低，通常以多片单体电池堆叠组装的形式组成燃料电池堆（简称电堆）。典型质子交换膜燃料电池基本结构如图 1-1 所示，主要包括质子交换膜（proton exchange membrane，PEM）、两侧的多孔电极催化层（catalyst layer，CL）、微孔层（micro-porous layer，MPL）和气体扩散层（gas diffusion layer，GDL）以及构成气体传输通道和电子导体的双极板（流场板）和外侧端板。

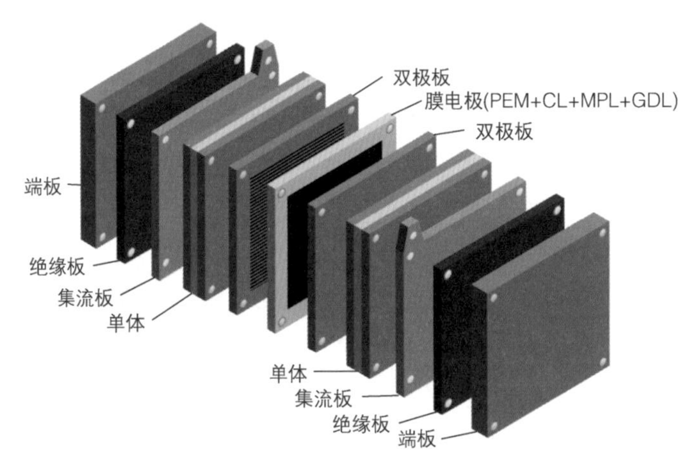

图 1-1　典型质子交换膜燃料电池基本结构

质子交换膜是质子交换膜燃料电池的核心部件之一，用于分隔氢气和氧气，通常而言只允许膜结合水和质子在阳极和阴极之间传输，阻止氢气和氧气直接混合发生化学反应，目前市场常见的膜材料主要是全氟磺酸质子交换膜。催化层是电化学反应发生场所，一般由碳载体、催化剂、离聚物和孔隙组成。碳载体为 Pt 颗粒提供支撑，同时可传导电子，离聚物为质子和反应物气体提供传导路径，孔隙为反应物和产物传输提供通路，Pt 颗粒则是电化学反应的催化剂，电化学反应在离聚物、孔隙和催化剂组成的三相交界处发生。气体扩散层主要功能是极板与多孔电极催化层之间的连接匹配，主要由基底层和微孔层两部分组成，基底层通常使用多孔的碳纸和碳布制成，主要作用是支撑微孔层和催化层，并为反应气体扩散、电子和反应生成水的排出提供通道。微孔层通常是为了改善基底层的孔隙结构而在其表面制作的一层碳粉而成，厚度为 10 ~ 100μm，其主要作用是降低催化层和基底层之间的接触电阻，使气体和水发生再分配，防止电极催化层出现水淹故障，同时防止催化层在制备过程中渗漏到

基底层。双极板是燃料电池中用于收集电流、分隔氢气和空气、并引导氢气和空气在气体扩散层表面流动的导电隔板，它主要起到机械支撑、物料分配、热量传递以及电子传导的作用，目前商业化燃料电池极板按材料不同主要分为石墨碳板、金属极板和复合极板三大类。端板是将多个质子交换膜燃料电池叠串联起来后，在两侧为电堆提供装配夹紧力的部件，其上需要布置氢气、空气和冷却液的进、出管道接口，以及螺栓等提供装配夹紧力的部件连接处。多级燃料电堆通常使用螺栓或钢带等封装件进行封装，封装力通过端板传递到内部，使内部各组件受压紧密贴合，紧密贴合的接触面产生摩擦力从而限制内部组件的相对运动，同时降低了各组件间的接触电阻。

质子交换膜燃料电池在宏观上体现为氢气与氧气反应生成水的过程（图 1-2），在反应过程中电子从阳极经外部导电回路向阴极迁移，化学能转换为电能。在阳极，氢气经过阳极双极板流道传递至气体扩散层，并扩散至催化层发生氧化反应（$H_2 \rightarrow 2H^+ + 2e^-$），形成氢离子和电子，其中氢离子以水和氢离子的形式穿过具有选择通过性的质子交换膜到达阴极，电子则经过外电路到达阴极。在阴极，湿润的空气经过阴极流道经气体扩散层到达催化层，与阳极氧化反应产生的电子、氢离子结合发生还原反应并生成水（$O_2 + 4H^+ + 4e^- \rightarrow 2H_2O$）。产生的水一部分用于加湿，保证质子交换膜的湿度，另外一部分在浓度差的作用下渗透到阳极。

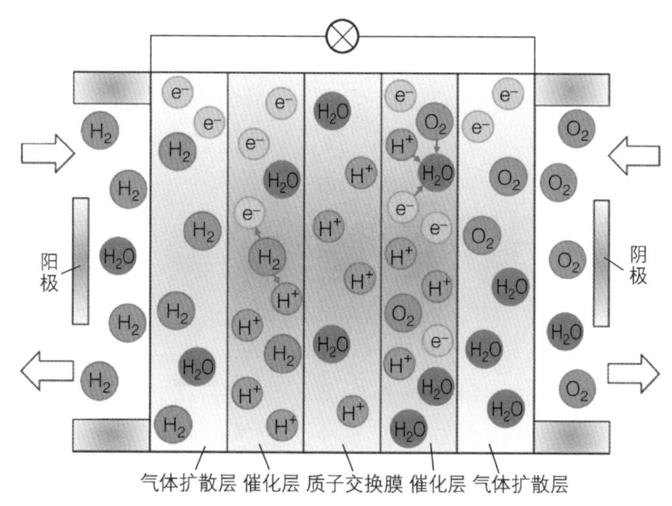

图 1-2　质子交换膜燃料电池工作原理示意图

对于电化学系统而言，电极过程是指发生在电极与溶液界面上的电极反应、化学转换和电极附近的液层中传质作用等一系列变化的总和，主要包括反应物向电极表面传递过程、反应物在电极表面或表面附近的液层中转化过程、反应物在电极表面发生电化学反应过程和产物在电解质中传质过程等步骤。

质子交换膜燃料电池是典型的电极系统，根据上述反应原理可知，整个燃料电池反应过程主要包含氢气传递、氧气传递、阳极电荷转移、质子和电子传导、阴极电荷转移以及膜水传递等基本电极动力学步骤。在电化学理论中，电极动力学过程是串联进行的，反应最慢的步骤决定了整个反应的速率，进而决定了燃料电池的性能，因此被称为“速控步骤”。显然，只有提高速控步骤的反应速率，才有可能提高整个电极过程的速度，从而提升燃料电池的性能。但是，上述各个电极动力学步骤的“快”与“慢”是相对的，当改变影响电极反应条件时，可能会使速控步骤的反应速率大幅提升，或者使某个非速控步骤的反应速率下降，导致原来的速控步骤不再是整个电极过程中最慢的步骤。燃料电池工作过程中，可调节的外部参数较多，包括温度、进气压力、进气相对湿度、反应气体过量系数、电极电势等，每个参数都会对上述动力学过程产生不同程度影响。例如，提高工作温度能显著提升电极表面电化学反应过程，但过高的温度会导致膜含水量下降，从而降低质子传输速率；提高进气相对湿度会增加膜含水量，质子传输过程得到改善，但过度增湿会造成水淹故障，阻碍反应气体传输至电极表面。除了可调节的外部参数外，燃料电池内部核心部件（催化层、气体扩散层、质子交换膜、流场板等）的结构和材料也会影响上述动力学过程。因此，为提升燃料电池输出性能和使用寿命，需揭示燃料电池工作过程中各动力学过程的机理和影响规律，进而通过控制优化燃料电池工作条件。

1.3 燃料电池系统

燃料电池是电化学发生装置，和锂离子电池等储能装置不同，需要外部子系统提供反应物来维持电化学反应。为此，除了燃料电池本体之外，还需要外围辅助部件（balance of plant，BOP）。因而，燃料电池系统主要包括以下部分：燃料电池堆、空气供给子系统、氢气供给子系统、热管理子系统、电力电子系统等，典型拓扑如图 1-3 所示。其中，氢气供给子系统负责为燃料电池阳极提供反应所需的氢气；空气供给子系统按过量系数要求为燃料电池提供足够的高压空气；热管理子系统则将燃料电池工作温度控制在合理范围内；电力电子系统中 DC/DC 变换器将燃料电池输出直流电压调节至动力系统所需的电压水平后进行输出，使得燃料电池输出功率满足整车需求功率，并保证燃料电池工作在相对平稳的工作区间内。为了实现各子模块的即时控制和配合，燃料电池控制系统中会集成相应的子系统控制策略，通过实时合理地调整氢气供给、空气供给、温度，保证燃料电池高效运行。燃料电池系统主要集成部件和功能任务见表 1-2。

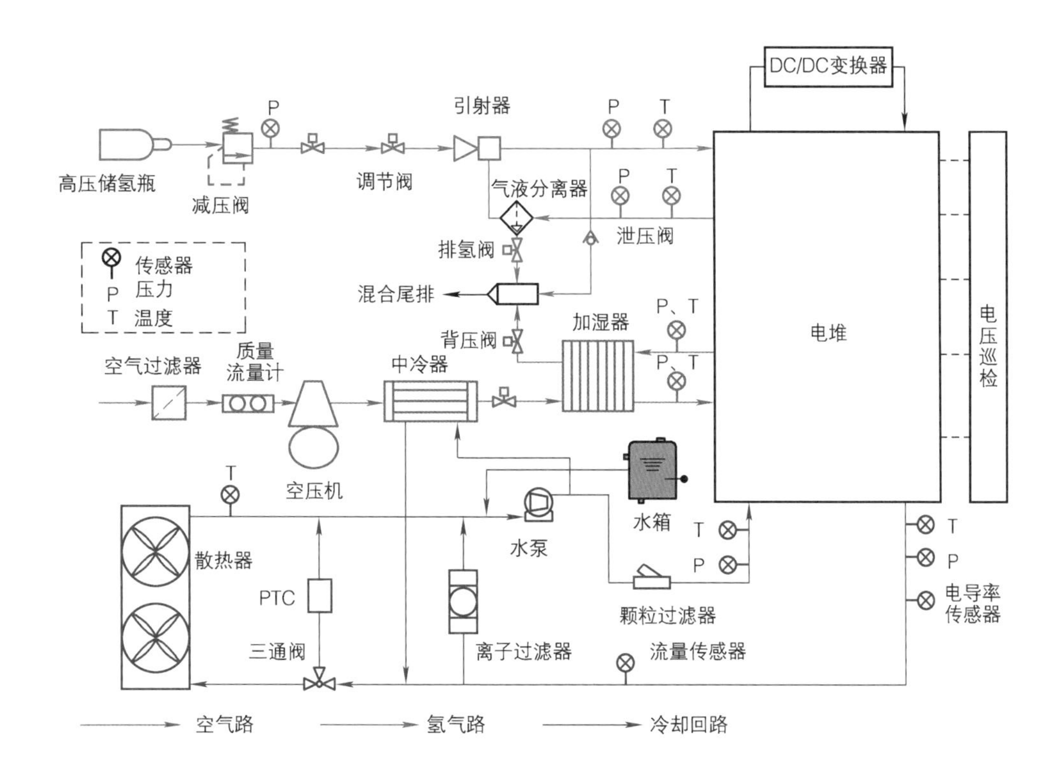

图 1-3　燃料电池系统拓扑图

表 1-2　燃料电池各子系统模块主要集成部件以及功能任务

子系统	主要集成部件	控制目标	主要功能
空气供给子系统	• 空压机 • 背压阀 • 中冷器 • 加湿器 • 泄压阀 • 空气过滤器 • 温度传感器、压力传感器、流量传感器	• 阴极过量系数 • 阴极压力 • 阴极侧温度	• 保证空气稳定供给 • 防止阴极缺气 • 维持湿度，防止电堆过干或者过湿 • 提升系统输出效率，提升净功率 • 空压机防喘振

（续）

子系统	主要集成部件	控制目标	主要功能
氢气供给子系统	• 比例阀 • 引射器（或者氢气循环泵） • 排氢阀 • 气液分离器 • 泄压阀 • 温度传感器、压力传感器	• 阳极压力 • 阳极侧氢气浓度 • 阳极侧温度	• 保证氢气稳定供给，防止缺氢 • 维持氢气侧湿度以及氢气纯度 • 提升氢气循环利用率
热管理子系统	• 水泵 • 风扇 • 电子节温器 • 正温度系数（PTC）加热器 • 散热器 • 水箱 • 离子过滤器 • 颗粒过滤器 • 温度传感器、压力传感器	• 电堆温度 • 冷却功率 • 加热功率 • 冷却液循环回路切换 • 电堆进、出口冷却液温差	• 保证电堆运行温度于合理区间内 • 减小温度波动 • 改善电堆内部干湿度 • 提升系统效率 • 辅助低温冷启动 • 余热利用
电力电子系统	• DC/DC 变换器	• 升压降流 • 功率控制	• 功率跟随

1.4 燃料电池系统控制

系统硬件集成后，仍需要一套完整的控制方案对燃料电池系统的空气供给、氢气供给、热管理子系统进行控制。如果说巧妙的系统集成设计为燃料电池提供了一副强健的“体魄”，那么合理的控制技术就是燃料电池系统的“大脑”。“大脑”先进程度直接决定了燃料电池系统零部件的执行与配合表现，从而决定了系统运行效果。从燃料电池系统结构角度分析，燃料电池系统控制主要由空气供给子系统控制、氢气供给子系统控制及热管理子系统控制等功能模块组成。此外，燃料电池在某些极端条件下的控制也正在得到越来越多的关注，从而提升系统的环境适应性，典型的案例是燃料电池低温冷启动控制。

1.4.1　空气供给子系统控制

反应物的供给直接决定了系统的输出表现，相比于氢气供给子系统降压型控制，空气供给子系统是升压型控制，需要例如空压机的外部做功器件来对空气进行加压，保证阴极侧还原反应具有足够流量和压力的空气。此外，空气供给子系统构成相对较为复杂，控制执行机构较多，同时控制过程中流量和压力之间具有较强的耦合性，进而导致空气供给控制成为燃料电池系统控制技术中的一大难点。

在空气供给子系统控制过程中，一般采用氧气过量系数作为当前氧气供给是否充足的指标，氧气过量系数定义为进入燃料电池的氧气流量与反应所需的氧气流量比值。过低的氧气过量系数会使燃料电池处于缺氧状态，导致燃料电池传质损失和电荷传递损失快速上升，输出电压急剧下降，严重缺氧甚至会造成催化剂脱落聚集和碳层腐蚀等一系列不可逆损伤。而过高的氧气过量系数会导致压缩机能耗较高，导致燃料电池系统净输出功率降低。因此在车用复杂工况下，要求空气供给子系统能实时根据负载需求变化将氧气过量系数快速准确地控制在合适的水平，从而保障燃料电池的持续正常工作。

针对燃料电池空气供给子系统氧气过量系数的控制，目前最成熟且常用的是通过比例 - 积分 - 微分（PID）算法对空压机和背压阀进行协同控制。因为算法简单，PID 控制可以在燃料电池控制单元（fuel-cell control unit，FCU）中以较小的储存空间和计算资源实现对空气侧流量与压力的目标值实时追踪。然而在应对复杂多变的车用工况时，PID 因其控制参数固定，通常在响应速度和控制精度上难以同时达到较好的表现。因此，随着燃料电池系统控制更高要求的提出以及先进控制算法的普遍应用，空气供给子系统控制技术也不断进步。例如，考虑到模糊控制在处理非线性控制问题上具有高效、高鲁棒性等优势，有研究人员采用模糊逻辑与 PID 结合的方法对空压机转速进行实时控制，即 PID 参数通过模糊规则根据目标流量和实际流量的差值及差值变化率实时修正，结果表明引入模糊规则后流量和压力波动明显减小，适用于更复杂的车用工况。滑模控制算法也具有鲁棒性强、响应速度快、实时性好等优点，这使得它在燃料电池空气供给控制中也得到了相关应用，结果显示滑模控制在空气流量和压力快速响应方面具有一定的优越性。

对于燃料电池空气供给子系统中的流量和压力耦合性问题，基于传统双 PID 控制空压机和背压阀的方式通常有较大的流量误差和压力波动。因此，燃料电池空气路流量 - 压力解耦控制也引起了关注。为了解决耦合问题，有学者研究系统输入 - 输出响应，利用系统传递函数特性对控制信号进行解耦，但随着燃料电池系统执行机构增多，空气路控制将面临多输入 - 多输出问题，因此基于模型的控制方法因其可实时优化的优势而得到发展。例如，可利用模型预测控制（model predictive control，MPC）对氧气过量系数和压力进行控制，基于实时优化结果得到执行器控制输入。此外，目前大部分车用燃料电池系统采用的是离心式空压机。由于高转速特性，离心式压缩机在运行过程中存在喘振现象，容易造成空压机和电堆损伤。因此，对于目前的燃料电池空气供给子系统，不仅需要关注氧气过量系数的精确控制，也要关注燃料电池系统运行安全与零部件使用寿命，并针对性地设计具有高鲁棒性、高精确性且具有喘振故障保护的控制策略。

1.4.2 氢气供给子系统控制

氢气压力对燃料电池输出性能具有直接影响，供氢压力过低会引起氢饥饿现象，同时考虑燃料电池的耐久性和可靠性，阳极和阴极之间的供气压差应严格控制在合理范围内，压差过大易导致膜承受过度的机械应力，引起膜裂纹损伤，增加气体渗透率和氟化物释放速率，最终导致燃料电池性能下降甚至损坏，因此对阳极压力波动控制具有较高要求。

就商业化燃料电池系统而言，阴极进气由空压机提供，通过空压机转速和背压阀开度同步控制空气质量流量和压力。空压机升压时具有固有滞后特性，而氢气则存储在高压储氢瓶中，是降压型控制，所以阴极侧压力调节速度明显比阳极侧慢。因此，通常采用阳极目标压力主动跟踪阴极侧压力方式将阴、阳极压差控制在合理范围内。因此，阳极控制主要目标一方面是减小膜受到的压力冲击，另一方面是避免氢饥饿。

目前，氢气供给子系统通常具有循环回路设计，以提高氢气利用率。气液分离器和排氢阀也安装在阳极侧出口处，以定期或不定期地排放从阴极侧渗透的液态水和氮气，以避免阳极侧水淹和缺气。当排氢阀从关闭状态打开时，氢气质量流量会突然增加，但此时氢气比例阀响应具有迟滞，导致氢气压力将瞬时降低，从而造成较为严重的氢气压力波动。早期阳极侧压力控制主要基于压差比例控制器，使阳极压力能够快速跟随阴极压力的变化，而这种方式在实际应用中仍未解决排氢过程导致的氢气压力波动大的问题。对此，有研究在阳极侧引入了状态反馈控制器，同时调节了阳极侧的压力和湿度，通过反馈控制减小了排氢的影响。也有学者针对氢气供给子系统非线性特性问题，引入非线性模型预测控制策略，通过串级控制结构，实现阳极内部的湿度和压力耦合调节。此外，也可将电流信号和排氢信号作为前馈以提升比例阀对于排氢的响应，从而减小氢气压力波动。也有相关学者开展了鲁棒预测控制器、基于模型控制器和 H_∞ 控制器的氢气压力

控制研究，发现基于模型控制器比传统反馈控制具有更好的性能。进一步地，合理地将阳极侧水和氮气及时排出防止水淹，同时维持压力稳定供给，提升氢气利用率等因素综合考虑，也是氢气供给控制研究重点。

1.4.3　热管理子系统控制

不同于传统燃油车辆通过废气和散热回路可以将温度在大范围内维持稳定，燃料电池系统是化学反应装置，一半左右的反应能量会转化为不可逆热量，排气输出热量占比小，绝大部分热量需要通过辅助散热带出。燃料电池电化学特性使其对运行温度的敏感性远大于传统内燃机，因此燃料电池工作温度需要被精确控制。除了温度本身对电化学反应具有影响外，燃料电池内部水和热同样具有强耦合，温度对内部含水量的影响也会进一步影响燃料电池输出性能。例如，低温会降低燃料电池内部催化活性，同时饱和水蒸气压低，内部水蒸气易冷凝形成液态水，容易导致电堆出现水淹故障。高温容易引起燃料电池膜和催化材料降解，易造成膜干、局部烧蚀和穿孔现象。通常，对于功率小于 10kW 的小型燃料电池系统而言，可以采用风冷或者自然冷却的方式进行温度调节。然而，对于车用燃料电池系统，其功率较大，此时电堆集成度高且单体间散热不一致性明显，需要设计专用冷却液流道加强实时换热，并通过冷却液将多余热量带出。与稳态工作时不同，动态工况下燃料电池输出在变化的同时产热也不稳定，需要通过反馈控制来调整冷却液温度和流量，从而保证电堆温度稳定性。

然而，燃料电池热管理系统比较复杂，管路和腔体较多，冷却液热容效应明显。随着燃料电池汽车向着全功率形式发展，动态工况下燃料电池承担功率也逐渐增大。而车用大功率燃料电池系统的温度闭环控制会存在明显的非线性和迟滞特征。在动态工况下，系统温度误差和波动将进一步加大，降低了车用燃料电池实时运行表现。

针对燃料电池主动温度控制，最为广泛运用的是 PID 控制方法，其虽然简单易于执行，但由于调节参数固定，在动态工况下温控响应较慢、波动较大。为更好地处理燃料电池系统复杂非线性问题，模糊逻辑控制常用于温度控制。基于实际调节经验，针对不同外部工况设计离线的模糊规则，从而使温度控制具有一定的动态工况和非线性适应能力。同时，采用模糊规则也可以在一定程度上实现温度 - 湿度解耦效果。例如，有研究采用了多输入 - 多输出模糊控制对温度和湿度进行协同控制，控制结果比传统 PID 有所提升。此外，随着智能控制的兴起，其他的先进控制算法也被用于燃料电池热管理中，例如，通过建立参考模型和自适应机制，根据控制模型与参考模型温差以及当前实际温度情况更新控制增益，从而应对温度控制中的不确定性。另外，滑模控制、自抗扰控制策略等也被引入热管理控制问题中，比传统方式具有更好的效果。模型预测控制作为一种快速兴起的智能控制算法，因其具有对模型要求低、适合处理多输入 - 多输出情况，同时在每个控制时刻实时求解带约束的最优控制问题等多个优势，在燃料电池热管理系统的多输入 - 多输出优化控制中也越来越受关注。

1.4.4 低温冷启动控制

低温冷启动过程中，燃料电池生成水结冰会产生不平衡应力，当冰由于升温融化而体积变小时，应力逐渐消失。随着不断的结冰与融化，燃料电池中不平衡应力的重复产生和消失将在一定程度上损害关键部件（如质子交换膜、催化层、气体扩散层等）的结构，进而造成燃料电池性能的衰减和寿命的降低。为了深入了解冷启动机理，许多学者对燃料电池冷启动水热传输特性进行了研究。通过可视化研究发现，当质子交换膜燃料电池温度在 −10℃ 时，生成水仍可能以过冷水的形式存在，而随着过冷水的凝固放热，出现温度相应升高现象。进一步地，如果不对燃料电池进行气体吹扫，残留水在冷冻后会在多孔介质中结冰，形成的冰又会促使启动过程生成的过冷水更容易在气体扩散层和膜电极界面处逐渐累积结冰；如果在冷启动之前进行气体吹扫，由于缺少被吹扫掉的残留水形成的杂质冰核，反应生成水在气体流道和气体扩散层中会更容易以过冷水的形式存在。也有研究发现阴极催化层中的水积累很快，而膜和阳极催化层的水增加很慢，这是由于低温状态下产水速率大于水扩散速率。有学者使用了热容更小的金属双极板，与使用石墨双极板相比，电池升温更快，更利于冷启动成功。除了产水的影响，启动电流也是冷启动的关键因素。在较大的电流密度下，电化学反应放出的热量可以防止电池内部生成的水冻结，保证电池稳定运行，但是由于电池由内而外存在温度梯度，在阴极外侧的低温区域还是会有冰生成。

目前燃料电池低温冷启动方法有自加热法、外加热法、保温法等，其目的都是加快电池温度上升、抑制冰的形成，从而提高电池低温冷启动性能。针对电池内部产热升温实现低温冷启动的自加热法，主要可以分为以下三种：第一种是通过控制电堆输出特性来实现自加热，该类方法又可细分为控制电流加载法和控制电压加载法等，该类方法相比于其他方法具有更好的节能效果；第二种是通过反应物饥饿产热来实现加热，具体原理为通过减少反应气体供应或者多次短暂大电流加载，使电池内部产生较大过电势，导致内阻增大和内部发热增加，从而实现快速产热，虽然这种方法对于电堆升温极其有效，但该方法也会导致电堆衰减速率加快；第三种是向电堆通入反应混合气体以实现自升温，主要原理是将少量氢

气混入阴极供气端，混合后的气体将在电堆阴极催化层上发生类似于催化燃烧的反应，混合气体的化学能将全部转化为热量，使电堆迅速升温，也有相关文献进行了类似的向阳极侧混入氧化物来加热电堆的方案，不过会使得空气中的氮气及其他物质在阳极大量堆积。

1.5　本章小结

本章系统地介绍了燃料电池发展背景、不同燃料电池类型及其工作特性、质子交换膜燃料电池反应机理以及系统集成原理。同时，针对燃料电池系统集成控制中的主要模块，如空气供给子系统控制、氢气供给子系统控制、热管理子系统控制以及低温冷启动控制等功能模块的研究现状进行了简要回顾。

质子交换膜燃料电池特性

燃料电池堆是燃料电池系统的核心部件，在系统工作过程中空气供给子系统、氢气供给子系统和热管理子系统协同配合以达到燃料电池堆运行所需的温度、气体压力和流量等。为优化燃料电池系统的效率和寿命，首先要深入理解燃料电池的工作特性，建立起各操作参数与燃料电池性能间的关联性，进而通过设计有效稳定的控制器来实现不同工况条件下燃料电池系统最优的工作状态。

2.1 燃料电池特性的常用电化学表征方法

基于测试表征技术可研究燃料电池内部复杂多时间尺度动力学过程机理，区分燃料电池性能损失来源，有助于分析外部操作条件对动力学损失的敏感性，用于明确燃料电池系统控制需求。目前，常见的燃料电池测试方法主要分为物理测试和电化学测试。利用核磁共振、中子成像、气相色谱、透明流场板等物理方法可得到燃料电池工作过程中内部的水汽分布，直观地展现气态和液态水的生成以及传输过程，有助于了解燃料电池内部机理。但这些测试设备昂贵，国内只有少数实验室配备。此外，这些测试方法无法直接对燃料电池的性能进行评价，因此通常使用电化学测试技术对燃料电池的性能进行表征。

极化曲线法是最常用的稳态测试表征技术，测试过程中通过改变燃料电池电流（电压），经过长时间平衡后，记录燃料电池电压（电流）稳态输出值，从而得到燃料电池电压随电流的变化曲线，即极化曲线。图 2-1 为典型的质子交换膜燃料电池极化曲线，为横向比较不同面积的燃料电池性能，横轴通常使用的是电流密度而不是电流，其常用量纲为 A/cm^2。理想情况下，只要有充足的燃料供应，燃料电池的输出电压就是恒定的，不随电流密度变化。然而实际的输出电压会受到各种损耗的影响，电流密度越大，输出电压就越低，一般来说主要存在三种损耗，即电荷转移动力学引起的活化损耗（又称活化极化），离子和电子传导动力学引起的欧姆损耗（又称欧姆极化），气体传输动力学引起的浓度损耗（又称浓差极化）。燃料电池的实际输出电压可以表示为理想热力学电压减去各种损耗引起的电压降。

$$V = E_{thermo} - \eta_{act} - \eta_{ohmic} - \eta_{conc} \tag{2-1}$$

式中，E_{thermo}表示理想热力学电压；η_{act}表示活化过电势；η_{ohmic}表示欧姆过电势；η_{conc}表示浓差过电势。这3种主要的损耗决定了极化曲线的形状特征，如图2-1所示，在低电流密度区间，活化损耗起主导作用；在中电流密度区间，欧姆损耗起主导作用；在高电流密度区间，浓度损耗起主导作用。显然，在特定电流密度下，输出电压越高，燃料电池性能越好，该方法可以很直接地评价燃料电池的整体性能。但是，在一定的电流密度下，电压损耗是各个动力学损耗之和，这种稳态测量方法无法直接区分单个动力学过程对总损耗的贡献，通常需要通过模型对极化曲线进行拟合来获取各极化损失。

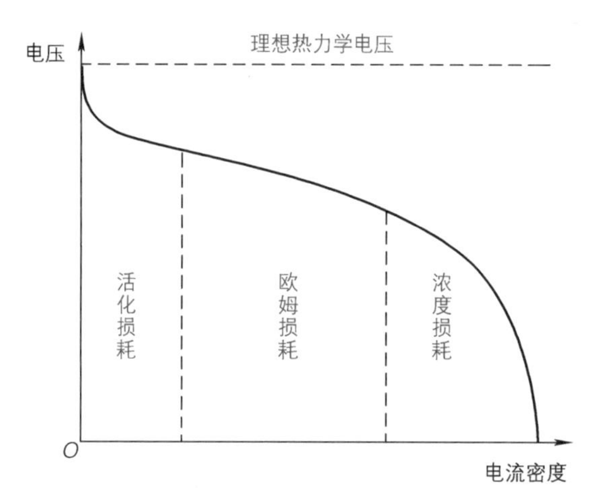

图2-1　典型质子交换膜燃料电池极化曲线示意图

另外，可借助电流中断、循环伏安和电化学阻抗谱（electrochemical impedance spectroscopy，EIS）等电化学表征技术对影响燃料电池性能的损耗进行深入理解。电流中断法是通过在某一时刻突然增大或者减小电流，记录电压在达到稳态过程中随时间的变化。在电流突变时电压的瞬时变化与欧姆损耗有关，所以这种方法常用于欧姆电阻确认。在循环伏安法中，燃料电池的电压在一个固定的区间来回扫描，同时记录电流响应，产生的电流对电压曲线称为循环伏安图。当电压扫过对应于电化学反应的电压时，电流会出现峰值，常用于表征催化剂活性。电化学阻抗谱是通过对系统施加不同频率的小振幅交流激励来实现阻抗测量的一种技术，能够得到很宽频率范围的阻抗信息，且属于无损测量方法。该方法假设燃料电池内部各动力学过程都有对应的特征时间常数，时间常数小的过程由阻抗谱的高频部分反映，而时间常数大的过程则体现在阻抗谱的低频部分，因此通过宽频率范围的阻抗测量，就可分离不同时间尺度的动力学过程。因此，电化学阻抗谱是一种频域测试方法，相比于另外几种电化学测试方法，能够得到更多的动

力学过程信息，不仅可以对燃料电池的整体性能进行表征，还允许区分和量化各个动力学损耗。因此，电化学阻抗谱成为研究燃料电池等复杂电化学系统的有力工具，得到了广泛的应用。

2.2　燃料电池稳态特性

质子交换膜燃料电池在不同工作环境下的输出性能存在差异。可以借助燃料电池试验台，依次改变电池温度、气体压力、进气过量系数、湿度等操作条件进行试验，考察不同工作条件下燃料电池稳态输出特性的变化规律。

2.2.1　试验对象

本节内容采用的试验测试对象为单片质子交换膜燃料电池，如图 2-2a 所示，有效活性面积为 25cm^2，阴极和阳极中的铂含量分别为 0.3mg/cm^2 和 0.1mg/cm^2。图 2-2b 展示了该燃料电池的其余主要部件，包括双极板、聚四氟乙烯（polytetrafluoroethylene，PTFE）垫片和集流板。双极板由石墨材料制成，加工有三蛇形结构气体流道，分为缓流区域和活性反应区域，活性反应区域面积与膜电极组件有效活性面积相同。双极板和膜电极组件之间的 PTFE 垫片用于密封，厚度为 120μm。燃料电池各组成部件通过螺栓进行连接，组装过程中需使用数显式扭矩扳手以 10N · m 的固定扭矩进行紧固，目的是在不破坏多孔层的前提下避免气体泄漏并降低接触电阻。

相关试验在 Scribner 850 型燃料电池试验台上完成，系统架构如图 2-3 所示。燃料电池两极的反应气体分别来自储氢瓶和空压机，储氢瓶中的高压氢气（纯度 99.999%）经减压阀将压力降至通入试验台的合适值，空压机流出的压缩空气在减压前还需额外通过过滤器滤除物理和化学杂质以满足试验台要求。除反应气体外，系统还配有吹扫时使用的高压氮气。氢气和空气的质量流量由具有快速动态调节功能的质量流量控制器（mass flow controller，MFC）进行精确控制，与此同时，通过调节压力控制模块的背压开度可以实现进气压力实时保持。氢气和氧气均采用鼓泡法加湿，加湿器中去离子水温度为露点温度，在燃料电池温度恒定不变情况下，通过调节露点温度能够近似确定反应气体的相对湿度。加湿器与燃料电池的连接管路上装有环形加热带，用于加湿后气体保温，以防止水蒸气冷凝成液态水堵塞流道和多孔介质。为了测量燃料电池实时运行温度，在阴极端板内嵌入了一个热电偶，考虑到试验对象的尺寸较小且端板的热容较大，不同位置的温差可忽略，因而热电偶的测量值可视为整个电池的温度。阴、阳极两侧的石墨碳板中还分别插有一根与试验台相连的圆柱形加热棒，通过调节加热功率使燃料电池内部的反应温度维持恒定。除上述各装置外，该试验台还包括一台电子负载和一台频率响应分析仪（frequency response analyzer，FRA），支持 1mHz ~ 10kHz 的全范围阻抗谱测量。

图 2-2　被测质子交换膜燃料电池组成部件

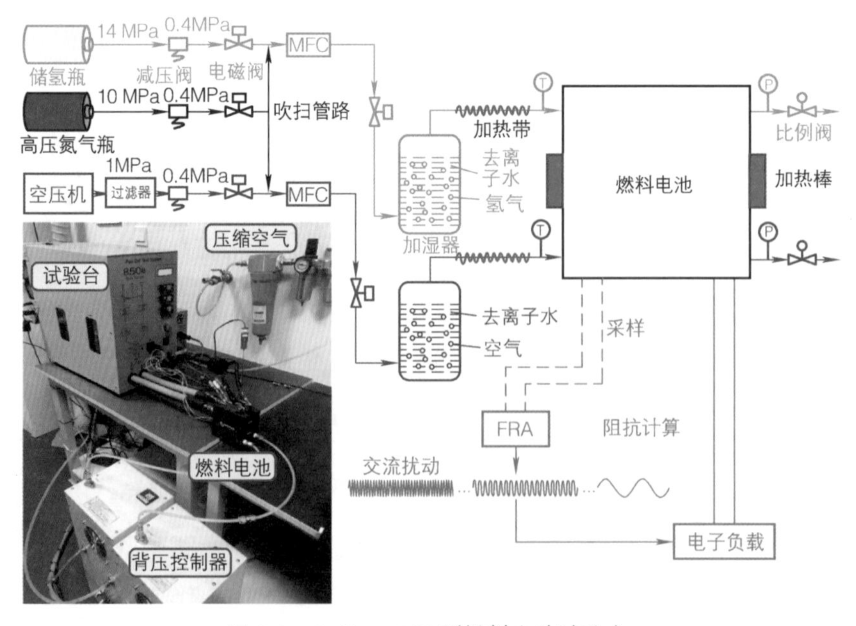

图 2-3　Scribner 850 型燃料电池试验台

2.2.2　稳态试验结果

质子交换膜燃料电池稳态输出特性通常由极化曲线进行表征。通过对比试验测得的极化曲线结果能够直观了解各操作参数对燃料电池极化过程的影响及影响程度。为确保试验结果的准确性，在各项试验开始前，需预先 10min 设置试验条件至既定值，待整个系统稳定后方能进行试验。试验过程中，使用电子负载的恒流模式将燃料电池的工作电流密度从 $0A/cm^2$ 逐步增大到 $1.6A/cm^2$。在每次加载前，需提前改变反应气体流量，防止发生饥饿现象。同时，每改变一次电流密度，均需等待燃料电池到达新的稳定状态，将最后 20s 输出电压数据记录取平均值作为该电流密度下的稳态电压值。全部试验完成后，对数据进行整理并绘制极化曲线结果。

试验基准操作条件由一组车用燃料电池系统的常用参数进行定义，具体数值在表 2-1 中列出（阴 / 阳极压力使用相对压力表示，下同），表 2-2 汇总了各操作参数在稳态特性试验中的取值。遵循控制变量法设计原则，在研究单个操作参数对燃料电池稳态特性影响时，仅依照表 2-2 改变该参数的取值进行试验，其余参数均保持表 2-1 中基准操作条件下的规定值不变。阴、阳两极的压力差始终保持在 20kPa，并且在研究气体压力对燃料电池稳态特性影响时，两极侧的压力应同步进行调节，避免压差过大对交换膜造成机械损伤。

表 2-1　燃料电池基准操作条件参数取值

参数名称	参数值
电池温度 /K	348.15
阴 / 阳极压力 /kPa	110/130
氢气相对湿度（%）	50
空气相对湿度（%）	50
氢气过量系数	1.5
空气过量系数	2.0

表 2-2　稳态特性操作条件参数取值

参数名称	参数值
电池温度 /K	323.15、333.15、338.15、343.15、353.15
阴 / 阳极压力 /kPa	40/60、60/80、80/100、100/120、130/150
氢气相对湿度（%）	10、30、60、80、100
空气相对湿度（%）	10、30、60、80、100
氢气过量系数	1.2、1.4、1.8、2.0
空气过量系数	1.5、1.7、2.0、2.5、3.0

1　进气过量系数影响

燃料电池在不同空气过量系数和不同氢气过量系数条件下的极化曲线如图 2-4 所示。从图 2-4a 可以看出，对于本节的研究对象，当电流密度低于 $0.2A/cm^2$ 时，各空气过量系数下电池稳态输出性能近乎相同；而在电流密度高于 0.2A/cm² 时，空气过量系数越大，电池输出电压越高，并且各条件对应的电池电压间的差值会随着电流密度的增大而增大。结果表明，增加空气过量系数，燃料电池内部氧气传递过程增强，进而催化层反应位点氧气浓度高，有利于电化学反应进行；此外，较大的空气过量系数因对流作用增强，有利于流道内积累液态水排出，防止或缓解液态水阻塞多孔介质引起的水淹故障。从图 2-4b 可以看出，相比于空气过量系数，氢气过量系数对燃料电池稳态特性影响较小，不同氢气过量系数下电池输出性能仅存在微小差异，说明阳极侧氢气氧化反应损失在总体损失中占比较小。

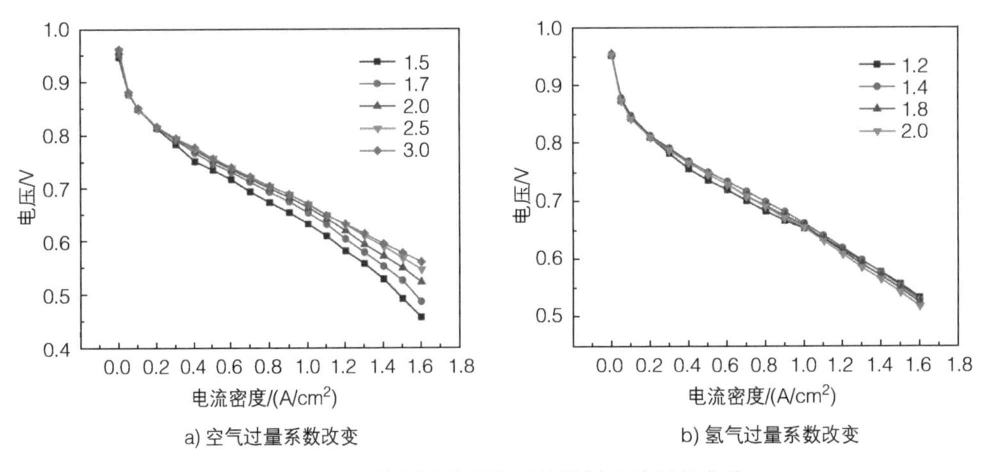

a) 空气过量系数改变　　b) 氢气过量系数改变

图 2-4　不同进气过量系数下的燃料电池极化曲线

2 进气湿度影响

图 2-5 所示为所研究的燃料电池单体在不同空气相对湿度和不同氢气相对湿度条件下的极化曲线。从图 2-5a 可以看出，在空气相对湿度从 10% 增加到 100% 的过程中，燃料电池在 0.05 ~ 1.6A/cm² 电流密度范围内的稳态电压值有不同程度提高。当电流密度处于 0.5A/cm² 左右时，10% 空气相对湿度下的电池电压明显低于 30% ~ 100% 湿度下的电压，表明低电流密度下，燃料电池因膜含水量不足引起较大的质子传递损失；但随着电流密度上升，电压差逐渐减小，当电流密度为 1.6A/cm² 时，各空气相对湿度条件下电压基本相同，说明大电流密度下，燃料电池会因电化学反应生成水较多而自加湿效果较好。由图 2-5b 可知，相比于空气相对湿度，氢气相对湿度对燃料电池稳态特性影响较小，不同氢气相对湿度条件下的电池电压基本一致，表明在空气进气相对湿度足够的前提下，因浓差扩散作用阳极侧不会发生膜干故障。

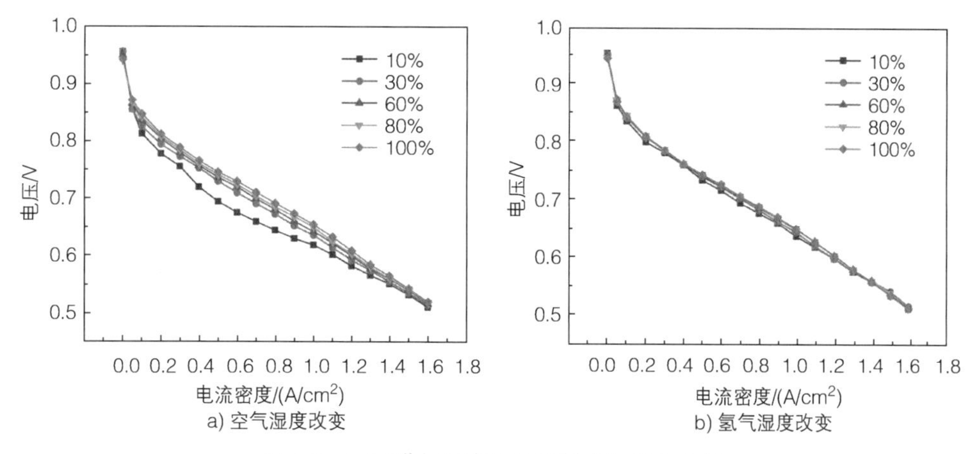

图 2-5　不同进气湿度下的燃料电池极化曲线

3 工作温度和进气压力影响

由图 2-6a 可知，所研究的燃料电池在不同工作温度下的开路电压基本相同。当工作温度为 323.15K 时，燃料电池在 0.05 ~ 1.6A/cm^2 电流密度范围内稳态电压值最低。随着工作温度从 323.15K 逐步升高至 343.15K，燃料电池稳态输出性能有所提升，其中，燃料电池电压在 323.15 ~ 333.15K 和 333.15 ~ 338.15K 两个温度变化阶段的提升较为明显，而在 338.15 ~ 343.15K 阶段的提升较小。当工作温度继续升高至 353.15K 时，燃料电池在小电流密度下反而具有较大的极化损失，主要是因为温度过高，燃料电池交换膜水合度低，且电化学反应生成水较少，出现了膜干故障；电池电压在 0.05 ~ 0.4A/cm^2 电流密度范围内介于 323.15K 和 333.15K 的对应电压值之间，随着电流密度的增大，该温度下的电池极化损失逐渐低于其余温度下的电池极化损失。当电流密度大于 1.1A/cm^2 时，燃料电池在 353.15K 下的稳态输出电压值最高，因为较高的温度有利于缓解水淹故障。据此可知，燃料电池在不同的电流密度下存在不同的最优工作温度。

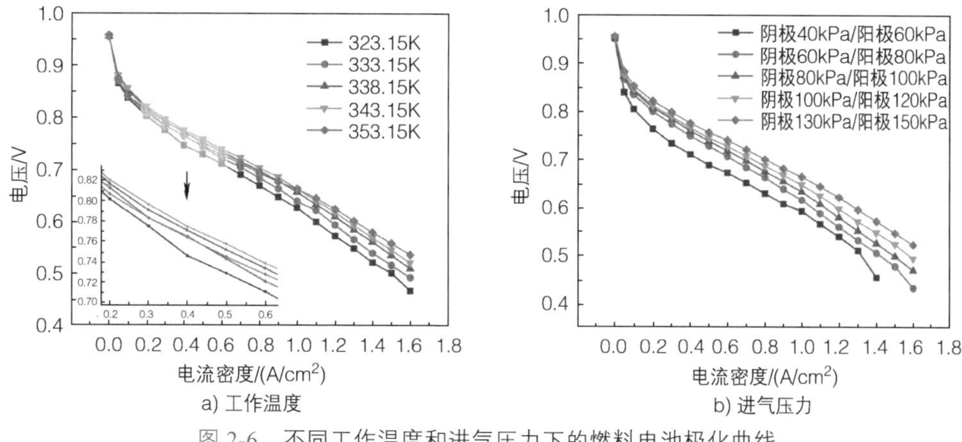

图 2-6　不同工作温度和进气压力下的燃料电池极化曲线

图 2-6b 绘制了电池温度、进气相对湿度和进气过量系数一定时，所研究的燃料电池在 5 组不同进气压力条件下的极化曲线。从图中可以看出，不同压力条件下的电池开路电压基本相同。在阴极压力 40kPa、阳极压力 60kPa 条件下，燃料电池的稳态输出电压明显低于其余 4 组高压力条件下的稳态输出电压，当电流密度提高至 1.4A/cm^2 时，电池输出电压便已下降至 0.454V。随着阴、阳极两侧气体压力的增大，燃料电池在 0.05 ~ 1.6A/cm^2 电流密度范围内的极化损失不断减小，电池的稳态输出性能逐渐改善。据此可知，对于质子交换膜燃料电池而言，提高进气压力有助于电池性能提升。

2.3 燃料电池动态特性

基于本书 2.2 节的测试对象，开展燃料电池动态响应测试研究。动态特性试验的所有试验条件在表 2-3 中列出。从上述稳态特性试验结果可知，氢气相对湿度和氢气过量系数对电池输出性能的影响不大。此外，有文献也指出燃料电池的总极化损失主要源自阴极侧的氧气还原反应过程，相比之下，阳极侧氢气氧化反应过程的影响要小得多。基于上述原因，本节没有针对氢气相对湿度和氢气过量系数对燃料电池动态特性的影响进行研究。

表 2-3　动态特性试验条件参数取值

试验项目	电流密度 /(A/cm^2)	空气过量系数	阳 / 阴极进气压力 /kPa	空气相对湿度 (%)	工作温度 /℃
不同变载幅度	0.6 → 0.8	2.0	130/110	50	75
	0.6 → 0.9				
	0.6 → 1.0				
	0.6 → 1.1				
不同空气过量系数	0.6 → 1.0	1.5	130/110	50	75
		2.0			
		2.5			
		3.0			
不同进气压力	0.6 → 1.2	2.0	60/40	50	75
			80/60		
			100/80		
			120/100		
			150/130		

（续）

试验项目	电流密度 /（A/cm²）	空气过量系数	阳 / 阴极进气压力 /kPa	空气相对湿度（%）	工作温度 /℃
不同空气相对湿度	0.6 → 1.0	2.0	130/110	10 30 60 80 100	75
不同工作温度	0.6 → 1.2	2.0	130/110	50	55 60 65 70 80

1　电流变载幅度影响

不同电流变载幅度下的电压动态响应如图 2-7a 所示，电流密度在第 100s 时分别从 0.6A/cm² 阶跃升至 0.8 ~ 1.1A/cm²。如黑色虚线框所示，变载前因提前增加了反应气体的质量流量，所以输出电压在加载前瞬间出现了略微上升。另外，不同变载幅度下燃料电池输出电压在电流阶跃升高后均出现了下冲现象，但在到达新稳态前的过渡阶段表现出不同的变化趋势。当变载幅度为 0.2A/cm² 和 0.3A/cm² 时，电压因欧姆电阻值增加下降至最低值后缓慢上升至新的稳态值；当变载幅度为 0.4A/cm² 和 0.5A/cm² 时，电压下降至最低值后重新升至一个新的最高值，然后缓慢降低至最终稳态值，即电压上冲现象。下冲幅度定义为燃料电池变载后稳态电压与最低电压的差值，从图 2-7b 中可以看到随着变载幅度增加，电压下冲幅度也随之增加。

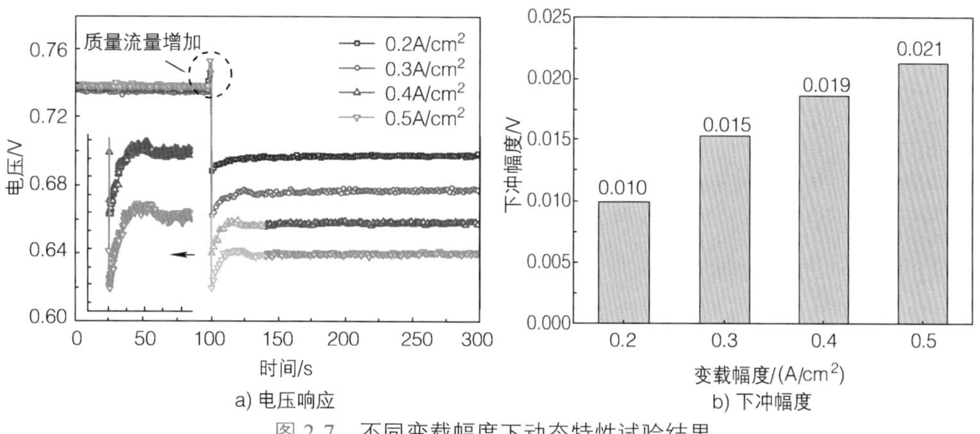

图 2-7　不同变载幅度下动态特性试验结果

对于燃料电池下冲现象，主要与变载后交换膜水合程度提升有关，即工作电流增加后，阴极侧电化学反应生成水增多且向阳极侧进行扩散，进而交换膜整体膜含水量提升，欧姆电阻值减小。对于电压上冲现象，图 2-8 简单描绘了不同加载幅度下燃料电池内部状态潜在的变化过程。当加载幅度相对较小时，加载后多孔介质内部无过多液态水聚集，即没有出现明显的局部水淹现象，催化层内氧气浓度足够用于电化学反应，此时电压动态响应受浓差极化影响较小，所以在变载幅度为 0.2A/cm^2 和 0.3A/cm^2 时没有出现电压上冲现象，只表现出与膜水合状态变化有关的下冲现象。当加载幅度相对较大时，催化层内瞬时氧气消耗较大，且反应生成水较多，容易聚集引发局部水淹，进而阻碍了氧气传导，致使变载后初始阶段内部分反应位点发生了缺气现象，所以电压出现下降现象；但在上游气体的扩散作用下，催化层内的氧气逐渐趋于稳定，此时电压趋近稳定，所以在变载幅度为 0.4A/cm^2 和 0.5A/cm^2 时出现了电压上冲现象。

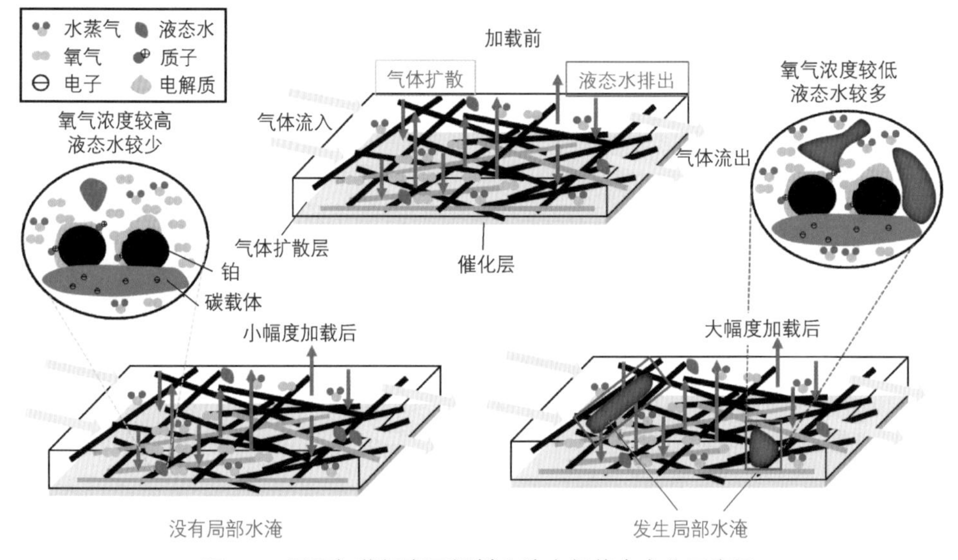

图 2-8　不同加载幅度下燃料电池内部状态变化示意图

2 空气过量系数影响

不同空气过量系数下的电压动态响应如图 2-9 所示，在第 100s 时电流密度从 0.6A/cm^2 加载至 1.0A/cm^2。变载前小电流密度下空气过量系数对输出电压影响较小。变载后当空气过量系数为 1.5 时，电压下冲和上冲现象非常明显，之后的下冲幅度高达 0.041V，达到稳态后电压也明显低于其他条件的稳态值，这是因为变载前催化层反应位点氧气浓度较低，说明燃料电池动态响应特性除了与膜水合状态有关外，还与催化层初始氧气反应浓度有关；另一方面，因为较低的空气过量系数导致流道内较弱的对流传输，氧气无法及时从流道向催化层扩散，进而出现明显的上冲现象。当空气过量系数为 2.0 时，加载后的电压波动有所减小，但下冲过后仍存在轻微的电压上冲现象。当空气过量系数为 2.5 和 3.0 时，变载后没有出现上冲现象，且下冲幅度分别仅为 0.009V 和 0.007V，输出性能得到明显改

善。然而当空气过量系数提升至2.5后，进一步增加空气过量系数对燃料电池的动态响应影响不大。

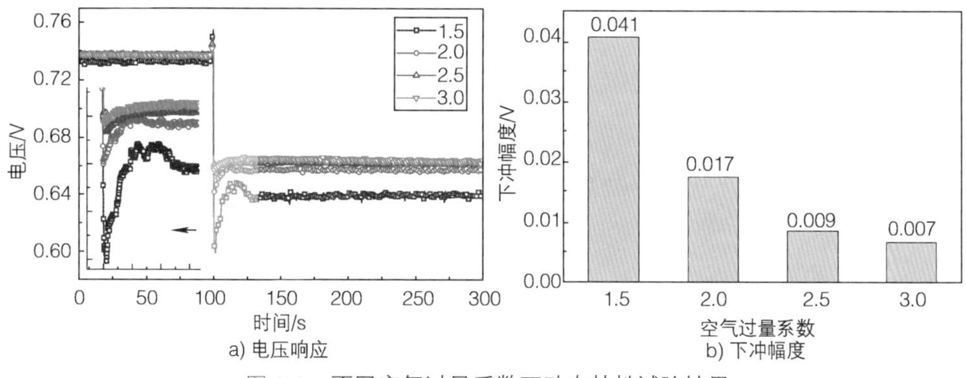

图2-9　不同空气过量系数下动态特性试验结果

3 进气压力影响

不同进气压力下的电压动态响应如图2-10所示，在第100s时电流密度从0.6A/cm^{2}加载至1.2A/cm^2。进气压力对燃料电池的动态响应影响与空气过量系数类似，因为较高的进气压力对应于较高的氧气分压，从而对应于较高的氧气摩尔浓度。当阴、阳极进气压力分别为40kPa、60kPa时，电压下冲幅度最大，为0.040V，且变载后的最低电压最小。随着进气压力的增加，下冲幅度明显减小。如前所述，当变载幅度相对较大时，容易出现电压上冲现象，而这里所有进气压力条件下都选取了0.6A/cm^{2}的变载幅度，所以都出现了电压上冲现象。

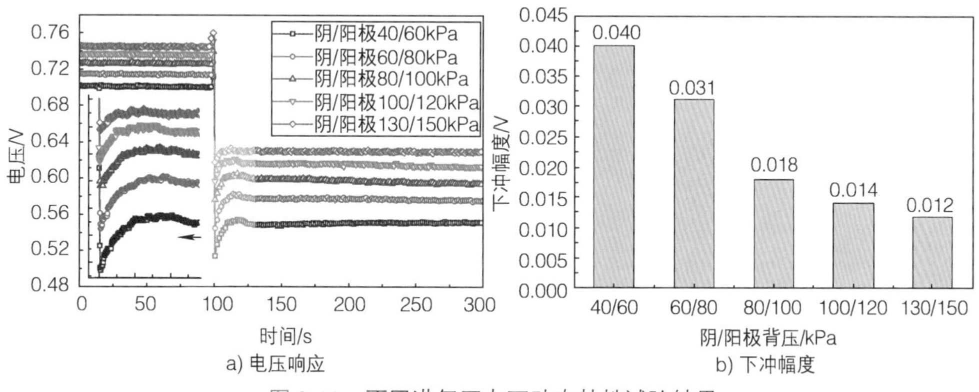

图2-10　不同进气压力下动态特性试验结果

4 空气相对湿度影响

不同空气相对湿度下的电压动态响应如图2-11所示，电流密度在第100s时从0.6A/cm^{2}加载至1.0A/cm^2。当空气相对湿度为60%～100%时，燃料电池电压动态响应基本相同，只有明显的下冲现象。当空气相对湿度为30%时，除了下冲现象外还出现了电压上冲，但经过上冲现象后电压基本保持稳定。然而当空气湿度为 10% 时，电压出现明显上冲后并没有达到稳定状态，而是持续缓慢上升，说明交换膜此阶段仍不断在吸水，水合程度不断提升；另外，理论上当进气相对湿度为 10% 时，燃料电池阴极侧不会因过多液态水累积而堵塞多孔介质造成水淹缺气，但仍然出现了电压上冲现象，表明当空气相对湿度非常低时依然可能出现局部缺气现象，然后最终达到新的平衡。此外，当空气相对湿度从 10% 提高到 80% 时，电压下冲幅度从 0.033V 减小至 0.015V，然而当空气相对湿度提高到 100% 时，电压下冲幅度并未继续减小。

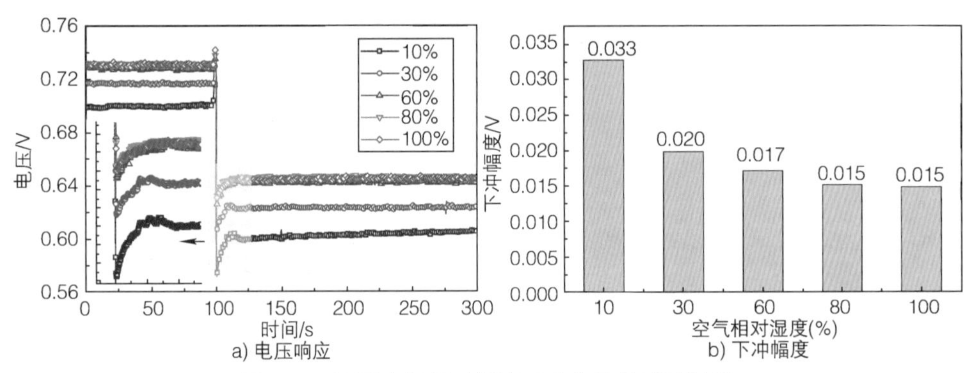

图 2-11　不同空气相对湿度下动态特性试验结果

5 工作温度影响

不同工作温度下的电压动态响应如图 2-12 所示，在第 100s 时电流密度从 0.6A/cm² 加载至 1.2A/cm²。动态变载前，当温度从 55℃升高至 70℃时，燃料电池输出性能不断提升，然而当温度从 70℃升至 80℃时，输出性能反而降低，说明此时交换膜处于严重干燥状态。电流阶跃加载后，因阶跃幅度为 0.6A/cm²，所有工作温度下都出现了电压上冲现象。此外，随着工作温度升高，电压下冲幅度减小，而当温度从 70℃升至 80℃时，电压下冲幅度从 0.017V 升至 0.022V。

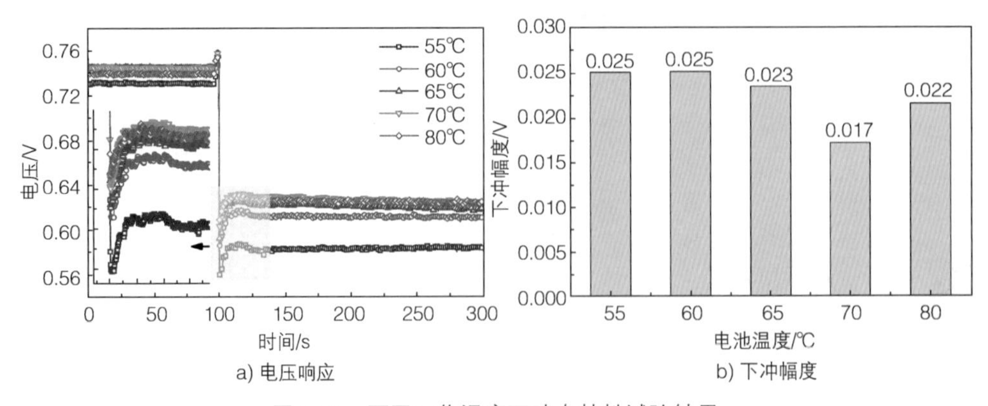

图 2-12　不同工作温度下动态特性试验结果

2.4　燃料电池阻抗特性

上述都是从电压信号分析燃料电池稳态和动态特性，然而燃料电池工作过程中涉及复杂的动力学过程，为进一步分析外部操作条件对燃料电池内部动力学损失的敏感性，可借助电化学阻抗谱对燃料电池频域特性进行分析。

2.4.1　电化学阻抗定义

对于一个稳定的线性物理系统，在控制理论中通常用传递函数来描述其响应与激励 / 扰动之间的关系。虽然传递函数是通过系统响应与激励之间的关系来描述系统，但是系统本身的特性与激励无关，对于一个确定的系统，其传递函数也是唯一的，仅由系统本身的结构和性质决定。如果对系统施加一个角频率为 ω 的正弦波电信号扰动 X，那么系统的响应也应为同角频率且具有一定相移的正弦波电信号 Y，这是由线性系统的固有特性决定的。这时系统的传递函数也可称为频响函数，Y 与 X 之间的关系可以表示为

$$Y = G(\omega)X \tag{2-2}$$

频响函数 $G(\omega)$ 反映出系统特性随频率的变化规律。如果输入激励信号 X 为正弦波电流信号 $I\sin(\omega t)$，输出响应信号 Y 为正弦波电压信号 $V\sin(\omega t-\theta)$，如图 2-13 所示，则将频响函数 $G(\omega)=V\sin(\omega t-\theta)/[I\sin(\omega t)]$ 称为系统的阻抗。通常用复数 Z 来表示阻抗

$$\begin{aligned} Z &= |Z|e^{j\theta} = Z' + jZ'' \\ Z' &= |Z|\cos\theta \\ Z'' &= |Z|\sin\theta \end{aligned} \tag{2-3}$$

式中，$j=\sqrt{-1}$为虚数单位；$|Z|$为阻抗幅值；θ为阻抗相位角；Z'为阻抗的实部；Z''为阻抗的虚部。

与电阻类似，阻抗是一种度量系统阻碍电流流动能力的量，但是不同于电阻，阻抗可以是频率的变量。需要注意的是，不是任何系统的频率响应特性都可以用阻抗进行描述。上文对传递函数进行介绍时，强调系统是稳定和线性的，除此之外，阻抗理论还要求所研究的系统满足因果性条件。线性、稳定性和因果性是应用阻抗理论对系统进行分析的 3 个基本必要条件。

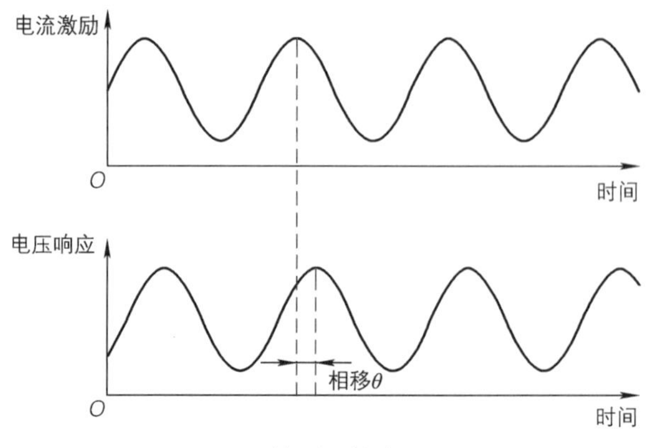

图 2-13 阻抗测量基本原理

线性条件要求系统的输出响应信号 Y 与输入激励信号 X 之间满足线性函数关系，即加倍 X 会加倍 Y，可以保证 X 和 Y 具有相同的角频率 ω。如果不满足该条件，则系统响应除了包含角频率为 ω 的信号外，还会有其他角频率的谐波产生。质子交换膜燃料电池系统包含复杂的电极反应过程，系统的电流输入和电压响应之间并不满足线性条件，可以通过施加小振幅的电流扰动来克服这个问题。图 2-14 为典型的质子交换膜燃料电池工作电压 - 电流曲线（极化曲线），如果在曲线上取一个足够小的区间，那么在这段区间内系统可以近似看作是线性的。所以通常在燃料电池阻抗测量过程中，施加的扰动幅值都非常小，使得系统保持在一个近似线性范围。

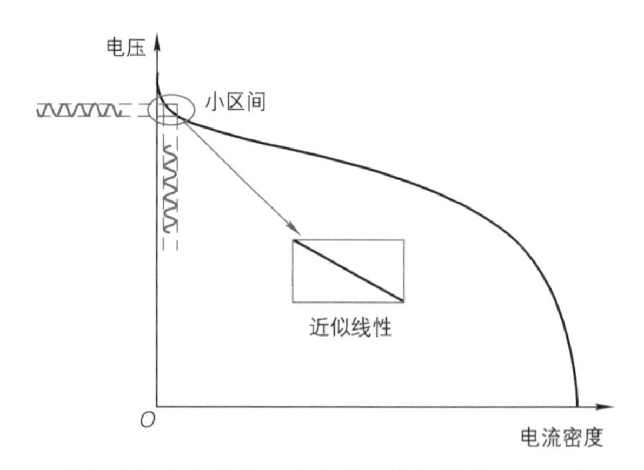

图 2-14 施加小振幅电流扰动使燃料电池近似满足线性条件示意图

稳定性条件要求当停止对系统施加扰动后，系统可以逐渐恢复到施加扰动之前的状态，即扰动不会改变系统原有的结构和性质。该条件可以保证得到的阻抗反映的是系统固有的结构和特性，进而对阻抗的分析才有物理意义。对于电极反应这种不可逆过程，当扰动幅值很小且作用时间较短时，系统可以在扰动消失后恢复到接近原来的状态，近似满足稳定性条件。但是低频段的阻抗测量相当耗时，会产生较大的不确定性，较难满足稳定性条件，因此需要合理选取阻抗测量频率范围。

因果性条件要求系统的输出响应信号与输入激励信号之间是唯一对应的，即激励是产生响应的原因，响应是由激励引起的。该条件可以保证输出响应信号是由输入激励信号唯一引起的。想要达到因果性条件，需要在燃料电池阻抗测量过程中严格控制温度等环境变量，确保没有其他干扰信号混入系统中。

将不同频率的阻抗按照频率从高到低的顺序绘制在一起，就得到了阻抗谱，在电化学领域称为电化学阻抗谱。燃料电池电化学阻抗谱的测量需要一个频率响应分析仪和一个负载电阻，频率响应分析仪产生正弦波扰动信号，通过负载电阻作用于燃料电池，然后频率响应分析仪对电流和电压信号采样，并计算阻抗。通过施加不同频率的扰动信号，就可以得到包含多频率阻抗的电化学阻抗谱。电化学阻抗谱有两种测试方式：恒电流模式和恒电压模式。恒电流模式是通过对被测系统施加正弦波电流扰动，测量系统的电压响应来实现的；同理，恒电压模式的扰动为电压，响应为电流。两种模式的测量结果没有显著差异，需要根据被测对象和试验设备特性的不同，选取更为合适的测量模式。电化学阻抗谱通常用奈奎斯特图表示，奈奎斯特图是以阻抗的实部为横轴，阻抗的虚部为纵轴的复平面图。大部分情况下阻抗的虚部值都小于 0，所以习惯将阻抗虚部的负数 $-Z''$ 作为坐标系的纵轴，因此阻抗相位角 θ 正切值表达式为

$$\tan\theta = \frac{-Z''}{Z'} \tag{2-4}$$

对于本节阻抗谱测试，测试对象和测试台架仍和本书 2.2 节中描述一致。燃料电池的极化曲线斜率在很大范围内并不显著，因而一个很小的电压扰动就可以引起较大的电流变化，使燃料电池和恒电流仪过载，所以在对燃料电池的阻抗进行测量时通常首选恒电流模式。因此，本节中的电化学阻抗谱测量全部采用恒电流模式。

为了在阻抗测量时保证系统近似满足线性条件，施加的扰动信号幅值应尽可能小，但同时考虑到噪声的干扰和测量设备本身的精度原因，扰动信号幅值又不宜太小。选取扰动信号幅值的最常用方法，是从一个很小的扰动幅值开始逐渐增大，检查测量阻抗谱的形状特征是否会发生改变，如果改变则说明扰动幅值偏大；如果不改变则认为扰动幅值足够小。有研究表明，电流扰动幅值选取为直流负载的 5% ~ 10% 最为合适。综合考虑系统线性化条件和良好的信噪比，本节选取的电流扰动幅值为直流负载的 8%，在该幅值下，测得的阻抗谱变化光滑且可重复性高。

频率分析仪可支持 1mHz ~ 10kHz 频率范围的阻抗测量，虽然越宽的频率范围可以获取越多的阻抗信息，但是需保证得到的阻抗信息是有用且有效的。燃料电池电化学阻抗谱的超高频段通常是由于系统和测量设备之间的接线导致的电感行为，而不是由燃料电池本身特性引起的，所以在对阻抗谱进行分析时一般予以忽略，因此阻抗的高频测量上限不宜太高。为了满足阻抗测量的稳定性条件，扰动信号作用时间应尽可能短，考虑到频率越低，测量时间越长，所以低频测量下限不能太低。综合上述原因，本节选取的阻抗测量频率范围为 0.1Hz ~ 10kHz。

2.4.2 电化学阻抗谱解析

时间常数接近的动力学过程在奈奎斯特曲线中会耦合成一个圆弧，为此需要对电化学阻抗谱进行解析。一般可通过等效电路模型解析阻抗谱，但传统等效电路模型的建立依赖于系统先验知识，且辨识结果取决于模型参数初值选取，动力学损失计算重复性低。弛豫时间分布（distribution of relaxation times，DRT）方法通过对阻抗谱进行反卷积解析出弛豫时间函数，具有较高的分辨率，且不需要预先假设燃料电池内部具体的动力学过程，最小化了对系统先验知识的依赖。若假设电化学系统经阶跃电流的电压响应呈指数衰减，则电化学系统的阻抗 Z_{DRT} 可表示为

$$Z_{\mathrm{DRT}}(f)=R_0+Z_{\mathrm{pol}}(f)=R_0+\int_0^{\infty}\frac{g(\tau)}{1+\mathrm{j}2\pi f\tau}\mathrm{d}\tau \tag{2-5}$$

式中，R_0 为欧姆电阻；Z_{pol} 为极化阻抗；$g(\tau)$ 为弛豫时间函数；j 为虚部单位；f 为频率；τ 为时间常数。

DRT 方法假设电化学系统由一个欧姆电阻和无穷多个动力学过程串联构成，可以逼近任意电化学系统的阻抗。为此，相比直接采用等效电路模型进行分析，不需要提前假设分析对象的内部动力学过程个数，最小化了对系统先验知识的依赖。通常来说，单个理想动力学过程可以采用一个电阻和电容的并联环节（resistance capacitance，RC）描述，如图 2-15a 所示，二阶 RC 等效电路在弛豫时间分布上以狄拉克脉冲函数形式表示，且对应的弛豫时间为特征时间常数，即 $\tau_i=R_iC_i$（其中，$i=1$，2，…，N，N 为整数；R 为电阻值；C 为电容值）。对于单个非理想的动力学过程，其在奈奎斯特曲线上并非表现出理想半圆弧，通常使用一个电阻和恒相位元件（constant phase element，CPE）的并联形式描述，如图 2-15b 所示，并以时间常数 τ_i 为中心的弛豫时间分布函数 $g(\tau_i)$ 来表示。假设极化电阻由弛豫时间从 0 到 ∞ 的无穷多个 RC 环节组成，其中 $g(\tau)/(1+\mathrm{j}2\pi f\tau)$ 对应于单个 RC 环节对总极化阻抗的贡献（图 2-15c）。

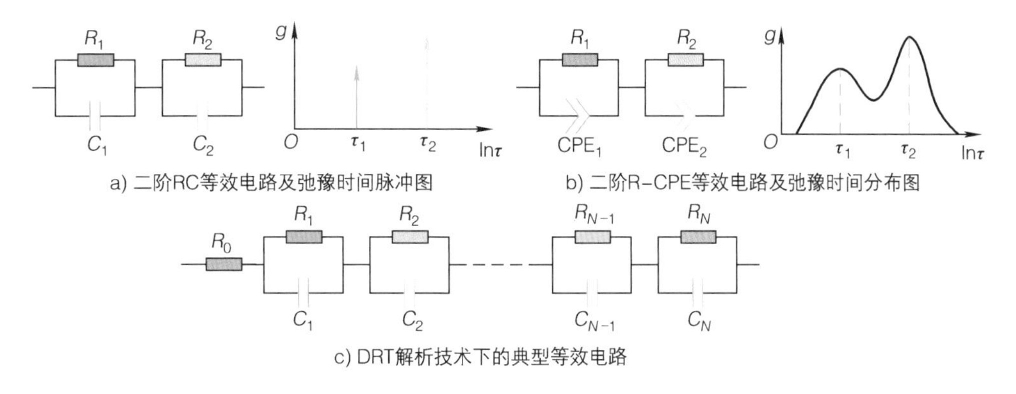

图 2-15　DRT 方法示意图

在工程应用中，频率区间通常采用对数等分形式进行描述，因此式（2-5）可改写成对数形式

$$Z_{\mathrm{DRT}}(f)=R_0+\int_0^{\infty}\frac{\gamma(\ln\tau)}{1+\mathrm{j}2\pi f\tau}\mathrm{d}(\ln\tau) \tag{2-6}$$

式中，$\gamma(\ln\tau)=\tau g(\tau)$。但是，在实际计算弛豫时间分布的过程中，通常采用有限个 RC 环节去逼近无穷个 RC 环节，为此式（2-6）中的$\gamma(\ln\tau)$可改写成离散形式

$$\gamma(\ln\tau)=\sum_{k=1}^{N}x_k\delta(\ln\tau-\ln\tau_k) \tag{2-7}$$

式中，x_k 为根据试验阻抗谱拟合的未知参数；δ 为狄拉克函数；N 为 RC 环节的个数。据此，式（2-6）可改写为

$$Z_{\mathrm{DRT}}(f)=R_0+\sum_{k=1}^{N}\frac{x_k}{1+\mathrm{j}2\pi f\tau_k} \tag{2-8}$$

弛豫时间分布的核心问题是基于测量的电化学阻抗谱，根据特定的算法反卷积出式（2-5）中的 $g(\tau)$。因为 $g(\tau)$ 对试验误差特别敏感，求解结果不稳定，所以这是一个不适定问题。为此，在进行弛豫时间分布计算之前，需要对数据质量进行检验。Kramers-Kronig 检验是常用于阻抗谱数据质量检验的方法，通常称为 K-K 变换，如果测量的阻抗数据同时满足线性、因果性和时不变性，则阻抗的实部和虚部应满足如下条件

$$\begin{aligned}Z_{\mathrm{Re}}(\omega)&=\frac{2}{\pi}\int_0^{\infty}\frac{\omega' Z_{\mathrm{Im}}(\omega')}{\omega^2-\omega'^2}\mathrm{d}\omega'\\Z_{\mathrm{Im}}(\omega)&=-\frac{2}{\pi}\int_0^{\infty}\frac{\omega Z_{\mathrm{Re}}(\omega')}{\omega^2-\omega'^2}\mathrm{d}\omega'\end{aligned} \tag{2-9}$$

式中，ω 为角频率；$Z_{Re}(\omega)$ 和 $Z_{Im}(\omega)$ 分别为阻抗的实部和虚部。然而式（2-9）中的半无限积分解析解不存在，因此在实际应用中通常采用一个欧姆电阻和无穷多个 RC 环节去拟合测量的阻抗谱，然后使用相对残差来表示测量的阻抗谱和拟合的阻抗谱之间的偏差

$$\Delta \mathrm{Re}(\omega)=\frac{Z_{Re}(\omega)-\hat{Z}_{Re}(\omega)}{|Z(\omega)|}\times 100\%$$
$$\Delta \mathrm{Im}(\omega)=\frac{Z_{Im}(\omega)-\hat{Z}_{Im}(\omega)}{|Z(\omega)|}\times 100\% \tag{2-10}$$

式中，$\Delta\mathrm{Re}(\omega)$ 和 $\Delta\mathrm{Im}(\omega)$ 分别为阻抗实部和虚部的相对残差；$\hat{Z}_{Re}(\omega)$和$\hat{Z}_{Im}(\omega)$分别为等效电路模型拟合的阻抗实部和虚部。一般来说，若所有频率下式（2-10）计算结果在 ±2% 以内，则可认为测量的阻抗谱满足 K-K 变换，即满足阻抗测量的线性、因果性和时不变性。

香港科技大学 Ciucci 教授基于径向基函数的伪谱算法提出了一种新的正则化方法用于阻抗谱解析，并提供了名为“DRTtool”的软件及详细的使用说明；该软件运行在 MATLAB 环境中，具有可视化界面，用户可自行选择数据输入类型、基元函数和正则化参数等。该软件可对标准工作条件下测量的燃料电池电化学阻抗谱进行 DRT 分析，结果如图 2-16a 所示，电流密度为 1.00A/cm²，测量频率范围为 0.1Hz ~ 10kHz，可以看到两个明显可分的圆弧，即 6.31Hz ~ 2.51kHz 段圆弧和 0.1Hz ~ 6.31Hz 段圆弧，以及频率高于 2.5kHz 的超高频感抗现象；其中，超高频处的感抗现象主要与测试设备的干扰有关。另外需要说明的是，因为低频测量的截止频率为 0.1Hz，所以没有出现低频感抗圆弧。整个阻抗谱的阻抗由欧姆电阻 R_0 和总极化阻抗 R_p 构成。其中，欧姆电阻体现为奈奎斯特曲线高频处与实轴的截距，由电子电阻和离子电阻组成；电子电阻主要包括集流板、双极

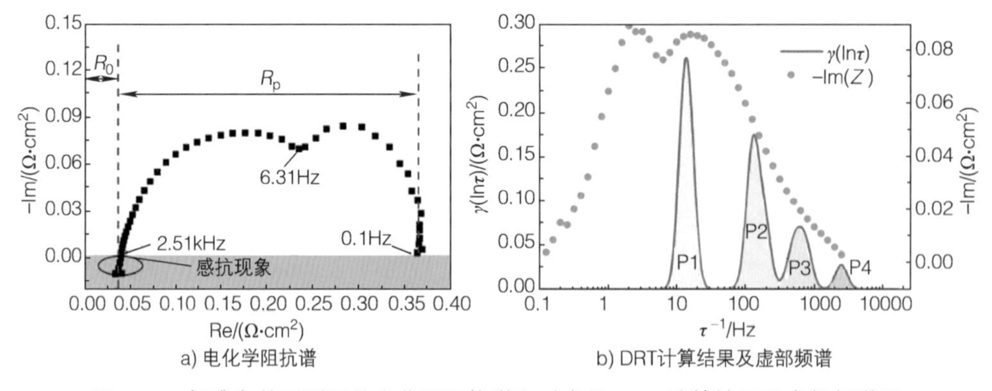

图 2-16　标准条件下测量的电化学阻抗谱和对应的 DRT 计算结果及虚部频谱图

板、气体扩散层和催化层内的电子传输，离子电阻主要由交换膜的质子电导率决定。通常来说，即使在交换膜充分水合状态下，离子电阻也远大于电子电阻，因此欧姆电阻损耗主要由质子传输损失决定。图 2-16b 给出了标准条件下阻抗谱的 DRT 计算结果和虚部频谱图，可以明显观察到 4 个不同特征频率的波峰（P1——13Hz，P2——134Hz，P3——606Hz，P4——2544Hz），而从阻抗虚部数据来看只能观察到两个波峰，表明弛豫时间分布技术对重叠阻抗圆弧具有较强的解析能力。据此，可基于弛豫时间分布对不同条件下测量的阻抗谱进行解析分析。

2.4.3　基于电化学阻抗谱的动力学分析

1　电流密度的影响

燃料电池阻抗特性随电流密度的变化，取决于哪一个动力学过程起主导作用。图 2-17 给出了被测燃料电池在不同电流密度下测得的电化学阻抗谱和相应的弛豫时间分布。由于覆盖的电流范围较大，为了更清楚地显示各个电流密度下的结果，将其绘制在 3 组图中，其中，图 2-17a 和图 2-17b 显示的电流密度范围是 $0.02 \sim 0.30A/cm^2$，图 2-17c 和图 2-17d 显示的电流密度范围是 $0.40 \sim 0.60A/cm^2$，图 2-17e 和图 2-17f 显示的电流密度范围是 $0.70 \sim 1.40A/cm^2$，图 2-17a、图 2-17c、图 2-17e 为奈奎斯特图，图 2-17b、图 2-17d、图 2-17f 为弛豫时间分布图。从奈奎斯特图中可以很容易得出，圆弧的形状和大小严重依赖于电流密度，当电流密度小于 $0.10A/cm^2$ 时，只有一个电容弧（以下称为中频电容弧），随着电流密度增大，在低频段开始出现第二个电容弧（以下称为低频电容弧）；中频电容弧随电流密度的增大先减小后增大，低频电容弧随电流密度的增大不断增大。欧姆电阻随电流密度变化不大，约为 $0.04\Omega \cdot cm^2$。总电阻随着电流密度的增大先减小后增大，在 $0.02A/cm^2$ 时最大，为 $1.50\Omega \cdot cm^2$；在 $0.70A/cm^2$ 时最小，为 $0.33\Omega \cdot cm^2$。

在质子交换膜燃料电池中，当铂作为催化剂时，阳极侧氢氧化反应过程中的电荷转移过程十分快速，而阴极侧氧还原反应过程中的电荷转移过程则相对复杂，需要多个独立的步骤和显著的分子重构，比氢氧化过程慢得多。所以一般认为阴极侧的电极过程决定了整个燃料电池的反应速率，中频电容弧由阴极侧氧还原电荷转移动力学引起，低频电容弧由阴极侧氧气传输动力学引起，这也得到大部分学者的一致认可。在低电流密度下，氧还原反应可用塔费尔（Tafel）方程近似表示

$$i = i_0 \left[\exp\left(-\frac{\alpha n F \eta}{RT} \right) \right] \tag{2-11}$$

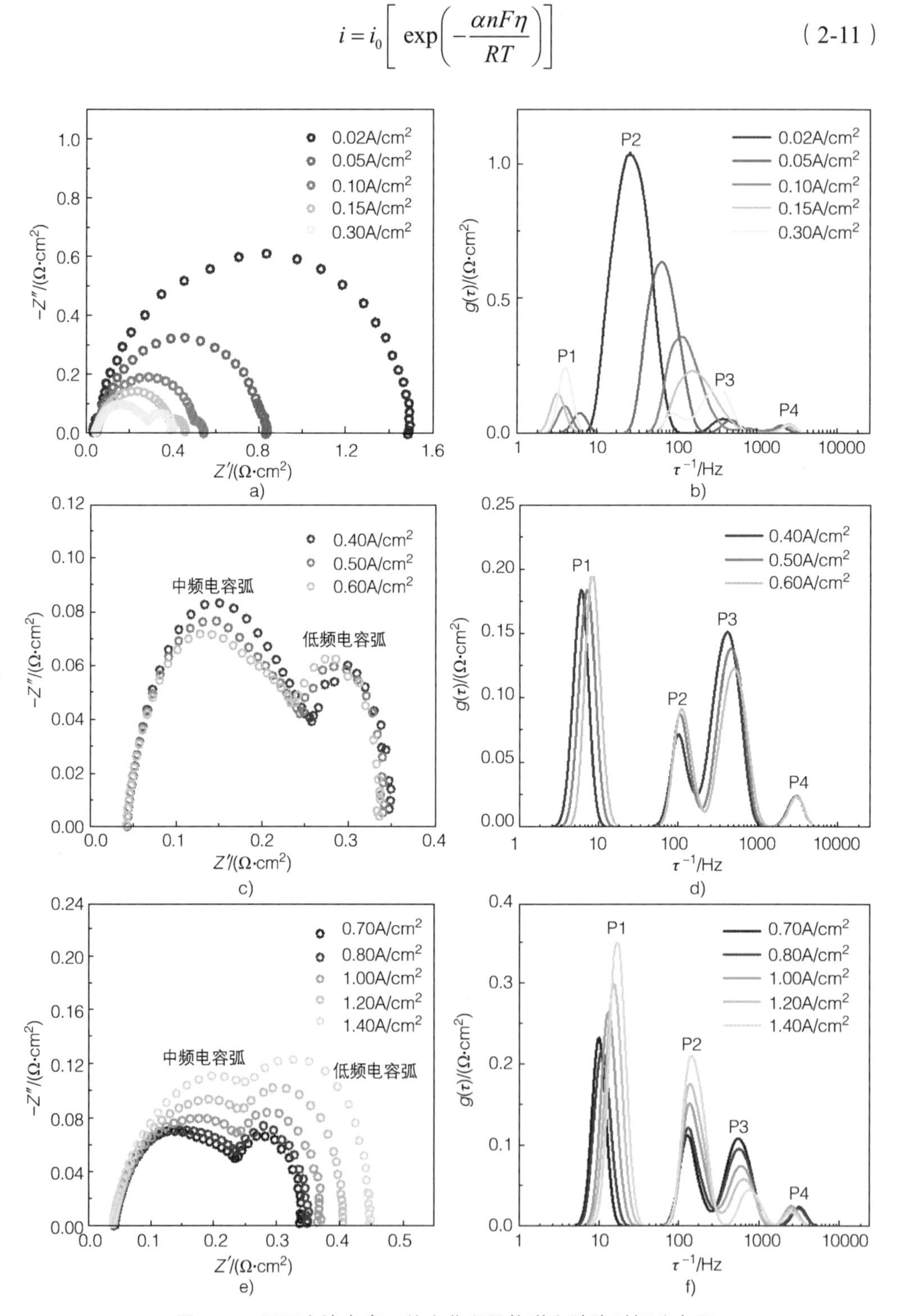

图 2-17　不同电流密度下的电化学阻抗谱和弛豫时间分布图

式中，i 为燃料电池工作电流密度；i_0 为氧还原反应交换电流密度；R 为通用气体常数；T 为温度；F 为法拉第常数；α 为电荷转移系数；n 为反应转移电子数；η 为过电位。将式（2-11）两边取对数，并将过电位对电流密度求导，可以得到氧还原电荷转移电阻 R_{ct}

$$R_{ct}=\left|\frac{d\eta}{di}\right|=\frac{RT}{\alpha nFi} \tag{2-12}$$

从式（2-12）可以看出，氧还原电荷转移电阻随电流密度的增大而减小，与电流密度小于 $0.70A/cm^2$ 时测量结果一致。但是需要注意的是，电化学反应发生在电解质（提供质子）、气体、催化剂三相紧密接触的区域，即三相区。式（2-11）假设三相区内氧气浓度不受净反应速率（电流密度）的影响，忽略了浓差极化，然而实际上一旦有净反应发生，三相区氧气浓度就会降低，与远离三相区的区域产生浓度差，从而导致氧气从远离三相区区域向三相区进行扩散。由于多孔介质中气体的扩散速率和流道中气体的流速都是有限的，因此三相区的氧气若得不到及时补充，电荷转移速率就会下降，在高电流密度下尤为显著。所以在电流密度大于 $0.70A/cm^2$ 时，试验测得的中频电容弧反向增大，因为此时氧气浓度的降低对电荷转移过程的影响已经不能忽略。随着电流密度的增大，电化学反应消耗的氧气越来越多，氧气传输过程越来越显著，因此氧气传输阻抗（低频电容弧）随电流密度上升是单调增大的。

由于电化学反应发生在三相区，因此氧还原电荷转移过程总是与氧气传输过程耦合在一起，反映在电化学阻抗谱上就是图 2-17 中的中频电容弧和低频电容弧始终是重叠的。当电流密度较低时，反应消耗氧气较少，可近似认为三相区氧气浓度不变，此时氧还原电荷转移过程起主要作用，燃料电池总极化阻抗随电流密度增大急剧减小，与图 2-17a 的变化趋势一致；当电流密度较大时，氧气传输过程起主导作用，氧还原电荷转移阻抗和氧气传输阻抗均随电流密度增大而增大，与图 2-17e 的变化趋势一致；图 2-17c 则处于两者的过渡区，此时氧气浓度对电荷转移过程的影响相对较小，因此电荷转移阻抗随电流密度增大仍然有轻微减小。

不同的燃料电池具有不同的催化层、气体扩散层以及流道结构，因此其动力学过程特性也不同。如果电荷转移过程和气体反应物传输过程的时间常数十分接近，在阻抗谱上只能观察到一个明显的电容弧。另外，质子也是氧还原反应的反应物，因此电解质内质子的传输也会影响氧还原电荷转移速率，但是电化学阻抗谱分辨率较低，无法将其单独识别出来。

弛豫时间分布图可以得到更高的分辨率，有了上述的理论分析，有助于对波峰进行合理的分配。从图 2-17 中可以看出，P2 在低电流密度下占主导地位，随电流密度的增大先明显减小后增大，特征频率从 26Hz 提高到 140Hz，表明 P2 与氧还原电荷转移动力学有关。P1 在高电流密度下占主导地位，并且随电流密度的增大不断增大，特征频率在 4 ~ 16Hz 之间有轻微的变化，表明 P1 与氧气传输动力学有关。有学者分别用氧气和氢气代替空气作为阴极进气供应，进行了电化学阻抗谱的测量和弛豫时间分布的计算，发现当阴极使用氧气进气时，P1 完全消失，于是认为 P1 是由氧气传输导致的；当阴极使用氢气进气时，没有氧还原反应的发生，此时 P1 和 P2 均消失，因此将 P2 归因于氧还原电荷转移。所以本节将 P1 和 P2 分别分配给氧气传输动力学和氧还原电荷转移动力学。

当电流密度大于 0.70A/cm^2 时，P1 和 P2 随电流密度增大迅速增大，可能是因为在该范围电流密度下电化学反应生成了较多的水，流道和多孔介质内形成了液态水，阻碍了气体的传输，因此氧气传输阻抗明显增加。P2 之后有两个高频波峰 P3 和 P4。P3 在低电流密度和高电流密度区间幅值较小，在中电流密度区间幅值较大，特征频率变化较小，并且与 P2 有部分耦合，推测 P3 与跟氧还原电荷转移过程耦合的阴极催化层内质子传导过程有关。P4 的幅值很小且几乎不随电流密度变化，特征频率有轻微变化，现有的数据不足以对其进行分析。

2 空气过量系数的影响

过量系数表示单位时间内进入燃料电池的反应物质量与电化学反应消耗的反应物质量的比值。图 2-18 为在其他操作参数保持不变，空气过量系数分别为 1.5、1.7、2.0、2.5、3.0 条件下，测得的电流密度为 1.00A/cm^2 时的电化学阻抗谱和相应的弛豫时间分布。从奈奎斯特图中可以很容易得出，欧姆电阻随空气过量系数的增大有轻微上升，从 1.5 时的 0.039Ω · cm^2 增大到 3.0 时的 0.042Ω · cm^2。如前所述，低温质子交换膜燃料电池的欧姆电阻主要取决于离子电阻，而离子电阻取决于膜内含水量，过大的过量系数会带走较多的水，从而导致膜含水量下降，离子电阻上升。空气过量系数对总电阻影响很大，空气过量系数越大，总电阻越小，从 1.5 时的 0.60Ω · cm^2 减小到 3.0 时的 0.28Ω · cm^2。

从弛豫时间分布图中可以看出，随着空气过量系数的增大，P1 幅值急剧减小，对应的特征频率从 8Hz 提高到 25Hz；P2 幅值显著减小，特征频率基本不变。这与上述分配结果一致，随着阴极流道入口空气流量的增加，单位时间内进入燃料电池内部的氧气增多，有效改善了流道内的对流和多孔介质内的氧气扩散，因此 P1 对应的氧气传输阻抗明显减小。此外，大空气流速还可以通过吹扫液态水，进一步减小氧气传输阻力；三相区氧气浓度的增加会降低氧还原电荷转移阻抗，与 P2 的变化趋势相同。

当空气过量系数从 2.5 增至 3.0 时，P1 和 P2 减小的幅度趋缓，说明此时三相区已经有较高的氧气浓度，所以进一步提升空气过量系数带来的影响不大，反

而会大幅增加燃料电池辅助系统的寄生功率。有研究表明，氧气传输阻抗主要是由沿流道的氧气耗尽引起的，多孔介质内的氧气扩散阻抗很小，但是由于测量的阻抗谱反映的是整个燃料电池的阻抗，因此无法区分沿流道方向的氧气传输和垂直于膜电极方向的氧气传输。P3 幅值随阴极进气化学过量系数增大有轻微上升，与欧姆电阻的变化趋势一致，结合上一节的推测，可能是与阴极催化层内质子传导过程有关。P4 的幅值基本不变，特征频率有小幅度变化。

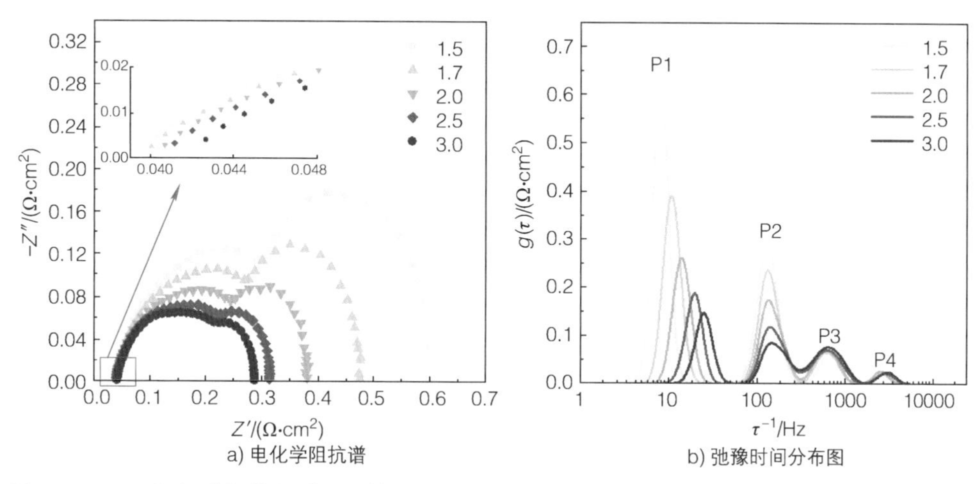

图 2-18　不同阴极进气化学过量系数下电化学阻抗谱和弛豫时间分布图（电流密度 1.00A/cm²）

3　空气相对湿度的影响

相对湿度指的是混合气体反应物中，水蒸气分压与该温度下饱和水蒸气分压的比值。图 2-19 为在其他操作参数保持不变，空气进气相对湿度分别为 10%、30%、60%、80%、100% 条件下，测得的电流密度为 1.00A/cm² 时的电化学阻抗谱和相应的弛豫时间分布。

对比图 2-19a 和图 2-18a 可以发现，空气进气相对湿度对整体阻抗的影响小于空气过量系数，对欧姆电阻影响更为显著。随着阴极进气相对湿度的增大，欧姆电阻单调减小，从 10% 时的 0.051Ω · cm² 减小到 100% 时的 0.036Ω · cm²，表明膜内质子传输过程得到较大改善。在阴极进气相对湿度从 10% 增大到 60% 时，阻抗谱中两个电容弧均有大幅减小，但是当相对湿度进一步增大时，两个电容弧变化并不明显，反而还有增大的趋势。弛豫时间分布图中 P1 对应的氧气传输阻抗和 P2 对应的氧还原电荷转移阻抗有同样的变化趋势。通常认为相对湿度通过改变反应有效活化面积来影响电荷转移动力学，当相对湿度较低时，阴极催化层电解质内含水量很低，导致质子电导率较低，催化剂得不到充分利用；增大相对湿度可以提高质子电导率，从而有效提升催化剂的利用率，增加反应有效活化面积，进而降低电荷转移阻抗。但是在阴极进气相对湿度从 80% 增大到 100% 时，

P1 和 P2 反向增大，可能是因为此时催化剂利用率已经很高，继续增大湿度不能有效改善氧还原电荷转移动力学；相反，大量液态水会占据流道拐角处和堵塞多孔介质的孔隙，增加氧气传输阻抗。若燃料电池长时间工作在高湿度下，会造成电极水淹故障。

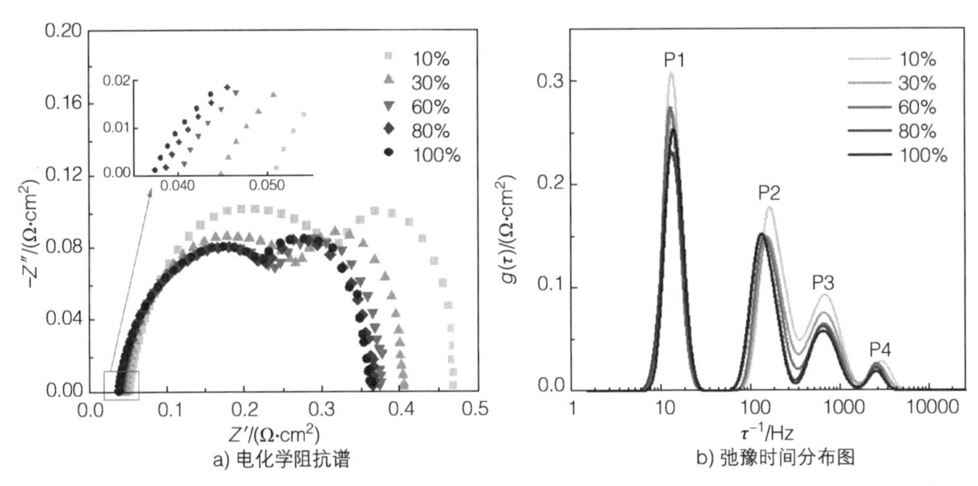

图 2-19 不同空气进气相对湿度下电化学阻抗谱和弛豫时间分布图（电流密度 1.00A/cm^2）

P3 幅值随阴极进气过量系数的增大略微增大，随空气进气相对湿度的增大显著减小，这与将 P3 分配给阴极催化层内质子传导过程的推测相符合。P4 幅值几乎不受阴极进气化学过量系数的影响，只是特征频率有轻微变化，随阴极进气相对湿度的变化趋势与 P3 一致，因此这里推测 P3 和 P4 均归因于阴极催化层内质子传导过程。

4 氢气过量系数的影响

图 2-20 为在其他操作参数保持不变，氢气过量系数分别为 1.2、1.4、1.8、2.0 条件下，测得的电流密度为 1.00A/cm^2 时的电化学阻抗谱和相应的弛豫时间分布。从奈奎斯特图中可以看出，各频段的阻抗几乎都不受氢气过量系数的影响，欧姆电阻随氢气过量系数的增加略有增大，同样可以用膜含水量的降低来解释。弛豫时间分布图中的 P1 ~ P4 同样几乎没有变化。因此，氢气过量系数对质子交换膜燃料电池的性能几乎没有影响。

5 氢气相对湿度的影响

图 2-21 为在其他操作参数保持不变，氢气相对湿度分别为 10%、30%、60%、80%、100% 条件下，测得的电流密度为 1.00A/cm^2 时的电化学阻抗谱和相应的弛豫时间分布。当阳极侧水增多时，阴极向阳极的水扩散通量减小，阴极催化层含水量上升，阴极催化剂利用率可能会因此得以提升；但是当阳极水过多时，

水的扩散方向可能会发生逆转，并且有电极水淹的风险。从图 2-21 中可以看出，阻抗谱和 P1 ~ P4 的变化均不明显，因此在阴极充分加湿的前提下，这种影响对于本节所研究的质子交换膜燃料电池来说是很微小的。P1 ~ P4 随氢气过量系数和氢气相对湿度的变化很小，但是随阴极进气化学过量系数和相对湿度的变化十分显著，表明对于本节所研究的质子交换膜燃料电池，阴极侧过程主导了整个电极反应，决定了燃料电池的性能表现。因此，上文将 P1 ~ P4 都分配给阴极侧的动力学过程是合理的。

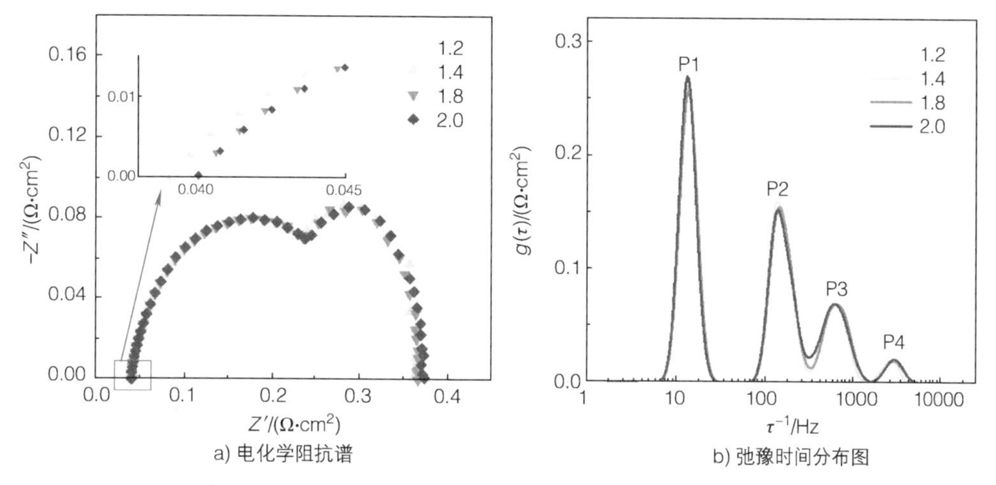

a) 电化学阻抗谱　b) 弛豫时间分布图

图 2-20　不同氢气过量系数下电化学阻抗谱和弛豫时间分布图（电流密度 1.00A/cm²）

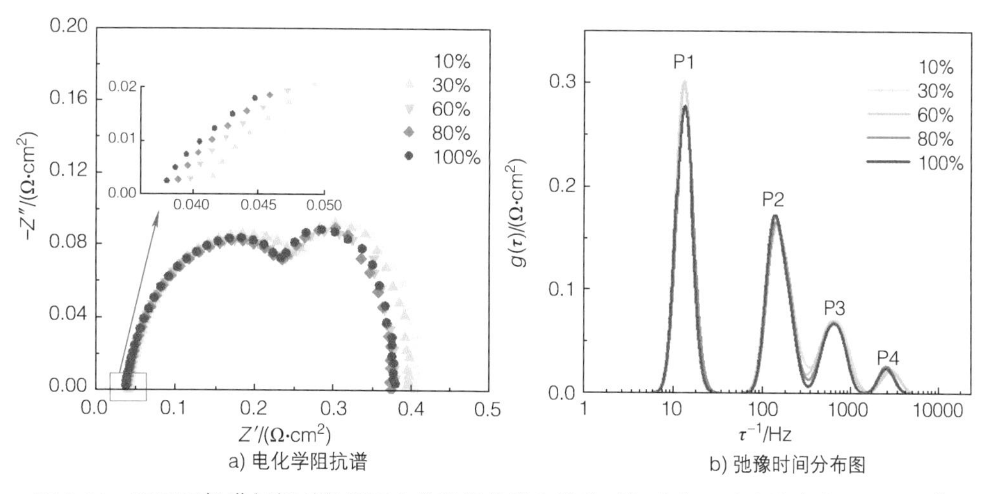

a) 电化学阻抗谱　b) 弛豫时间分布图

图 2-21　不同阳极进气相对湿度下电化学阻抗谱和弛豫时间分布图（电流密度 1.00A/cm²）

6 工作温度的影响

图 2-22 为在其他工作条件保持不变，温度分别为 55℃、60℃、65℃、70℃、80℃条件下，测得的电流密度为 1.00A/cm² 时的电化学阻抗谱和相应的弛豫时间分布。温度一方面改变反应物的能量，影响电化学反应速率；另一方面改变气体扩散系数和水蒸气的饱和分压，从而影响气体传输过程和膜内含水量。从图 2-22 中可以看出，随着温度升高，阻抗谱中的两个电容弧明显减小；弛豫时间分布图中 P1 和 P2 的幅值显著下降，说明氧还原电荷转移动力学和氧气传输动力学均得到了较大的改善。欧姆电阻在 55 ~ 70℃范围内几乎不变，但是在 80℃时有比较明显的增大，可能是因为过高的温度导致膜脱水，因此膜内质子电导率下降。

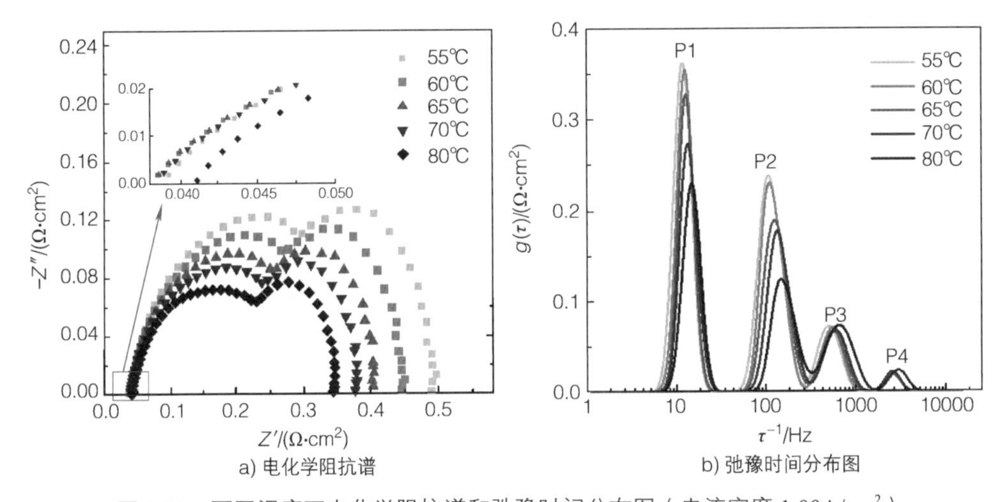

图 2-22　不同温度下电化学阻抗谱和弛豫时间分布图（电流密度 1.00A/cm²）

7 进气压力的影响

图 2-23 为在其他工作条件保持不变，阴 / 阳压力分别为 40/60kPa、60/80kPa、80/100kPa、100/120kPa、130/150kPa 条件下，测得的电流密度为 1.00A/cm² 时的电化学阻抗谱和相应的弛豫时间分布。压力主要通过改变气体反应物的浓度来影响动力学过程，由理想气体状态方程 $p = cRT$ 可知，增大压力 p 会同比例提高气体浓度 c。从图 2-23 中可以看出，随着压力的增大，阻抗谱中的两个电容弧以及弛豫时间分布图中的 P1 和 P2 的幅值显著下降，与升高温度的变化趋势一致。与升高温度不同的是，欧姆电阻随压力的增大单调减小，可能是由于较高的压力增加了膜两侧的水蒸气浓度，从而提高了膜内含水量。

8 动力学分配结果

经过上述分析，基本可以将弛豫时间分布图中的 P1 ~ P4 分配给各个动力学

过程，见表 2-4。为了进一步验证上述分配结果的合理性，在电流密度为 0.05A/cm² 下进行了不同阴极进气化学过量系数和阴极进气相对湿度的电化学阻抗谱试验和相应的弛豫时间分布计算，如图 2-24 和图 2-25 所示。图 2-24 中的空气过量系数分别为 1.5、2.0、2.5、3.0，阻抗谱中只有一个明显的电容弧，弛豫时间分布仍然能解析出 4 个波峰。从弛豫时间分布图中可以看出，P2 占主导地位，P1 的幅值非常小；随着空气过量系数增大，P1 幅值单调减小，特征频率明显增大，当空气过量系数增至 3.0 时，P1 幅值几乎降低为 0。在该电流密度下氧还原电荷转移阻抗较大，另外，由于该电流密度下氧气需求少，因此氧气传输阻抗不明显，并且随着空气过量系数的增大而减小，与 P2 主导地位以及 P1 小幅值变化趋势一致，说明将 P1 和 P2 分别分配给氧气传输动力学和氧还原电荷转移动力学是合理的。将图 2-24b 与图 2-18b 进行对比，发现 P3 和 P4 的幅值在电流密度为 0.05A/cm² 时有所增大，尤其是 P4，表明将 P3 和 P4 分配给阴极催化层内的质子传导动力学是合理，因为在电流密度为 0.05A/cm² 时，阴极催化层内氧还原反应生成的水很少，只有 1.00A/cm² 时的 5%，因此阴极催化层内含水量特别低，质子传导阻力显著增大。

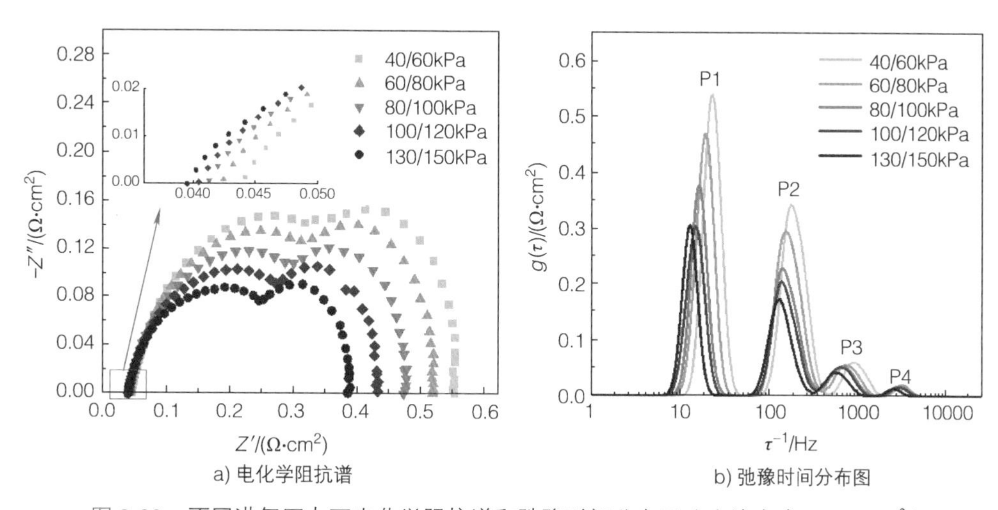

图 2-23　不同进气压力下电化学阻抗谱和弛豫时间分布图（电流密度 1.00A/cm²）

表 2-4　动力学过程分配结果

波峰	动力学过程
P1	氧气传输动力学
P2	氧还原电荷转移动力学
P3	阴极催化层内质子传导动力学
P4	

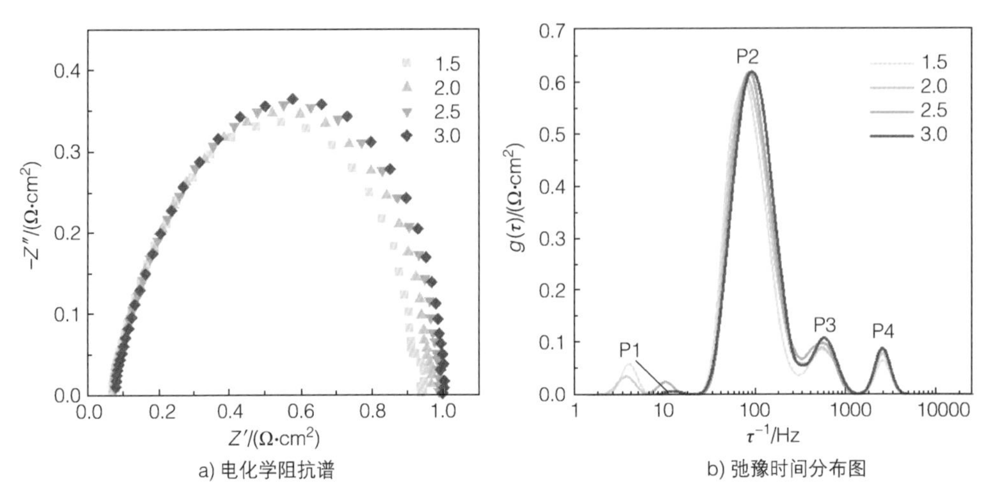

图 2-24　不同阴极进气化学过量系数下电化学阻抗谱和弛豫时间分布图（电流密度 0.05A/cm^2）

图 2-25 中空气相对湿度分别为 10% 和 100%。对比图 2-19，可以发现在该电流密度下，空气相对湿度对各个动力学过程的影响远大于 1.00A/cm^2，原因同上，即该电流密度下氧还原反应生成的水很少，因此外部增湿带来的影响变得尤为显著。当空气相对湿度从 10% 增大到 100% 时，P2 大幅减小，P3 和 P4 接近消失，表明阴极催化剂的利用率得到很大的提升，以及再一次验证了将 P3 和 P4 分配给阴极催化层内质子传导动力学的合理性。此外，从图 2-24b 还可以看出，P3 和 P4 的幅值远大于 P1；P2 幅值随阴极进气化学过量系数的增大略有上升，与电流密度为 1.00A/cm^2 时变化趋势相反，说明在该电流密度下，阴极催化层内质子传导引起的反应有效活化面积的变化对氧还原电荷转移动力学的影响超过了氧气传输引起的氧气浓度变化。所以在低电流密度时，通常采用较小的空气过量系数，避免吹扫走较多的水。

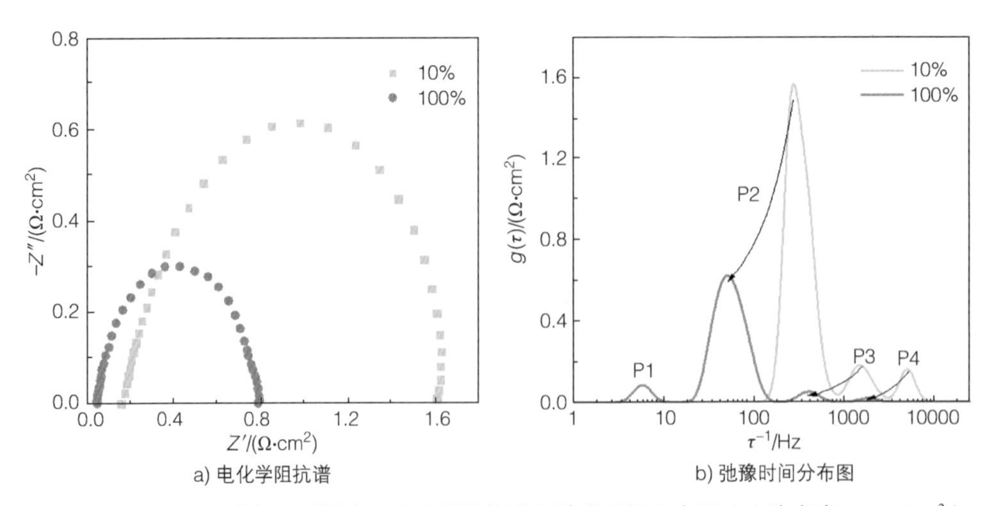

图 2-25　不同阴极进气相对湿度下电化学阻抗谱和弛豫时间分布图（电流密度 0.05A/cm^2）

2.4.4　动力学损失敏感性分析

1　动力学损失计算方法

前面通过分析弛豫时间分布图中 P1 ~ P4 对各个操作参数的依赖性，将其分配给了质子交换膜燃料电池内部的动力学过程，进而可以指导建立具有物理化学意义的等效电路模型，对各个动力学过程的阻抗 / 损耗进行量化。弛豫时间分布解析出 4 个不同频率的波峰，因此这里采用一个欧姆电阻和 4 个 RC 环节串联的四阶等效电路模型，如图 2-26 所示，每个 RC 环节对应一个波峰。需要特别强调的是，不同于大多数文献中直接根据经验选取的等效电路模型，其会导致等效环节的物理化学意义不明确，这里的等效电路模型中每个等效环节都有明确的物理化学意义。此外，通常使用复数非线性最小二乘法对等效元件参数进行辨识，初始值选择不当可能会导致计算结果不收敛。此处 RC 环节中 R 和 C 的初始值可以分别根据对应波峰下的面积，即式（2-13）和特征频率 f_t，即式（2-14）计算得到，避免了由于初始值选择不当引起的不收敛。

$$R = \int_{\tau_L}^{\tau_U} g(\tau)\mathrm{d}\tau \tag{2-13}$$

$$C = \frac{1/f_t}{R} \tag{2-14}$$

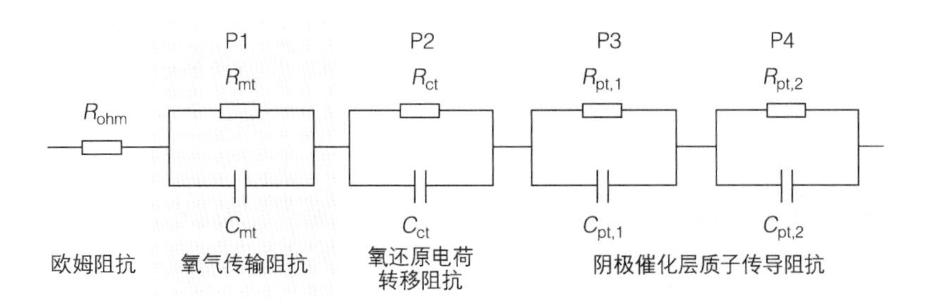

图 2-26　基于弛豫时间分布建立的等效电路模型

图 2-27 为等效电路模型对电流密度为 1.00A/cm^2 时，不同空气过量系数下测得的电化学阻抗谱拟合结果。此处用卡方值（chi-square）来衡量拟合误差，chi-square 越接近于 0，表示误差越小，chi-square 均小于 1.60×10^{-3}，表明该等效电路模型具有较好的拟合效果。

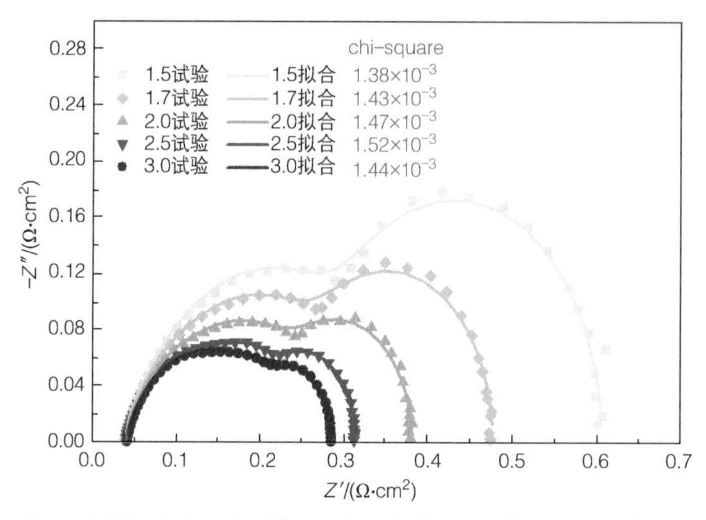

图 2-27 不同阴极进气化学过量系数下等效电路模型拟合结果（电流密度 1.00A/cm²）

2 敏感性分析结果

图 2-28 为电流密度 1.00A/cm² 时不同操作参数下各个等效电阻的变化。对于氧气传输电阻 R_{mt} 和氧还原电荷转移电阻 R_{ct}，空气过量系数和压力对其影响最为显著，其次是温度和空气相对湿度，而阳极操作条件对其影响非常小，可以忽略不计。在实际燃料电池系统中，分别通过调节空压机转速和阴极出口背压阀开度来调节空气流量和阴极压力。为了保证系统净输出功率，空气过量系数一般设定在 1.8 ~ 2.5 范围内。当空气过量系数超过 2.5 时，进一步增加并不会显著改善系统性能，反而会大幅增加燃料电池辅助系统的寄生功率。增大压力对燃料电池性能有明显的提高，但是流量与压力之间存在着很强的耦合关系，当燃料电池系统在低电流密度下工作时，进气流量较小，所以实际进气压力并不高。

对于阴极催化层质子传导电阻 $R_{pt,1}$ 和 $R_{pt,2}$，空气相对湿度和空气过量系数对其影响较大，其次是温度、压力和氢气相对湿度，氢气过量系数的影响较小。此外，空气相对湿度对欧姆电阻 R_{ohm} 也有显著影响，因此，需要维持阴极侧良好的润湿性，以确保电堆的高性能输出。在实际燃料电池系统中，通常利用膜加湿器对空气进行加湿。目前的商用燃料电池系统大多不配备湿度传感器，因为它的价格较高，并且对运行环境的要求很苛刻，所以进气相对湿度通常根据开环校准结果设定。高频阻抗能够有效地表征当前膜含水量，为燃料电池进气湿度的控制开辟了新的方向。启动燃料电池系统时，在保证不发生饥饿的前提下，应采用较小的空气过量系数，以避免带走较多的水。然而，太小的空气流量会引起空压机的喘振，因此通常可以在电池的阴极入口处并联一条旁通空气管道以通过多余的空气。此外，温度和湿度之间也存在较强的耦合关系，当燃料电池系统工作在低

电流密度区间时，温度不宜过高，以避免膜干燥；当燃料电池系统工作在高电流密度区间时，温度不宜过低，以避免电化学反应产生的大量水引起电极发生水淹故障。

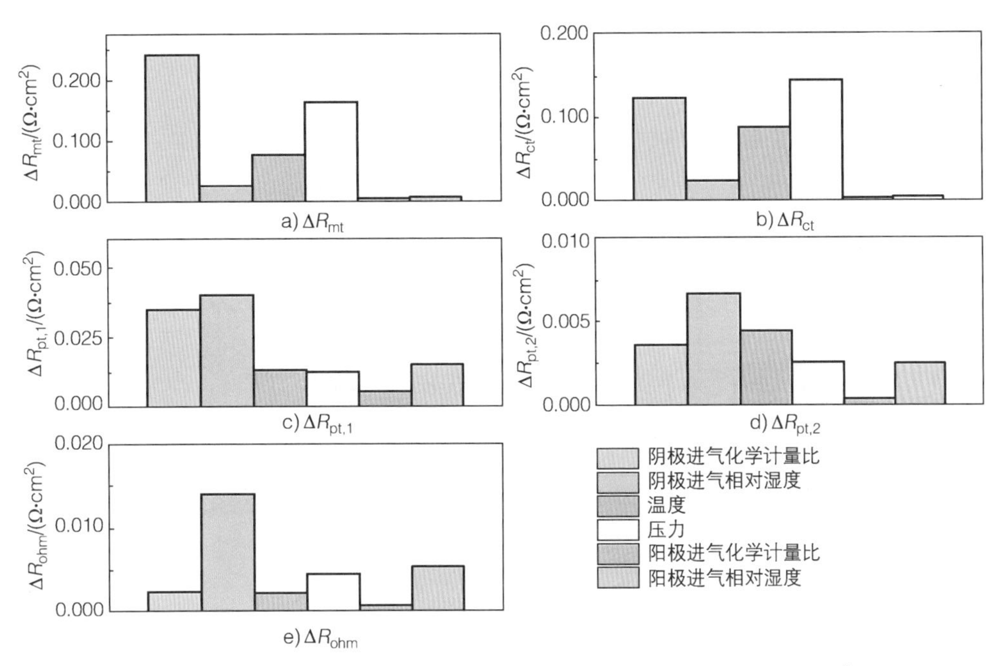

图 2-28　不同操作参数下各个等效电阻的变化（电流密度 1.00A/cm^2）

2.5　燃料电池冷启动过程特性

本节以石墨燃料电池堆作为低温冷启动试验研究对象，基于燃料电池测试台、恒温箱、传感器采集系统等设备搭建试验环境，设计一系列不同工况下的低温冷启动试验，来系统地探究低温下燃料电池的运行规律和主要影响因素，主要从恒温冷启动和升温冷启动两个方面，对低温冷启动的运行规律和多种影响因素展开讨论。

2.5.1 试验环境和流程

1 试验环境和条件

试验所使用的燃料电池测试台如图 2-29 所示。恒温冷启动和升温冷启动使用的分别是 Green Light 公司的 G40 和 G400 燃料电池测试台。燃料电池测试台中所集成的进气加湿系统采用鼓泡加湿法，通过设置进气实际温度和露点温度来实现进气加湿的控制。集成的采集系统中，电池输出电压和工作电流的数据采集频率均为 10Hz。电化学工作站是 Gamry 公司的 Reference 3000 型号产品。

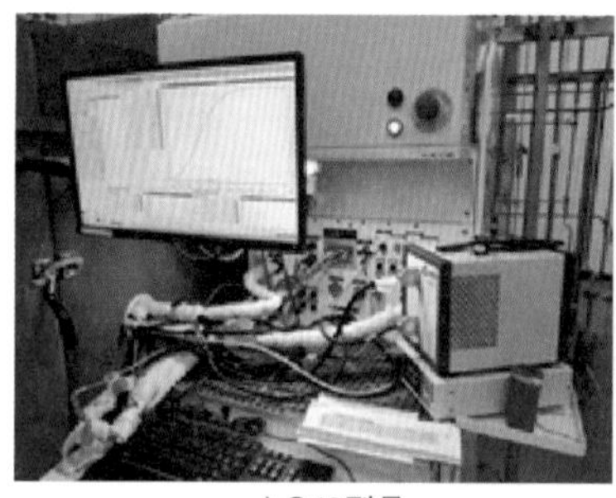

a) G40型号

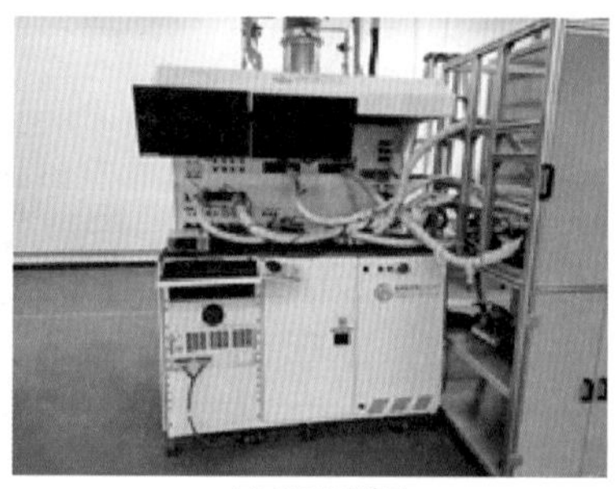

b) G400型号

图 2-29　燃料电池测试台

单电池冷启动过程中自身产生的少量热能不会对整体的热容造成显著影响，可近似视为恒温过程，恒温冷启动试验指的是在温度保持不变的情况下探究不同因素对低温冷启动结果影响的过程，恒定温度下可以更加方便地研究其他单一因素对于结冰导致冷启动失败的影响机制。本节中恒温冷启动试验所使用的单片燃料电池活性面积为 $25cm^2$，双极板材料为石墨，端板材料为不锈钢，固定和压紧方式是贯通端板的 8 根螺栓以要求的力矩拧紧，电池加热方式为端板上的两根柱状加热棒。该单体电池散热方式为风冷，另有一台小功率风扇作为辅助散热设备。升温冷启动试验指的是在不同的加载策略作用时，燃料电池温度在不断升高的情况下，研究不同冷启动加载方式对冷启动效果的影响。所使用的燃料电池堆如图 2-30 所示，其最高功率为 5kW。所采用的膜电极材料和单片燃料电池相同，活性面积为 $330cm^2$，双极板的材料为石墨，端板的材料为不锈钢，固定和压紧方式为使用燃料电池专用压力机进行压紧，电池加热方式为冷却液循环，散热方式为水冷。

在燃料电池低温冷启动试验中，单片电池通过端板上的温度传感器来记录温度数据，电堆则通过布置在双极板冷却液流道内的 12 个热电偶来记录温度的分布。这 12 个热电偶的测温端分别被薄胶带贴紧在第 1 片、第 11 片、第 20

片电池的冷却液流道内，均匀分布位置如图 2-31 所示，1 号热电偶最靠近冷却液出口，4 号热电偶最靠近冷却液进口。考虑到 T 型热电偶具有良好的重复性、较大的热电势、高灵敏度、高线性等特点，本节试验采用了开普森公司 T 型超细测温线，型号为 KPS-T-0.08-3000-LX，工作范围为 −200℃至 200℃。如图 2-32 所示，热电偶的信号接收端从冷却液出口的卡套垫圈处引出并连接在日置（HIOKI）温度测试仪上。

图 2-30　冷启动试验所用燃料电池堆

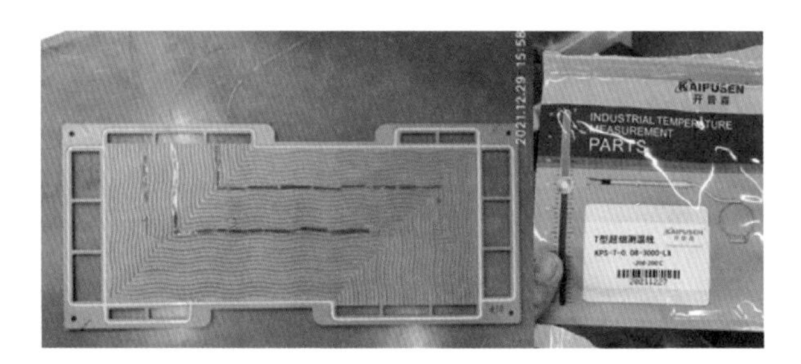

图 2-31　热电偶测温端位置和型号

图 2-32　热电偶引出位置和 HIOKI 温度测试仪

2　试验步骤和流程

低温冷启动试验流程分为活化状态阶段、平衡吹扫阶段、降温保持阶段和加载启动阶段。试验记录的数据项主要有各个阶段的电流、电压、温度和高频阻抗（high-frequency resistence，HFR）等，数据记录频率为 10Hz。

（1）活化状态阶段 该阶段目的是电池内部状态的初始化，保证每次启动时电池都处于一种高效的确定状态。具体操作是先将燃料电池温度加热至50℃，控制阴、阳极反应气体露点温度为50℃，控制反应气体（阴极侧为空气，阳极侧为氢气）的相对湿度为100%（此时开路电压在0.95V附近），控制反应气体压力为150kPa，以500mA/cm^{2}的电流密度运行燃料电池约30min（最终电压稳定在0.65V附近）。

（2）平衡吹扫阶段 该阶段的目的是使质子交换膜的含水量达到设定值。具体操作是利用试验所要求（表2-5）相对湿度的氮气长时间吹扫燃料电池，阴、阳极侧氮气吹扫流量分别为1L/min、1.5L/min，控制吹扫的氮气压力为200kPa，直至电池开路电压降到0.01V左右，且电化学工作站所测得的高频阻抗稳定，说明达到了所要求的启动前质子交换膜含水量。

表2-5 膜含水量与气体相对湿度对照表

膜含水量	相对湿度	露点温度/℃	电池温度/℃
1.5	11%	25	70
2	18%	32.5	70
3	38%	31	50
4	58%	39.5	50
5.7	74%	44	50
7.3	83%	46.3	50
9	90%	47.9	50
12	100%	50	50

（3）降温保持阶段 该阶段目的是使燃料电池温度降低至冷启动初始温度，且保证沉浸一定的时长。具体操作是设定目标冷启动初始温度值（例如−20℃），当热电偶或传感器测得燃料电池温度和进气管路温度达到设定值后，再维持30min，保证燃料电池各部件冷却均匀。

（4）加载启动阶段 在燃料电池温度彻底稳定之后，向燃料电池内通入完全干燥的反应气体（阴极侧为空气，阳极侧为氢气），氢气过量系数为1.5，空气过量系数为2。通入气体后，待燃料电池开路电压达到0.95V以上并稳定超过10s，开始施加负载电流或电压，在试验选项中可设置电流或电压加载形式。

2.5.2 单体电池恒温冷启动过程特性

在单体电池冷启动试验过程中，产热量相对于整体的热容微乎其微，可以忽略不计，因此将其看作等温冷启动过程。单电池恒温冷启动试验主要探究不同加载策略（恒电流、恒电压、恒功率）、初始温度、膜初始含水量等因素对于低温

冷启动结果的影响。由于假设该过程没有温度变化，可专注于探究各种因素对于结冰导致冷启动失败的影响机制。

1 冷启动电流的影响

为探究不同启动电流对低温冷启动效果的影响，可在单体燃料电池上进行单一变量对照试验。该组试验的条件设置如下：质子交换膜的初始含水量为 4；初始温度为 −20℃；启动加载电流分别为 2.5A、5A、7.5A、10A、12.5A，相应的电流密度分别为 100mA/cm^2、200mA/cm^2、300mA/cm^2、400mA/cm^2、500mA/cm^2。冷启动过程中的电压曲线如图 2-33 所示。由结果可知，加载不同的恒电流会对电池电压和冷启动持续时间有明显影响。在电池刚加载的时刻，电流越大，电池整体的欧姆电阻值越大，因而初始电压越低。通过定量分析可以得知，电流增量和初始电压降低量是大致成比例的，电流密度每增加 100mA/cm^2，初始电压会降低 0.1V，这是电池自身的阻抗数值所决定的。

随着恒电流的持续加载，电池电压会有不同程度的升高，这是由于生成的产物水会导致膜含水量上升，膜阻抗就会减小。电流越大，生成水速率也就越快，电压上升速度和幅度也就越大，但相应的电压上升段时间也就越短。随着膜含水量达到饱和，之后膜水解析出的过冷水结冰导致电压降低。在这个电压下降过程中，电流越大，生成水速率越快，结冰也就越快，体现在图 2-33 中就是更陡峭的电压下降曲线。总体来说，加载电流越大，冷启动电压越低，冷启动持续时间越短。但是电流增加对于冷启动时间并不是成比例的影响，从曲线可以明显看出，当电流扩大到两倍，冷启动时间会减少到小于原来的一半，这与膜内部的液体质量传输过程有关。

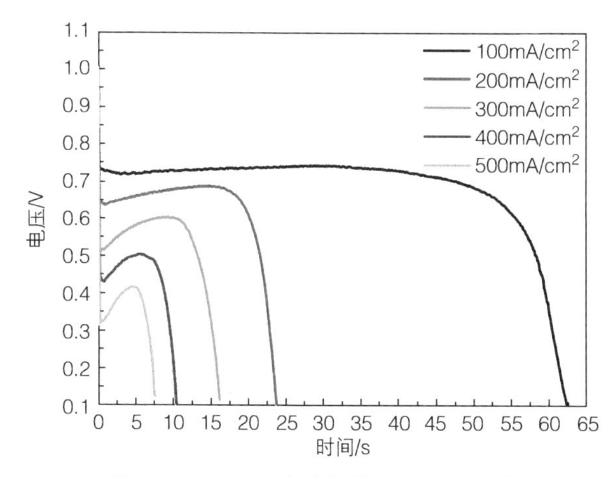

图 2-33　不同恒电流加载下的电压曲线

2 膜初始含水量的影响

为探究不同膜初始含水量对低温冷启动效果的影响，可在单体电池上进行一系列试验。该组试验的条件设置如下：冷启动初始温度为 −20℃；启动电流为 2.5A，相应的电流密度为 100mA/cm^2；膜初始含水量（λ）分别为 4、5.7、7.3、9、12。冷启动过程中的电压曲线如图 2-34 所示。可以发现，膜初始含水量越高，冷启动初始电压越高，这是由于膜初始含水量直接影响欧姆电阻值的大小，膜初始含水量升高，欧姆电阻值也越小，相应的电压就会越高。但是膜初始含水量 λ 为 12 时是一个例外情况，它的初始电压是最低的，这是因为此时膜初始含水量过大，冷启动开始时已处于水过饱和状态，催化层已有冰生成覆盖，反应活化面积减小导致了电压最低的现象。对于冷启动持续时间，膜初始含水量有很大的影响。这是因为膜初始含水量越高，膜存贮水的空间越小，结冰时刻和电压降低点出现得越快，冷启动持续时间也就越短。因此，低温环境下，停机时通过吹扫控制膜含水量对于低温冷启动很重要。

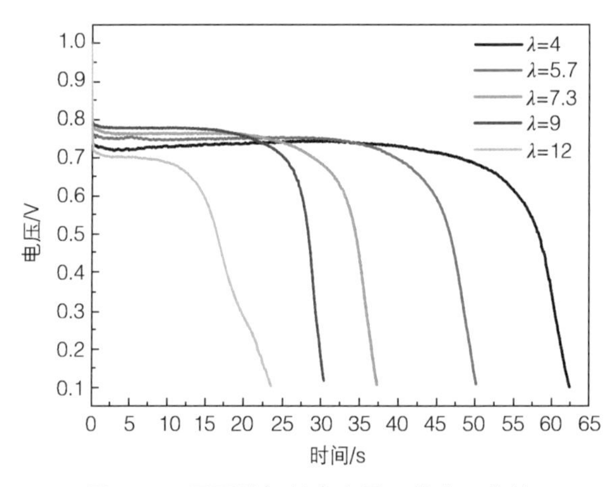

图 2-34　不同膜初始含水量下的电压曲线

3 冷启动初始温度的影响

为探究冷启动初始温度对于低温冷启动效果的影响，可在单体电池上进行一系列试验。该组试验的条件设置如下：冷启动初始温度分别为 −10℃、−20℃、−30℃；启动电流为 2.5A，相应的电流密度为 100mA/cm^2；膜初始含水量 λ 为 4。冷启动过程中的电压曲线如图 2-35 所示。由图 2-35 可知，冷启动初始温度越低，初始电压越低，这是由于温度影响了电池能斯特（Nernst）电压和膜电导率。在数值上，−10℃和 −20℃的初始电压相差不大，但是 −20℃和 −30℃的初始电压相差很大，因此，温度越低，对于冷启动影响就越明显。在时间上，冷启动温度越低，持续时间也就越短，这是因为温度会影响膜的饱和含水量，相当于影响了膜

的贮水能力。除此以外，温度还会影响过冷水的结冰速率。因此即使在相同的电流和产水速率下，更低的温度也会导致更短的冷启动持续时间。

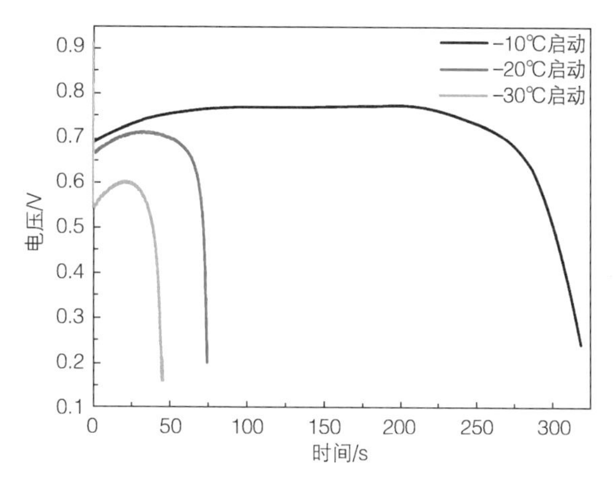

图 2-35　不同初始温度启动下的电压曲线

4 冷启动电压的影响

为探究不同启动电压对于冷启动效果的影响，可在单体电池上进行一系列试验。该组试验的条件设置如下：冷启动初始温度为 −20℃；启动加载电压分别为0.4V、0.5V、0.6V；膜初始含水量 λ 为 4。冷启动过程中的电流曲线如图 2-36 所示。在恒电压启动中，初始电流均为零，电流的变化规律是先上升后下降，这是因为每次冷启动都是从开路状态施加负载的。低温冷启动的加载电压越高，所对应的电流峰值越低，电流达到峰值的时间和冷启动持续时间越长，这与之前加载电流试验所显示的规律相同。

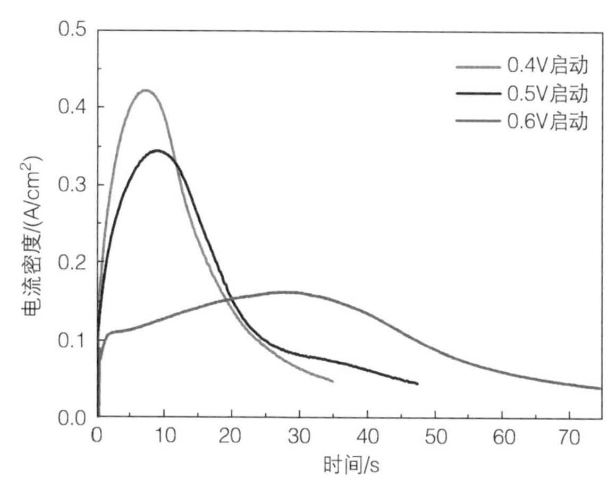

图 2-36　不同冷启动电压下的电流曲线

5 冷启动加载功率的影响

为探究不同启动加载功率对于冷启动效果的影响，可在单体电池上进行一系列试验。该组试验的条件设置如下：冷启动初始温度为 −20℃；启动功率分别为 1.5W、2W、2.5W；膜初始含水量 λ 为 4。冷启动过程中的电压 / 电流曲线如图 2-37 所示。恒功率启动的规律类似于恒电流启动，启动功率越大，电流越大，电压越低，冷启动持续时间越短。当使用 1.5W 的恒功率启动时，电压和电流曲线形状几乎与 $100mA/cm^2$ 的恒电流启动一致；但是当启动功率升高至 2W 时，电压 / 电流出现了过调现象，曲线上出现了异常的凹凸；当启动功率提高到 2.5W 时，过高的功率导致过大的电流，使得刚开始加载时电压便剧烈下降，冷启动不到 5s 就失败了，因此过高的功率并不利于冷启动成功。在启动初始段，启动电压从开路电压下降，电流从零开始升高，启动功率越大，该变化幅度越明显，2.5W 的加载功率甚至使得电压直接下降到 0.1V 以下导致冷启动失败；在启动中间段，电压和电流都能保持稳定，但是电压有微微上升的趋势；在结束段，随着结冰不断生成，电压出现剧烈的下降，电流相应上升，直到冷启动失败。

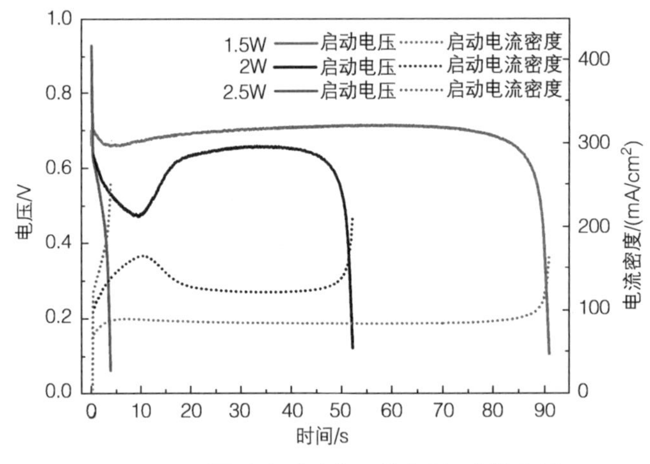

图 2-37 不同冷启动功率下的电压 / 电流曲线

2.5.3 电堆升温冷启动过程特性

单体电池启动试验探究并没有涉及升温过程，只能探究低温冷启动过程中电堆内的结冰机制。冷启动失败的主导因素是结冰，但是冷启动成功的研究关键点是探究升温和结冰的相互作用关系，所涉及的机制过程更加复杂。为此，在燃料电池堆上进行一系列的试验，探究不同的加载策略对于低温冷启动的影响效果。由于电堆的低温冷启动成功与否是由温度最低的第一片所决定，因此本节研

究中，采用的电压和温度数据均来自电堆第一片单体电池。在电堆升温冷启动试验中，设置冷启动初始温度为 −20℃，膜初始含水量 λ 为 4，分别尝试了恒电流、斜坡电流、阶梯电流、恒电压 4 种加载策略。

1　恒电流加载的冷启动过程

图 2-38 和图 2-39 分别是加载恒电流 132A 和 165A 时电堆低温冷启动的第一片单体电池电压和温度曲线。对比两条电压曲线发现，电流越大则初始电压越低，且在加载后有电压上升现象。分别在 16s 和 13s 的时刻，电压升高到最大值，之后会出现缓慢的下降，并不像单电池电压直接陡降至 0V，这是由于电堆冷启动过程不但受到产水结冰的影响，同时还有温度升高的影响。并且由于 165A 启动电流较大，温度升高速率更快，在 47.5s 冷启动结束时已经有第 2、3 号热电偶温度达到 0℃以上，温度大幅度上升会对燃料电池内部结冰起到加热融化作用，

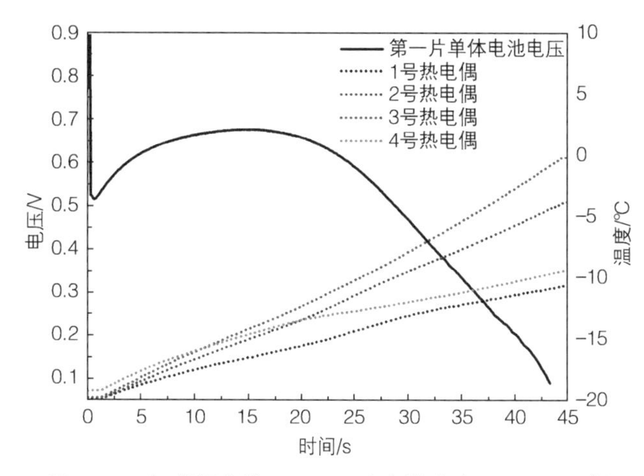

图 2-38　加载恒电流 I = 132A（电流密度 400mA/cm^2）

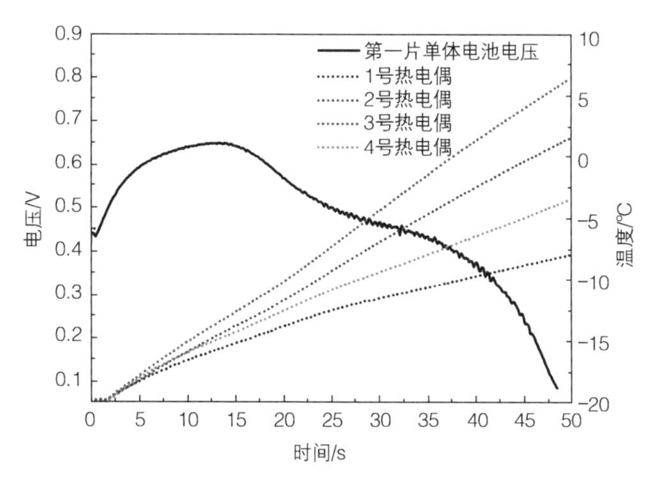

图 2-39　加载恒电流 I = 165A（电流密度 500mA/cm^2）

反映在电压曲线上的是更加明显的波动。可以得出结论，电流提高对冷启动成功是有利的，它会提高升温的速率，当升温速率大于结冰速率时，低温冷启动就会成功；即使冷启动失败，较大的电流也能使温度升高速率更快，冷启动持续时间也能更长。

2 斜坡电流加载的冷启动过程

图 2-40 为加载斜坡电流时的第一片单体电池电压和温度曲线，在低温冷启动前期，电流从 0A 开始增加，电压从开路电压开始缓慢下降，温度上升速率较慢；中期随着电流升高，电压曲线保持了一段稳定，此时电池内部结冰量还很少；后期随着电流不断增大，温度上升速率也在不断加快，但是由于结冰量逐渐累积，电压开始下降，最终冷启动失败。结合图 2-40 中的电压和温度曲线，当燃料电池局部温度升高到接近 0℃时，同样出现了电压波动下降的现象，这与燃料电池内部的结冰机理和升温机理相互作用有关。从时间上来看，本次冷启动持续时间为 52.5s，相比于其他工况是最长的。

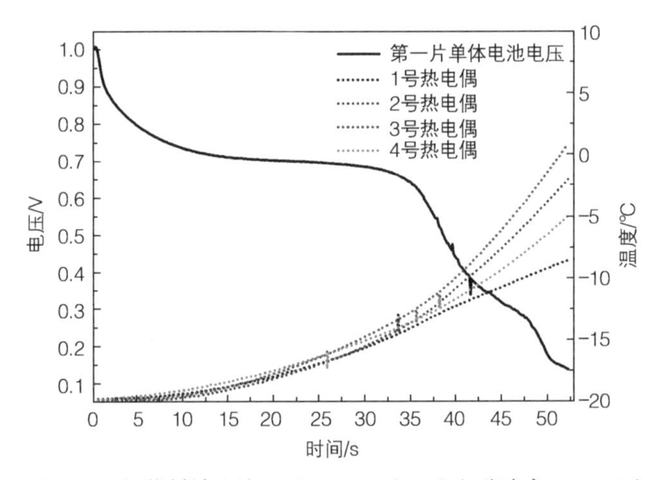

图 2-40 加载斜坡电流 $I=(4.95\text{A/s})\times t$（上升速率 4.95A/s）

3 阶梯电流加载的冷启动过程

图 2-41 和图 2-42 为加载阶梯电流时的第一片单体电池电压和温度曲线，所加载的阶梯电流表达式分别为式（2-15）和式（2-16）。

$$I=\begin{cases}231\text{A}, & t\in[0,1.4) \\ 247.5\text{A}, & t\in[1.4,5.4) \\ 264\text{A}, & t\in[5.4,6.9) \\ 280.5\text{A}, & t\in[6.9,8.4) \\ 305.25\text{A}, & t\in[8.4,+\infty)\end{cases} \tag{2-15}$$

$$I=\begin{cases}273.9\text{A}, t\in[0,\ 1.7)\\ 495\text{A},\quad t\in[1.7, 3.4)\\ 660\text{A},\quad t\in[3.4, +\infty)\end{cases}\tag{2-16}$$

对比图 2-41 和图 2-42 可以发现，当按照式（2-15）加载阶梯电流时，电压总体呈现对数形状上升的趋势，中间几次负载电流切换由于变化幅值较小并没有使电压降低很多；当按照式（2-16）加载阶梯电流时，每次负载变动时电压都会出现一个突降，然后回升。可以得出结论，选择一个合适的阶梯电流能够使得启动电压维持在比较低的水平，能够实现通过调节电流控制电压的需求。两次阶梯电流启动均能够将电堆的平均温度升高到 0℃以上，且电流越大，温度升高速率越快，冷启动成功所需时间越短。然而过大的阶梯电流会使电压过低，可能导致出现危险的反极现象，这对于燃料电池有很大的损伤，因此盲目地增大电流也是不合适的。

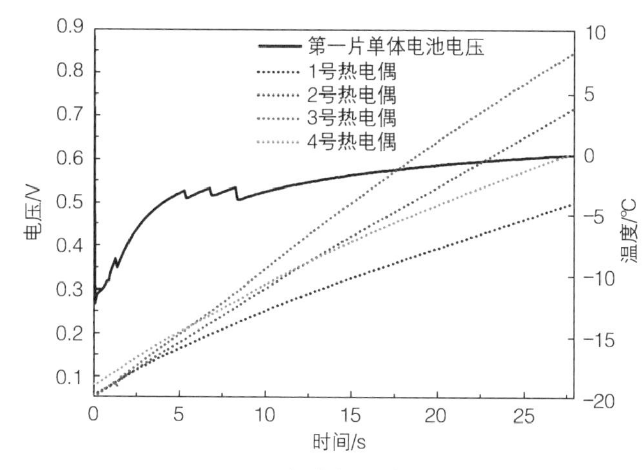

图 2-41　加载较小阶梯电流

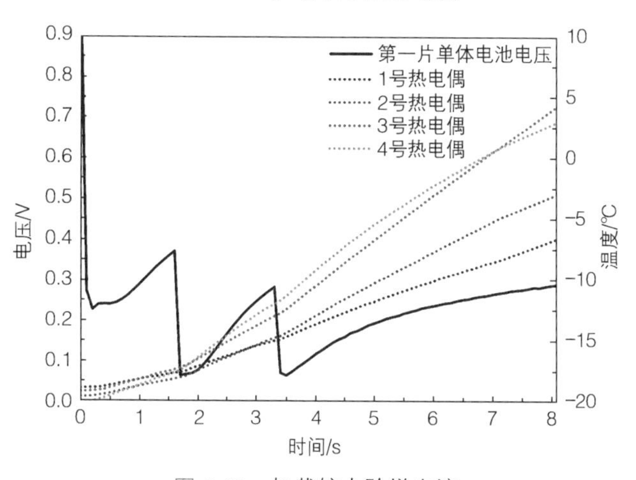

图 2-42　加载较大阶梯电流

4 恒电压加载的冷启动过程

图 2-43 为加载 5V 恒电压时的第一片单体电池电压和温度曲线。整个冷启动过程持续了不足 5s，冷启动结束时 4 个热电偶温度均未达到 0℃。电压曲线从刚加载开始便逐渐下降，与恒定电压差异较大。分析原因是，整个电堆电压被设置为恒定 5V，然而电堆由 20 片单片电池串联而成，因此每片电池的分电压由于内部状态不同也会有差异，导致温度最低的第一片单体电池电压最低且不断降低，最终电堆的低温冷启动失败。通过试验结果可以得出结论，恒压启动方式在燃料电池电堆冷启动中并不能达到启动成功的目标，电堆的串联特性决定了控制加载电流是更合理的启动方式。

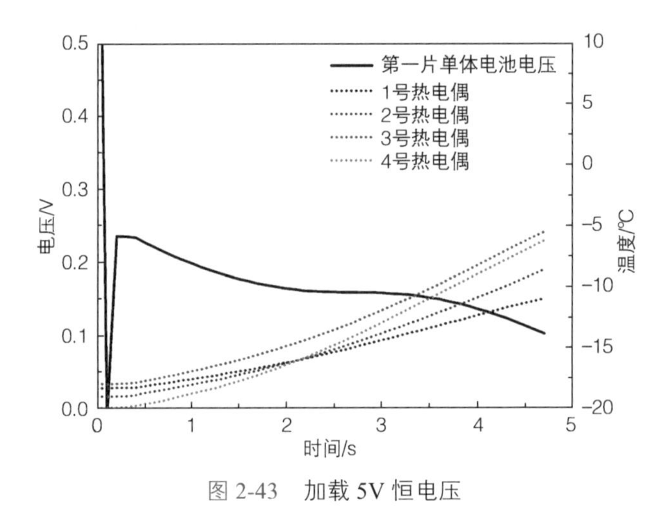

图 2-43 加载 5V 恒电压

综合上述不同加载测试，建议在 PEMFC 低温冷启动策略优化中，将待优化的负载设为阶梯电流加载。

 2.6 燃料电池单体面内异质性特性

在燃料电池运行过程中，许多内部传输过程如膜水合、质子传输、气体供应和热传递等同时发生。这些传输过程导致反应物质在燃料电池活性区域内不均匀分布，而不均匀的反应物质会导致电流聚集和不均匀材料降解，这被称为燃料电池单体面内异质性。由于商业化需求，燃料电池单体的活性面积逐渐增加，这导

致燃料电池单体面内异质性更加显著，并表现出复杂的时空耦合特征。因此，从开发长寿命燃料电池堆的角度出发，监测和研究商业尺寸燃料电池单体面内异质性机制是非常必要的。

2.6.1　面内异质性特征

燃料电池活性区域内不均匀分布的反应物质，导致商用燃料电池单体面内电流密度发生聚集。燃料电池双极板，尤其是石墨双极板，沿流道方向的电阻可能达到垂直流道方向电阻的 20000 倍左右，这意味着活性区域上电流密度分布的轻微差异会导致双极板上出现明显的电压差。并且这种电压差无法依靠传统在固定位置采集电池电压的方法监控，而多点电压测量方法为监控电池单体面内电流和电压再分布过程提供了可能的选择。

本节介绍多点电压测量方法的测量原理和燃料电池单体面内存在的电压差异。试验用的燃料电池堆是由 5 片电池单体组成，活性面积为 $300cm^2$。如图 2-44 所示，两组电压巡检仪（cell voltage monitor，CVM）分别位于燃料电池的阳极入口和阳极出口区域，在不同加载速率下获取燃料电池各个电池单体的多点电压。图 2-45a 显示了电堆中每片电池单体的开路电压，在 1.6/2.0 的阳极 / 阴极化学计量比下，每个单体电池之间的电压差异很小，证明了电压巡检仪的准确性。图 2-45b 展示了不同加载速率下的电压变化曲线，当阶跃电流为 $0.2A/cm^2$ 时，单体电池上的最大电压差约为 20mV；而当阶跃电流为 $0.3A/cm^2$ 时，单体电池上的最大电压差上升至 26mV，这意味着在较高的加载速率下，燃料电池单体面内均匀性会下降。

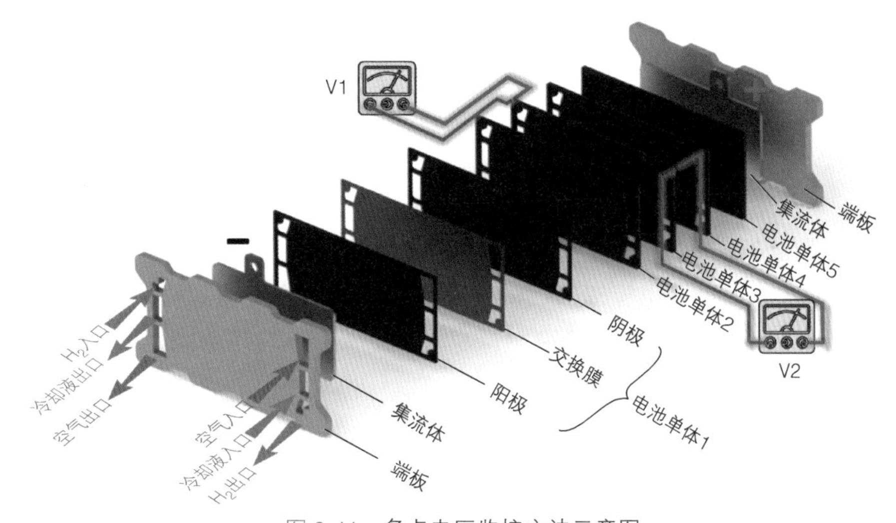

图 2-44　多点电压监控方法示意图

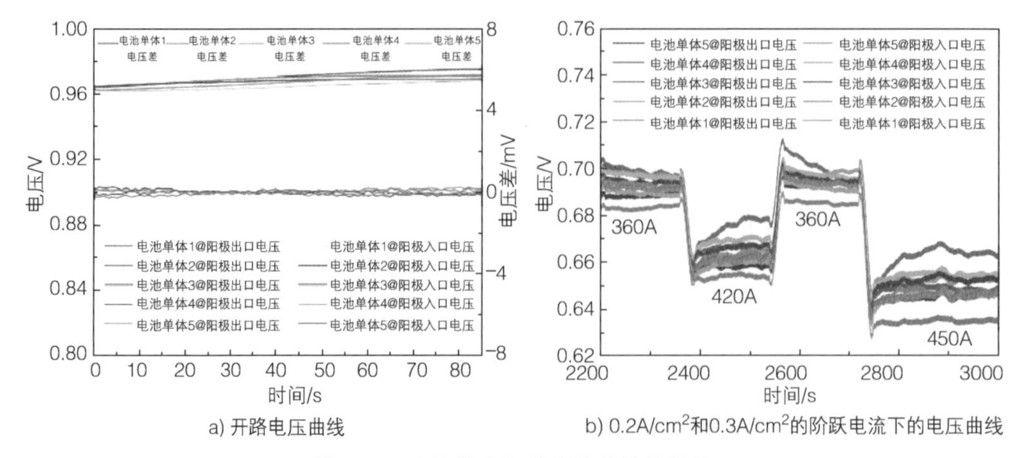

a) 开路电压曲线　　b) 0.2A/cm²和0.3A/cm²的阶跃电流下的电压曲线

图 2-45　电池堆中每片电池单体的性能

现有结果表明，电压数据不仅取决于操作条件和电池状态，还受电压测量点的布置位置的影响，这给燃料电池的状态估计带来极大挑战。这意味着在商业化燃料电池中，双极板的等电位假设是不合适的。为了监测和研究燃料电池单体面内异质性，本节提出了全面的分析框架。首先，通过多点电压测量方法对电池单体的面内异质性进行快速评估；其次，对电池单体内的不均匀分布的状态参数，尤其是温度和电流分布进行详细分析；最后，使用多点阻抗方法来量化燃料电池单体面内异质性的演变规律。下面将描述获得多点电压、原位温度、电流密度分布和多点阻抗的试验布置。

2.6.2　面内异质性试验

试验对象是一个拥有 5 片单体电池的电堆，用于测量商业尺寸燃料电池的温度、多点电压和多点阻抗。图 2-46 为试验布局示意图，它由燃料电池堆、试验台、多点电压采集单元、温度传感器和多点阻抗采集单元组成。试验的具体设置过程如下，试验设备见表 2-6。

所有试验都是在群翌（Hephas）890e 燃料电池测试台上进行的。15 个超细热电偶温度传感器（温度测量范围：−100 ~ 200℃，温度测量精度：0.5℃）被布置在第 5 片单体电池的阴极双极板的背面（盲端，与集流体接触），以监测电池的温度分布。这些传感器被整合到阴极双极板上，并以均匀的间距来测量沿气流方向的双极板温度变化。通过这种方式，可以获得双极板上的温度分布，而不会对电池中的气体传输和电化学反应产生不利影响，并保证电压采集和阻抗计算的准确性。

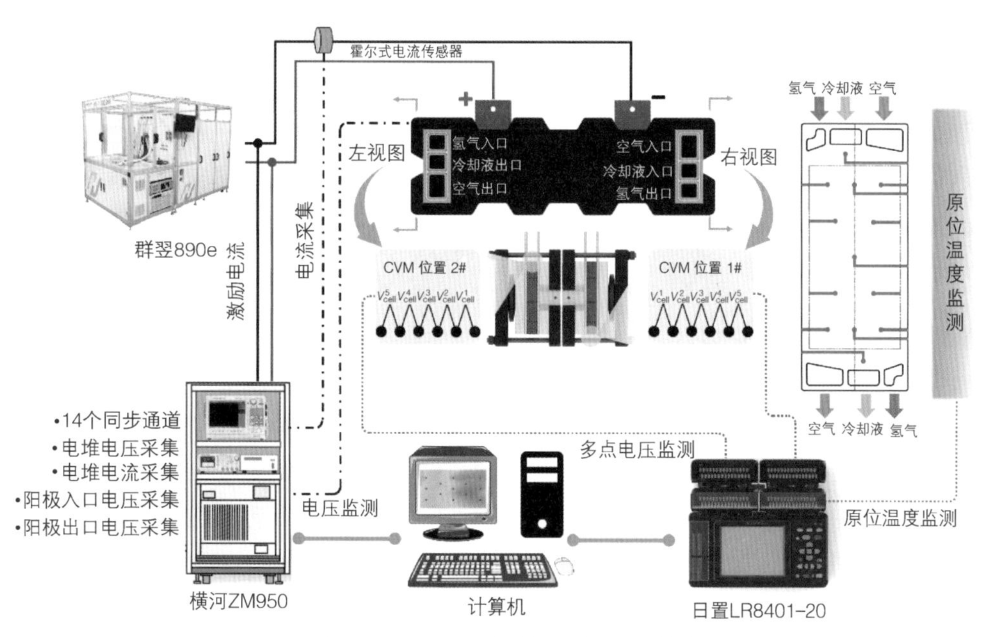

图 2-46　面内异质性试验布局示意图

表 2-6　试验设备

型号	作用	描述
群翌 890e	测试平台	为燃料电池堆提供燃料，并控制诸如压力、流速、湿度和温度等参数
日置 LR8401-20	多点电压测量	监测每片单体电池的阳极入口和出口区域的电压
	多点温度测量	监测第 5 片单体电池阴极侧双极板背面的 15 个位置的温度
横河 ZM950	多点阻抗测量	监测每片单体电池的阳极入口和出口区域的阻抗

多点阻抗采集单元的电流测量范围为 0 ~ 1000A，满刻度偏差为 ±0.3%，电压测量范围为 10mV ~ 200V，读数偏差为 0.3%，可支持 0.01Hz ~ 10kHz 的全范围频率扫描和固定频率测量，最大可实现 14 个通道同步测量。试验过程中，在同一位置同步采集 10 组电压数据（分别布置在 5 片单体电池的阳极入口和阳极出口区域），电流通过放置在电池堆负极负载线上的霍尔式电流传感器进行采集。

2.6.3　面内异质性分析

鉴于目前对商业尺寸燃料电池单体面内异质性的研究比较薄弱，本节基于多点阻抗测量方法定量地揭示极化动态过程中的局部差异，并提出一个全面的燃料电池面内异质性分析框架。首先，采用非破坏性的多点电压测量方法快速评估面内异质性，在不对电池产生负面影响的情况下观察双极板的电流和电压再分配过程，从而能够快速评估商业规模燃料电池的面内异质性。其次，揭示局部电流密度和相应区域的电压之间的关联性，并借助原位温度测量方法开展对单体面内异质性的定性分析。最后，采用多点阻抗测量方法，分别获得燃料电池不同区域的极化阻值，分析面内异质性与极化阻值之间的相关性，揭示面内异质性随电流密度变化的机制。

1 异质性快速评估

首先通过多点电压测量方法获取电池不同位置的电压分布，对商业尺寸燃料电池进行快速异质性评估。图 2-47 给出了商业尺寸燃料电池在不同工作条件下的极化曲线，测试工况分别为标准工作条件、干燥工作条件和湿润工作条件（表 2-7）。在标准工作条件下，电池性能良好，然而，仍然可以在双极板上观察到不可忽略的电压差（28mV）。在干燥工作条件下，较高的温度会导致低电流密度下空气入口位置的膜内含水量低；而在湿润工作条件下，较高的湿度会导致高电流密度下液态水积聚，不利于空气出口位置的电化学反应，这导致燃料电池在这两种工作条件下，电化学反应速率分布均存在差异，并且电池中的电势差分别扩展至 36mV 和 33mV。

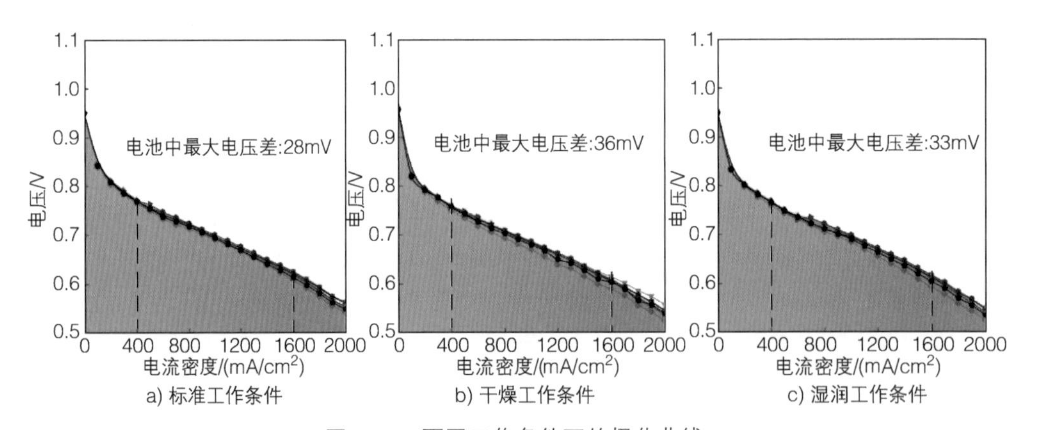

图 2-47 不同工作条件下的极化曲线

表 2-7 工作条件

工作条件	相对湿度	操作温度	化学计量比	操作压力
标准工作条件	阳极：40% 阴极：60%	75℃	阳极：1.6 阴极：2.0	阳极：140kPa 阴极：120kPa
干燥工作条件	阳极：20% 阴极：20%	80℃		
湿润工作条件	阳极：60% 阴极：60%	70℃		

2 异质性定性评估

对燃料电池面内异质性进行快速评估后，需要进一步开展异质性的定性分析，从而了解导致面内异质性的主导因素。因此，本部分的核心是进一步使用更方便和可靠的原位分析方法来定性分析燃料电池的面内均匀性。

图 2-48 显示了在 700mA/cm^2 和 1500mA/cm^2 电流密度下由电流再分布模型计算出的第 5 片单体电池在极化过程中的电流分布。在 700mA/cm^2 时，约 69.3% 的电流集中在阳极入口部分，这导致 32.5A 的横向电流。相比之下，在阳极入口部分测量到的电压比在阳极出口部分测量到的电压低 28mV。结果解释了正常操作下不同区域电流和电压之间的负相关关系。这可能是阳极入口部分和阳极出口部分的膜内含水量差异导致的，由于电池采用交叉流道，阳极出口部分处于空气流道上游，该区域被持续的大气流吹扫，导致该区域的膜相对干燥。同时，由于液态水的积累，空气流道下游部分的膜充分水合，这导致空气流道上、下游质子交换膜的质子电导率有显著的差异，迫使电流集中在阳极入口部分（空气下游区域）。因此，在低电流密度下，膜含水量的分布状态是电流密度分布的决定因素。

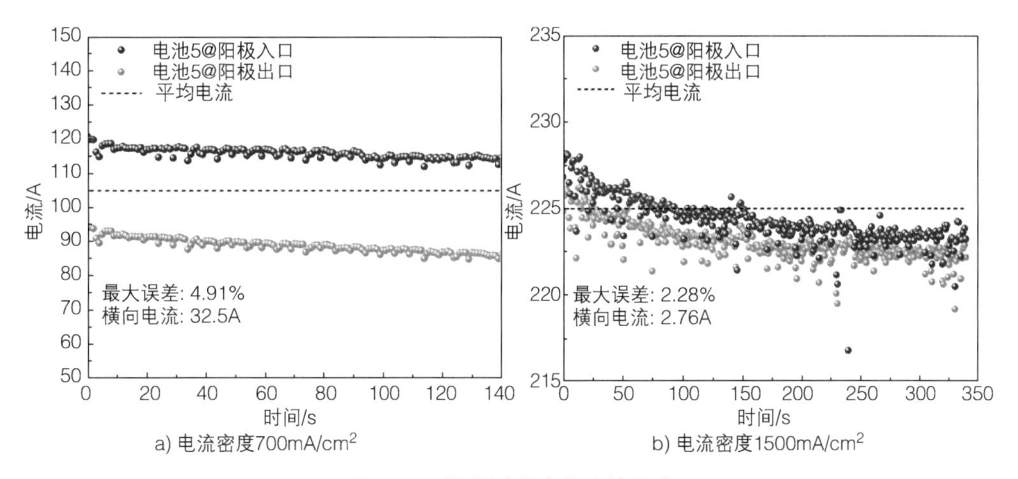

图 2-48　极化过程中的电流分布

当电流密度上升到 1500mA/cm^2 时，经过长时间的操作，阴极的上游和下游区域膜水合状态趋于一致。在这个阶段，氧气浓度沿气流通道的损失和温度分布的差异是造成面内异质性的主要原因。在高电流密度下，沿流道方向的氧浓度损失呈指数级增长。此外，积聚在阴极出口区域的液态水会覆盖催化剂表面，阻止氧气与催化剂接触，并导致阴极出口位置的电化学反应速率降低。然而，如图 2-48b 所示，在 1500mA/cm^2 时，表征电池单体面内异质性的双极板中电势差可忽略不计。

鉴于温度对电化学反应速率、水合状态和反应气体分压的重要作用，下面将讨论温度分布对电流分布的影响机制。

图 2-49 显示了电流密度从 500mA/cm^2 上升至 1500mA/cm^2 时的电池温度分布，可以看出高温区域集中在阴极出口区域，低温区域在阴极入口区域。温度沿着气流路径的方向逐渐升高，而氧气浓度的分布正好相反，随着负载的增加，高温区域逐渐向冷却液进口区域扩散。当电流密度低于 900mA/cm^2 时，双极板中温度分布对电池的面内异质性的影响较小，在这个阶段，电池的面内异质性主要由膜的水合状态决定。当电流密度增加到 1500mA/cm^2 时，双极板上的温度分布差异扩大至 3.6℃。温差扩大显著影响冷却液进、出口区域的电化学反应速率，阴极出口处的高温可以显著提高电化学反应速率，提高液态水的蒸发速率，防止局部出现水淹故障，并有助于改善由于阴极出口区域的气体浓度低而导致的传质损失。温度和氧气浓度分布的综合影响导致在 1500mA/cm^2 时双极板中电压差可以忽略不计。

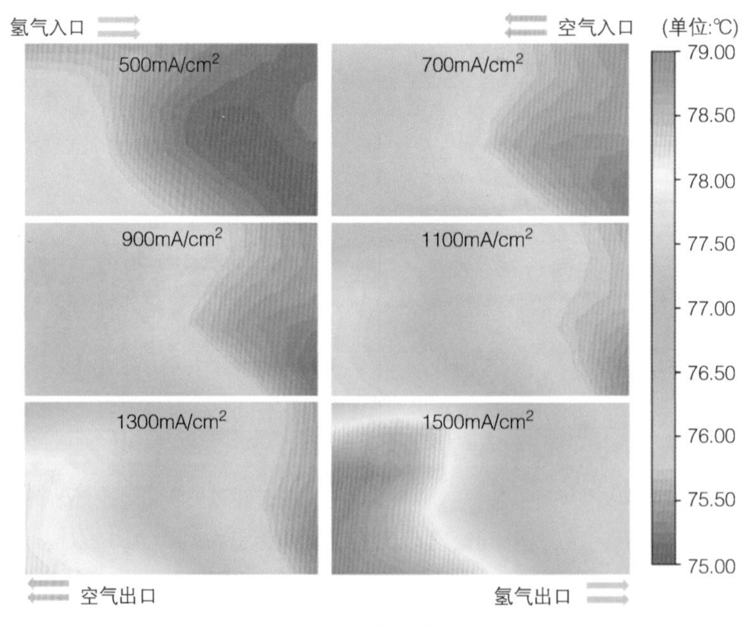

图 2-49 温度分布云图

因此，将冷却液和空气设置为同向流动有助于减小沿流道方向的传质差异，并改善燃料电池的面内均匀性。虽然电池没有出现如水淹、饥饿或干燥之类的严重故障，但电池内部反应物质传输过程和分布仍然存在明显的差异，并导致平面内的均匀性降低，从而加速了电堆性能的下降和功率的损失，这一结果为面内异质性的演变过程提供了一个更深入的解释。

3 异质性定量评估

为了理解和改善燃料电池单体面内异质性，需要对燃料电池内部极化过程和对应的极化损失进行定量分析，了解不同阶段造成燃料电池异质性的主导因素。因此，在前面的基础上，通过多点阻抗测量方法量化阳极入口和阳极出口的极化损失差异。

图 2-50a 和 b 绘制了 5 片电池单体在电流密度为 $100mA/cm^2$ 和 $1900mA/cm^2$ 时的多点阻抗谱。在 $100mA/cm^2$ 时，中频和低频区域阻抗的两个谱图基本重合。随后负载增加至 $1900mA/cm^2$ 时，低频和中频电弧分离并明显增大，这主要是由高负载下的传质损失导致的。燃料电池的面内异质性在不同的工作条件下有明显的变化，这表现在不同区域的阻抗损失的差异上，这种变化与复杂的内部电化学反应过程和反应物质的不均匀分布直接相关。

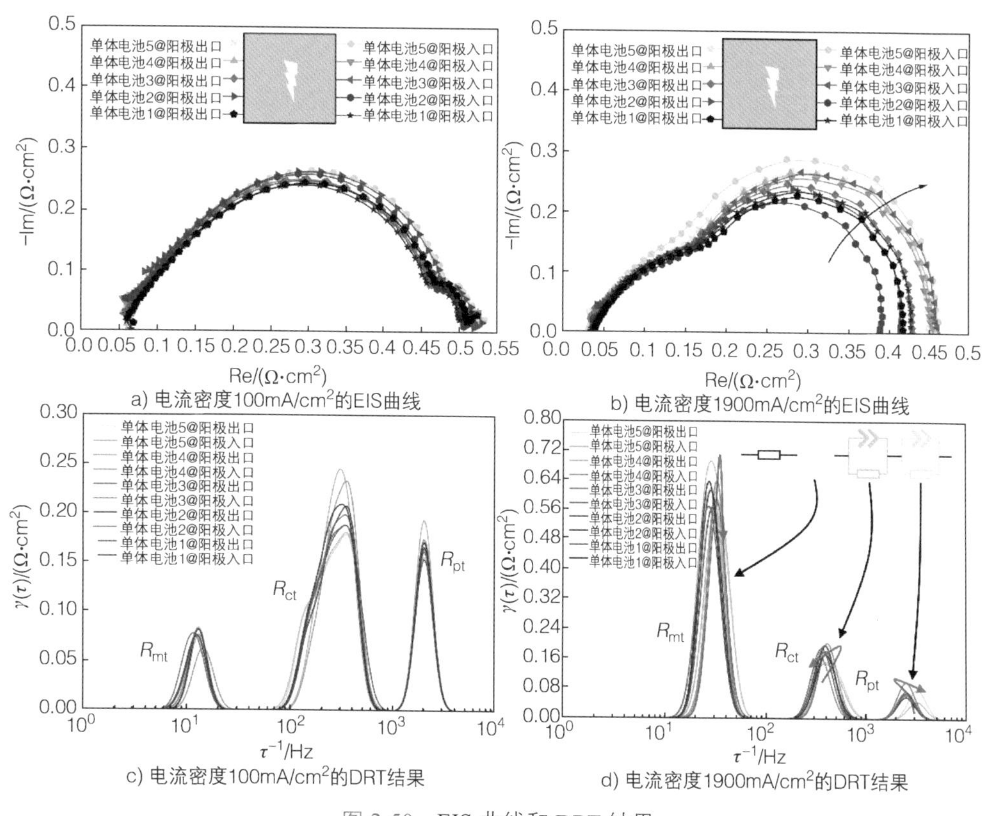

图 2-50　EIS 曲线和 DRT 结果

为了进一步研究不同区域极化过程的电化学动力学特性，本节引入了 DRT 方法来深入研究燃料电池单体的面内极化过程和相应的损失。图 2-50c 和 d 展示了 DRT 分析结果，在 100mA/cm² 时，R_{ct} 主导了极化过程，并与电荷转移动力学密切相关，随着电流密度增加至 1900mA/cm²，表征传质损失的 R_{mt} 主导了极化过程，而表征质子电导率的 R_{pt} 逐渐降低。

为了充分了解燃料电池中各区域的极化差异，绘制了不同电流密度下各极化损失的变化曲线，如图 2-51 所示。如图 2-51a 和 d 所示，P1 峰的特征值与氧气扩散阻抗 R_{mt} 有关（例如，阳极出口部分的 R_{mt} 从 0.375Ω · cm² 下降到 0.067Ω · cm²），在低负载下随着电流密度的增加而下降，而与电荷传递相关的 P2 峰的特征值和阻抗 R_{ct} 由于催化活性的提高而增加。如图 2-51b 和 e 所示，随着负载的进一步增加，沿流道的氧浓度损失逐渐扩大，导致阳极出口部分的 R_{mt} 从 0.0729Ω · cm² 增加到 0.098Ω · cm²，负载的增加也有助于产生更多的热量，促进催化剂活性的释放，从而降低了 P2 峰和 R_{ct} 的特征值。值得注意的是，浓度损失在 1300mA/cm² 之后开始扩大，影响了氧气的扩散阻抗（例如，阳极出口部分的 R_{mt} 从 0.098Ω · cm² 迅速增加到 0.1594Ω · cm²）。

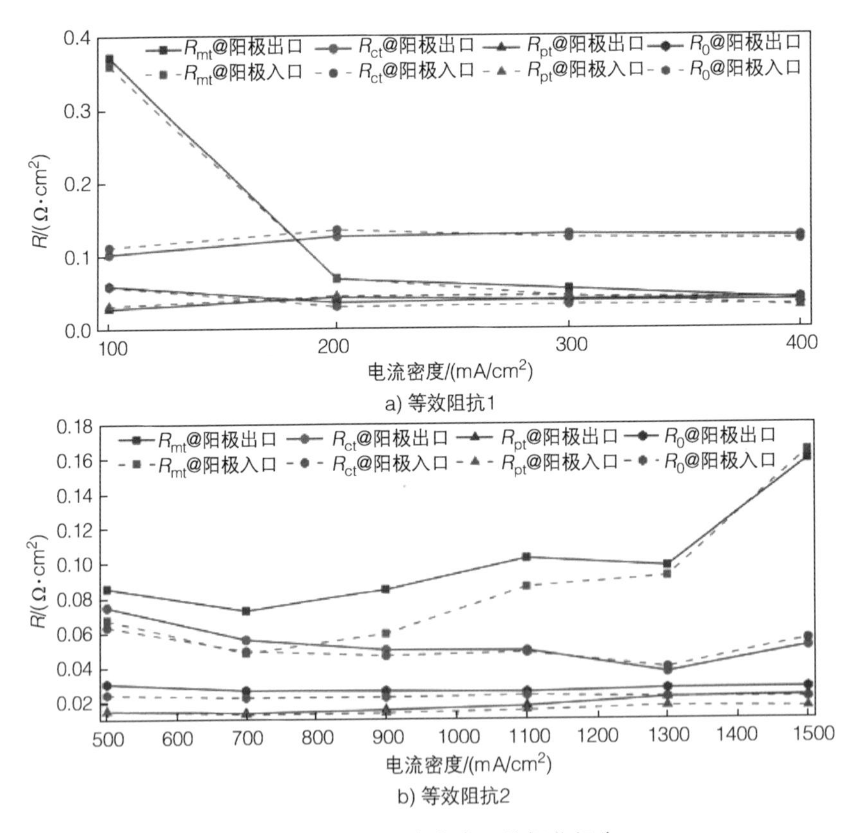

a) 等效阻抗1

b) 等效阻抗2

图 2-51　不同电流密度下的极化损失

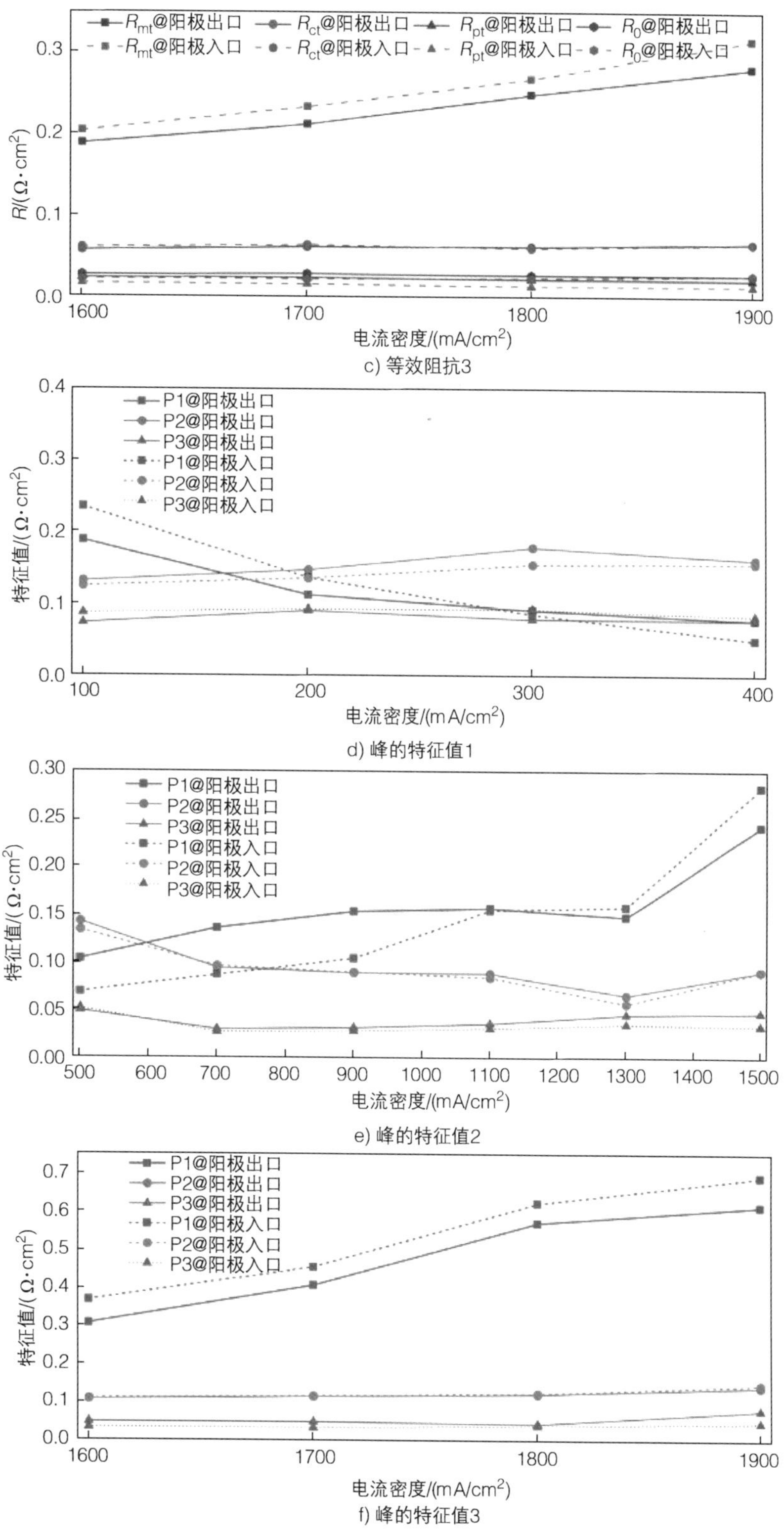

图 2-51　不同电流密度下的极化损失（续）

此外，负载的变化改变了电池内的组分分布，并影响面内异质性。在低负载下，较少的自产水和较大的气体流速足以去除流道中的液态水，使得电池中的气流分布更加均匀，这表现为随着电流的增加，两部分极化阻值的差异基本不变。随着负载的增加，自产水增加并聚集在阴极出口区域，导致该区域的膜逐渐水合，并导致电流密度的迁移。这种异质性始终存在，直到质子交换膜完全水合，这可以用以下表现来解释：在 400 ~ 700mA/cm^2 期间，电池内的极化阻值差异随着电流的增加而逐渐增大（例如，R_{mt} 的最大差值为 0.0232Ω · cm^2，R_{ct} 的最大差值为 0.0114Ω · cm^2）；随着内部水状态的逐渐饱和，电池内的极化阻值差异逐渐减小，并在 1300mA/cm^2 时趋于零，此后，面内异质性主要由沿流道的氧气浓度损失主导，电池内的氧扩散阻抗差随着电流密度的增加逐渐扩大，最终达到 0.03439Ω · cm^2。

在高电流密度下，欧姆阻抗受负载变化的影响较小，这可能是因为在高电流密度下，质子交换膜可以完全水合。相反，在低负载时，阴极进口区域的膜往往处于偏干的状态，导致 R_{pt} 增加。

2.7 燃料电池堆单体间不一致特性

2.7.1 燃料电池堆单体不一致性试验

本节试验用燃料电池堆由端板、石墨双极板、集流体以及 100 片商业化膜电极组件组成，并通过螺栓紧固，额定功率可达到 30kW。膜电极有效电化学活性表面积为 300cm^2，阴、阳极的铂载量分别为 0.3mg/cm^2 和 0.1mg/cm^2。本节测试的电池堆及其结构组成示意图如图 2-52 所示。

本节采用的燃料电池测试台具有良好的温度、压力、流量、湿度和负载调节能力，其中，压力的动态控制精度小于 5kPa，流量的控制精度为满量程的 ±1%，加湿方式为气泡式加湿，可通过加湿器和电堆的温度来调节进气相对湿度，露点温度控制精度在稳态时可达到 ±2℃。电堆的阻抗通过多通道阻抗测试仪测得，该装置最多支持 11 个通道同步测量。因此，电堆按照单体的数量被平均分成 10 组，每一组包含 10 个单体，最靠近盲端的组被命名为 G#1。

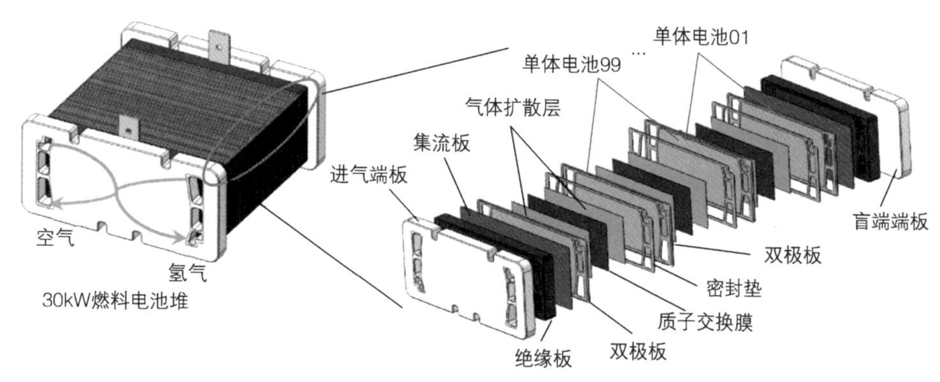

图 2-52　30kW 燃料电池堆及其结构示意图

依据燃料电池堆制造商的建议，电堆标准运行工况见表 2-8：气体化学计量比阳极是 1.6、阴极是 2，气体背压阳极是 140kPa、阴极是 120kPa（相对压力），入口气体相对湿度阳极是 40%、阴极是 60%，标准运行温度是 75℃，定义的工作电流密度为 1.0A/cm^2。通常，燃料电池的产热与电流密度密切相关，因此，在此电流密度下，燃料电池堆的冷却液进、出口温度可以控制在 3℃内。在燃料电池堆稳态敏感性测试过程中，引入控制变量法，即除了待分析条件外，所有其余的操作条件保持不变，并设定为标准值，详细的测试工况见表 2-9。对于每个操作条件，在恒电流模式下进行电化学阻抗谱分析，频率为 1kHz 至 0.1Hz，每倍频 10 个点。此外，每次在相应测试条件下进行阻抗测量之前，给予足够的时间来稳定，直到电堆电压没有显著变化，以确保测量结果的准确性。

表 2-8　燃料电池堆标准操作条件

操作条件	参数值
电堆温度 /℃	75
阴 / 阳极背压 /kPa	120/140
氢气 / 空气相对湿度（%）	40/60
氢气 / 空气过量系数	1.6/2
冷却液流量 /（L/min）	60
电流密度 /（A/cm^2）	1.0

表 2-9　稳态敏感性操作条件设置

参数名称	参数值
电堆温度 /℃	65、70、75、80
阴 / 阳极背压 /kPa	110/130、120/140、130/150、140/160
空气过量系数	1.6、1.8、2、2.3
电流密度 /（A/cm^2）	0.7、1.0、1.2、1.4

2.7.2 燃料电池堆单体不一致性表现规律

燃料电池堆由许多燃料电池单体串联组成，单体电池的数量越多，电堆的尺寸结构就越大，大尺寸电堆将加剧堆内气体和温度分布的不均匀性，最终导致燃料电池性能的差异。在标准工况条件下，各单体电池的极化曲线和电堆功率如图 2-53a 所示。随着电流密度的增加，各单体电池之间的电压差异增大，其中，在 1.0A/cm^2 电流密度时各组的电压如图 2-53b 所示，最靠近进气端板的 G#10 的电压最低，而 G#1 的电压最高。燃料电池堆内每片输出电压的差异主要在于各极化过电位的不同，而极化过电位的计算需要知道燃料电池材料的特征参数，以及反应物压力、温度等，这些对于燃料电池堆来讲，在无损的情况下是很难获得的。这意味着很难了解燃料电池堆内不一致性能的背后原因，因此，EIS 作为一种无损的检测方式，是一种非常好的选择，有助于从极化损失差异的角度分析电堆不一致性对外部工况参数的敏感性。

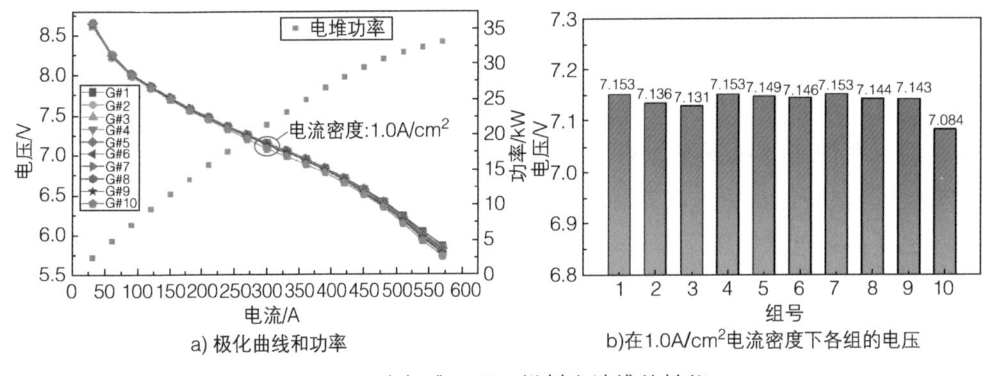

图 2-53 在标准工况下燃料电池堆的性能

图 2-54 展示了标准工况下燃料电池堆内各单体电池的阻抗和等效电路模型分析结果，可以看出电堆内各组电池之间的阻抗在中低频存在明显的差异。通常情况下，当气体由台架进入电堆时，靠近进气端板的燃料电池进气流量最大，压力最小，而最远离进气端板区域进气流量最小，压力最大。但在实际过程中由于进气通道截面的变化，气体的雷诺数增加，产生湍流，并且考虑到歧管表面的气体摩擦，干扰了气体流动和向各组的供气，因此，试验中发现最远离进气端板的 G#1 氧气在气体扩散层内的扩散阻力最小。同时，对于采用水冷散热的燃料电池堆，此区域较高的温度也有利于流道内液态水的去除，从而提高燃料电池催化层内氧气的浓度，加快电化学反应的速率，使氧还原反应损失降低，而 G#10 正好与之相反。此外，需要注意的是，液态水的减少会增加欧姆内阻，这一点可以从图 2-54b 中较大的 G#1 欧姆内阻得到证实。另外，对于燃料电池堆，组装过程中

的误差也可能导致电堆内各单体电池间界面电阻的差异，使得各组欧姆内阻显现出不一致性；当然，这不局限于欧姆内阻，对质子传递损失、电荷转移损失和氧气扩散损失同样适用。总而言之，燃料电池堆内气体和温度分布的不均匀性，以及电堆装配过程中产生的固有差异，使得电堆内部各单体电池间性能存在不同。

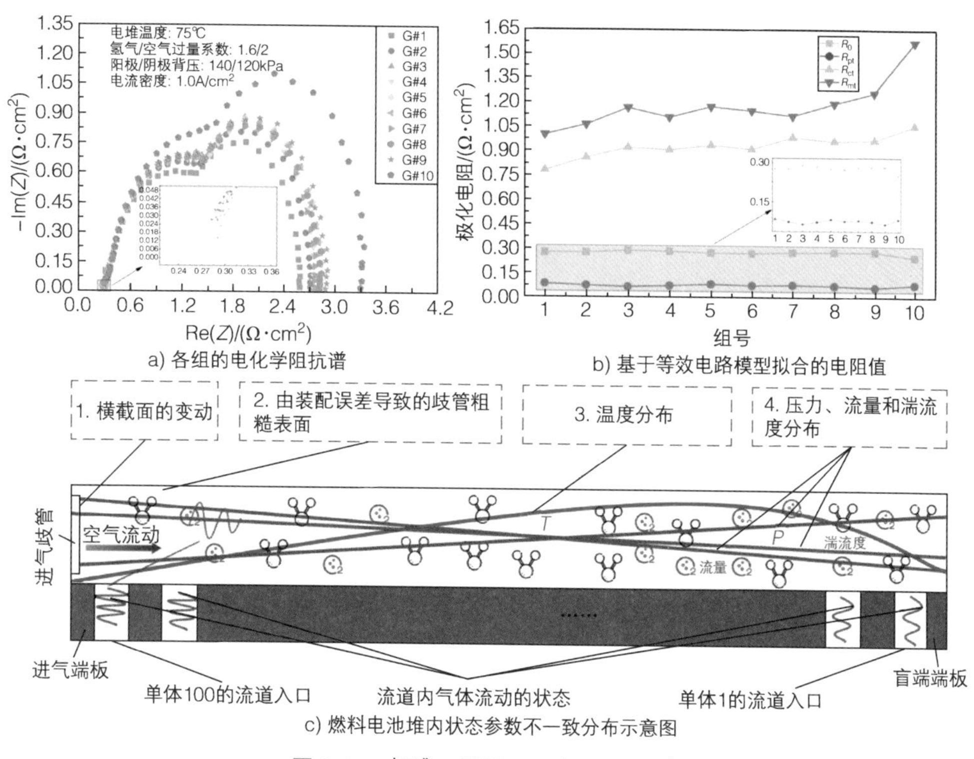

图 2-54　标准工况下 EIS 和 ECM 分析

2.7.3　燃料电池堆单体不一致性分析

图 2-55a ~ c 展示了在不同运行温度条件下，燃料电池堆内各组电池测得的电化学阻抗谱。根据团聚体建模理论，燃料电池内部典型的动力学过程有质子传递、氧还原反应和氧气传输，如图 2-56 所示，这些过程都受到温度的影响。因此，可以看到电堆温度从 65℃增加至 80℃时，各单体电池阻抗弧半径的明显变化，并且这种变化还依赖于所处电堆内的位置。通过等效电路模型分析可知，随着电堆温度的升高，欧姆电阻的不一致性增大，这可能与更高温度下增大的液态水和膜含水量分布不一致性有关，其中，受端板效应影响，靠近进气端板的单体电池欧姆电阻最小。对于氧还原反应和氧气传输过程，更高的温度一方面加快了电化学反应速率，另一方面液态水含量减少，水分布的不均匀性降低，因此，电

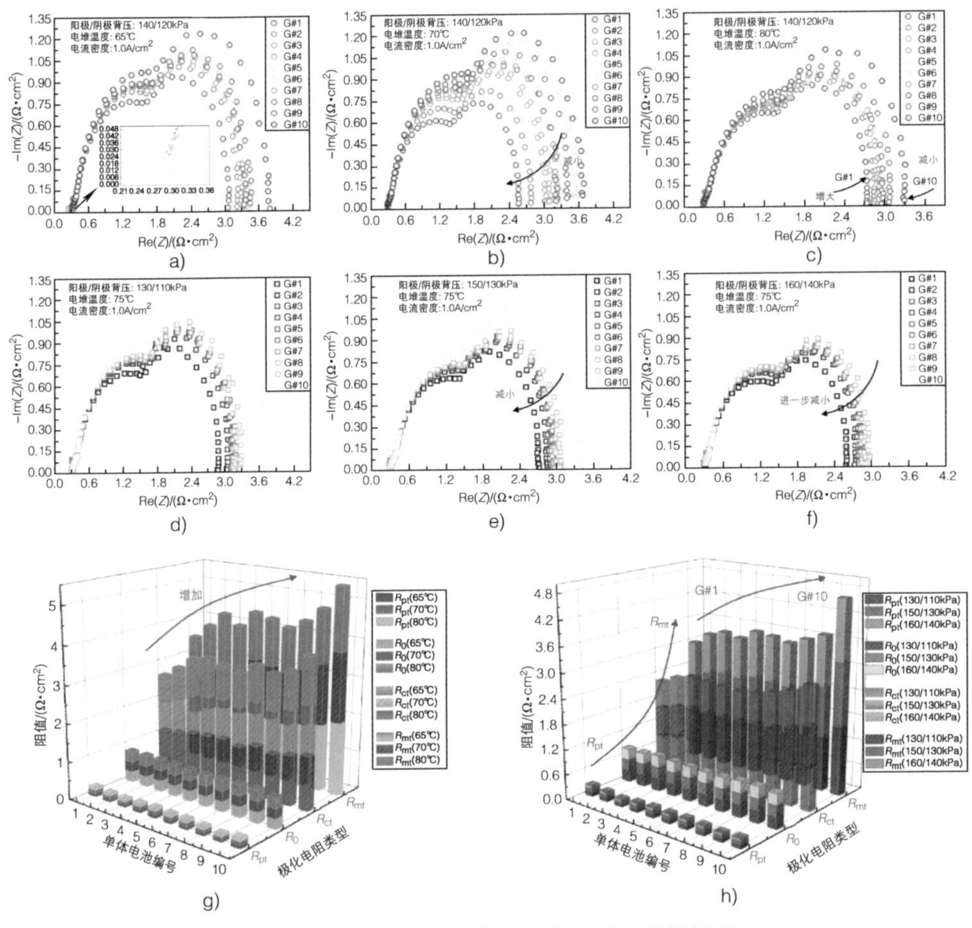

图 2-55　电堆温度和气体背压的敏感性分析结果

堆内各组传荷电阻、传质电阻，以及它们的不一致性变小。但是，膜电极的水合状态存在一个最佳温度范围，当电堆温度进一步升高到 80℃时，局部高温导致 G#1 ~ G#4 的传质损失显著增大。更高的温度有助于通过毛细管力和气流的剪切力去除液态水并显著降低膜两侧水的含量，进而导致氧气传输阻力的增加。另外，由于质子传递的温度依赖性，更高的温度有利于提高电导率，但膜含水量的降低会对质子传递产生负面影响，因此，在电堆内不一致温度和膜含水量分布共同作用下，各单体电池 R_{pt} 的差异没有显现明显的变化特性。

为了分析气体背压对燃料电池堆不一致性的影响，将阳极和阴极进气压力从 130kPa 和 110kPa 调整到 160kPa 和 140kPa，测得的阻抗数据如图 2-55d ~ f 所示。明显地可以看出各组电池阻抗弧的半径在低频和中频区域不同程度地变小，在等效电路模型分析中也可以看到类似的结果。当电堆进气口压力增大时，堆内各个

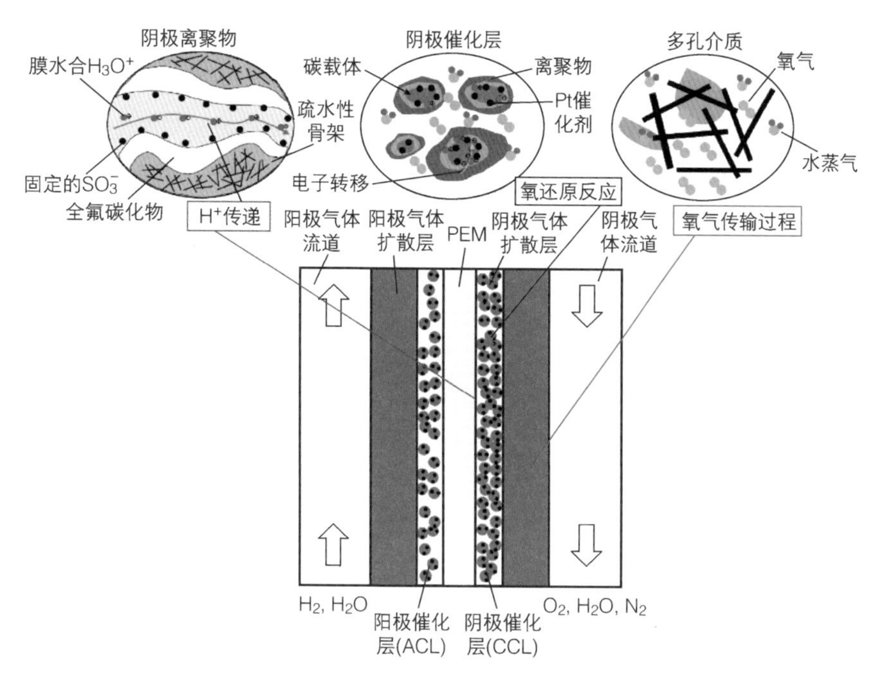

图 2-56　基于团聚体假设的在微观尺度下燃料电池内关键极化动力学过程

区域的进气压力也随之增大。更高的进气压力增强了氧气在气体扩散层内的扩散能力，提高了氧气浓度，因此，各组的传质电阻和传荷电阻减小。但是，可能归因于各组进气压力增加的一致性，传质电阻和传荷电阻的不一致性基本不变。此外，值得注意的是，在每个工况下靠近进气端板的电池质量传输损失都显著大于其他的电池，这可能与电堆的结构有关，电堆进气端口由于横截面的变化，气体以湍流的形式流动，而湍流对燃料电池流道内的气 - 液两相传输影响是显著的。在进气端板处的气体湍流程度最大，氧气传输阻力最大。但是，电堆进气压力的变化无法改变气体的流动状态。对于质子传递损失和欧姆电阻，由于各单体电池膜电极的膜水合状态维持在良好的水平，随着电堆进气压力的变化，它们的不一致性基本保持不变。

图 2-57a ~ c 展示了在其他操作条件不变的情况下，空气过量系数从 1.6 到 2.3 对电堆内不同组电池阻抗的影响。与气体背压影响类似的是，可以清楚地识别出不同空气过量系数下各组电池阻抗弧的变化。借助等效电路模型分析，增大空气过量系数提高了电堆内不同区域的空气流速，强化了对流传质作用，因此，各单体电池与氧气扩散有关的电阻 R_{mt} 随着空气过量系数的增大而减小，并且由于歧管内气体的不均匀分配和液态水的不一致分布，传质损失的不一致性随着空气过量系数的增大，先变大后减小。这是因为更大的空气过量系数容易去除阴极流道内形成的液态水，足够大的空气流量使得各组电池内燃料电池的水合状态更加趋

于一致。同样地，更快的氧气扩散速率提高了催化层内氧气浓度，增加了交换电流密度，进而各组电池与电荷转移相关的电阻 R_{ct} 减小，并且传荷电阻的不一致性显示出与传质损失类似的趋势。此外，从图 2-57g 中可以发现欧姆电阻的不一致性受空气过量系数的影响较小，这是因为在此电流密度和相对湿度下，各组电池交换膜可以被充分水合，而一些单体电池的欧姆电阻随着空气过量系数的增大而略微增大，可能是由于过大的空气流速导致了膜内含水量降低，这一点也可以从质子传输损失的增加上看出来。

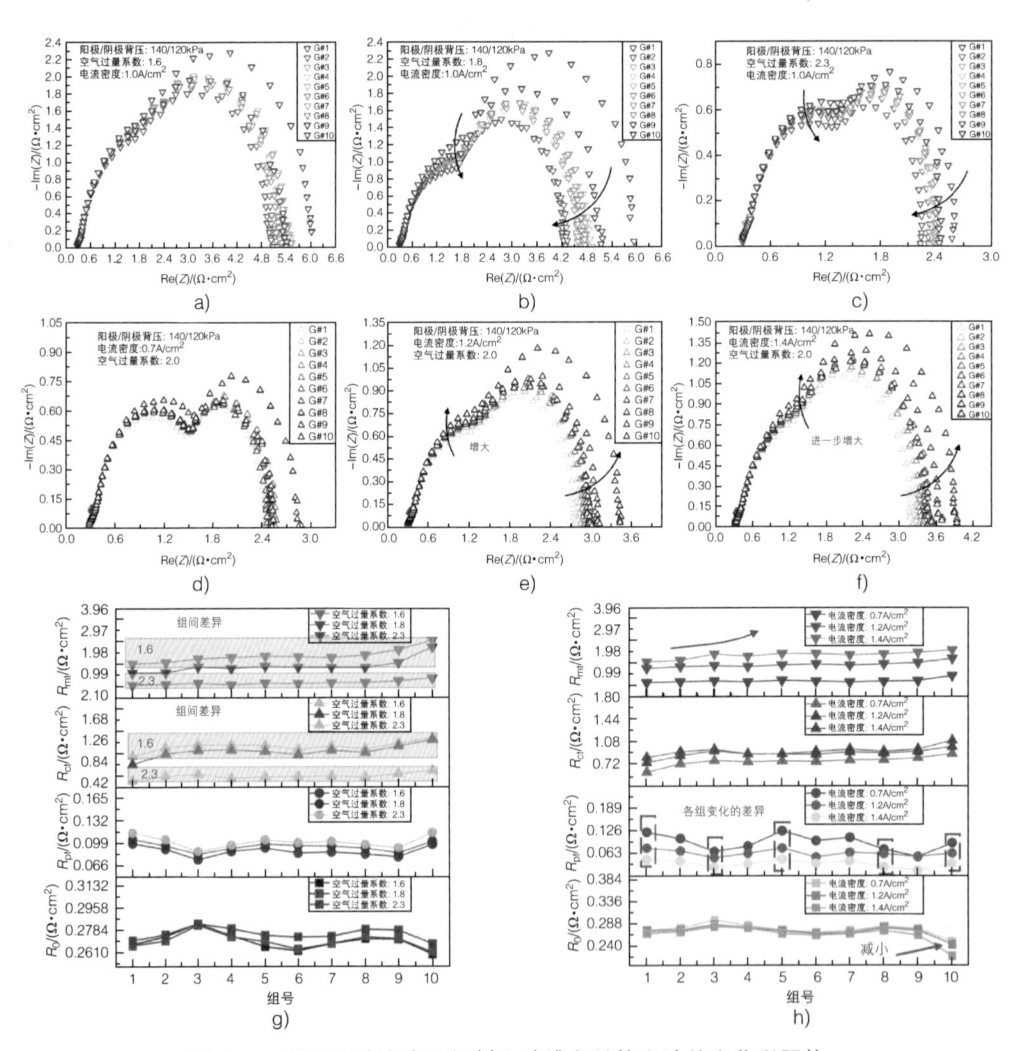

图 2-57　不同电流密度下燃料电池堆各单体电池的电化学阻抗

燃料电池的输出电压与内部各极化过程密切相关，为深入了解燃料电池堆内部不一致的动力学过程，有必要研究不同电流密度下燃料电池堆内各区域的阻抗。因此，在标准工况条件下，分别测量了位于中高电流密度区间内 3 种不同电

流密度下的电堆区域电化学阻抗谱，如图 2-57d ~ f 所示。可以发现随着电流密度的增大，各组与质量传输损失相关的阻抗低频弧的半径显著增大，浓差损失逐步占据主导地位。同时，受串联成组结构导致的气体不均匀分配影响，传质损失的不一致性增大，这一点也可以从图 2-57h 所示各组电池传质电阻的变化得到验证。对于氧还原反应过程，在满足良好的膜水合状态下，更高的电流密度导致电堆温度不均匀性升高，略微增大了传荷电阻的不一致性。此外，高电流密度会产生更多的水，易造成电堆内局部发生水淹故障，组 G#9 ~ G#10 显著降低的欧姆电阻可以证明这一点，并且欧姆电阻的不一致性也随之增加。另外，注意到各单体电池的质子传递损失 R_{pt} 随电流密度增加而变化的幅值存在差异，这是由电堆内不一致的膜水合状态和温度分布综合作用所致。

2.8　本章小结

本章聚焦燃料电池系统的核心组成部件——燃料电池堆，介绍了燃料电池堆特性表征及分析的主要物理和化学方法，详细阐释了燃料电池堆的工作特性。利用控制变量法设计了燃料电池试验工况，分析了燃料电池在稳态敏感性和动态工况下的电压特征，并基于电化学阻抗测量，深入揭示了不同工况下燃料电池内部氧气扩散、电荷转移和质子传递等动力学过程。由于低温启动能力是燃料电池系统的重要指标，本章也详细探究了不同膜水合状态、初始温度和启动加载方式下，燃料电池单体和电堆的冷启动特性。进一步地，针对商业燃料电池大表面积和多单体串联的结构特点，详细地阐述了燃料电池面内的异质性和电堆内单体间的不一致现象。本章的燃料电池特性分析，将有助于后续的燃料电池系统设计、集成和管控开发。

燃料电池系统集成设计

燃料电池系统集成设计的主要目标是将燃料电池堆、燃料电池辅助子系统及其控制系统、电气部件等，按照系统的工作原理及设计要求进行合理或优化的参数匹配计算，然后在各子系统零部件之间设计合理的连接方式，并通过机械结构将各零部件集成为一个刚性整体，最终完成燃料电池系统模块化集成。

本章参考行业标准，重点对现有燃料电池系统架构、电气架构、匹配设计及关键零部件分别介绍，旨在给出通用的燃料电池系统集成设计及参数匹配方法。

3.1 燃料电池系统架构及集成

基于图 1-3 所示的燃料电池系统架构，本节详细介绍燃料电池系统中空气供给子系统、氢气供给子系统及热管理子系统的常见架构。

3.1.1 空气供给子系统架构及集成

空气供给子系统是燃料电池系统重要组成部分，对空气供给子系统进行有效控制对提高燃料电池系统效率和可靠性具有重要意义。燃料电池系统空气供给一般分为两种，一种是非增压的空气供给方式，外部空气经空气滤清器后，不经压缩直接通入阴极反应，这种低压燃料电池系统一般适用于小功率应用场景，例如叉车或应急电源等；面向物流车、轻 / 中 / 重型货车等商用车辆场景，需开发高压燃料电池系统，主要由空气滤清器、空气质量流量计、空压机、中冷器、加湿器、前节气门以及温度和压力传感器等组成，具体结构如图 3-1 所示。

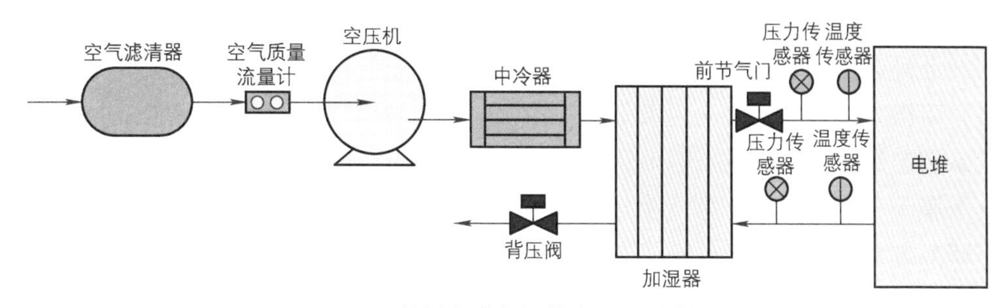

图 3-1 燃料电池空气供给子系统结构

大气中的空气经过滤清器后，有效去除其中的颗粒和硫化物等杂质，防止催化剂中毒；空气经质量流量计测量后进入空压机进行压缩增压，以达到燃料电池反应所需压力。考虑到空压机出口气体温度可达200℃以上，为防止进气温度过高而损伤电堆，空压机出口必须配置中冷器对空压机出口气体进行降温，保证进入电堆的空气温度在合理范围内。随后冷却空气进入加湿器，经电堆阴极出口湿空气加湿后进入电堆进行电化学反应。与此同时，电堆阴极尾气排放处布置背压阀，与空压机一起协同控制，为电堆提供满足一定流量、压力需求的空气。燃料电池正常工作过程中，前节气门处于常开状态；燃料电池系统关机后，为防止阴极侧残留空气氧化催化剂且扩散至阳极侧形成氢 - 空界面，需在燃料电池系统停机过程中，将前节气门和进气压力阀进行关闭，同时利用DC/DC变换器进行放电操作，消耗残留在空气回路中的空气。

以国内某企业生产的燃料电池系统为例，其外形如图3-2所示，因为空气滤清器和空压机体积相对较大，一般放置在电堆侧面，加湿器体积也较大，一般放置于电堆底部；为进一步提高系统集成度，空气质量流量计可集成于空气滤清器中，对于温度传感器和压力传感器，可集成形成温压一体传感器等。总而言之，在集成设计中，一方面选择性能满足且集成度高的零部件，例如对于空压机选择结构紧凑的离心式空压机；另一方面，从空间布置上进行合理设计，以进一步提高系统体积功率密度。

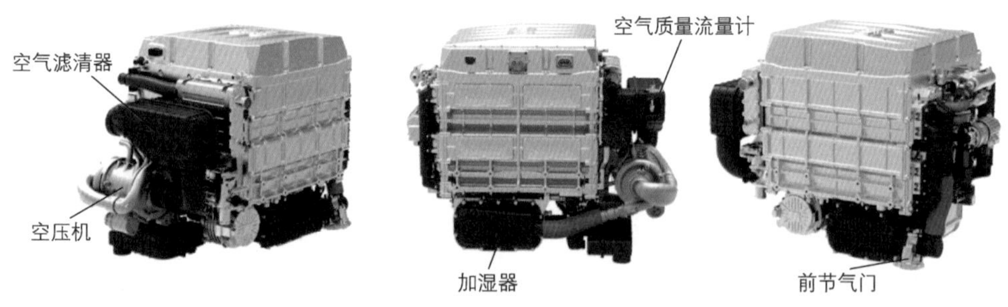

图 3-2　某款商用车辆燃料电池系统外形

（资料来源：https://www.refire.com/products）

此外，图3-1所示的空气供给子系统结构实际上无法对空气湿度进行精确调节，阴极入口湿度依赖于阴极出口气体含水量的被动调节。另一方面，在燃料电池系统启动过程中，电堆因电化学反应生成水较少，且空压机出口气体流量较大处于膜干状态，若过于调小空气流量，则离心式空压机易发生喘振现象。为此，有研究方案提出可进行空气供给子系统双旁通回路设计，具体结构如图3-3所示。在电堆入口处，布置入口旁通阀，其开启时部分干空气不经过电堆；在电堆出口处也布置出口旁通阀，出口旁通阀开启时，部分湿润空气不经过加湿器。据此，

没有检测出故障时，采用普通工作模式进行工作；系统检测出膜干故障时，出口旁通阀关闭，入口旁通阀开度在不保证缺气的前提下适当调节，部分气体不经过电堆，避免了过大的进气流速带走过多的水分，同时可避免空压机在小流量和大压比条件下的喘振现象；当系统检测出现水淹故障时，出口旁通阀打开，入口旁通阀关闭，此时入口气体没有足够的湿气进行加湿，实现了湿度降低调节。基于该空气系统设计，可灵活进行燃料电池系统湿度调节，但与此同时，由于额外增加了两个节气门以及相关管路，这对系统集成提出了更高要求，此外，也对燃料电池系统控制器的资源通道数量提出了更高的要求。

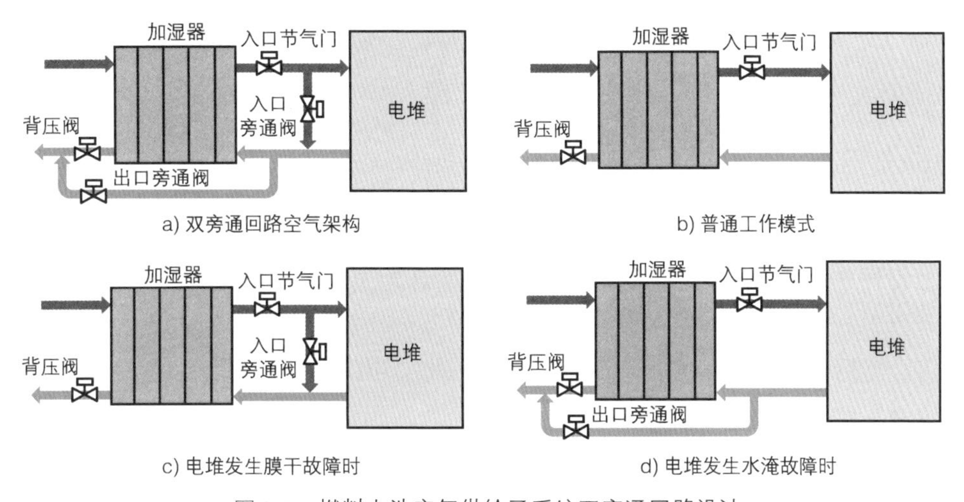

图 3-3 燃料电池空气供给子系统双旁通回路设计

3.1.2 氢气供给子系统架构及集成

氢气供给子系统为燃料电池系统提供压力稳定的氢气，典型结构如图 3-4 所示，主要包括中压传感器、氢进电磁阀、调压阀、氢循环装置、气液分离器、排氢阀、正温度系数（positive temperature coefficient，PTC）加热器以及温度和压力传感器。高压氢气从储氢瓶经减压阀通常减压至 0.8 ~ 1.2MPa 后，输入至燃料电池系统氢进口。燃料电池系统工作时氢进电磁阀开启，紧急情况发生时氢进电磁阀关闭，保证氢气供给子系统安全。调压阀通过实时调节开度对氢进压力进行控制，若反应压力失控则泄压阀开启，防止氢压过高而损坏电堆或引发危险。氢循环装置用于循环阳极侧未反应完的气体，可提高氢气利用率，同时有利于带走阳极侧累积的渗透氮气以及液态水，配合排氢阀动作，将渗氮和液态水排出系统，可提高电堆单体一致性。气液分离器用于过滤阳极出口液态水，防止液态水随循环氢气进入氢循环装置引起生锈腐蚀；在零下低温环境下，排氢阀内部会因液态水而结冰，故需通过 PTC 加热器进行融冰，保证排氢阀能够正常使用。

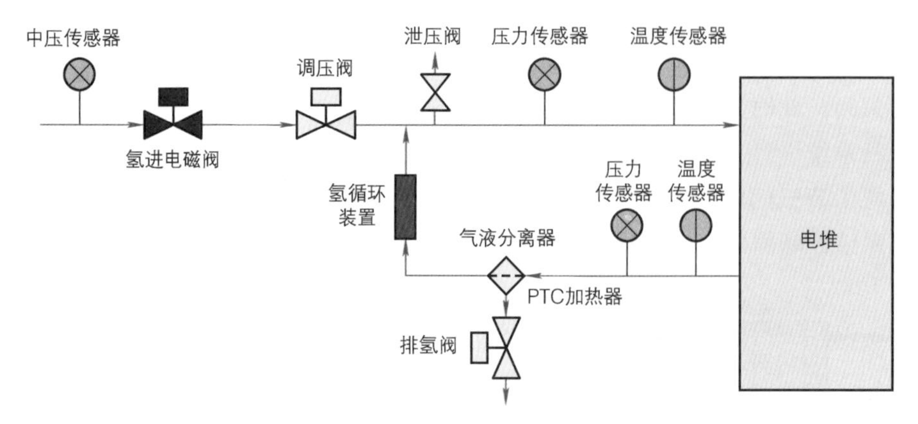

图 3-4　燃料电池氢气供给子系统结构

为提升燃料电池氢气供给子系统集成度，首先应选择合适的氢循环结构，目前氢循环结构主要分为引射器方案和氢气循环泵方案，具体结构如图 3-5 所示。对于引射器方案，反应后的残余气体经过气液分离器后，会重新进入引射器参与回流，然后引射器利用压差产生的自吸效应将排出端的氢气吸到引射腔体中，使得回流气体同比例阀出口氢气混合一起重新通入阳极腔体中，完成氢气的循环利用。氢气循环泵方案大致架构与引射器方案类似，只是氢气循环泵代替引射器，可通过主动控制泵转速来实现氢气循环。两者区别在于引射器是被动地利用压差进行循环，回流效果取决于当前压力情况，在宽范围工况下适应性较差；而循环

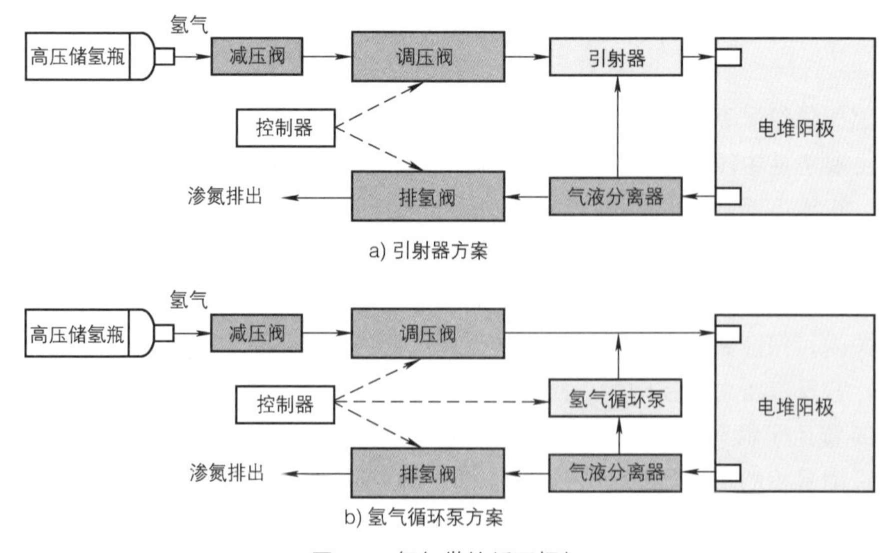

图 3-5　氢气供给循环框架

泵可实现外部主动循环调节，适应工况范围较宽。氢气循环泵方案虽然相比于引射器方案可实现更为精确的循环控制，但一定程度上会增加系统辅助功耗和成本，而且相比引射器，氢气循环泵尺寸和体积也较大。此外，为进一步提升燃料电池系统集成度，可将部分关键零部件集成为一个部件，例如可将中压传感器、氢进电磁阀、调压阀、泄压阀、阳极入口压力与温度传感器以及引射器集成为氢进模块，典型产品如图 3-6 所示；同理，可将气液分离器、排氢阀以及 PTC 加热器进行集成形成尾排模块，可大幅提升燃料电池氢气供给子系统的集成度。

图 3-6　燃料电池氢气供给子系统氢进模块集成

（资料来源：https://www.d-r-power.com/hxbj）

3.1.3　热管理子系统架构及集成

电堆工作温度会直接影响燃料电池电化学催化速率，同时也会影响内部水蒸气的蒸发和冷凝，从而影响膜内水合状态。此外，高温情况会导致材料出现降解破裂现象，降低系统寿命，因此温度是燃料电池系统的重要控制变量之一。由于燃料电池化学反应近一半的能量被转化为热量，因此系统正常工作过程中的散热需求较大，为维持系统温度稳定，燃料电池系统需配备散热辅助装置以实时调节电堆温度。此外，燃料电池系统中的一些关键零部件如空压机、DC/DC 变换器也需要冷却，以维持适宜的工作温度。因此，燃料电池热管理子系统架构主要分为主散热回路和辅助散热回路，分别对应于电堆的散热 / 加热以及辅助器散热。

典型热管理子系统主散热回路如图 3-7 所示，主要包括散热水泵、电子节温器、颗粒过滤器、去离子器、PTC 加热器、散热器、风扇等部件。冷却液进入电堆以及中冷器换热后，经过外部的主散热器与环境冷空气进行热交换，然后将降温后的冷却液由水泵重新泵送进燃料电池堆，完成冷却液循环。燃料电池正常运行时，一般采用大循环散热，利用散热器带走冷却液中大部分热量；在低温环境时或启动过程中，为保证燃料电池能够正常启动，PTC 加热器会辅助加热冷却液，此时节温器调至小循环，冷却液不经过散热器直接进入电堆，实现对其快速加热，保障电堆正常启动。

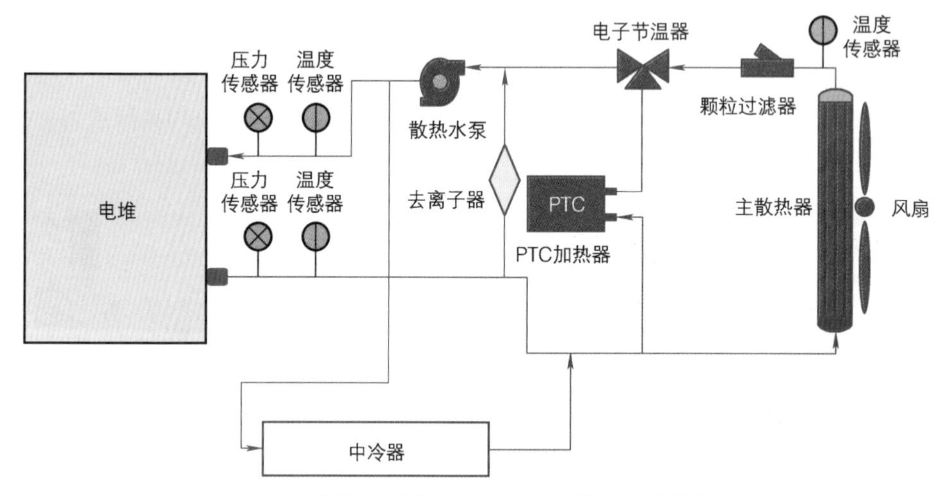

图 3-7　燃料电池热管理子系统主散热回路结构

辅助散热回路用于对一些发热功率较小但有散热需求的部件进行散热，燃料电池系统中辅助水路主要给空压机和 DC/DC 变换器进行散热，维持其正常温度范围，保障这些核心部件性能不会因为温度过高而降低。辅助散热回路的结构如图 3-8 所示，和主散热回路类似，水泵将从散热器流出的低温冷却液压入空压机和 DC/DC 变换器，并带走其多余的热量，加热后的冷却液回到散热器并通过对流换热将热量传递给周围环境，进而实现辅助系统的温度控制。

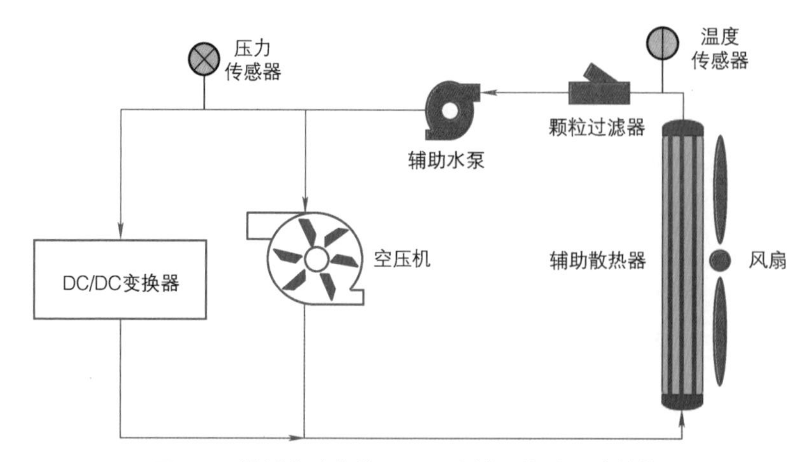

图 3-8　燃料电池热管理子系统辅助散热回路结构

3.2　燃料电池系统的电气架构及集成

3.2.1　高压电气架构及集成

在燃料电池系统中，主要高压电气部件有 DC/DC 变换器、电堆、空压机、氢气循环泵（随着循环泵流量增加，电压平台可能从 24V 低压平台升级为高压平台）、主散热水泵和 PTC 加热器。对于空压机、氢气循环泵、主散热水泵和 PTC 加热器，其典型的电气接口如图 3-9 所示，高压供电线束的工作电流相对较大，故其线束横截面积较大，低压供电线束则给零部件控制器进行供电。对于各零部件之间信息交互，通信方式选择控制器局域网（controller area network，CAN）总线。另外需要说明的是，有些供应商的高压零部件还提供高压互锁功能，用来检测高压回路中高压连接器的连接状态，识别高压连接器未连接或意外断开的故障，但在图 3-9 中未画出。

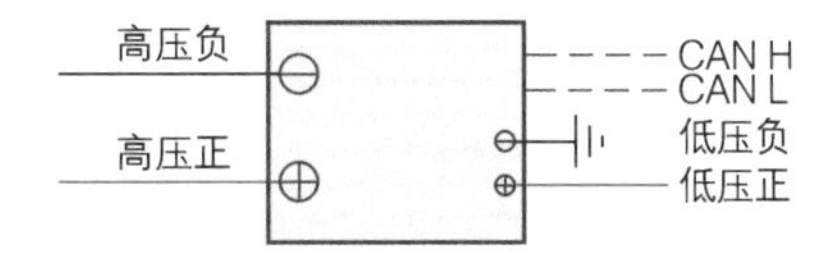

图 3-9　燃料电池系统高压部件典型电气接口

车载燃料电池系统整体高压电气原理的一种架构方案如图 3-10 所示，在该方案中，燃料电池系统启动过程中，首先由锂电池通过功率分配单元（power distribution unit，PDU）经 DC/DC 变换器

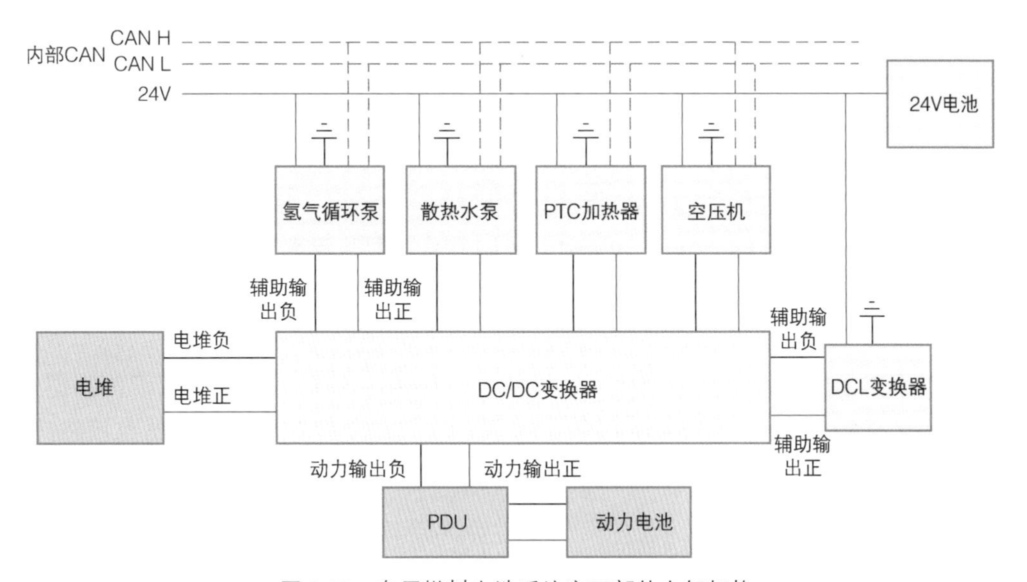

图 3-10　车用燃料电池系统高压部件电气架构

向空压机、氢气循环泵、散热水泵等高压部件进行供电；当空气流量和氢进压力达到预设目标后，燃料电池电压迅速建立，此时再由燃料电池向高压部件进行供电。此外，DC/DC 变换器辅助输出至低压 DC/DC（DC/DC low-voltage，DCL）变换器将电堆输出高压降压至 24V 低压平台（对于乘用车，此处为 12V 低压平台），一方面可给车用 24V 蓄电池进行充电，同时可向散热风扇、节气门、电磁阀、比例阀等部件进行供电。此外，DC/DC 变换器、空压机、氢气循环泵、主散热水泵、PTC 加热装置的控制器通过 CAN 总线与燃料电池控制单元（fuel-cell control unit，FCU）进行通信，并集成在燃料电池系统内部通信 CAN 网络上。

3.2.2 低压电气架构及集成

进行低压部件电气集成前，需了解燃料电池系统低压部件电气接口类型。为提高燃料电池系统集成度，当前车用燃料电池系统在空气供给子系统和热管理子系统中普遍采用温度压力一体传感器，其典型电气接口类型如图 3-11a 所示，供电为 5V，压力传感器模拟量信号为 0.5 ~ 4.5V 输出（有些压力传感器可选择 4 ~ 20mA 模拟量信号输出），温度传感器模拟量信号为阻值输出，据此，FCU 设计中可根据传感器输出电压和阻值范围选择合适的模拟量采集通道；同理，对于氢气路的压力传感器和温度传感器，其电气接口类型相似。对于比例阀和电磁阀等阀类部件，其一端与 24V 低压电源（也可能是 12V 低压电源）连接，另一端与 FCU 驱动输出相连。需要注意的是，在选择驱动接口时需要保证对应的控制器通道能够满足驱动功率需求，常见负载驱动类型有高边驱动和低边驱动。

对于入堆节气门或进气压力阀，其主要工作原理是内部控制器驱动电机带动齿轮组，将动力传递到阀板，进行不同角度的开启来控制进气量或者压力，同时节气门位置传感器采集阀板的位置信号并反馈给控制器，其典型电气接口类型如图 3-11b 所示，除了与 24V 低压电源和地连接外，还接收 FCU 发送的脉宽调制（pulse width modulation，PWM）控制信号，同时反馈表示阀板角度的电压信号给 FCU。随着电气架构的进一步集成化，有些节气门也采用 CAN 总线进行控制。

对于排氢阀模块，其内部除了电磁阀外，还包含 PTC 加热器和温度传感器，其基本电气接口类型如图 3-11c 所示，由于 PTC 加热器电流较大，无法直接将其与 FCU 控制引脚进行连接，需配备继电器才能控制其是否接通 24V 低压电源进行加热。

辅助散热水泵或辅助散热风扇的典型电气接口类型如图 3-11d 所示，除了低压电源供电外，还接收 FCU 发送的 PWM 控制信号进行转速调节，同时会发送开

关故障信号给 FCU。另外，主散热回路散热模组中的散热风扇数量较多，若直接采用 PWM 形式对各风扇进行控制，则对控制器的资源通道数量要求较高，为此部分散热模组自带控制器，FCU 则通过 CAN 通信进行主散热回路风扇的 PWM 指令下发。电子节温器主要控制方式为 CAN 通信，同时会将实际角度信息反馈至 FCU。

空气质量流量计电气接口类型如图 3-11e 所示（图例流量计供电为 12V，为此可直接采用 FCU 中 12V 电源输出引脚进行供电），测量的质量流量信息通过电压模拟量进行反馈，同时还会测量环境温度对测量流量进行修正，并向燃料电池系统提供环境温度信息。燃料电池电压巡检器（CVM）通道数较多，为此采用 CAN 与 FCU 进行通信。

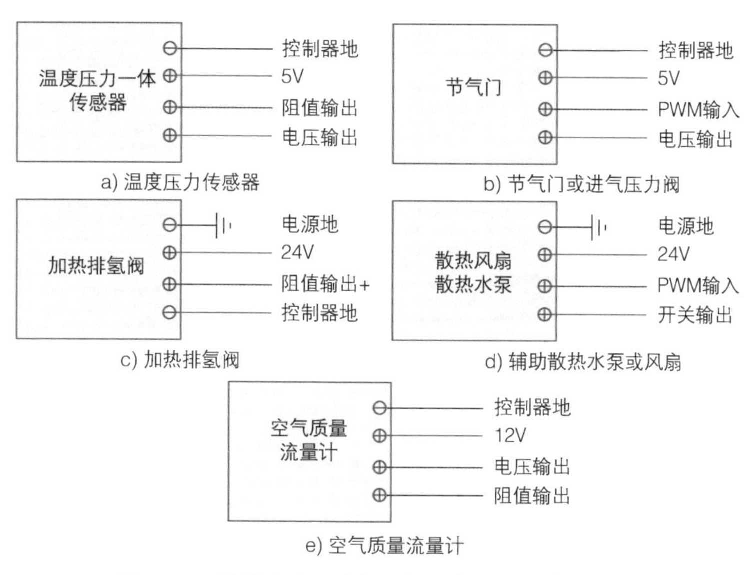

图 3-11 燃料电池系统部分低压部件电气接口类型

车载燃料电池系统的整体低压电气架构如图 3-12 所示，整车 24V 低压电源给 FCU、电磁阀、排氢阀、入堆节气门、进气压力阀、辅助水泵、辅助散热风扇以及主散热风扇（DCL 变换器直接与蓄电池进行相连）供电，并在对应的供电回路上设置熔丝，防止过流引发损害；各传感器则根据电气接口类型与对应的控制器引脚相连实现信号采集。FCU 通常至少能与 3 路 CAN 进行通信，包括内部 CAN、标定 CAN 和整车 CAN。内部 CAN 将燃料电池系统所有基于 CAN 通信的零部件互连，前提是所有零部件的通信波特率一致且帧 ID 互不冲突，且负载率也处于合理范围内，否则通信稳定性会出现衰减；标定 CAN 则用于燃料电池系统开发过程中应用层控制策略的参数标定、逻辑验证、数据监测等；整车 CAN 则是 FCU 与整车控制器交互的通信网络，其中 FCU 接收整车控制器发送的开机与关机指令、上高压指令以及功率需求，同时向整车控制器发送燃料电池系统当前状态和故障等级等信息。

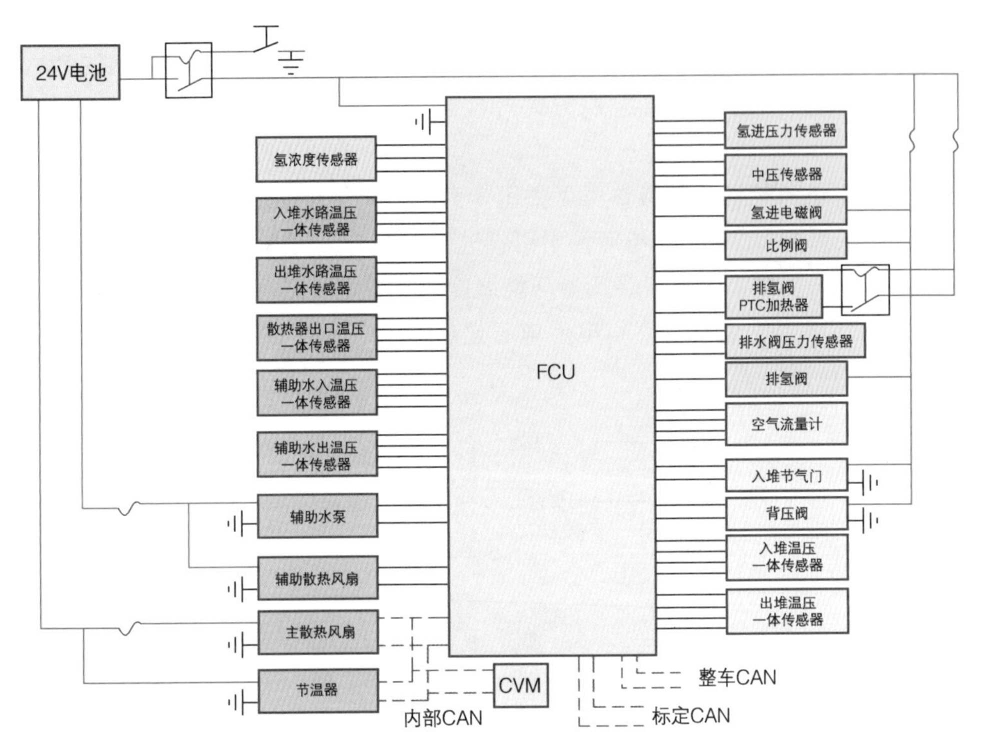

图 3-12　车载燃料电池系统低压部件电气架构

3.3　燃料电池系统匹配设计

3.3.1　空气供给子系统匹配设计

1　空气供给子系统关键零部件及特性

（1）空压机基本类型及特性　由于空气加压能够明显增加燃料电池系统效率，因此空压机是燃料电池系统的关键零部件，对提升燃料电池性能有重要的作用。与传统工业用空压机不同，氢燃料电池空压机要在兼顾压比同时具备体积小、功率高的特点，此外还要求无油化、可靠性强、长寿命、快速响应等特性，从而能长时间保障合适的燃料电池空气供应。目前空气压缩机有以下 4 类。

1）螺杆式压缩机。螺杆式压缩机零部件少、性能可靠、效率高、工作区间范围较宽、可靠性高；但由于其螺杆式压缩机属于机械式增压，转子特性决定了转速不能过高，同时运行过程中噪声偏大，重量偏重，且造价也较高。

2）罗茨式压缩机。罗茨式压缩机因为压比较低，难以满足氢燃料电池工作的区间需要，且振动噪声大，效率低，在车用燃料电池系统上运用较少。

3）涡旋式压缩机。涡旋式压缩机由于自身结构的原因，体积大；且工作运转过程中，密封性较差，导致其运行过程中可靠性差，寿命短，不适合车载工况使用。

4）离心式压缩机。离心式压缩机转速高、尺寸小、重量轻，能够在较大范围内满足燃料电池系统需要；但离心式压缩机存在喘振区间，目前燃料电池的工况设计高效工作区容易贴近其喘振线，容易引发喘振现象，影响到压缩机的寿命甚至对电堆造成破坏。某款离心式压缩机外形如图 3-13 所示。

由于离心式压缩机相比其他类型的压缩机具有重量轻、转速高的优势，且压比目前也能够满足燃料电池进堆压力的需要，因此现在车用燃料电池系统的空气压缩机主要采用离心式压缩机，在本书后文的燃料电池系统空气路研究中，均是默认采用离心式压缩机。

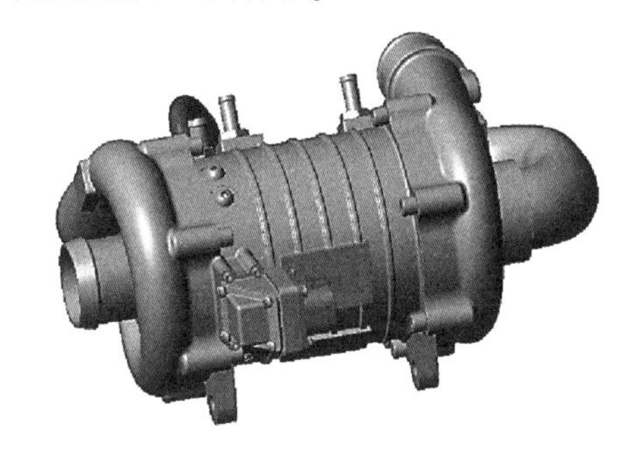

图 3-13　某款离心式压缩机外形

离心式压缩机利用电机驱动，通过转子的高速运转，在旋转叶轮和外部蜗壳结构下，气体可以被加压排出，产生高压气体。车用燃料电池系统空压机通过高压供电，且对于燃料电池系统，空压机的功率在额定工况一般占燃料电池系统输出的 10% ~ 20%。由于空压机是燃料电池辅助系统中功率最大的核心部件，其特性关系到整个系统的性能。

空压机转速动态变化可以由以下公式描述

$$J_{\mathrm{cp}}\frac{\mathrm{d}\omega_{\mathrm{cp}}}{\mathrm{d}t}=\tau_{\mathrm{cm}}-\tau_{\mathrm{cp}} \tag{3-1}$$

式中，ω_{cp}为空压机转速；J_{cp}为空压机转动惯量；τ_{cm}为空压机电机转矩；τ_{cp}为空压机负载转矩。

电机转矩可以通过电机静态方程计算

$$\tau_{\mathrm{cm}}=\eta_{\mathrm{cm}}\frac{k_t}{R_{\mathrm{cm}}}(v_{\mathrm{cm}}-k_v\omega_{\mathrm{cp}}) \tag{3-2}$$

式中，k_t、R_{cm}和k_v为电机常数；η_{cm}为电机机械效率；v_{cm}为控制电压。气体压缩所

需要的转矩可以利用热力学方程计算

$$\tau_{cp}=\frac{C_p}{\omega_{cp}}\frac{T_{atm}}{\eta_{cp}}\left[\left(\frac{p_{sm}}{p_{atm}}\right)^{\frac{\gamma-1}{\gamma}}-1\right]W_{cp} \tag{3-3}$$

式中，C_p是空气比热容，C_p =1004J/(kg・K)；γ为空气比热容比，γ=1.4；η_{cp}是空压机效率；p_{sm}为空压机出口压力；p_{atm}和T_{atm}分别为环境压力和温度；W_{cp}为空压机出口空气质量流量。

空压机的特性可以由其流量 map 和功率 / 效率 map 分析，其中流量 map 反映了空压机转速 - 压力 - 流量之间的关系，该 map 可为后续空压机转速控制提供关键的特性输出，同时也可通过该 map 建立空压机拟合模型。典型的离心式空压机转速 - 流量 - 压力 map 如图 3-14 所示。

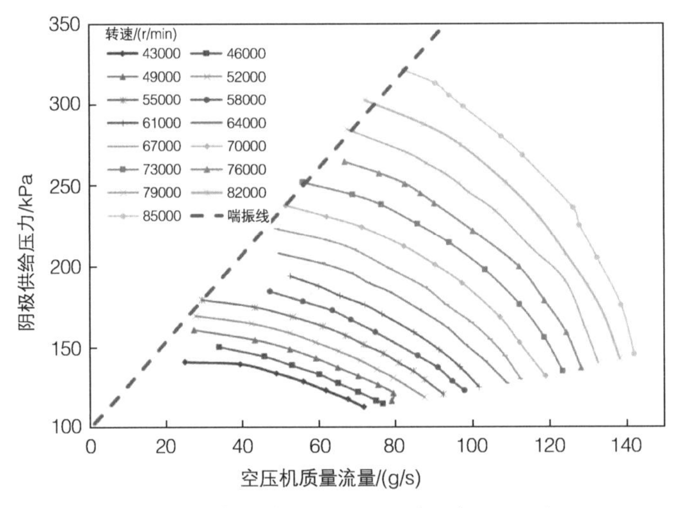

图 3-14 某款离心式空压机的转速 - 流量 - 压力 map

车用燃料电池系统一般运行环境为大气压，根据压缩机特性，其输出压力一般在 100 ~ 300kPa。由于离心式压缩机转速较高，在高压比和小流量时，由于较高的气流速度，容易导致气流来回冲击，形成空压机喘振现象。因此，空压机有一条喘振线，用于区分喘振区和非喘振区，如图 3-14 中的红色虚线所示。当工作区间在喘振线左边时，会引起压缩机喘振，因此要求压缩机在喘振线以右的区域工作，保证系统的稳定运行。

典型的离心式空压机功率 map 和效率 map 分别如图 3-15a 和图 3-15b 所示，空压机功率随着流量和压力的上升而增加，而其工作效率主要在中部区域较高。因此在燃料电池系统阴极控制操作条件设计时，需要结合空压机特性，尽量让空压机工作在高效区，从而提升燃料电池系统性能。

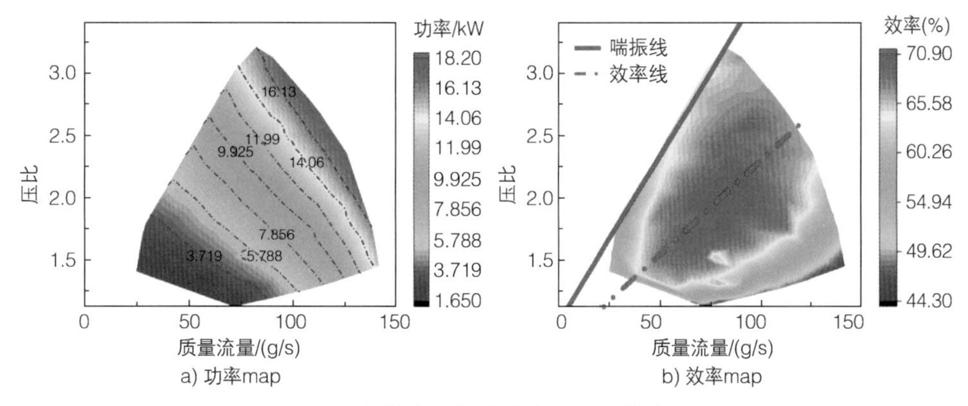

图 3-15 某款空压机的功率 map 和效率 map

（2）加湿器基本类型及特性 加湿器一般布置在阴极入口，给燃料电池堆进气进行加湿，阴极侧加湿量可以通过以下公式计算

$$W_{\mathrm{v,inj}}=\frac{M_{\mathrm{v}}}{M_{\mathrm{a}}}\frac{\phi_{\mathrm{des}}p_{\mathrm{sat}}}{p_{\mathrm{a,cl}}}W_{\mathrm{a,cl}}-W_{\mathrm{v,cl}} \tag{3-4}$$

式中，M_{v}和M_{a}分别为水蒸气和干空气的摩尔质量；ϕ_{des}为当前电堆需求的空气湿度；p_{sat}为水蒸气饱和压力；$p_{\mathrm{a,cl}}$为干空气压力；$W_{\mathrm{a,cl}}$和$W_{\mathrm{v,cl}}$分别为干空气和水蒸气的质量流量。

目前燃料电池系统主要采用膜加湿器，其主要由壳体、湿膜加湿器芯体等组成。当燃料电池阴极出口的湿润空气通入加湿器后，电堆阴极侧排气中的水分会被加湿器中的湿膜材料吸收，形成均匀的水膜；当经过空压机和中冷器的干燥空气通过湿膜材料时，加湿器中水膜充分吸收空气中的热量而汽化并蒸发，增加进入加湿器的空气湿度。

膜加湿器本身是被动元件，主要通过改变湿膜的大小和厚度的方式来调节增湿效果。在系统结构确定后，加湿器本身不具有主动湿度调节能力，因此一般通过调节外部气体流量或者温度来改变加湿效果。加湿器的特性主要通过加湿效率和流量的关系描述，图 3-16 显示了一款加湿器在不同流量下的加湿能力，可以看出加湿器的加湿效率随着

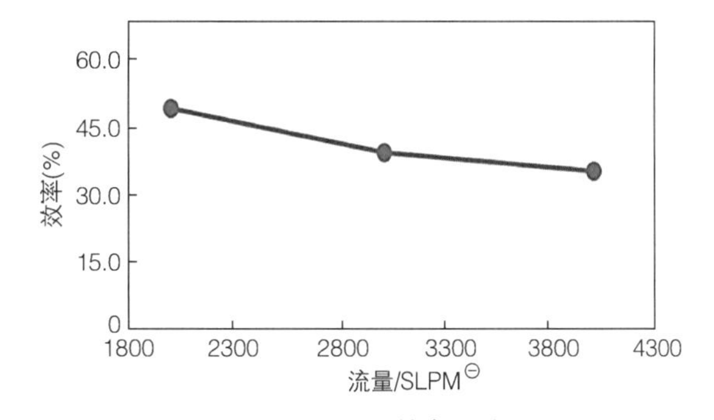

图 3-16 某款加湿器效率和流量关系

㊀ 对于理想气体，1SLPM = 0.73386mmol/s。

流量的增加呈现出下降趋势。

2 空气供给子系统关键参数匹配

燃料电池系统的关键部件匹配离不开部件关键参数计算，本节介绍空气供给子系统的参数匹配计算过程。首先，对于空压机首要关注的参数是供给流量的大小。在电堆运行时，阴极侧理论需求空气流量计算如下

$$W_{air}=\frac{\lambda_{air}M_{air}P_{st}}{4FV_{nernst}\eta_{st}\rho_{air}\phi_{O_2}} \tag{3-5}$$

式中，W_{air}为燃料电池额定功率下反应所需空气流量；λ_{air}为空气过量系数；F为法拉第常数；P_{st}为电堆额定功率；V_{nernst}为能斯特电压，通常取 1.229V；η_{st}为燃料电池额定工作效率；M_{air}为空气摩尔质量；ρ_{air}为空气密度；ϕ_{O_2}为空气中氧气体积分数。据此可根据电堆功率以及对应的工作效率和空气过量系数需求实现反应空气流量计算。

对于高压燃料电池系统，空气相对压力一般不超过 250kPa（绝对压力 350kPa），则对应的空压机压比在 1 ~ 3.5 之间，具体压比需求需结合电堆供应商提供的信息进行计算。同时，尽量让空压机效率点和燃料电池效率点相匹配，避免空压机能力不够导致供给不足，降低电堆性能，或空压机工作区间过广，出现小马拉大车的现象。

由于空压机电机高速旋转，空气压缩后具有较高的温度，为避免高温气体直接通入电堆造成不良影响，空压机出口需安装中冷器进行降温处理。若空压机输入空气的压力为环境压力，进气温度为环境温度，则空压机出口温度可以通过以下公式计算

$$T_{cp,out}=T_{atm}+\frac{T_{atm}}{\eta_{cp}}\left[(\lambda_{cp})^{\frac{\gamma-1}{\gamma}}-1\right] \tag{3-6}$$

式中，$T_{cp,out}$为空压机出口空气温度；T_{atm}为环境温度；λ_{cp}为空压机压比；γ为空气比热容常压系数；η_{cp}为空压机效率。由牛顿冷却公式，需要的散热功率可以由下式计算

$$P_{intercooler}=C_{air}W_{air}(T_{target}-T_{cp,out}) \tag{3-7}$$

式中，$P_{intercooler}$为中冷器散热功率；C_{air}为空气比热容；T_{target}为降温目标温度。通过以上计算，可根据不同的空气流量和温度控制需求，选择合适的中冷器型号。

针对空气加湿器，燃料电池系统运行过程中会生成水，阴极出口湿度较大，一般大于 100%，而阴极进口湿度较低。经过加湿器后，空气湿度可以由下式

估算

$$W_{\text{dry,ca,in}} = W_{\text{wet,ca,out}} \eta_{\text{humidifier}} \tag{3-8}$$

式中，$W_{\text{dry,ca,in}}$为进口干空气中水质量流量；$W_{\text{wet,ca,out}}$为电堆出口湿空气的含水量；$\eta_{\text{humidifier}}$为加湿器加湿效率。电堆生成水质量将从阴极侧排除，故阴极侧水质量流量近似认为如下

$$W_{\text{wet,ca,out}} = M_{H_2O} \frac{nI_{\text{st}}}{2F} \tag{3-9}$$

式中，n为燃料电池单体数量；I_{st}为电堆电流。

加湿器的加湿效率和流量相关，可根据出口干空气的加湿度需要和加湿器在不同流量下的加湿效率，匹配满足阴极进口含水量需求的加湿器。

3.3.2 氢气供给子系统匹配设计

1 氢气供给子系统关键零部件及特性

（1）比例阀 氢气由高压储氢瓶释出后需经过多级减压，最终满足工作所需压力后，通入燃料电池堆。而在电堆前设置的最后一级减压稳压装置，一般选择稳压效果好的比例阀或者喷射器。燃料电池氢气比例阀的特性需要满足高压氢气流量 - 压力控制需求，通过比例阀的开度来调节燃料电池系统氢气供给需要。比例阀需要满足控制实时性，同时其设计需要满足两端压力情况，即须符合其特定的工作压力范围。

某款比例阀在入口压力为15bar（1bar = 0.1MPa）的情况下的占空比调节和喷氢量关系如图3-17所示。可以看出比例阀特性呈现出较强的非线性，在低占空比时，流量随占空比增加较慢，在占空比超过30%后，斜率加大，当占空比大于50%后，流量上升逐渐收敛。根据比例阀特性，在设计比例阀控制时加入非线性特性考虑，使得控制效果更能满足氢气供给需求。

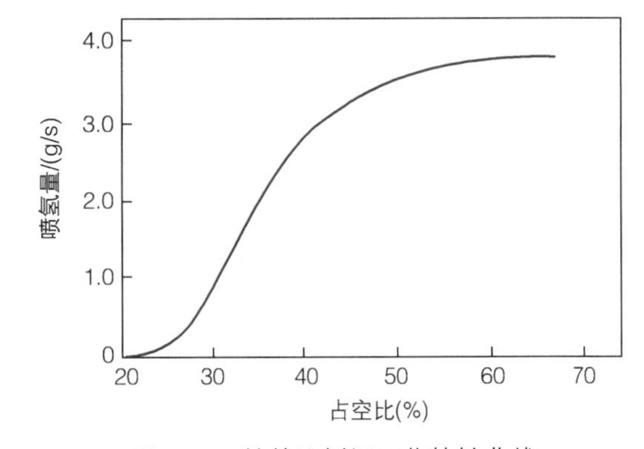

图3-17 某款比例阀工作特性曲线

（2）氢气喷射器 氢气喷射器是高频电磁阀的一种，可以设计成一种集引射、混合、压缩等多种功能于一体的

设备，具有结构简单、无移动部件且不受工作流体限制等优点。氢气喷射器可以通过高速开断，同时控制每次脉冲排放的流量从而控制流经阀的总流量，可以实现更高的稳压精度，既可以杜绝气瓶压力的影响，满足电堆变载需求，同时也稳定了电堆进口氢气压力。因此，氢气喷射器可以有效平衡和控制阳极气体压力和流量，实现燃料电池的持续稳定运行。

氢气喷射器对于减压能力和稳压效力有较高要求，氢气喷射器需要既可以大压力跨度减压，又要保证不同流量和阀前压力下喷射器后端压力波动小，同时由于多级减压以及安全保护阀门造成的体积过大，需要对减压模块进行集成以减小体积。引射比、压比与膨胀比等指标可以用于表征和评价喷射器工作性能，并可以根据不同的工作条件选择喷射器的不同工作模式，以实现其最佳性能的发挥。

氢气喷射器可以具有多个喷嘴，一般情况下不同喷嘴并不是同启同闭的，而是根据一定的控制策略适时开启或关闭。当燃料电池堆的输出功率较低时，所需的氢气流量较低，此时只开启一个喷嘴便可满足电堆对氢气的需要；当燃料电池堆的功率较大而达到峰值功率的一定比例时，需多个喷嘴同时开启协同使用。如图 3-18 所示为丰田汽车公司 Mirai 燃料电池系统的供氢组件，该组件将三支喷嘴并行组成氢气喷射器，通过调节各喷嘴开启时间和频次调节氢气供给量，通过控制策略实现电堆阳极氢气进气的动态精确可调。同时，随着燃料电池系统的功率越来越大，有时一个氢气喷射器已经无法满足使用需求，此时，燃料电池阳极可采用多个氢气喷射器。

图 3-18　丰田 Mirai 氢气喷射器

（3）氢气循环泵　阳极侧过多的液态水以及从阴极侧渗透过来的氮气在阳极侧积累，会阻碍氢气到达催化层表面发生电化学反应。为保证燃料电池高效可靠运行，通常采用氢气循环方式将水和杂质气体及时带出。氢气循环泵和引射器作为氢气循环模式中的关键循环零部件，可将电堆阳极出口未参加反应的湿润氢气循环回阳极入口，从而提高氢气利用率和优化电池水热管理能力。

氢气循环泵利用机械增压的方式将阳极出口中未反应的氢气经增压后再次

输送至阳极入口，其工作稳定性好，适用于燃料电池更宽的功率范围，基本能够实现全功率范围覆盖。缺点在于氢气循环泵为电驱动件，工作时会有寄生功率产生，且随着燃料电池系统功率不断增大，会带来氢气循环泵机械功率消耗增加、振动和噪声增大等问题。如何提高氢气循环泵的容积效率，降低振动和噪声，成为氢气循环泵大规模产业化的技术关键。

对于氢气循环泵而言，由于其工作介质是氢气，首要考虑的问题就是涉氢安全，因此要保证氢气循环泵的气密性较好，即在任何条件下都不能有氢气外漏的情况。此外，燃料电池系统会在 −30℃甚至 −40℃低温环境下工作，在此环境温度下氢气循环泵内常出现结冰现象，要实现该低温条件下的正常启动，优异的破冰能力也是氢气循环泵所应具备的。氢气循环泵还需具备优异的抗电磁干扰能力，以防由于周边件的电磁干扰出现失速、掉速的情况。

目前，氢气循环泵从结构上来分，主要有旋涡式、涡旋式、凸轮式和爪式等，具体结构如图 3-19 所示。旋涡式氢气循环泵是通过高速旋转叶片将能量传递给介质来实现氢气的输送；涡旋式氢气循环泵由进气口、固定涡旋盘、运动涡旋盘和出气口组成，借助运动涡旋盘转动使得容积周期性变化来实现输送介质的吸入 - 压缩 - 排出过程；凸轮式和爪式氢气循环泵均是通过转子旋转运动导致容积变化实现氢气的输送。

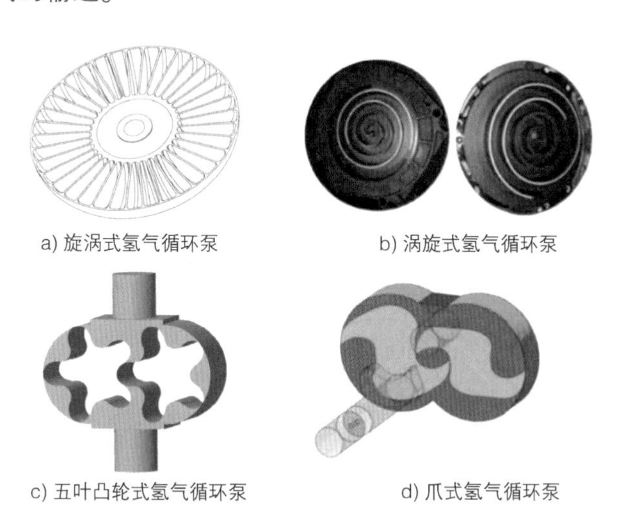

a) 旋涡式氢气循环泵　b) 涡旋式氢气循环泵

c) 五叶凸轮式氢气循环泵　d) 爪式氢气循环泵

图 3-19　氢气循环泵结构示意图

氢气循环泵主要性能参数包括转速、压比、质量流量、进 / 出口气体温度、功率以及效率，这些参数是衡量氢气循环泵回氢能力的重要指标。某款氢气循环泵特性如图 3-20 所示，随着循环泵转速上升，氢气流量和压比升高且绝热效率不断增加。

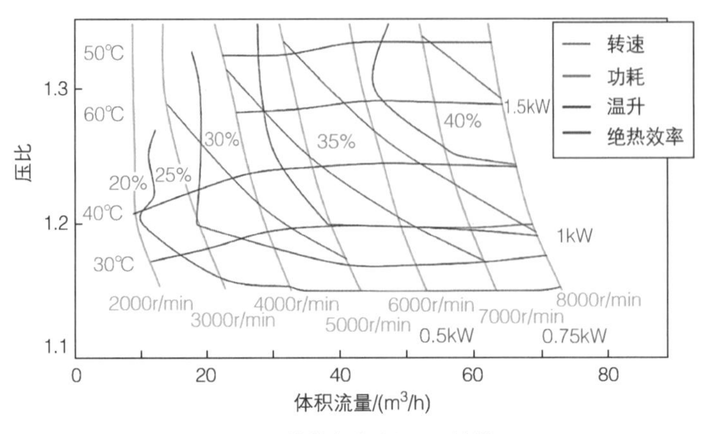

图 3-20　某款氢气循环泵特性图

（4）引射器　引射器是一种集引射、混合、压缩等多种功能于一体的无源设备，其优点在于零部件少、结构简单，是一种不用消耗寄生功率的纯机械零件，其基本原理如图 3-21 所示。高压氢气通过减压阀和比例阀减压后，经引射器喷嘴以 1.0 ~ 1.5 马赫数从喷嘴处流出，流经喷嘴时会在引射区中产生负压，引射区的压力远远低于引射流入口处的压力，此时会将引射流入口的气体吸入引射区，经混合区最终由出口进入燃料电池阳极。

引射系数是评价引射器工作性能的一个重要指标，它是二次流体与一次流体的质量之比，引射系数的值越大，表明引射能力越强。因此，在引射器选型时，目标引射系数可以从电堆正常运行所要求的各工况点氢气过量系数求得。

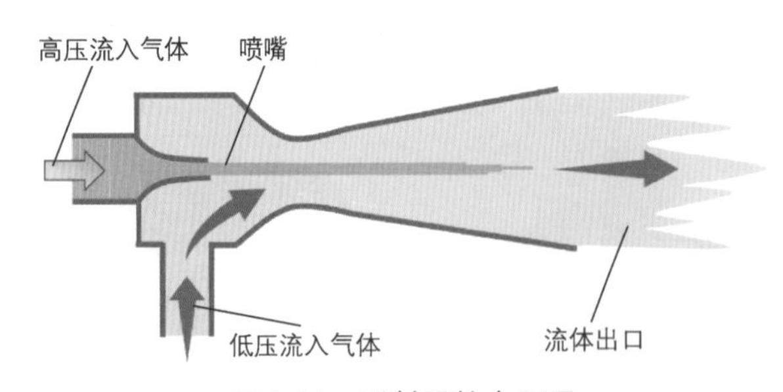

图 3-21　引射器基本原理

引射器的设计工况点通常为最佳工况点或电堆额定工作工况点，常存在工作范围窄的问题，如图 3-22 所示，无法覆盖燃料电池系统工作的全部工况点，特别是在低功率段，反应氢气流量低的情况下，无法满足电堆运行要求。因此，常规的单引射器一般无法满足燃料电池全部工作范围内循环流量的需求，此时可采用两个引射器并联的方案来拓宽其工作范围。相比于单引射器，双引射器方案拓宽了有效引射范围，提高了电堆性能。另一方面，已有厂商提出了将引射器和氢气

循环泵并联使用的方案，基本原理如图 3-23a 所示。在低功率段时，循环泵与引射器同时工作，循环泵为主，引射器为辅，能够覆盖更低的怠速功率；在中功率段，引射器工作，循环泵可根据系统匹配需求进行工作，降低引射器标定难度和燃料电池系统附件功耗，提升系统比功率；在高功率段，引射器工作，循环泵不工作，旁通阀补给新氢供给量，精准控制系统所需氢量，降低氢耗。有方案进一步将引射器和氢气循环泵进行集成，如图 3-23b 所示，氢气循环泵进气口和引射器低压区相连通，氢气循环泵出气口和引射器高压区相连通，氢气经过氢气循环泵增压后直接进入引射器，与引射器和氢气循环泵并联方案相比，输送距离短，管路损失少，系统更紧凑。

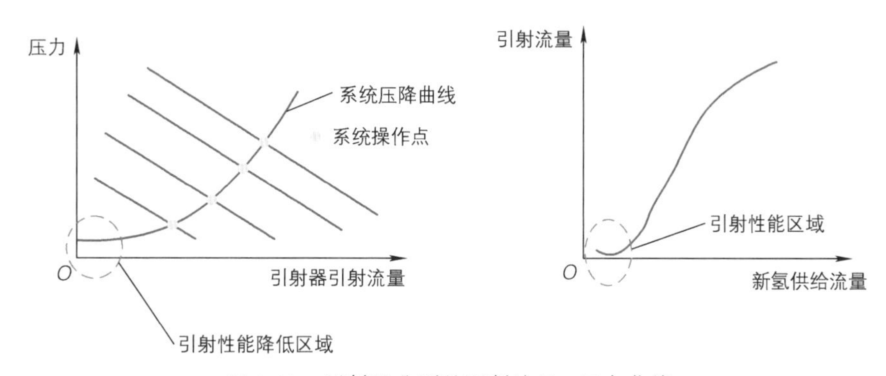

图 3-22　引射器典型的引射流量 - 压力曲线

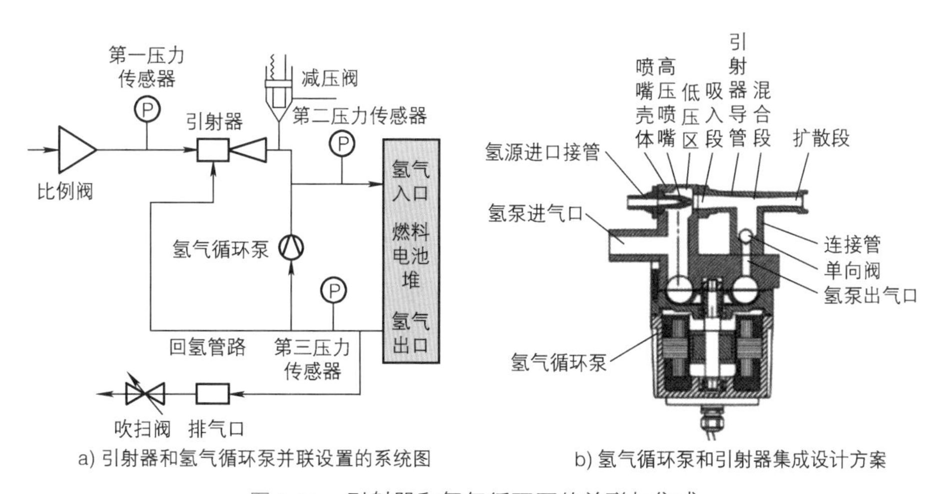

图 3-23　引射器和氢气循环泵的并联与集成

2 氢气供给子系统关键参数匹配

对于氢气供给子系统，主要是调压阀和氢气循环泵的参数选取。以比例阀参

数选取为例，与空气反应所需流量计算类似，反应所需氢气流量计算如下

$$W_{H_2}=\frac{\lambda_{H_2}M_{H_2}P_{st}}{2FV_{nernst}\eta_{st}\rho_{H_2}} \tag{3-10}$$

式中，W_{H_2}为反应所需氢气质量流量；λ_{H_2}为氢气过量系数；ρ_{H_2}为氢气密度。据此，可根据电堆功率以及对应的工作效率和氢气过量系数需求实现所需氢气流量计算。另外，通过比例阀孔口的质量流量可以通过拉瓦尔（Laval）喷嘴流量理论确定，在该情况下，由比例阀喷射的质量流量由上游压力和下游压力决定。对于商用车辆燃料电池系统，上游 35MPa 储氢出口经过减压阀后压力在 1MPa 左右，而下游阳极侧压力（绝对压力）一般在 130kPa 和 400kPa 之间，故比例阀下游压力与上游压力之比小于氢气的临界压力比 0.527，这表明比例阀的输出流量是音速流，所以比例阀注入的质量流量与下游阳极体积压力无关，可用下式表示

$$W_{H_2}=c_{pv}p_u A_{pv}\sqrt{\frac{k}{RT_u}\left(\frac{2}{k+1}\right)^{\frac{k+1}{k-1}}} \tag{3-11}$$

式中，c_{pv}为非均匀流动系数；p_u为入口压力；A_{pv}为比例阀喷嘴开口面积；R 为气体常数；T_u为比例阀上气体的温度；k 为氢气绝热系数。据此，根据反应所需氢气流量，即可选择满足$c_{pv}A_{pv}$参数要求的比例阀件。

氢气循环泵主要需要满足氢气循环量，克服氢气侧压降。氢气循环泵主要技术参数包括最大吸气压力、最大排气压力、压比范围（一般为 1 ~ 1.3），以及氢气循环泵排量和最大体积流量。根据流量和压力指标选择合适的循环泵，满足阳极侧流量范围和压力范围，且尽量保证循环泵功率特性与电堆功率特性的适配性，使得循环泵满足氢气循环需求同时没有性能的浪费。在零部件匹配时，一般根据过量系数得到进入电堆的目标氢气流量，然后减去电化学反应所需氢气流量，即可得到氢气循环泵流量范围；此外，根据不同流量下燃料电池阳极侧流阻以及目标氢气压力，确定氢气循环泵的升压比范围。据此，可根据目标氢循环流量和压比选择合适的氢气循环泵；另外，还需要关注氢气循环泵出口温度范围是否满足燃料电池阳极入口温度要求，防止氢进温度过高影响电堆工作效率。

3.3.3 热管理子系统匹配设计

1 热管理子系统关键零部件及特性

（1）冷却水泵 冷却水泵由电机驱动，通过离心泵叶轮不断旋转，连续将热管理子系统中的冷却液压入电堆，克服电堆和散热器流阻，加快冷却液流速，增

大冷却液与换热壁面的对流换热系数，从而完成电堆、中冷器及散热器和冷却液间的高效换热。

典型冷却水泵的特性如图 3-24 所示，随着水泵流量增大，其所需功率逐渐增大，同时由于流量增大，其两端的压差逐渐减小，因此水泵的扬程随着流量的变大有逐渐减小趋势。

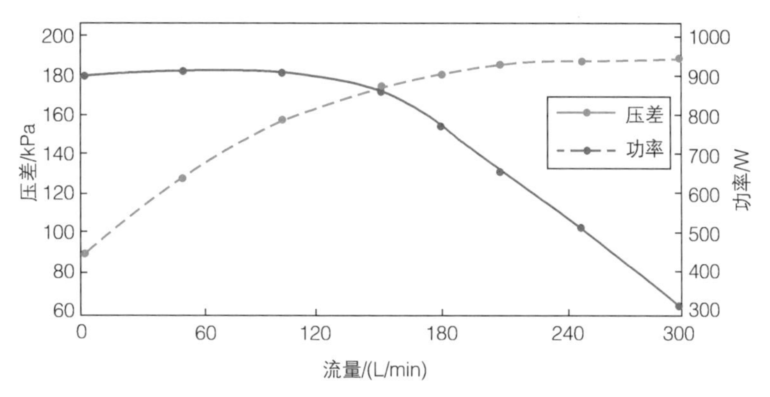

图 3-24　某款冷却水泵的特性曲线

（2）电子节温器　节温器主要负责冷却液的大、小循环切换，当电堆温度较低时，小循环开启，使得电堆温度分布在冷却液的带动下能够更为均匀，减少局部温度过高的现象，同时由于冷却液不通过散热器，电堆温度能够快速上升到合适水平，保证电堆的正常加载。在温度上升到合适水平后，为了保证电堆温度不超过设定范围，此时节温器开启，大循环启用，让较高温度的冷却液可以通过散热器进行散热。典型的节温器在大、小循环下不同流量 - 压差的特性如图 3-25 所示。

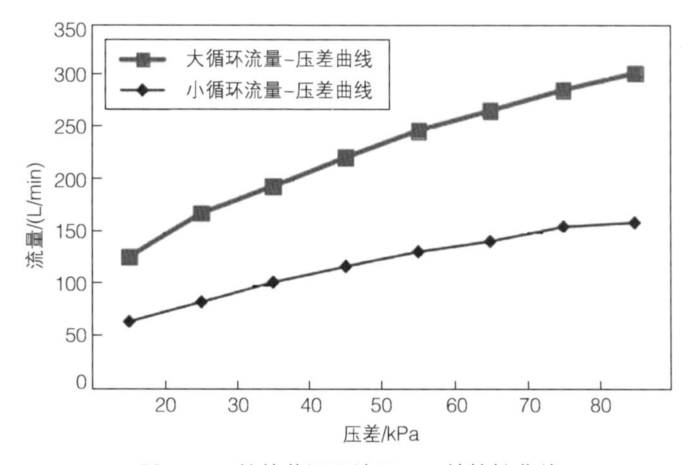

图 3-25　某款节温器流量 - 压差特性曲线

（3）散热器总成 散热器总成是燃料电池冷却系统的核心部件，决定散热功率的大小，一般包括散热器和风扇。结构设计是影响散热器性能的关键因素，包括散热器的结构、材料和制造工艺等方面。在燃料电池冷却系统选型时应注意，散热面积、散热材料的导热性能和热传导系数、工作环境、风扇转速等因素都会对散热器总成散热效果造成影响，因此，一般需根据系统具体的需求，结合散热器本身特性和使用环境，选择综合效果最优的散热器总成形式。

车用燃料电池系统一般采用平行流板式散热器，通过风扇强制换热将内部冷却液热量散发到空气中，因此换热主要发生在空气侧外壁面和空气之间，以及冷却液侧与散热器扁管内壁面之间。对于燃料电池散热器特性的评估，可以用e-NTU法来计算。

散热器冷媒和热媒之间的最大换热速率可以表示为

$$Q_{\max}=C_{\min}(T_{\text{hot,in}}-T_{\text{cold,in}}) \tag{3-12}$$

式中，$T_{\text{hot,in}}$为进口热媒温度；$T_{\text{cold,in}}$为进口冷媒温度；$C_{\min}$为最小冷却液比热容，可以表示为

$$C_{\min}=\min(|\dot{m}_{\text{hot}}|C_{p,\text{hot}},|\dot{m}_{\text{cold}}|C_{p,\text{cold}}) \tag{3-13}$$

式中，$\dot{m}_{\text{hot}}$为热流侧质量流率；$\dot{m}_{\text{cold}}$为冷流侧质量流率；$C_{p,\text{hot}}$、$C_{p,\text{cold}}$分别为热流和冷流体比热容。

根据效率e-NTU法，散热器换热量可以写成

$$Q=\epsilon Q_{\max} \tag{3-14}$$

其中，热效率ϵ可以写成传热单元数目NTU和换热流体比热容比C_{r}的函数

$$\epsilon=f(\text{NTU},C_{\text{r}}) \tag{3-15}$$

其中

$$\text{NTU}=\frac{k}{C_{\min}} \tag{3-16}$$

$$C_{\text{r}}=\frac{C_{\min}}{C_{\max}} \tag{3-17}$$

式（3-16）和式（3-17）中

$$k=\frac{1}{R_{\text{hot}}+R_{\text{wall}}+R_{\text{cold}}} \tag{3-18}$$

$$C_{\max}=\max(|m_{\text{hot}}|C_{p,\text{hot}},|m_{\text{cold}}|C_{p,\text{cold}}) \tag{3-19}$$

式中，R_{hot}、R_{wall}、R_{cold}分别为热流体、散热器壁面、冷流体的热阻。

对于燃料电池冷却系统，一般冷却液采用 50% 乙二醇作为内部循环换热媒介，冷却流体为外部空气。因此，散热器外部主要由风扇以加强空气流通进行强化对流换热，风扇的流量、静压即效率特性如图 3-26 所示。燃料电池控制单元通过 PWM 信号调节风扇电压或者电流进行实时转速控制，从而控制外部冷却空气流量，实现散热器冷却功率的调节。

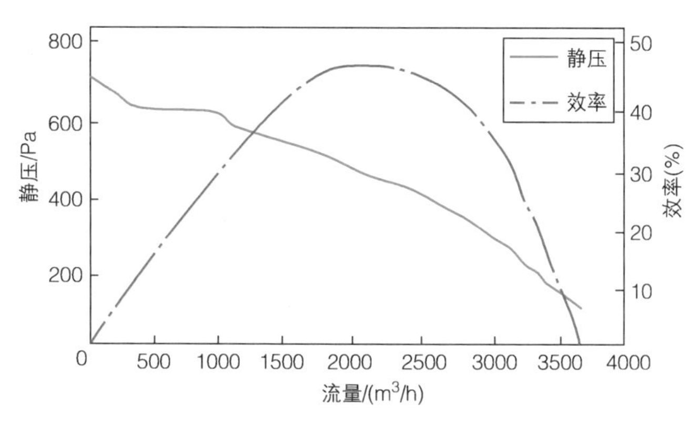

图 3-26　某款散热风扇的特性曲线

2 热管理子系统关键参数匹配

燃料电池热管理子系统的作用是保持电堆工作在合理的温度范围内，进而提升系统发电效率。燃料电池在工作时产生的热量主要来源有：焦耳热、化学反应热以及反应气体加湿后带入的热量。由于反应气体比热容以及温差小，所以反应气体带入电堆的热量远小于焦耳热和化学反应热，其热量值可以忽略不计。

热管理子系统的参数，一般围绕燃料电池额定功率进行一定程度的冗余设计，保证燃料电池散热需求在全过程、全工况下能够满足性能和安全性要求。根据燃料电池产热特性，电堆需散热量可由下式计算

$$P_{cool} = \frac{P_{st}(1-\eta_{st})}{\eta_{st}} \tag{3-20}$$

式中，P_{cool}为电堆所需散热量；P_{st}为电堆输出功率。基于电堆散热需求可以计算热管理子系统中关键零部件参数需求。

散热器总成负责将冷却液的热量通过对流换热传递给外部环境，实现散热目的。根据牛顿冷却公式，散热器的换热功率为

$$P_{hex} = A_{hex}S_{hex}k_{cov}(T_{hex,in} - T_{hex,out}) \tag{3-21}$$

式中，P_{hex}为散热器所需散热量，要求$P_{hex} > P_{cool}$；A_{hex}为散热器面积；S_{hex}为散热器

结构因子，和散热器翅片和扁管等设计参数有关；k_{cov}是对流换热系数，主要与外部风速和风扇的排布与性能有关；$T_{hex,in}$和$T_{hex,out}$分别为散热器进、出口温度。据此，可根据散热器水温差以及电堆功率选择满足对应A_{hex}、S_{hex}、k_{cov}要求的散热器总成。同理，可根据牛顿冷却公式实现散热风扇需求计算

$$P_{hex} = C_{air}\rho_{air}W_{air,col}\Delta T_{air} \tag{3-22}$$

式中，C_{air}为空气比热容；$W_{air,col}$为散热风扇的吹扫空气流量；ΔT_{air}为散热器与环境温度温差。

根据电堆散热量需求，选择满足冷却液流量需求的水泵。冷却液流量需求计算如下

$$q_{water} = \frac{P_{cool}}{\Delta T_{stack} C_w \rho_w} \tag{3-23}$$

式中，q_{water}为冷却液流量；ΔT_{stack}为电堆冷却液进、出口温差；C_w为冷却液比热容；ρ_w为冷却液密度。根据电堆冷却液流量需求，结合水泵特性参数，如流量效率曲线，然后结合电堆的冷却液损失对流阻、扬程的需求，选择能够满足对应参数需求的散热水泵。

3.3.4 DC/DC 变换器选型与匹配

与传统汽车一样，燃料电池汽车也必须具有很强的机动性，以便对不同的路况及时做出相应的反应。为满足机动性的要求，燃料电池汽车驱动所需功率会有较大的波动，这与燃料电池偏软的输出特性是相矛盾的。若以燃料电池作为电源直接驱动，会表现为输出特性偏软、输出电压较低，因此，当前燃料电池汽车动力系统设计中，一般会在燃料电池与汽车驱动之间加入 DC/DC 变换器，燃料电池、动力电池及 DC/DC 变换器共同组成电源对外供电，形成稳定、可控的直流电源。可见，一个高性能的 DC/DC 变换器对燃料电池汽车显得尤为重要，典型的燃料电池汽车架构如图 3-27 所示。燃料电池汽车应用对 DC/DC 变换器的一般要求包括：重量轻、体积小、转换效率高、功率密度高、具有升压功能、低成本、低电磁干扰、低输入电流纹波等。

根据以上要求可知，燃料电池系统需要一种输入电压范围宽、输入电流纹波较小、输出电压纹波较小的升压变换器。一般升压电路有两种解决方案：方案一，非隔离型拓扑，利用晶体管等开关器件将直流电高频断续加到负载上，通过改变开通和关断时间获得所需电压，又称升压斩波；方案二，隔离型拓扑，先将直流电高频

逆变为交流电，再经隔离变压器升压，最后整流滤波得到所需电压并提供给负载。

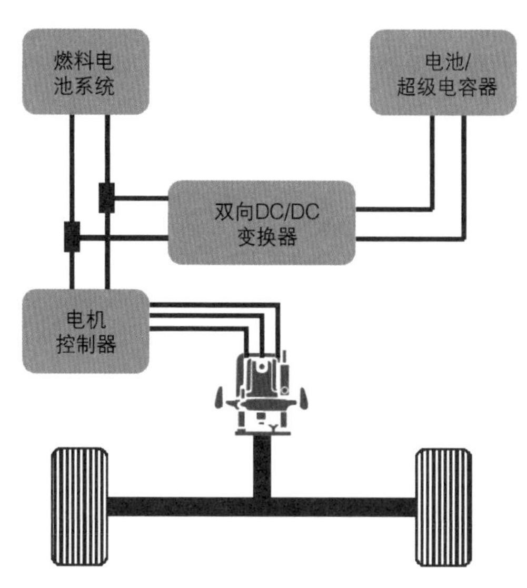

图 3-27 典型燃料电池汽车架构

将以上两种类型的升压拓扑结构应用到燃料电池汽车中都可以实现升压的功能，改善电源的输出特性，但对燃料电池系统的影响各有特点。隔离型变换器可以通过调节变压器的匝数比实现电压的升高或者降低，比如隔离型拓扑中常见的移相全桥电路，可以通过调节变压器匝数比实现不同程度的升压比，由于移相控制导致输入电流以脉冲的形式传递，较大的电流脉冲会影响燃料电池系统的寿命和可靠性，因此需要在隔离型拓扑中引入适当的滤波电路。变压器可以实现很大的升压比，这符合燃料电池系统的高升压要求，但原副边匝数比较高导致原副边耦合较差，漏感增加，较大的漏感在开关管上形成较高的电压尖峰，降低变换器效率；另外，变比的增加也会在一定程度上增加变压器体积和控制的复杂性。更重要的是，隔离型拓扑结构在燃料电池电流流出的过程中会产生影响稳定工作的纹波。

非隔离升压型变换器主要有以下几种基础类型：Boost 型、开关电容型、级联型，以及电容二极管组合型。以 Boost 型为例，当输入和输出电压相差较大时，会导致升压比较高，占空比较大，电感电流纹波增大，当开关晶体管关断后承受的反向电流也增大。另外，开关晶体管导通时间长，会导致开关损耗增大，变换器性能降低。非隔离型变换器仅采用电力电子器件，损耗主要来自电力电子器件本身的开关损耗；而隔离型变换器的损耗除了来自器件本身，还有变压器的铜损耗和铁损耗，损耗较大，效率较低，同时体积也较大。

随着燃料电池汽车对电源性能要求的不断提升，DC/DC 变换器正朝着大功率、高效率、智能控制的方向发展。在燃料电池汽车中，高压电气各部件是共地的，隔离型变换器输出端与输入端及大地都没有电气连接，即将输入端与输出端完全隔离开，而非隔离型变换器则是共地的。为了提高燃料电池的能源利用率，增加单位燃料的续驶里程，同时考虑到汽车空间大小和经济性等因素，应选用体积较小、器件数较少，且易于控制的非隔离型拓扑方案。

3.4 本章小结

本章从燃料电池系统集成设计角度介绍了通用的集成设计及开发技术。基于典型的燃料电池系统基本架构，分别阐述了空气供给子系统、氢气供给子系统、热管理子系统、高压电气子系统、低压电气子系统的组成部分、基本架构、主要作用以及集成过程中的注意事项。从燃料电池系统关键部件匹配角度出发，给出了各子系统关键零部件的重要特性和匹配要素，并给出了各子系统的关键参数计算过程。

燃料电池进气控制

燃料电池的工作原理是将持续供给的氢气和氧气通过电化学反应转化为电能。因此，进气控制对燃料电池的性能和寿命具有至关重要的影响，开发出高效可靠的进气控制系统是燃料电池领域的一个重要研究方向。

阴极、阳极侧流量和压力的控制对于提升燃料电池性能具有重要影响，燃料电池进气系统部件众多且具有非线性强的特点，同时，流量 - 压力耦合特性使得阴极压缩机和背压阀协同控制变得困难，易造成超调过大，控制波动大等问题。阳极侧由于受到实时排氢的影响，也易产生压力控制波动较大的问题。针对以上燃料电池系统进气控制问题，有必要设计合理的控制算法提高进气系统的响应速率和控制准确度，保障系统阴、阳极侧反应物高效稳定的供给。

基于此，本章建立了燃料电池系统模型并进行了参数辨识。进一步针对阴极侧空气供给中流量 - 压力耦合的问题，提出了串级解耦控制方法；针对阳极侧氢气供给以及排氢波动问题，建立了阳极侧氢气供给模糊比例 - 积分（PI）控制策略。

4.1　燃料电池系统建模

本节建立面向控制的燃料电池系统模型，在模型的基础上，进一步分析供气控制的难点，并有针对性地设计控制方法。燃料电池系统模型主要包括电堆模型和外围辅助部件模型，其中电堆模型包括阴极流量模型、阳极流量模型、膜水合模型和电堆电压模型，外围辅助部件模型主要包括空气压缩机模型、进气压力阀模型、进气 / 排气歧管模型等。

本节中燃料电池系统为 90kW 级燃料电池系统，其空气供给子系统主要工作方式为：空气经过空气滤清器，通过流量传感器进行空气流量的采集后，经过空压机增压、中冷器降温、增湿器加湿后进入电堆，在进入电堆前放置有压力传感器和温度传感器，在电堆阴极出口同样放置压力传感器和温度传感器进行采集。此外，其他子系统，如氢气供给子系统由高压氢气源、减压阀、氢进模块（引射器、比例阀、氢进电磁阀和泄压阀等）等组成，高压氢气源由测试台架进行供应，在进入电堆前，经过温度传感器和压力传感器进行温度、压力的采集，氢气供给子系统由燃料电池控制单元（fuel-cell control unit，FCU）按照既定的控制策略提供反应所需氢气。另外，热管理子系统主要包括循环水泵、风扇、节温器等组件，通过 FCU 控制从而保证电堆在正常温度范围内运行。燃料电池外部负载采用双向负载。

4.1.1 燃料电池堆建模

燃料电池模型可以反映进气流量、湿度、温度等边界条件与内部氧气分压、氢气分压、水蒸气分压和膜含水量之间的耦合关系状态。本小节建立电堆模型，建模中考虑阴极进气 / 排气过程以及膜内水渗透与反扩散过程，电堆电压模型从机理出发结合经验公式，然后采用参数辨识方法得到模型参数，阴极流量模型、阳极流量模型则是根据机理建立的集总参数模型。

1 阴极流量模型

阴极流量模型主要基于混合气体的热力学特性、理想气体定律，利用质量守恒定律描述燃料电池堆阴极内的氧气、氮气、水蒸气的动态特性。首先进行如下假设：模型中所有气体均看成理想气体；气体各组分含量在空间均匀分布；燃料电池堆温度经过冷却系统控制，温度始终保持在 80℃，且进入阴极流道内气体温度与电堆内温度相等；离开阴极的气体温度、湿度、压力、氧气摩尔分数与阴极流道内相等；液态水体积忽略，不考虑液态水对腔体体积的影响。

结合质量守恒定律，根据氧、氮和水的连续质量流动，建立如下的 3 个状态方程

$$\begin{cases}\dfrac{\mathrm{d}m_{O_2,ca}}{\mathrm{d}t}=W_{O_2,ca,in}-W_{O_2,ca,out}-W_{O_2,reacted}\\ \dfrac{\mathrm{d}m_{N_2,ca}}{\mathrm{d}t}=W_{N_2,ca,in}-W_{N_2,ca,out}\\ \dfrac{\mathrm{d}m_{v,ca}}{\mathrm{d}t}=W_{v,ca,in}-W_{v,ca,out}+W_{v,ca,gen}+W_{v,membr}-W_{l,ca,out}\end{cases} \tag{4-1}$$

式中，$m_{O_2,ca}$、$m_{N_2,ca}$、$m_{v,ca}$分别为进入阴极氧气、氮气、水蒸气的质量；$W_{O_2,ca,in}$、$W_{N_2,ca,in}$、$W_{v,ca,in}$分别为进入阴极氧气、氮气、水蒸气的质量流量；$W_{O_2,ca,out}$、$W_{N_2,ca,out}$、$W_{v,ca,out}$分别为离开阴极氧气、氮气、水蒸气的质量流量；$W_{O_2,reacted}$为参与还原反应氧气质量流量；$W_{v,ca,gen}$为燃料电池反应中产生水蒸气速率；$W_{v,membr}$为通过质子交换膜传输的水蒸气质量流量；$W_{l,ca,out}$为离开阴极的液态水的质量流量。

进入阴极的氧气、氮气、水蒸气的质量流量可以通过下面式子计算得到

$$\begin{cases}W_{O_2,ca,in}=x_{O_2,ca,in}W_{a,ca,in}\\ W_{N_2,ca,in}=x_{N_2,ca,in}W_{a,ca,in}\\ W_{v,ca,in}=W_{ca,in}-W_{a,ca,in}\end{cases} \tag{4-2}$$

式中，$W_{ca,in}$为进入阴极气体质量流量，其值等于离开加湿器的气体质量流量；$W_{a,ca,in}$为进入阴极干空气的质量流量；$x_{O_2,ca,in}$、$x_{N_2,ca,in}$为进入阴极氧气、氮气的质量

分数。

进入阴极氧气、氮气的质量分数计算见下式

$$\begin{cases} x_{O_2,ca,in}=\dfrac{y_{O_2,ca,in}M_{O_2}}{y_{O_2,ca,in}M_{O_2}+(1-y_{O_2,ca,in})M_{N_2}} \\ x_{N_2,ca,in}=\dfrac{(1-y_{O_2,ca,in})M_{N_2}}{y_{O_2,ca,in}M_{O_2}+(1-y_{O_2,ca,in})M_{N_2}} \end{cases} \tag{4-3}$$

式中，$y_{O_2,ca,in}$为氧气摩尔分数，在此是定值 0.21。

进入阴极干空气的质量流量

$$W_{a,ca,in}=\frac{1}{1+\omega_{ca,in}}W_{ca,in} \tag{4-4}$$

式中，$\omega_{ca,in}$为阴极气体的增湿率，使用下式计算

$$\begin{cases} \omega_{ca,in}=\dfrac{M_v}{M_{a,ca,in}}\dfrac{\phi_{ca,in}p_{sat}(T_{ca,in})}{p_{ca,in}-\phi_{ca,in}p_{sat}(T_{ca,in})} \\ \phi_{ca}=\dfrac{p_{v,ca}}{p_{sat}(T_{st})} \end{cases} \tag{4-5}$$

式中，ϕ_{ca}为相对湿度；p_{sat}为饱和水蒸气压力，是关于温度的函数，在温度确定的情况下，饱和水蒸气压力唯一确定，饱和水蒸气压力（Pa）满足公式

$$\log_{10}(p_{sat})=-1.69\times10^{-10}T_{st}^4+3.85\times10^{-7}T_{st}^3-3.39\times10^{-4}T_{st}^2+0.143T_{st}-20 \tag{4-6}$$

式中，T_{st}为环境温度（K）。

为计算阴极内气体压力和相对湿度，首先利用理想气体定律计算阴极腔体内氧气、氮气和水蒸气的分压如下所示

$$\begin{cases} p_{O_2,ca}=\dfrac{m_{O_2,ca}R_{O_2}T_{st}}{V_{ca}} \\ p_{N_2,ca}=\dfrac{m_{N_2,ca}R_{N_2}T_{st}}{V_{ca}} \\ p_{v,ca}=\dfrac{m_{v,ca}R_vT_{st}}{V_{ca}} \end{cases} \tag{4-7}$$

式中，$p_{O_2,ca}$、$p_{N_2,ca}$、$p_{v,ca}$分别为阴极腔体内氧气、氮气、水蒸气分压；R_{O_2}、R_{N_2}、R_v分别为氧气、氮气、水蒸气气体常数；T_{st}为电堆温度；V_{ca}为阴极腔体体积。

阴极总压力为氧气、氮气、水蒸气分压之和

$$p_{ca}=p_{O_2,ca}+p_{N_2,ca}+p_{v,ca} \tag{4-8}$$

式中，p_{ca}为阴极压力。由于阴极和阴极出口压力差较小，在此使用线性喷嘴方程计算流出阴极气体的流量

$$W_{ca,out} = k_{ca,out}(p_{ca} - p_{rm}) \tag{4-9}$$

式中，p_{rm}为排气歧管压力。前面详细介绍了氧气、氮气、水蒸气进入阴极的质量流量计算方法，从阴极流出的计算方式与前述方法类似，见式（4-10）。其中不同的是由于氧气已经参加反应，故不等于空气中的质量分数，此时氧气摩尔分数使用氧气分压与干燥空气分压的比值计算。

$$\begin{cases} y_{O_2,ca} = \dfrac{p_{O_2,ca}}{p_{a,ca}} \\ \omega_{ca,out} = \dfrac{M_v}{y_{O_2,ca}M_{O_2} + (1 - y_{O_2,ca})M_{N_2}} \dfrac{\phi_{ca,out}p_{sat}(T_{ca,out})}{p_{ca,out} - \phi_{ca,in}p_{sat}(T_{ca,out})} \\ W_{a,ca,out} = \dfrac{1}{1+\omega_{ca,out}} W_{ca,out} \\ W_{v,ca,out} = W_{ca,out} - W_{a,ca,out} \\ W_{O_2,ca,out} = \dfrac{y_{O_2,ca}M_{O_2}}{y_{O_2,ca}M_{O_2} + (1 - y_{O_2,ca})M_{N_2}} W_{a,ca,out} \\ W_{N_2,ca,out} = \dfrac{(1 - y_{O_2,ca})M_{N_2}}{y_{O_2,ca}M_{O_2} + (1 - y_{O_2,ca})M_{N_2}} W_{a,ca,out} \end{cases} \tag{4-10}$$

根据电化学原理，可知参加反应的氧气和生成水的质量流量是电流I_{st}的函数，可以用下式进行计算

$$\begin{cases} W_{O_2,reacted} = M_{O_2}\dfrac{nI_{st}}{4F} \\ W_{v,ca,gen} = M_v\dfrac{nI_{st}}{2F} \end{cases} \tag{4-11}$$

式中，n 为单体电池片数；F 为法拉第常数。

阴极腔体内的水根据气体饱和状态，以水蒸气和液态水的形式存在，当气体相对湿度大于 100%，生成液态水留在阴极腔体中，当气体相对湿度小于 100%，则无液态水存在，通过水蒸气饱和压力可以计算气体中最大的含水量$m_{v,max,ca}$

$$m_{v,max,ca} = \frac{p_{sat}(T_{st})V_{ca}}{R_vT_{st}} \tag{4-12}$$

阴极水蒸气、液态水的质量根据最大饱和水蒸气质量可由如下关系计算：

若$m_{w,ca} \leqslant m_{v,max,ca}$，则$m_{v,ca}=m_{w,ca}$，$m_{l,ca}=0$，其中$m_{w,ca}$为阴极侧水质量，$m_{l,ca}$为阴极侧液态水质量。

若$m_{w,ca} > m_{v,max,ca}$，则$m_{v,ca}=m_{v,max,ca}$，$m_{l,ca}=m_{w,ca}-m_{v,max,ca}$。

2 阳极流量模型

燃料电池阳极所需要的氢气由高压储氢瓶经过减压阀、比例阀提供，流量则由比例阀根据负载大小实时调节其开度进行控制。与阴极侧类似，首先做出如下假设：阳极气体温度等于电堆温度；所有气体视为理想气体且均匀分布；阳极流道阻力远小于阴极流道阻力。

与阴极相似，阳极侧氢气分压以及内部相对湿度由阳极内氢气和水蒸气的质量流量决定，由质量连续方程可得

$$\begin{cases} \dfrac{\mathrm{d}m_{H_2,an}}{\mathrm{d}t}=W_{H_2,an,in}-W_{H_2,an,out}-W_{H_2,reacted} \\ \dfrac{\mathrm{d}m_{w,an}}{\mathrm{d}t}=W_{v,an,in}-W_{v,an,out}-W_{v,membr}-W_{l,an,out} \end{cases} \tag{4-13}$$

式中，$m_{H_2,an}$为阳极侧氢气质量；$m_{w,an}$为阳极侧水质量；$W_{H_2,an,in}$、$W_{v,an,in}$分别为进入阳极的氢气和水蒸气的质量流量；$W_{H_2,an,out}$、$W_{v,an,out}$分别为离开阳极的氢气、水蒸气质量流量；$W_{H_2,reacted}$为参与电化学反应的氢气质量流量；$W_{v,membr}$为通过质子交换膜到阴极的水的质量流量；$W_{l,an,out}$为离开阳极液态水的质量流量。

进入阳极氢气和水蒸气的质量流量

$$\begin{cases} W_{H_2,an,in}=\dfrac{1}{1+\omega_{an,in}}W_{an,in} \\ W_{v,an,in}=W_{an,in}-W_{H_2,an,in} \end{cases} \tag{4-14}$$

式中，$W_{an,in}$为进入阳极气体质量流量；$\omega_{an,in}$为进入阳极气体增湿率

$$\omega_{an,in}=\frac{M_v}{M_{H_2}}\frac{p_{v,an,in}}{p_{an,in}-p_{v,an,in}}=\frac{M_v}{M_{H_2}}\frac{\phi_{an,in}p_{sat}(T_{an,in})}{p_{an,in}-p_{v,an,in}} \tag{4-15}$$

式中，$p_{sat}(T_{an,in})$为阳极气体饱和水蒸气压力，根据温度进行计算；$\phi_{an,in}$为阳极气体相对湿度

$$\phi_{an}=\frac{p_{v,an}}{p_{sat}(T_{st})} \tag{4-16}$$

利用理想气体定律计算阳极腔体内氢气和水蒸气的分压如下所示

$$\begin{cases} p_{H_2,an} = \dfrac{m_{H_2,an} R_{H_2} T_{st}}{V_{an}} \\ p_{v,an} = \dfrac{m_{v,an} R_v T_{st}}{V_{an}} \end{cases} \tag{4-17}$$

式中，V_{an}为阳极腔体体积；R_{H_2}为氢气气体常数；阳极出口压力为氢气分压与水蒸气分压之和

$$p_{an} = p_{H_2,an} + p_{v,an} \tag{4-18}$$

阳极定期吹扫排除掉留在腔体的液态水和其余气体，计算离开阳极腔体氢气、水蒸气的质量流量的方法与前文相似

$$\begin{cases} \omega_{an,out} = \dfrac{M_v}{M_{H_2,an}} \dfrac{p_{v,an}}{p_{H_2,ca}} \\ W_{H_2,an,out} = \dfrac{1}{1+\omega_{an,out}} W_{an,out} \\ W_{v,an,out} = W_{an,out} - W_{H_2,an,out} \end{cases} \tag{4-19}$$

根据电化学原理，可知参加反应的氢气的质量流量是电流I_{st}的函数，可以用下式进行计算

$$W_{H_2,reacted} = M_{H_2} \frac{nI_{st}}{2F} \tag{4-20}$$

阳极腔体内的水蒸气和液态水的质量计算与阴极相似，气体相对湿度小于 100% 时，生成液态水留在阳极腔体中，气体相对湿度大于 100% 时，则无液态水存在。通过水蒸气饱和压力可以计算气体中最大的含水量$m_{v,max,an}$

$$m_{v,max,an} = \frac{p_{sat}(T_{st}) V_{an}}{R_v T_{st}} \tag{4-21}$$

阳极水蒸气、液态水的质量根据最大饱和水蒸气质量可由如下关系计算：

若$m_{w,an} \leqslant m_{v,max,an}$，则$m_{v,an} = m_{w,an}$，$m_{l,an} = 0$，其中$m_{w,an}$为阳极侧水质量，$m_{l,an}$为阳极侧液态水质量。

若$m_{w,an} > m_{v,max,an}$，则$m_{v,an} = m_{v,max,an}$，$m_{l,an} = m_{w,an} - m_{v,max,an}$。

3　膜水合模型

膜水合模型主要描述水在质子交换膜中的传递过程，可以计算得到膜内的水

分含量和水通过膜的质量流量等。水在质子交换膜中的传递主要包含两个过程：电渗透和反扩散。

电渗透指的是质子到达阴极的同时把水分子也从阳极拖动至阴极的现象，传递水量用电渗透阻力系数 n_d 表示，它的定义是每个质子所携带的水分子数，则单电池因电渗透拖拽引起的从阳极到阴极的净水量$N_{v,osmotic}$为

$$N_{v,osmotic} = n_d \frac{i}{F} \tag{4-22}$$

式中，i 为电堆电流密度；n_d 为电渗透阻力系数。

反扩散指的是由于水的浓度梯度导致水由阴极到阳极的扩散现象。在实际燃料电池空间分布中，膜内水浓度因阳极和阴极表面的湿度不同从而存在这种梯度，由于反扩散引起的从阴极到阳极的净水量$N_{v,diff}$为

$$N_{v,diff} = D_w \frac{dc_v}{dy} \tag{4-23}$$

式中，D_w 为水在质子交换膜中的扩散系数；y 为垂直于质子交换膜上距离；c_v 为水摩尔浓度。

由于水浓度梯度相对于膜厚度近似为线性关系，质子交换膜的水通量$N_{v,membr}$可表示如下，正值代表水从阳极传递到阴极

$$N_{v,membr} = n_d \frac{i}{F} - D_w \frac{c_{v,ca} - c_{v,an}}{L_m} \tag{4-24}$$

式中，$c_{v,ca}$、$c_{v,an}$分别为阴极、阳极水浓度；L_m为质子交换膜厚度。电渗透阻力系数n_d和扩散系数D_w随膜内含水量变化而变化。膜内含水量可以看作是水活度a_m的函数，阳极或阴极的水活度可以用下式表示

$$a_i = \frac{y_{v,i} p_i}{p_{sat,i}} = \frac{p_{v,i}}{p_{sat,i}} \tag{4-25}$$

式中，下标 i 代表阴极或阳极；$p_{v,i}$为阴极或者阳极的水蒸气分压；$p_{sat,i}$为阴极或者阳极的水蒸气饱和压力。膜的水活度又可以看作是阳极和阴极水活度的平均值，则膜的水活度可表示为

$$a_m = \frac{a_{an} + a_{ca}}{2} \tag{4-26}$$

膜含水量根据针对 Nafion 膜材料的经验公式可得

$$\lambda_m = \begin{cases} 0.043 + 17.81a_i - 39.85a_m^2 + 36.0a_m^3, & 0 < a_m \leqslant 1 \\ 14 + 1.4(a_m - 1), & 1 < a_m \leqslant 3 \end{cases} \tag{4-27}$$

扩散系数可表示为与电堆温度和膜含水量相关的函数

$$D_{\mathrm{w}}=D_{\lambda}\exp\left[2416\left(\frac{1}{303}-\frac{1}{T_{\mathrm{st}}}\right)\right] \tag{4-28}$$

式中，D_w为水在质子交换膜中的扩散系数（m^2/s）；T_{st}为电堆温度（K）；D_λ为 30℃下膜内水的扩散系数（m^2/s），其值为膜含水量的分段函数，计算如下

$$D_{\lambda}=\begin{cases}10^{-6}, & \lambda_{\mathrm{m}}<2\\ [1+2(\lambda_{\mathrm{m}}-2)]\times 10^{-6}, & 2\leqslant\lambda_{\mathrm{m}}\leqslant 3\\ [3-1.67(\lambda_{\mathrm{m}}-3)]\times 10^{-6}, & 3<\lambda_{\mathrm{m}}<4.5\\ 1.25\times 10^{-6}, & \lambda_{\mathrm{m}}\geqslant 4.5\end{cases} \tag{4-29}$$

电渗透系数n_d根据如下经验公式计算

$$n_{\mathrm{d}}=0.0029\lambda_{\mathrm{m}}^{2}+0.05\lambda_{\mathrm{m}}-3.4\times 10^{-19} \tag{4-30}$$

阴极、阳极的水浓度计算如下

$$\begin{cases}c_{\mathrm{v,an}}=\dfrac{\rho_{\mathrm{m,dry}}}{M_{\mathrm{m,dry}}}\lambda_{\mathrm{an}}\\ c_{\mathrm{v,ca}}=\dfrac{\rho_{\mathrm{m,dry}}}{M_{\mathrm{m,dry}}}\lambda_{\mathrm{ca}}\end{cases} \tag{4-31}$$

式中，$\rho_{m,dry}$为干燥膜密度；$M_{m,dry}$为干燥膜等效摩尔质量。通过计算，可以得到整个电堆的水传递的质量流量

$$W_{\mathrm{v,membr}}=N_{\mathrm{v,membr}}M_{\mathrm{v}}A_{\mathrm{fc}}n \tag{4-32}$$

式中，M_v为水蒸气摩尔质量；A_{fc}为燃料电池单体有效活性面积；n为燃料电池电堆单体数量。

4 电堆电压模型

燃料电池在工作时，电极电势出现极化现象，其需要消耗自身的能量来克服这些阻力，保证反应继续进行，这些阻力主要包括：活化极化、欧姆极化和浓差极化，所以单电池电压可以用下式表示

$$V_{\mathrm{cell}}=V_{\mathrm{nt}}-V_{\mathrm{act}}-V_{\mathrm{ohm}}-V_{\mathrm{conc}} \tag{4-33}$$

式中，V_{nt}为 Nernst 电势；V_{act}为活化过电势；V_{ohm}为欧姆过电势；V_{conc}为浓差过电势。

在理想情况下，不考虑损耗，Nernst 电势可以使用 Nernst 方程进行计算

$$V_{\mathrm{nt}}=1.229-(8.5\times 10^{-4})\times(T_{\mathrm{st}}-298.15)+\frac{RT_{\mathrm{st}}}{2F}\ln(p_{\mathrm{H_2}}\sqrt{p_{\mathrm{O_2}}}) \tag{4-34}$$

式中，p_{H_2}为阳极氢气分压（Pa）；p_{O_2}为阴极氧气分压（Pa）；T_{st}为电堆温度（K）；R 为气体常数，$R=8.314J/(mol\cdot K)$；F 为法拉第常数，$F=96485.3C/mol$。

活化过电势化学反应需要克服的阻力，可由 Tafel 半经验公式和亨利（Henry）定律计算得到

$$V_{act}=\theta_1+\theta_2T_{st}+\theta_3T_{st}\ln C_{O_2}+\theta_4T_{st}\ln I_{st} \tag{4-35}$$

其中，θ_i为经验参数，其值由试验数据辨识得到；C_{O_2}为阴极催化层三相反应界面的氧气溶解浓度（mol/m^3），近似使用下述公式计算

$$C_{O_2}=1.97\times10^{-7}\times p_{O_2}\times\exp(498/T_{st}) \tag{4-36}$$

欧姆过电势由两部分组成，一部分是电子通过电极或集流体的阻抗引起的电压降，另一部分是质子通过交换膜的等效阻抗引起的电压降。根据欧姆定律，可以通过下式计算

$$\begin{cases}V_{ohm}=I_{st}(R_M+R_c)\\R_M=\dfrac{L_m}{A_{cell}(\theta_5\lambda_m+\theta_6)e^{\theta_7(1/303.15-1/T_{st})}}\\R_c=\theta_8\end{cases} \tag{4-37}$$

式中，L_m为质子交换膜厚度（μm）；A_{cell}为电池有效活性面积（cm^2）；λ_m为膜含水量；R_c和R_M分别为电子传递阻抗（Ω）和质子传递阻抗（Ω）。

在高电流密度下，反应物或产物传质受到阻碍，导致浓差过电势。浓度电压损失可计算为

$$V_{conc}=\theta_9\exp(\theta_{10}I_{st}) \tag{4-38}$$

燃料电池由许多单体组成，忽略一致性差异，电堆总电压为单体电池电压乘以电池片数

$$V_{st}=nV_{cell} \tag{4-39}$$

4.1.2 辅助部件建模

1 空压机建模

空气压缩机为电化学反应提供足够的空气，本节研究的燃料电池系统中采用了离心式空气压缩机，其通过高速电机带动叶片高速旋转，从而带动气流流动、增大压缩机的出气流量，其具有无油压缩、噪声小、流量压比大、体积小的优点；然而，在低流量、高压比的情况下，空气压缩机会产生喘振，从而造成机

械损伤，且有工作区域小的缺点。其模型主要包括静态 map，用来描述转速、流量、压比之间的关系，已知空压机出口的流量，根据热力学特性可得到离开空气压缩机的温度。根据厂商所提供的数据可以绘制转速 - 流量 - 压比之间的 map，如图 4-1 所示，该空压机最高转速可达到 94000r/min，压比峰值可达 3.5。

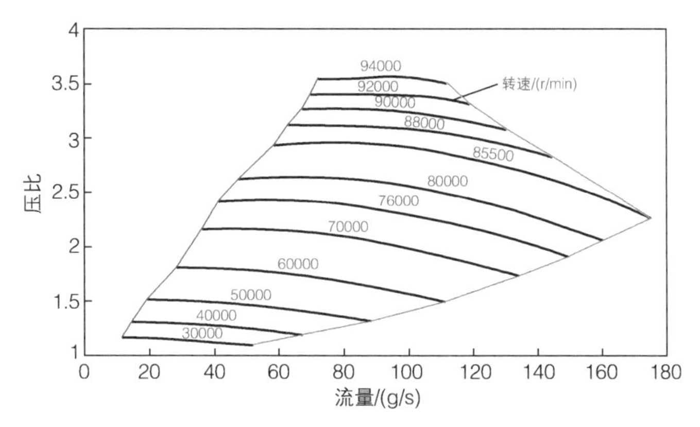

图 4-1　空气压缩机外特性曲线（转速 - 流量 - 压比 map）

由于其在较高压比、小流量的前提下存在喘振现象，在此使用多项式对喘振线进行拟合，喘振线即为不同转速下离心式空气压缩机的最小输出质量流量。后续模型需要应用于控制仿真，要求状态方程可导连续，故在此使用多项式对 map 进行拟合，根据经验选择二次多项式进行拟合，以转速ω_{cp}和压比p_r为自变量，以流量W_{cp}为输出因变量，压比可以表示为$p_r = p_{sm} / p_{atm}$，p_{sm}为进气歧管管路压力，p_{atm}为环境压力，多项式形式具体如下

$$W_{cp} = B_{00} + B_{10}p_r + B_{20}p_r^2 + B_{01}\omega_{cp} + B_{11}p_r\omega_{cp} + B_{02}\omega_{cp}^2 \tag{4-40}$$

式中，B_{00}、B_{10}、B_{20}、B_{01}、B_{11}、B_{02} 为多项式系数。

另一方面，由于厂家提供的 map 为常温常压下测得，在此结合实际数据，加入流量拟合修正项

$$W'_{cp} = a_4 p_r^3 + a_3 p_r^2 + a_2 p_r + a_1 \tag{4-41}$$

式中，a_1，…，a_4 为拟合参数。

由于空压机电机高速旋转，对空气进行压缩，使得空气温度升高，其输入的压力为环境压力，进气温度为环境温度T_{atm}，空气压缩机出口处的气体压力等于进气歧管内的气体压力，故空压机出口处的气体温度可以使用下式计算

$$T_{cp,out} = T_{atm} + \frac{T_{atm}}{\eta_{cp}}\left[\left(\frac{p_{sm}}{p_{atm}}\right)^{\frac{\gamma-1}{\gamma}} - 1\right] \tag{4-42}$$

式中，η_{cp}为空压机效率，在此取定值 0.8。

2 进气歧管建模

气体从空压机出来到电堆入口之间还存在一段管路，在管路中会引起压力和流量的损失，因此需要对这段管路进行建模。进气歧管包括从空气压缩机到电堆之间包括中冷器、加湿器在内的所有的管路，对其来说，进口质量流量为空气压缩机的流量W_{cp}，出口的质量流量为W_{sm}。

由于进气歧管到阴极之间的压力差较小，在此气体出口质量流量可使用如下所示的线性喷嘴方程计算

$$W_{sm,out} = k_{sm,out}(p_{sm} - p_{ca}) \tag{4-43}$$

式中，$k_{sm,out}$为进气管路孔口系数，通过参数辨识获得。

由于空气压缩机出口温度较高，若进气管路较长，则会引起温度变化，不能作为一个等温过程处理，需要考虑热力学引起的变化，管道内累计的气体质量m_{sm}和进气歧管管路压力可根据质量守恒、理想气体状态方程、热力学特性由下式计算

$$\begin{cases} \dfrac{dm_{sm}}{dt} = W_{cp} - W_{sm,out} \\ \dfrac{dp_{sm}}{dt} = \dfrac{\gamma R_a}{V_{sm}}(W_{cp}T_{cp,out} - W_{sm,out}T_{sm}) \end{cases} \tag{4-44}$$

式中，V_{sm}为进气歧管体积；T_{sm}为进气歧管的平均温度，可以由温度传感器测量获得。在此，假设进气管路较短，忽略温度变化，即$T_{cp,out} = T_{sm}$。

3 中冷器建模

假设压力在中冷器中无损失，且经过中冷器后可使压缩空气冷却至电堆工作适宜温度 80℃。温度变化会引起气体相对湿度的变化，离开加湿器的气体相对湿度可使用下式计算

$$\phi_{cl} = \frac{p_{v,cl}}{p_{sat}(T_{cl})} = \frac{p_{cl}p_{v,atm}}{p_{atm}p_{sat}(T_{cl})} = \frac{p_{cl}\phi_{atm}p_{sat}(T_{atm})}{p_{atm}p_{sat}(T_{cl})} \tag{4-45}$$

式中，$p_{v,cl}$为中冷器水蒸气分压；p_{cl}为中冷器内部压力；ϕ_{atm}为常温常压下环境空气相对湿度；$p_{sat}(T_{atm})$为常温下环境空气饱和水蒸气压力；T_{cl}为中冷器出口温度，在此为 80℃。

4 加湿器建模

经过空压机压缩并经过中冷器冷却的气体，在温度上可以满足电堆工作条

件，但是相对湿度较低，若直接通入电堆，容易在电堆暖机过程中引发膜干故障，造成干裂、热斑等不可逆损伤。因此，在空气进入电堆参加电化学反应前，应对其进行加湿，以满足质子交换膜对含水量的要求。假设反应气体经过加湿器，入口、出口温度不变，干空气质量流量不变，但由于气体变湿，水蒸气的含量增加，会导致湿空气流量变化以及出口压力变化。

加湿器内的水蒸气分压可以由加湿器内空气相对湿度和加湿器内温度下的饱和水蒸气压力计算

$$p_{v,cl} = \phi_{cl} p_{sat}(T_{cl}) \tag{4-46}$$

加湿器内总压力是干空气分压与水蒸气分压的和

$$p_{cl} = p_{a,cl} + p_{v,cl} \tag{4-47}$$

气体的相对湿度如下

$$\omega_{cl} = \frac{M_v}{M_a}\frac{p_{v,cl}}{p_{a,cl}} \tag{4-48}$$

式中，M_a为干空气的摩尔质量。加湿器入口处干空气的质量流量$W_{a,cl}$和水蒸气的质量流量$W_{v,cl}$分别为

$$\begin{cases} W_{a,cl} = \dfrac{1}{1+\omega_{cl}} W_{cl} \\ W_{v,cl} = W_{cl} - W_{a,cl} \end{cases} \tag{4-49}$$

式中，W_{cl}为加湿器的入口质量流量。

加湿器的出口质量流量W_{hm}由两部分构成，一部分是干空气的质量流量$W_{a,cl}$，另一部分是水蒸气的质量流量$W_{v,hm}$

$$W_{hm} = W_{a,cl} + W_{v,hm} = W_{a,cl} + W_{v,cl} + W_{v,inj} \tag{4-50}$$

式中，$W_{v,inj}$为通过加湿器输入的水蒸气质量流量。

离开加湿器的气体压力p_{hm}分为干空气分压$p_{a,cl}$与水蒸气分压$p_{v,hm}$两部分

$$p_{hm} = p_{a,cl} + p_{v,hm} = p_{a,cl} + \frac{W_{v,hm}}{W_{a,cl}}\frac{M_a}{M_v} p_{a,cl} \tag{4-51}$$

加湿器出口的相对湿度为

$$\phi_{hm} = \frac{p_{v,hm}}{p_{sat}(T_{hm})} = \frac{p_{v,hm}}{p_{sat}(T_{cl})} \tag{4-52}$$

式中，T_{hm}为加湿器出口温度。

5 排气歧管建模

排气歧管模型指的是从电堆阴极出口到与大气接触之间的所有管路。由于到达排气歧管处的气体温度较低，在歧管中温度变化不明显可以忽略不计，排气歧管管路压力p_{rm}可通过如下公式计算

$$\frac{\mathrm{d}p_{rm}}{\mathrm{d}t}=\frac{R_a T_{rm}}{V_{rm}}(W_{ca,out}-W_{rm,out}) \tag{4-53}$$

式中，V_{rm}为排气歧管体积；T_{rm}为排气歧管内气体温度，其值等于电堆出口空气温度；$W_{rm,out}$为排气歧管出口质量流量。

排气歧管中包含一个进气压力阀用来调节排除气体的流量，$W_{rm,out}$与进气压力阀开度有关，开度越大，排气歧管排除的质量流量越大。由于排气歧管内压力与大气压力相差较大，在此使用非线性喷嘴方程计算流出排气歧管气体质量流量$W_{rm,out}$，其值与p_{atm}/p_{rm}有关，根据比值大小可以分为两段

当$\frac{p_{atm}}{p_{rm}}>\left(\frac{2}{\gamma+1}\right)^{\frac{\gamma}{\gamma-1}}$时，

$$W_{rm,out}=\frac{C_{D,rm}A_{T,rm}p_{rm}}{\sqrt{RT_{rm}}}\sqrt{\frac{2\gamma}{\gamma-1}\left[\left(\frac{p_{atm}}{p_{rm}}\right)^{\frac{2}{\gamma}}-\left(\frac{p_{atm}}{p_{rm}}\right)^{\frac{\gamma+1}{\gamma}}\right]} \tag{4-54}$$

当$\frac{p_{atm}}{p_{rm}}<\left(\frac{2}{\gamma+1}\right)^{\frac{\gamma}{\gamma-1}}$时，

$$W_{rm,out}=\frac{C_{D,rm}A_{T,rm}p_{rm}}{\sqrt{RT_{rm}}}\sqrt{\frac{2\gamma}{\gamma-1}\left[\left(\frac{2}{\gamma+1}\right)^{\frac{2}{\gamma-1}}-\left(\frac{2}{\gamma+1}\right)^{\frac{\gamma+1}{\gamma-1}}\right]} \tag{4-55}$$

式中，$C_{D,rm}$为排气歧管卸载流量系数；$A_{T,rm}$为排气歧管有效截面积。$C_{D,rm}$、$A_{T,rm}$与进气压力阀开启角度α（°）有关，其乘积是α的函数，在此使用如下公式进行拟合

$$\begin{aligned}C_{D,rm}A_{T,rm}=&\{1-\cos[\pi(\alpha-6)/180]\}\times\\&\exp[om_1\times(\alpha/100)^2+om_2\times(\alpha/100)+om_3]\end{aligned} \tag{4-56}$$

式中，om_1、om_2、om_3为进气压力阀拟合参数。

4.2　燃料电池系统模型参数辨识

4.2.1　模型参数辨识方法

对于如燃料电池系统模型这一类的复杂模型，其参数辨识一般可分为传统梯度下降的数学方法和启发式优化算法两种方法。其中，基于梯度下降的数学方法，容易陷入局部最优解而得不到全局最优解，而启发式算法含有随机过程，易得到全局最优解。近年来，受自然启发的智能算法较为流行，如粒子群优化（particle swarm optimization，PSO）算法、遗传算法（genetic algorithm，GA）、模拟退火（simulated annealing，SA）算法、萤火虫算法（firefly algorithm，FA）、布谷鸟搜索（cuckoo search，CS）算法等。根据电压模型[见式（4-35）、式（4-37）、式（4-38）]可知，模型中θ_1，θ_2，…，θ_{10}为待辨识参数，在本节中，使用基于模拟退火算法改进的蝗虫优化算法对参数进行辨识。

1　蝗虫优化算法

蝗虫优化算法（grasshopper optimization algorithm，GOA）是基于蝗虫群体迁移行为和觅食行为的启发式优化算法。蝗虫幼虫期时，动作缓慢，只能在小范围内移动，其成年期聚集成群，擅长大范围快速移动。受自然启发，在逻辑上将搜索过程划分为两种趋势：探索和开发。在探索过程中，鼓励大范围移动，对应其成年期，有利于全局搜索。而在开发过程中，对应其幼虫期，有利于局部搜索。食物即对应最优解，寻找最优解的过程即蝗虫觅食过程，由蝗虫自然完成。因此，模拟其聚集成群和觅食的自然过程，可以得到一种新的自然启发算法，被称为蝗虫优化算法，其可用下式表示

$$X_i = S_i + G_i + A_i \tag{4-57}$$

式中，X_i为蝗虫群体中第 i 只蝗虫的位置；S_i为蝗虫群体中第 i 只蝗虫与其他蝗虫之间的相互作用；G_i为第 i 只蝗虫受重力的作用；A_i为蝗虫群体中第 i 只蝗虫受风力的作用。考虑随机因素对蝗虫的影响，可将式（4-57）写成

$$X_i = r_1 S_i + r_2 G_i + r_3 A_i \tag{4-58}$$

式中，r_1、r_2、r_3为 [0，1] 之间的随机数；S_i具体计算公式为

$$S_i = \sum_{j=1, j\neq i}^{N} s(d_{ij})\hat{d}_{ij} \tag{4-59}$$

式中，N 为蝗虫种群中个体数量；d_{ij}为蝗虫种群中第 i 个个体和第 j 个个体之间的距离，即$d_{ij} = |x_i - x_j|$；$\hat{d}_{ij}$为蝗虫种群中第 i 个个体和第 j 个个体之间的单位矢量，即$\hat{d}_{ij} = |x_i - x_j| / d_{ij}$；$s(r)$为蝗虫种群中蝗虫个体之间的相互作用力函数，用于表示蝗虫种群之间的社会关系，即

$$s(r) = f\mathrm{e}^{\frac{-r}{l}} - \mathrm{e}^{-r} \tag{4-60}$$

式中，f 为吸引力强度；l 为吸引力尺度范围；在此取 $f = 0.5$，$l = 1.5$。G_i、A_i具体形式分别为

$$G_i(t) = -g\hat{e}_g, A_i(t) = u\hat{e}_w \tag{4-61}$$

式中，g 为加速度常数；$\hat{e}_g$为蝗虫指向地心的单位矢量；u为漂移常量；$\hat{e}_w$为蝗虫受到风力作用的单位矢量。

结合式（4-59）~式（4-61），则式（4-58）可更新为

$$x_i(t+1) = \sum_{j=1}^{N} s\left(\left|x_j(t) - x_i(t)\right|\right)\frac{x_j(t) - x_i(t)}{d_{ij}(t)} - g\hat{e}_g + u\hat{e}_w \tag{4-62}$$

若蝗虫降落在地面上，其位置不应该低于一个最小值，然而，在模拟种群过程中因其阻止了算法探索未使用这个方程。式（4-62）所提出的数学模型描述了影响蝗虫的位置更新的3个因素，但是这个数学模型不能直接用于解决优化问题，主要原因是蝗虫很快就会到达局部最优，而种群并没有收敛到全局最优点。为解决优化问题，不考虑重力的影响，提出了该方程的修正版本如下

$$x_i(t+1) = c\left\{\sum_{j=1}^{N} c\frac{u_\mathrm{b} - l_\mathrm{b}}{2} s\left[\left|x_j(t) - x_i(t)\right|\right]\frac{x_j(t) - x_i(t)}{d_{ij}(t)}\right\} + \hat{T}_d \tag{4-63}$$

式中，u_b和l_b分别为函数 $s(r)$ 在 d 维空间的上界和下界；$\hat{T}_d$为当前蝗虫在 d 维空间的最优解；c 按照如下公式计算

$$c = c_{\max} - (c_{\max} - c_{\min})\frac{l_i}{L} \tag{4-64}$$

式中，$c_{\max}$、$c_{\min}$ 分别为参数 c 的最大值和最小值；L 为算法允许最大迭代次数；l_i 是算法当前迭代次数。

蝗虫优化算法的具体流程包括：

步骤 1：初始化种群初始位置、种群数量、参数 c 及其最大与最小值和算法

允许最大迭代次数、结束循环终止条件。

步骤 2：计算个体适应度，并选择初值为适应度值最好的蝗虫位置。

步骤 3：对迭代次数 1，…，n 做步骤 4 至步骤 6。

步骤 4：使用式（4-64）更新 c 值。

步骤 5：使用式（4-63）更新蝗虫位置，计算适应度，并保存最佳位置。

步骤 6：如果当前循环满足终止条件，则输出当前解作为最优解并结束程序，否则迭代次数加 1。

2 模拟退火算法

模拟退火算法于 20 世纪 80 年代初被提出，其思想源于固体退火过程。在升温过程中，固体内部粒子从有序状态逐渐变成无序状态，内能逐渐增大，而冷却过程中粒子从无序状态变成有序。假设冷却过程是足够缓慢的，那么冷却中在每一个温度固体均可以达到热平衡的状态。在上述过程中，任意恒定温度都能达到热平衡是重要的一步，梅特罗波利斯（Metropolis）根据物理系统向能量最低的状态靠近，分子热运动则总是倾向于破坏这种低能量状态的物理现象，提出了 Metropolis 准则。假设状态从状态 i 变为状态 j，其状态 i、状态 j 对应的内能分别为E_i、E_j。若E_j小于E_i，则更改当前状态为新状态 j，否则，将以概率P_{qr}接受状态 j 为当前状态。具体的P_{qr}表达式如下

$$P_{qr}=\begin{cases}1, & E_j\leqslant E_i\\ \exp\left(-\dfrac{E_j-E_i}{kT}\right), & E_j>E_i\end{cases}\tag{4-65}$$

式中，k 为玻尔兹曼常数；T 为固体的温度。根据此公式可以看出，在 T 相对较大的高温情况，整个接受函数可能会趋向于 1，即比当前解更差的新解也有可能被接受，因此就有可能跳出局部最优而得到全局最优；而随着冷却的进行，T 逐渐减小，函数整体变小，更难接受比当前解更差的解，不太容易跳出当前的区域。如果在高温时，已经进行了充分的广域搜索，找到了可能存在最好解的区域，而在低温再进行足够的局部搜索，则可能最终找到全局最优解。因此，一般结束温度设置为一个较小的正数，如 0.01~1。

该方法以统计物理为基础，将物理系统中固体退火过程中的现象抽象成数学模型，得到的解被按照 Metropolis 准则进行接收，在每次迭代过程中，温度衰退公式为

$$T(t+1)=\alpha T(t)\tag{4-66}$$

式中，α为衰退系数，取值为 0.5~0.99 之间，其值越小，迭代次数越多。

模拟退火算法的具体步骤为：

步骤 1：初始化初始温度、结束温度、衰退系数、初始解x_0，并计算适应度E_{x_0}。

步骤 2：当 T 大于结束温度时，执行步骤 3 至步骤 5。

步骤 3：对当前解x_i按照某种方式进行更新，产生新解x_j，并计算新解适应度函数E_{x_j}。

步骤 4：若$E_{x_j}-E_{x_j}<0$，则新解被接受，否则新解被以一定概率P_{qr}接受。

步骤 5：如果当前循环满足终止条件，则输出当前解作为最优解并结束程序，否则，按照式（4-66）进行温度衰退。

3 改进的蝗虫优化算法

通过蝗虫优化算法迭代更新公式[式（4-63）]可以看出，在算法迭代开始时，蝗虫会进行长距离的快速移动，从而达到全局搜索的目的。在算法后期，蝗虫将在小范围进行移动，从而进行精细的局部搜索。参数 c 使用了两次，括号外的 c 使得随着算法不断迭代，蝗虫与目标位置之间的距离缩小，括号内部的 c 使得蝗虫之间的排斥力得以减小，从而使得在迭代后期排斥力不会影响算法的收敛。因此参数 c 对于算法收敛性有着重要影响，原始算法中采用线性减小的方法，收敛速度较慢。在此使用一个非线性函数替代

$$c=\left[1-\sin\left(\frac{1}{2}\pi\sqrt{\frac{l_i}{L}}\right)\right]\left(c_{\max}-l_i\frac{c_{\max}-c_{\min}}{L}\right) \tag{4-67}$$

此非线性函数使得算法前期搜索范围更大，下降速度更快，加速蝗虫个体向目标值附近靠近。在算法迭代后期，c 的减小速度放缓，可以减小蝗虫的搜索范围，增强蝗虫探索能力。

蝗虫算法的位置更新策略是根据蝗虫当前位置以及其他蝗虫的作用进行的，在这个过程中，位置差的蝗虫将对整体更新造成不利影响，从而造成收敛速度慢的问题，故蝗虫位置的更新对算法收敛速度和寻优有着重要影响。为解决这个问题，提高每次迭代蝗虫位置的质量，将模拟退火算法引入位置更新中，在每次按照式（4-63）更新后，采用模拟退火算法对位置进行优化，既能使得蝗虫位置变好，又利用了模拟退火的跳出局部最优解的特性，避免陷入局部最优，从而加快收敛速度，得到全局最优解。模拟退火改进的蝗虫优化算法（SA-GOA）具体步骤如下：

步骤 1：初始化种群初始位置、种群数量、参数 c 及其最大值和最小值，设置算法允许最大迭代次数和结束条件。

步骤 2：计算个体适应度，并选择初值为适应度值最好的蝗虫位置。

步骤 3：对迭代次数 1，…，n 做步骤 4 至步骤 11。

步骤 4：使用式（4-67）更新 c 值。

步骤 5：使用式（4-63）更新蝗虫位置，计算适应度，并保存最佳位置。

步骤 6：设置模拟退火算法的初始温度、衰退系数、结束温度。

步骤 7：若当前温度大于结束温度，执行步骤 8 至步骤 9。

步骤 8：使用式（4-63）更新蝗虫位置，并计算适应度，按照 Metropolis 准则更新蝗虫位置。

步骤 9：更新当前温度。

步骤 10：保存蝗虫种群最佳位置。

步骤 11：判断是否满足终止条件，若是，输出当前解作为最优解，结束程序，否则迭代次数加 1。

4.2.2　燃料电池系统模型参数辨识结果

1　试验方法及数据

在所搭建 Simulink 模型中，空压机模型、进气管道模型、进气压力阀模型、电压模型等均有参数需要辨识，故需要设计试验对相关数据进行采集。本节借助燃料电池测试台和某 90kW 燃料电池系统（系统的具体信息已在 4.1 节给出），对空气进 / 出堆压力、空气流量、电堆电压、氢气进 / 出堆压力等进行采集。控制负载电流、空压机转速、进气压力阀开度等，并采用数据记录装置将数据记录到计算机中，测试原理如图 4-2 所示。在试验中，需在上位机中手动调节负载电流、空压机转速和进气压力阀开度，测试系统配有紧急停机，保证系统安全。图 4-2 中传感器采集得到温度、压力等数据，通过 CAN 通信，由远程数据采集装置采集，数据上传云端后，在计算机客户端进行数据下载。

试验中，负载电流设定范围为 40 ~ 400A，以尽可能达到系统最大功率。在改变负载时，按照标定值对空压机转速和节气门开度进行手动操作；并且为了得到进气压力阀对空气入堆压力的影响，当电流为 300A 时，空压机转速设为 78500r/min，不断改变进气压力阀开度，探究流量、压力变化。整个试验过程中负载电流、空压机转速、进气压力阀开度序列如图 4-3 所示。

传感器测得的空气流量、空气入堆压力、空气出堆压力如图 4-4 所示。随着负载电流增大，空压机转速随之增大，空气入堆压力和流量也随之增大。整个测试过程中，空气流量最大为 133g/s，空气入堆压力最大为 265kPa。

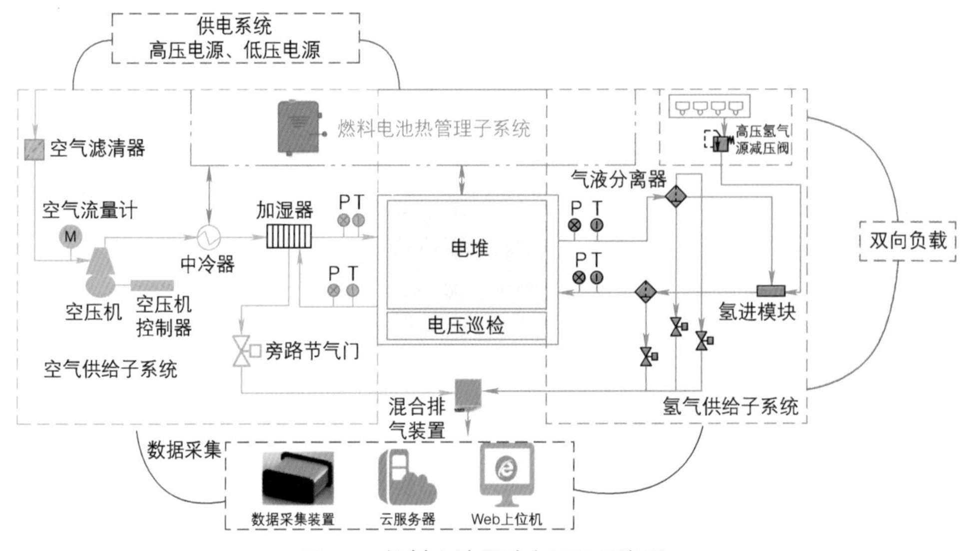

图 4-2 燃料电池测试台原理示意图

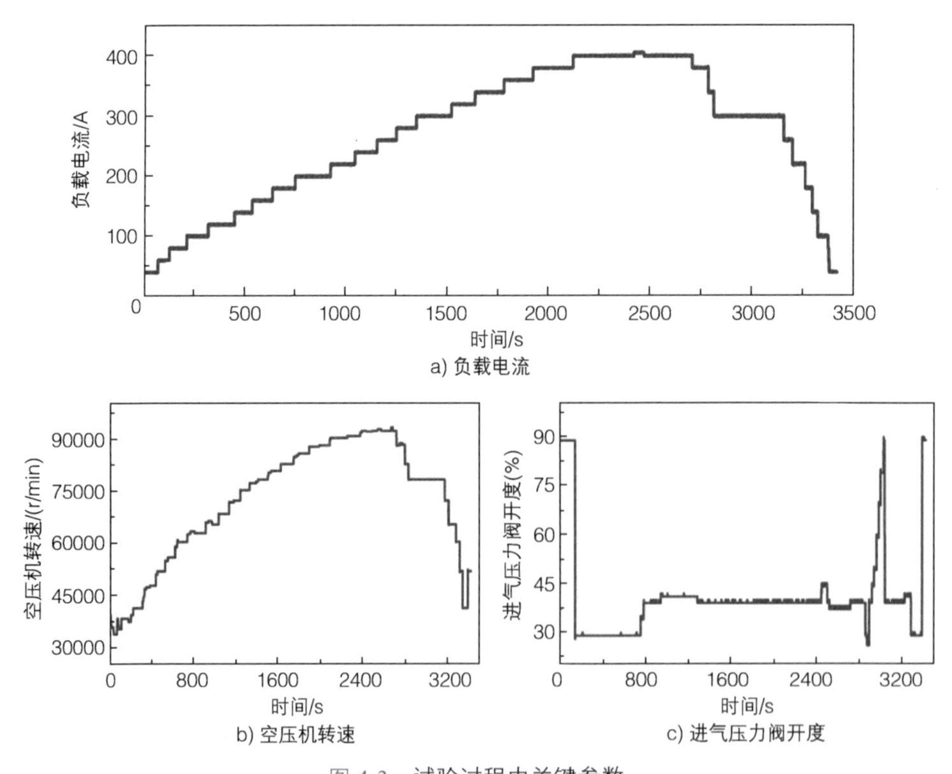

图 4-3 试验过程中关键参数

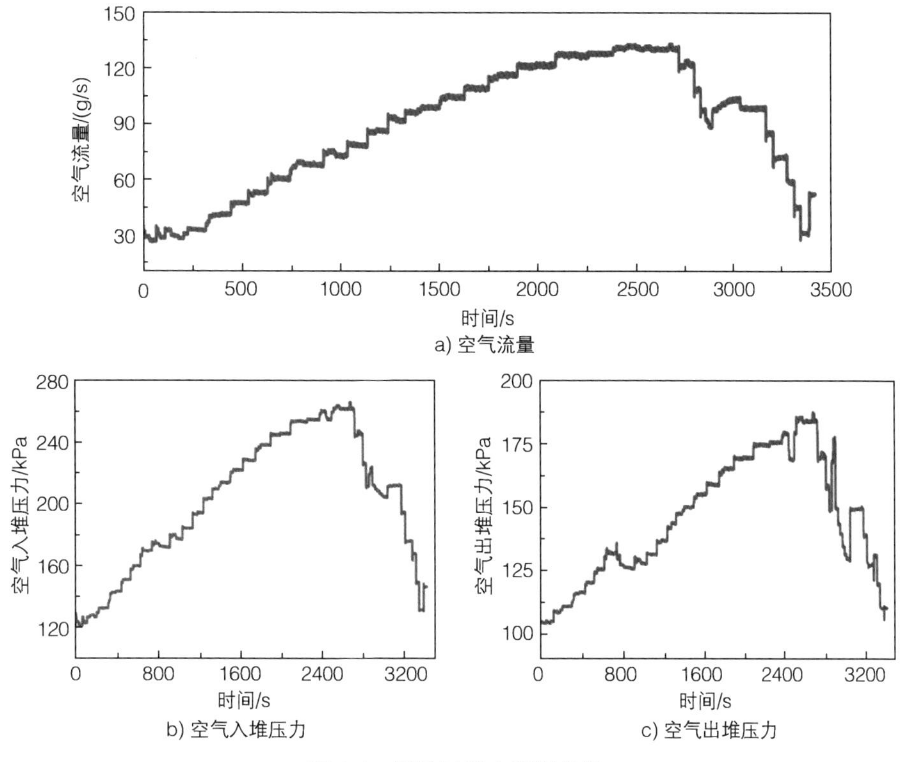

图 4-4　试验过程中测得参数

2　系统模型参数辨识结果

在辨识中使用前半段数据进行辨识，后半段数据进行验证。在模型中，空压机 map 采用多项式拟合并进行修正，进气压力阀模型中$C_{D,\mathrm{rm}}$、$A_{T,\mathrm{rm}}$需要进行拟合，进堆和出堆孔口系数需要进行辨识。在此采用 Simulink 自带工具 Parameter Estimation 进行参数辨识，在界面中选择待辨识参数并导入 0 ~ 1500s 实测数据（空气入堆压力、空气出堆压力、空气流量等）进行辨识，辨识结果见表 4-1。

表 4-1　系统部件参数辨识结果

参数	辨识值	参数	辨识值
B_{00}	0.3809	B_{10}	1.777×10^{-7}
B_{20}	-5.42×10^{-11}	B_{01}	−0.4284
B_{11}	8.171×10^{-6}	B_{02}	−0.08263
a_1	5.4758	a_2	−6.1183
a_3	2.5606	a_4	−0.35087
om_1	2.8383	om_2	−6.2222
om_3	3.2325	$k_{\mathrm{sm,out}}$	4.18×10^{-6}
$k_{\mathrm{ca,out}}$	2.4746×10^{-6}		

采用全程数据进行仿真结果验证，其中输入为负载电流、空压机转速和进气压力阀开度，氢气供给子系统使用模拟 PI 前馈控制调节比例阀完成氢气供给，具体算法在 4.4 节中进行阐述，所得到的仿真结果如图 4-5 所示。

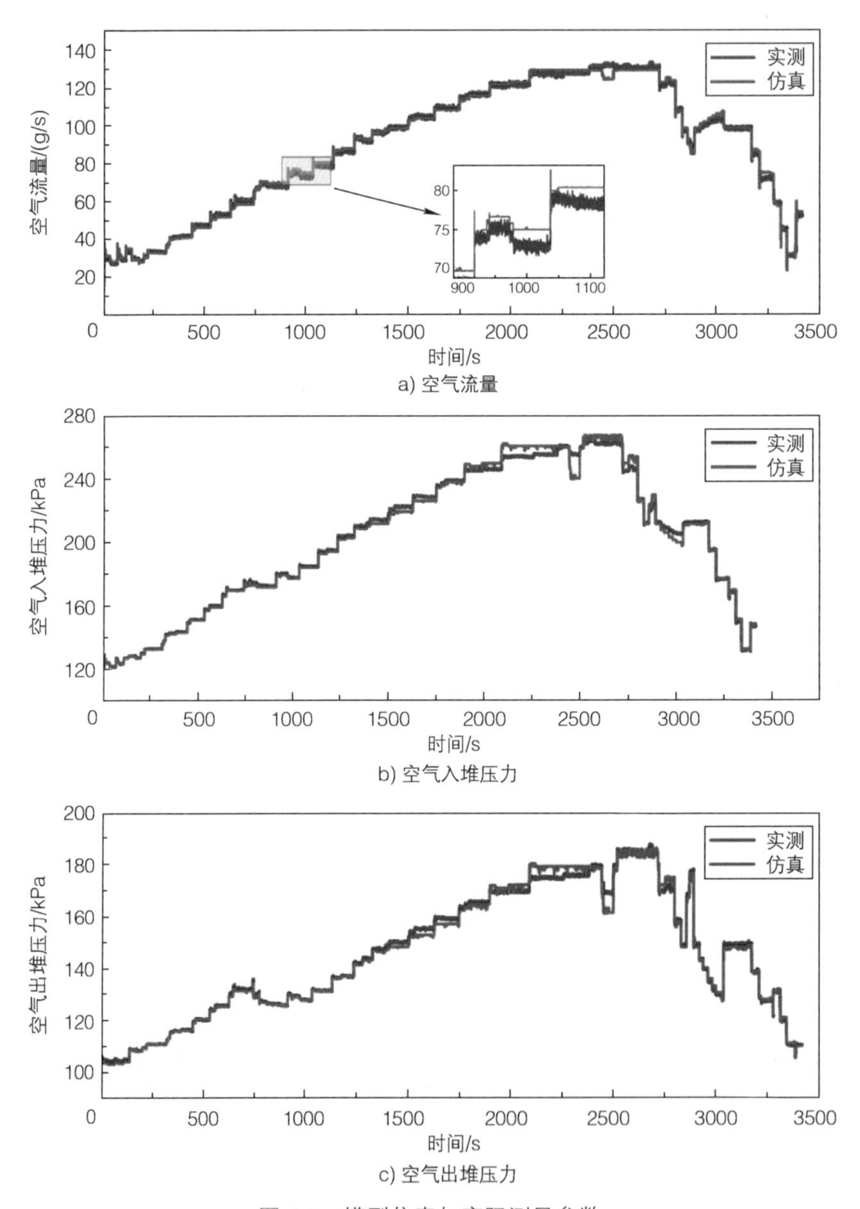

图 4-5　模型仿真与实际测量参数

从结果可以看出，仿真结果与实测结果相近，趋势相同。图 4-6 所示误差结果表明，对于空气流量，负载电流在 0 ~ 200A 之间误差略大，最大相对误差约为 15%，且在转速变化瞬间存在尖峰，这是由于压比响应时间长，导致流量激增，其整体误差在 7.5% 以下，平均相对误差为 1.72%。空气入堆压力最大误差

为 6.4%，空气出堆压力最大误差为 5.68%，最大误差均为瞬时值，且发生在后半段降载过程中，这与降载过程速度过快和开环控制有关。综上，所搭建的仿真模型具有较高的精度，在低负载和高负载情况均能够较好地描述实际系统的特性。

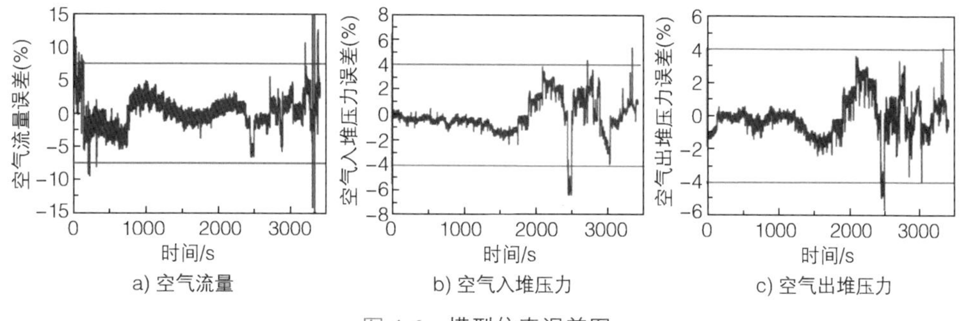

图 4-6　模型仿真误差图

3 电堆电压辨识结果

针对电堆电压辨识，定义最优解能够使得电压实测值与仿真值的误差绝对值之和最小，即

$$\min f(\theta)=\sum_{i=1}^{N}\left|V_{\text{real}}-V_{\text{model}}\right| \tag{4-68}$$

其中，θ 为辨识参数；N 为采样点的个数；V_{real}为实测电压值；V_{model}为仿真电压值。设置 SA-GOA 种群大小为 100，迭代次数上限值为 300 次，辨识参数维度为 10，参数 c 最大值为 1，最小值为 0.001，设置模拟退火算法初始温度为 100，衰退系数为 0.96，选择 0.01 作为结束温度，玻尔兹曼（Boltzmann）常数 k 为 10。利用试验所得的电堆电压进行参数辨识，算法中所需要的阴极压力、膜水活度等数据使用仿真模型中的数据，SA-GOA 所得到的辨识模型适应度变化曲线如图 4-7 所示。

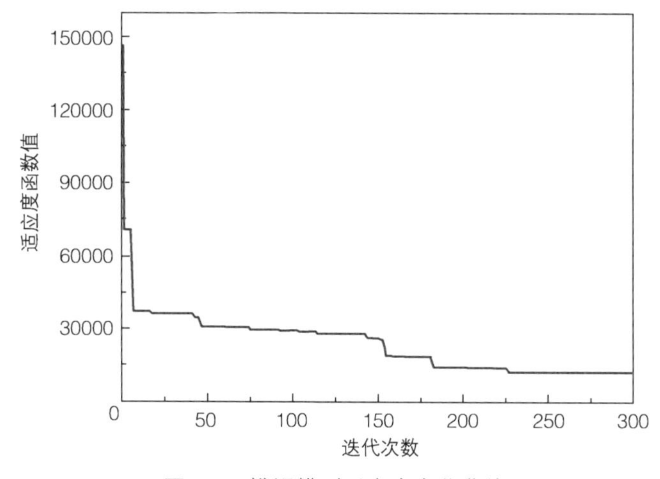

图 4-7　辨识模型适应度变化曲线

从适应度变化曲线中可以看出，前期适应度函数值衰减较快，在迭代 250 次以后算法得到了收敛，所辨识的参数结果见表 4-2。将辨识所得到的参数带入电压模型中，仿真结果如图 4-8 所示，最大相对误差为 4.6%，可以看到模型后半段效果较差，这与仿真模型中的输入数据在后半段存在较大的误差有关，整体误差在 3% 以内，具有较高的准确性。

表 4-2　电压模型参数辨识结果

参数	θ_1	θ_2	θ_3	θ_4	θ_5	θ_6	θ_7	θ_8	θ_9	θ_{10}
辨识值	0.7084	1.43×10^{-3}	-1.527×10^{-4}	1.043×10^{-4}	0.525	0.2173	−302.06	5.13×10^{-4}	5.2×10^{-10}	0.0335

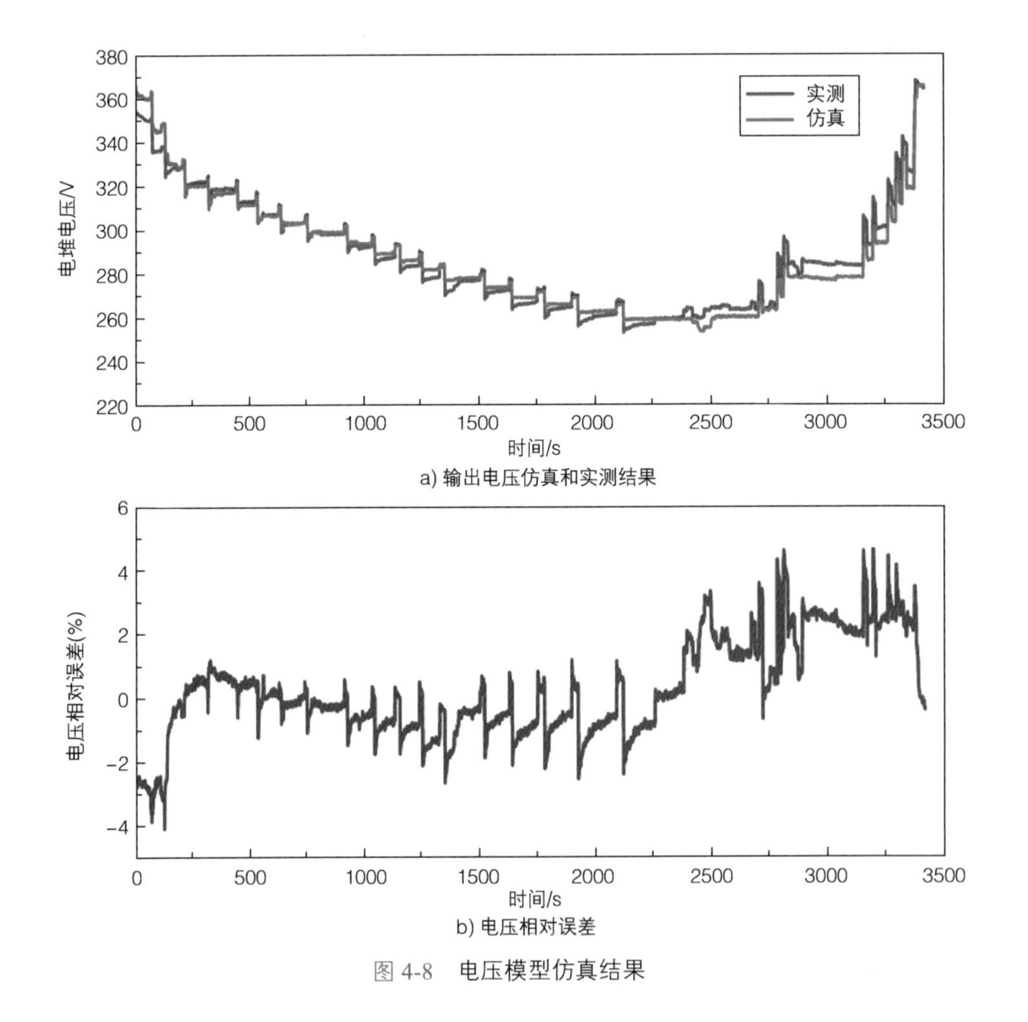

a) 输出电压仿真和实测结果

b) 电压相对误差

图 4-8　电压模型仿真结果

4.3　空气流量 - 压力控制算法

对于空气供给子系统，其模型复杂且具有非线性特征，对供气量和进气压力的控制对于提升燃料电池性能具有重要影响，因此有必要设计算法提高系统的响应速率和控制准确度。

4.3.1　空气流量 - 压力解耦控制

对于高压燃料系统，当液体在管道中流动时，会受到管壁的摩擦力和管道本身的阻力，这些力会使流体的动能转化为压力能。因此，当流量增加时，管道中的压力也会随之增加。另一方面，当管道中的压力增加时，流体的速度也会增加，这会导致流量增加。因此，流量和压力之间是相互关联的，增加其中一个物理量会影响另一个物理量。因此，流量和压力之间存在强耦合关系，给燃料电池空气供给中多输入多输出控制问题带来了挑战。不合理的流量 - 压力控制方法会影响空气供给效果，降低系统性能。故本节基于反向解耦分别设计了两种易于实现的解耦控制器，并进行了解耦效果对比。

1　基于反向解耦和自抗扰的流量 - 压力解耦控制

（1）反向解耦原理　解耦控制通过设计解耦器将多变量过程转化为多个独立单变量过程，从而对耦合对象进行单独控制。目前流行的解耦器有理想解耦器、简化解耦器和反向解耦器等。理想解耦器的设计是为了达到完美的解耦，但是解耦器本身的复杂性给物理实现带来了巨大的障碍。简化解耦器弥补了理想解耦器难以实现的不足，但增加了在应用中的调优难度。反向解耦器是在解耦器中引入反馈环，实现解耦简单，无需求对象解矩阵的逆。在本节中，选用反向解耦对流量 - 压力进行解耦，并设计控制器分别控制背压阀和空压机转速。根据前馈不变性原理，将解耦控制器分为直接通道和反馈通道两部分，其结构形式如图 4-9 所示。图中，g_{v11}、g_{v21}、g_{v12}、g_{v22} 为解耦控制器的

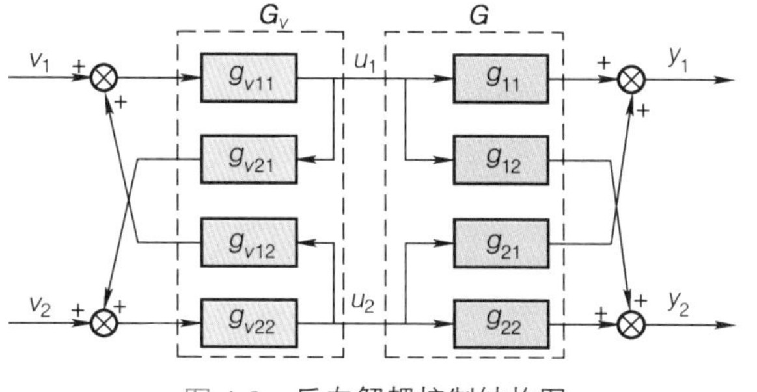

图 4-9　反向解耦控制结构图

传递函数；g_{11}、g_{12}、g_{21}、g_{22} 为被控系统输入 - 输出变量间的传递函数。

根据其结构图，可得下式

$$\begin{bmatrix} y_1 \\ y_2 \end{bmatrix} = \begin{bmatrix} g_{11} & g_{12} \\ g_{21} & g_{22} \end{bmatrix} \begin{bmatrix} u_1 \\ u_2 \end{bmatrix} = \boldsymbol{GU}$$
$$\begin{bmatrix} u_1 \\ u_2 \end{bmatrix} = \begin{bmatrix} g_{v11}^{-1} & -g_{v12} \\ -g_{v21} & g_{v22}^{-1} \end{bmatrix}^{-1} \begin{bmatrix} v_1 \\ v_2 \end{bmatrix} = \boldsymbol{G}_v^{-1}\boldsymbol{V} \tag{4-69}$$

式中，$\boldsymbol{U}=[u_1,u_2]^{\mathrm{T}}$为实际控制量；$\boldsymbol{V}=[v_1,v_2]^{\mathrm{T}}$为解耦后的控制量。根据结构图可得到逆向解耦的输出$\boldsymbol{Y}=[y_1,y_2]^{\mathrm{T}}$为

$$\boldsymbol{Y}=\boldsymbol{GU}=\boldsymbol{GG}_v^{-1}\boldsymbol{V}=\boldsymbol{QV} \tag{4-70}$$

相对于前馈解耦、对角阵解耦等方法来说，上述方法不需要求对象的逆矩阵，简化了运算，方便在控制器中实现。针对其解耦结构，主要有两种方法可以求得$\boldsymbol{G}_v$表达式，分别是达到完全解耦和对角解耦。在实际应用过程中，为了保留对角元素上的信息，选择对角解耦居多。

令$g_{v11}^{-1}=1$，$g_{v22}^{-1}=1$，$-g_{v12}=g_{12}g_{11}^{-1}$，$-g_{v21}=g_{21}g_{22}^{-1}$，对角解耦具体表达式为

$$\boldsymbol{G}_v = \begin{bmatrix} g_{v11}^{-1} & -g_{v12} \\ -g_{v21} & g_{v22}^{-1} \end{bmatrix} = \begin{bmatrix} 1 & g_{12}g_{11}^{-1} \\ g_{21}g_{22}^{-1} & 1 \end{bmatrix}$$
$$\boldsymbol{Y}=\boldsymbol{GG}_v^{-1}\boldsymbol{V} = \begin{bmatrix} g_{11} & 0 \\ 0 & g_{22} \end{bmatrix}\boldsymbol{V} \tag{4-71}$$

此时，$y_1=g_{11}v_1$，$y_2=g_{22}v_2$。

（2）自抗扰解耦控制原理 模型误差存在不仅减弱解耦效果，也会降低系统稳定性，自抗扰控制器（active disturbances rejection controller，ADRC）可以同时实现较好的鲁棒性和跟踪性能，其引入扩张观测器，从而通过扩张状态观测器估计出被控系统的内外总扰动，并以补偿的方式消除总干扰的影响，将原本相对复杂的被控系统调整为积分串联型系统。自抗扰控制器一般分为 3 个部分，即扩张观测器、微分跟踪器、误差补偿控制律，其结构如图 4-10 所示。图中，v_1 为信号追踪值；b_0 为调节参量；u 为控制量；y 为输出状态量；z_1 为控制输出反馈量；z_2 为估计状态值。

1）扩张观测器。在实际控制中，被控对象受到各种不确定因素影响，导致系统模型存在一定误差，而反向解耦依赖于模型，受到模型准确性的影响，通过扩张状态观测器可以观测到系统状态与干扰的变化，降低解耦控制对模型精度的依赖。

2）微分跟踪器。在系统控制中，系统快速响应与超调现象之间往往存在矛

盾。微分跟踪器使用惯性环节跟踪输入信号动态特性，通过积分获取近似微分信号动态结构，从而使得初始值能够平滑且没有超调地达到目标值。

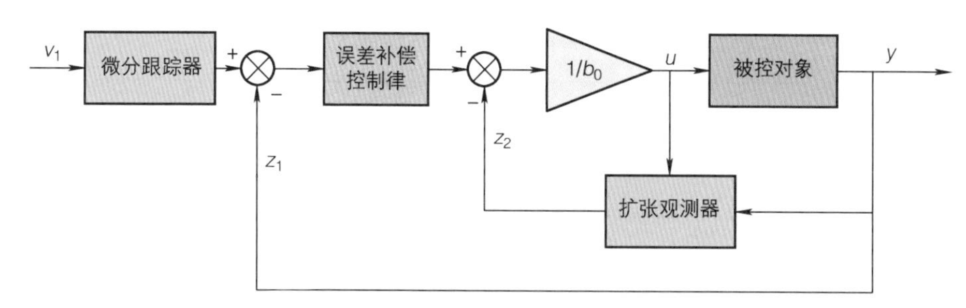

图 4-10 自抗扰控制器结构图

3）误差补偿控制律。扩张状态观测器实时得到估计的跟踪信号值和跟踪信号变化率，误差补偿控制律就是利用扩张状态观测器得到的值和微分跟踪器得到的值之间的误差进行反馈，并对扰动进行补偿，其非线性形式比传统 PID 具有更好的控制效果，具体形式如下

$$\begin{cases} e_1 = v_1 - z_1 \\ u_0 = k_p \mathrm{fal}(e_1, \alpha_1, \delta) \\ u = u_0 - \dfrac{z_2}{b_0} \end{cases} \tag{4-72}$$

式中，u_0 为虚拟控制量；k_p 为控制增益；α_1 和 δ 为调节参量。

（3）流量 - 压力解耦控制器设计 燃料电池系统虽然具有很强的非线性，但是在局部平衡点附处可以近似认为是线性的，此处以 300A 平衡点附近为例，采用最小二乘法对传递函数按照式（4-73）进行辨识。

$$\begin{bmatrix} y_1 \\ y_2 \end{bmatrix} = \begin{bmatrix} \dfrac{k_{11}}{1+T_{11}s} & \dfrac{k_{12}}{1+T_{12}s} \\ \dfrac{k_{21}}{1+T_{21}s} & \dfrac{k_{22}}{1+T_{22}s} \end{bmatrix} \begin{bmatrix} u_1 \\ u_2 \end{bmatrix} \tag{4-73}$$

式中，y_1为空气流量；y_2为空气入堆压力；u_1为空压机转速；u_2为背压阀控制量；k_{11}、k_{12}、k_{21}、k_{22} 为传递函数增益系数；T_{11}、T_{12}、T_{21}、T_{22} 为传递函数的时间常数；s 为拉普拉斯算子。所辨识得到的传递函数如下

$$\boldsymbol{G} = \begin{bmatrix} \dfrac{0.0011}{1+0.1201s} & \dfrac{0.17193}{1+0.2429s} \\ \dfrac{0.002794}{1+0.1620s} & \dfrac{-0.18789}{1+0.4434s} \end{bmatrix} \tag{4-74}$$

采用 4.2.1 节试验中的一部分序列传递函数进行验证，所输入的负载电流、空压机转速和背压阀开度序列如图 4-11 所示。

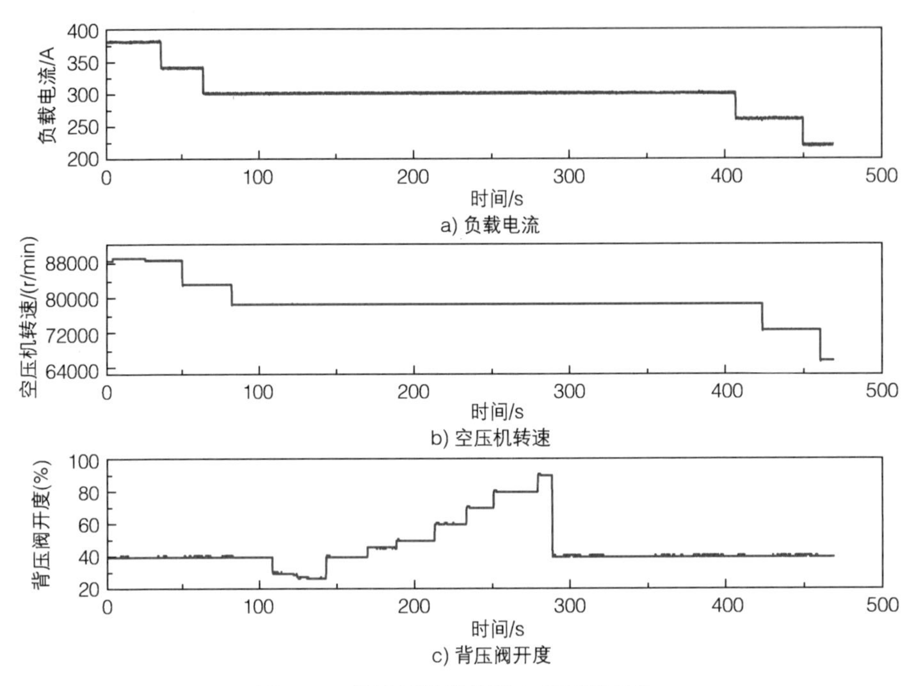

图 4-11　传递函数验证输入序列信号值

仿真得到的结果如图 4-12 所示，可以看到在 300s 附近误差较小，随着输入序列值偏离平衡点处，误差逐渐增加，传递函数流量和仿真模型流量之间存在静态和动态误差，其中静态误差最大为 12.9%，仍在可接受范围内，该结果也与燃料电池具有非线性的特点和在平衡点附近可看作局部线性的理论相吻合。

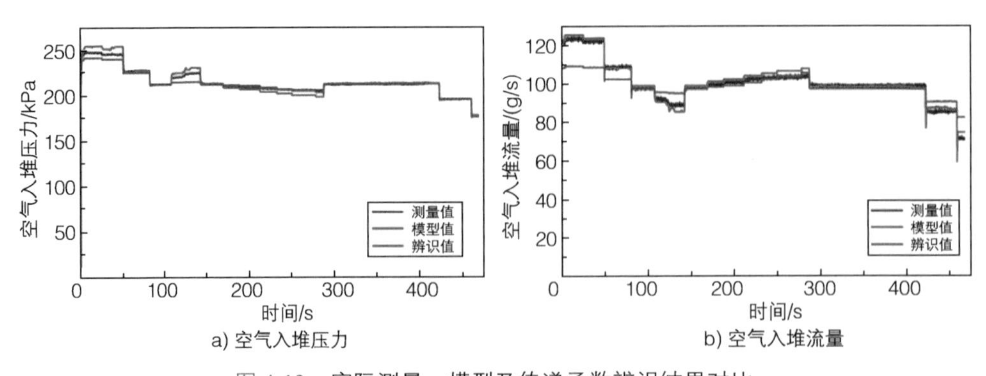

图 4-12　实际测量、模型及传递函数辨识结果对比

根据反向解耦公式，将传递函数写成对角矩阵

$$G_v = \begin{bmatrix} 1 & -\frac{0.17193}{0.0011}\frac{1+0.1201s}{1+0.2429s} \\ -\frac{0.002794}{-0.18789}\frac{1+0.4434s}{1+0.1620s} & 1 \end{bmatrix} \quad (4\text{-}75)$$

至此反向解耦器已经设计完毕，系统被解耦成了对角矩阵，接下来设计自抗扰控制器。为简化控制和方便整定参数，在此使用线性自抗扰控制，即省略跟踪器，误差补偿控制律采用线性形式，并且使用线性扩张状态观测器（linear extended state observer，LESO）观测扩张状态，对于一阶系统

$$\dot{y} = bu + g(t, y, \ddot{y}, \cdots, \omega) \quad (4\text{-}76)$$

式中，b 为输入增益；g 为系统动态特性；t 为模型失配动态；ω为系统扰动。

令$f = g + (b - b_0)u$，则式（4-76）可写成

$$\dot{y} = f + b_0 u \quad (4\text{-}77)$$

式中，f 包含所有未知和不确定的动态过程。另外，设计如下的线性扩张状态观测器

$$\begin{cases} \dot{z}_1(t) = z_2(t) + \beta_1[y(t) - z_1(t)] + b_0 u(t) \\ \dot{z}_2(t) = \beta_2[y(t) - z_1(t)] \end{cases} \quad (4\text{-}78)$$

式中，β_1、β_2、b_0为 LESO 参数；按照带宽进行参数整定后，z_1、z_2可以分别跟踪 y 和 f。为经过 LESO 估计的 f 设计如下的补偿控制律

$$u = \frac{u_0 - z_2}{b_0} \quad (4\text{-}79)$$

将式（4-79）带入式（4-77）可得

$$\dot{y} = f + b_0 u \approx z_2 + b_0 \frac{u_0 - z_2}{b_0} = u_0 \quad (4\text{-}80)$$

从式（4-80）可以看出，控制系统被简化为积分单元，比例控制器就足以实现令人满意的控制性能

$$u_0 = k_p (r - y) \quad (4\text{-}81)$$

式中，r 为参考输入；k_p为控制器增益。

试验证明，线性自抗扰控制器具有较强的跟踪性能和鲁棒性。因此，采用自抗扰控制器来提高闭环性能，降低逆解耦器对模型精度的依赖性，据此设计的一阶自抗扰控制系统结构如图 4-13 所示。

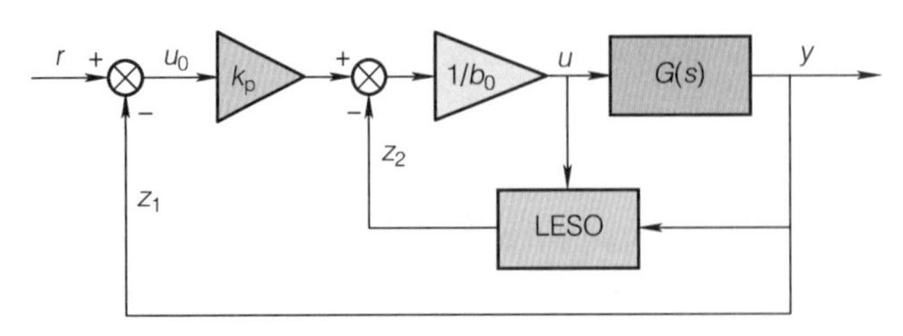

图 4-13　一阶自抗扰控制系统结构图

可以发现，线性自抗扰控制器一共有 4 个可调参数，分别为k_p、β_1、β_2、b_0。基于带宽对参数进行整定，令k_p、β_1、β_2均为控制器带宽ω_c和观测器带宽ω_o的函数

$$k_p = \omega_c, \beta_1 = 2\omega_o, \beta_2 = \omega_o^2 \tag{4-82}$$

并且，ω_c、ω_o、b_0可以按照下面的规则进行调整：越大的ω_c或越小的b_0可使得系统动态输出响应越快，但振荡和超调会越严重，需要合理对其进行调节；ω_o影响了 LESO 的准确性和收敛速度，ω_o越大，LESO 的观测速度越快、精度越高，同时观测器对噪声越敏感，在调试时可从一个较小的值逐渐增大，直到满足观测精度和收敛速度要求。

经过反向解耦后，只需要针对每个通道设计对应的自抗扰控制器即可完成控制，ADRC 参数的整定可使用上文所提到的方法进行，其具体的控制结构如图 4-14 所示。

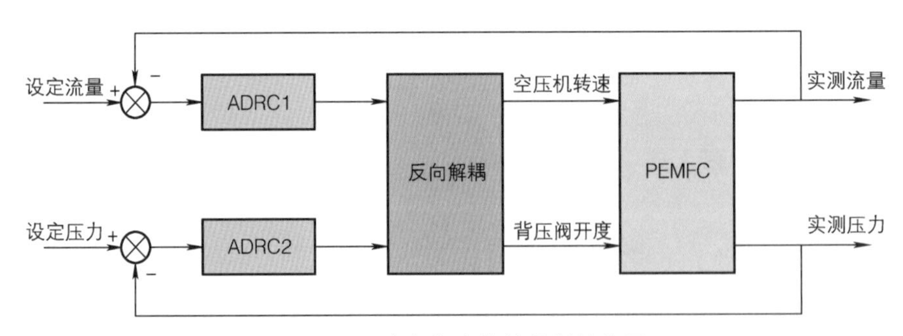

图 4-14　反向解耦自抗扰控制结构图

2 基于反向解耦和内模 PID 的流量 - 压力解耦控制器

（1）PID 原理　PID 因其结构简单、参数易于调节、稳定性高等优点而被广泛应用，其不需要已知被控对象的具体结构和参数，即可根据试验调试进行参数整定，从而完成闭环控制。PID 控制器主要根据设定值与系统输出之间的偏差，通过比例、积分、微分 3 个模块得到输出量，其控制原理如图 4-15 所示。

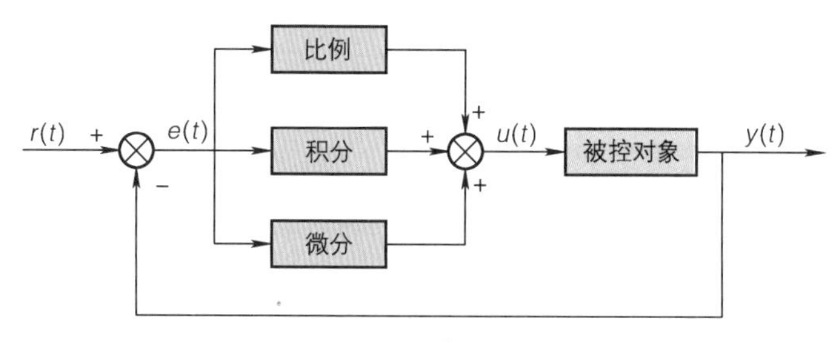

图 4-15　PID 控制原理图

图 4-15 中，$r(t)$ 为给定目标值；$e(t)$ 为设定值与系统输出之间的偏差；$u(t)$为被控对象的控制量；$y(t)$为被控对象的真实输出量。具体来说，普通 PID 控制律如下

$$u(t)=K_{\mathrm{p}}\left[e(t)+\frac{1}{T_{\mathrm{i}}}\int_{0}^{t}e(t)\mathrm{d}t+T_{\mathrm{d}}\frac{\mathrm{d}e(t)}{\mathrm{d}t}\right] \tag{4-83}$$

式中，K_{p} 为比例时间常数；T_{i} 为积分时间常数；T_{d} 为微分时间常数。

在实际工程中，由于需要进行采样，故需要将式（4-83）离散化处理，从而在实际系统中应用，目前广泛应用的 PID 控制器主要有以下两种。

第一种是位置式 PID。由于采样间隔很小，故可得到$u(t)\approx u(k)$，$e(t)\approx e(k)$，则

$$\begin{aligned}u(k)&=K_{\mathrm{p}}\left\{e(k)+\frac{T}{T_{\mathrm{i}}}\sum_{j=0}^{k}e(j)+\frac{T_{\mathrm{d}}}{T}\left[e(k)-e(k-1)\right]\right\}\\&=K_{\mathrm{p}}e(k)+K_{\mathrm{i}}\sum_{j=1}^{k}e(j)+K_{\mathrm{d}}\left[e(k)-e(k-1)\right]\end{aligned} \tag{4-84}$$

位置式的算法需要对误差进行累计，容易造成较大的累加误差，从而造成饱和现象。

第二种是增量式 PID。根据位置式 PID 公式可得

$$u(k-1)=K_{\mathrm{p}}e(k-1)+K_{\mathrm{i}}\sum_{j=1}^{k-1}e(j)+K_{\mathrm{d}}\left[e(k-1)-e(k-2)\right] \tag{4-85}$$

式（4-84）和式（4-85）相减可得

$$\begin{aligned}\Delta u(k)&=u(k)-u(k-1)\\&=K_{\mathrm{p}}\left[e(k)-e(k-1)\right]+K_{\mathrm{i}}e(k)+K_{\mathrm{d}}\left[e(k)-2e(k-1)+e(k-2)\right]\end{aligned} \tag{4-86}$$

增量式 PID 有利于抗积分饱和，得出的控制量$\Delta u(k)$对应的是近几次位置误差的增量，而不是对应与实际位置的偏差，没有误差累加，在动态系统中，通过

增益调整，能够达到较好的控制稳定性，故在 PID 控制中采用增量式 PID 分别控制空压机转速和背压阀开度。

（2）基于内模方法整定 PID 参数原理 内模控制是一种基于模型的控制方法，具有结构简单、参数整定方便、鲁棒性强等特点，被广泛应用于非线性系统控制，内模控制基本结构如图 4-16 所示。

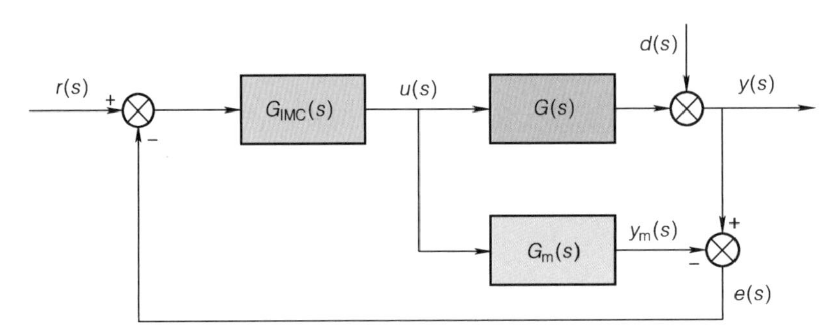

图 4-16 内模控制结构图

图 4-16 中，$G(s)$为系统模型；$G_m(s)$为系统名义模型；$G_{IMC}(s)$为内模控制器；$u(s)$为控制量输入；$r(s)$、$y(s)$分别为系统输入和输出；$d(s)$为扰动；$e(s)$为系统输出与名义模型输出的偏差。通过内模控制结构图可得内模控制的输出

$$y(s)=\frac{G(s)G_{IMC}(s)}{1+G_{IMC}(s)[G(s)-G_m(s)]}r(s)+\frac{1-G_m(s)G_{IMC}(s)}{1+G_{IMC}(s)[G(s)-G_m(s)]}d(s) \tag{4-87}$$

式中，反馈偏差$e(s)$为

$$e(s)=[G(s)-G_m(s)]u(s)+d(s) \tag{4-88}$$

当模型准确且没有扰动的情况下，即$G(s)=G_m(s)$，$d(s)=0$，可得偏差$e(s)$为零，即系统输出$y(s)$和名义模型输出$y_m(s)$相等，从而使得内模控制系统有了开环结构。然而，在实际应用中，控制对象往往存在不确定性和干扰，内模控制结合反馈信号$e(s)$可解决这一问题。

针对如上所述的内模控制系统，从理论上只需使得$G_{IMC}(s)=G_m^{-1}(s)$，即可抑制所有扰动，并实现对参考输入的跟踪。此时，要求模型精确匹配、不含右半平面零点，且当对象中含有时滞环节，在物理角度难以实现，故一般将内模控制器设计分为两步：

步骤 1：将名义模型$G_m(s)$分解

$$G_m(s) = G_{m+}(s)G_{m-}(s) \tag{4-89}$$

式中，$G_{m+}(s)$为模型中包含时滞和不稳定零点部分；$G_{m-}(s)$为最小相位部分。

步骤 2：设置内模控制器

$$G_{IMC}(s) = \frac{F(s)}{G_{m-}(s)} \tag{4-90}$$

式中，$F(s)$为滤波器，其形式一般如下

$$F(s) = \frac{1}{(\lambda s + 1)^r} \tag{4-91}$$

式中，r为滤波器阶数；λ为时间滤波常数，其值越小，调节速度越快，其值越大，克服模型不匹配问题能力越强，系统鲁棒性越强，故需要对λ合理选择。将图 4-16 等价变换为反馈控制形式，具体结构如图 4-17 所示。

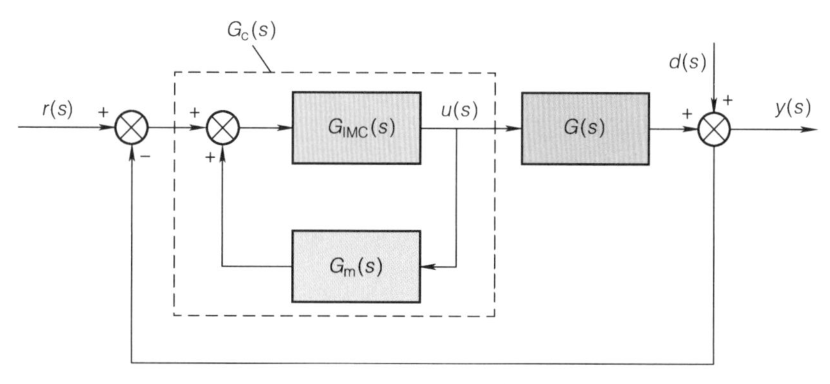

图 4-17　内模控制等效结构图

根据如图 4-17 所示的结构，可以得到内模控制器和等效反馈控制器之间的关系为

$$G_c(s) = \frac{G_{IMC}(s)}{1 - G_{IMC}(s)G_m(s)} \tag{4-92}$$

当模型准确时，即$G(s) = G_m(s)$，只要$G_{IMC}(s)$稳定，则$G_c(s)$的反馈系统稳定，由内模稳定性原理可以将闭环稳定性转化为等效控制器$G_c(s)$稳定问题。故求得$G_{IMC}(s)$后，可通过式（4-92）进一步得到等效反馈控制器$G_c(s)$，然后将$G_c(s)$改写成 PID 控制形式，从而得到比例、积分、微分显含时间滤波常数λ的方程，只需调节时间滤波常数λ即可得到 PID 的参数。

对于多变量系统，通过反向解耦的方法，可以使得各个通道之间的耦合作用得到消除。此时的多变量系统转化为多个单变量系统，其输入和输出是一一对应的关系，分别针对每个通道设计对应的 PID 控制器并按照上文提出的基于内模的

方法进行参数整定即可。

（3）流量－压力解耦控制器设计 反向解耦控制器设计参照本节第 1 部分，在此主要设计基于内模方法整定的 PID 控制器，根据辨识得到的传递函数为

$$\boldsymbol{G}=\begin{bmatrix}\dfrac{0.0011}{1+0.1201s} & \dfrac{0.17193}{1+0.2429s}\\ \dfrac{0.002794}{1+0.1620s} & \dfrac{-0.18789}{1+0.4434s}\end{bmatrix} \tag{4-93}$$

经过解耦以后，转为对角矩阵

$$\boldsymbol{G}=\begin{bmatrix}\dfrac{0.0011}{1+0.1201s} & 0\\ 0 & \dfrac{-0.18789}{1+0.4434s}\end{bmatrix} \tag{4-94}$$

可以发现只需要对两个一阶系统进行 PID 控制器设计即可，考虑一般的一阶系统

$$G(s)=\frac{K}{Ts+1} \tag{4-95}$$

选取滤波器为一阶形式

$$F(s)=\frac{1}{\lambda s+1} \tag{4-96}$$

式中，λ 为滤波时间常数。根据上文介绍的内模控制器设计方法，按照式（4-90），有

$$G_{\mathrm{IMC}}(s)=G_{\mathrm{m}}^{-1}(s)F(s)=\frac{Ts+1}{K}\frac{1}{\lambda s+1} \tag{4-97}$$

按照式（4-92），得到等效内模反馈控制器

$$\begin{aligned}G_{\mathrm{c}}(s)&=\frac{G_{\mathrm{IMC}}(s)}{1-G_{\mathrm{IMC}}(s)G_{\mathrm{m}}(s)}=\frac{\dfrac{Ts+1}{K(\lambda s+1)}}{1-\dfrac{Ts+1}{K(\lambda s+1)}\dfrac{K}{Ts+1}}\\&=\frac{T}{K\lambda}\left(1+\frac{1}{Ts}\right)\end{aligned} \tag{4-98}$$

PI 控制器的形式为

$$G_{\mathrm{PI}}(s)=K_{\mathrm{p}}\left(1+\frac{1}{T_{\mathrm{i}}s}\right) \tag{4-99}$$

对照式（4-98）和式（4-99），可得K_p、T_i的取值为

$$\begin{cases} K_p = \dfrac{T}{K\lambda} \\ T_i = T \end{cases} \tag{4-100}$$

从而将 PI 控制器两个参数整定为一个，只需要对λ进行调整即可。本节中的解耦控制需要对空压机转速和背压阀开度分别设计 PI 控制器，基于内模的参数整定只需根据式（4-100）分别进行设计，使得从需要整定 4 个参数到整定 2 个参数即可，减少了需要整定参数个数，且需要整定的对λ参数为内模控制中的滤波器时间常数，其值有着明确的调整规则，该参数越大，系统鲁棒性越强，对模型失配越不敏感，其值越小，系统到达稳态时间越长，且易引起超调和振荡。

3 空气流量 – 压力解耦控制器的验证

所辨识得到的传递函数仅作为反向解耦控制器的设计依据，在仿真中使用 4.2 节所得到的模型，从而使得仿真更有说服力。在 Simulink 中搭建模型，验证基于反向解耦的自抗扰控制器（ID_ADRC）和基于反向解耦的内模 PID（ID_PID）控制器的解耦效果。为了进行控制算法的对比，在此使用两个未基于反向解耦的 PID 控制器分别对空压机转速和背压阀开度进行控制。根据调试，选择 PID 控制器、ID_ADRC 和 ID_PID 控制器的参数，见表 4-3。

表 4-3　不同控制器参数设置

	PID	ID_ADRC	ID_PID
转速控制	$k_p=2$，$k_i=25$	$\omega_{c1}=105$，$\omega_{o1}=40$，$b_{01}=0.12$	$\lambda_1=0.1$
背压阀控制	$k_p=5$，$k_i=10$	$\omega_{c2}=-30$，$\omega_{o2}=13$，$b_{02}=12$	$\lambda_2=0.35$

仿真试验中，固定电流为 300A，分别根据实际情况设计给定流量序列和空气入堆压力序列，在第 5 秒和第 10 秒时，空气流量序列发生突变，分别从 100g/s 减小到 90g/s 和从 90g/s 增加至 105g/s，对应的参考压力序列在 15s、20s 时，分别从 195kPa 增加至 210kPa 和从 210kPa 减小至 195kPa，所得到的仿真结果分别如图 4-18 和图 4-19 所示。

从仿真结果中可以看到，在流量控制方面，从收敛速度来看，ID_ADRC 控制收敛更快，在第 5 秒和第 10 秒给定流量序列突变时约 0.8s 后到达设定值，PID 控制到达稳态时间约为 2.6s 且产生了一定的超调量，ID_PID 控制算法收敛速度介于两者之间；从压力变化对流量产生的影响上来看，三种控制方法均有一定波动，其中在第 15 秒和第 20 秒时，ID_ADRC 控制引起的流量波动较小，分别为 2.5g/s 和 2.6g/s，PID 控制引起的流量波动为 4.0g/s 和 2.7g/s，ID_PID 控制的流量波动为 2.0g/s 和 2.1g/s；可见 3 种方法均能对流量波动进行控制，其中单纯的

PID 控制效果较差。在压力控制方面，ID_ADRC 控制收敛更快，但是在第 15.6 秒时产生了 0.45kPa 的超调量，在可接受范围内，单纯的 PID 控制响应最慢；从流量变化对压力产生的影响上来看，未解耦的 PID 控制器在第 5 秒和第 10 秒分别产生了 3.1kPa 和 3.9kPa 的超调量，且经过约 3s 和 4s 恢复到稳定值，ID_ADRC 控制在第 5 秒和第 10 秒分别仅产生了 1.6kPa 和 1.1kPa 的超调，且能在较短时间内恢复到稳定状态，ID_PID 控制算法效果与 ID_ADRC 类似。仿真结果表明，ID_PID 和 ID_ADRC 两种控制器有着更好的解耦控制效果。

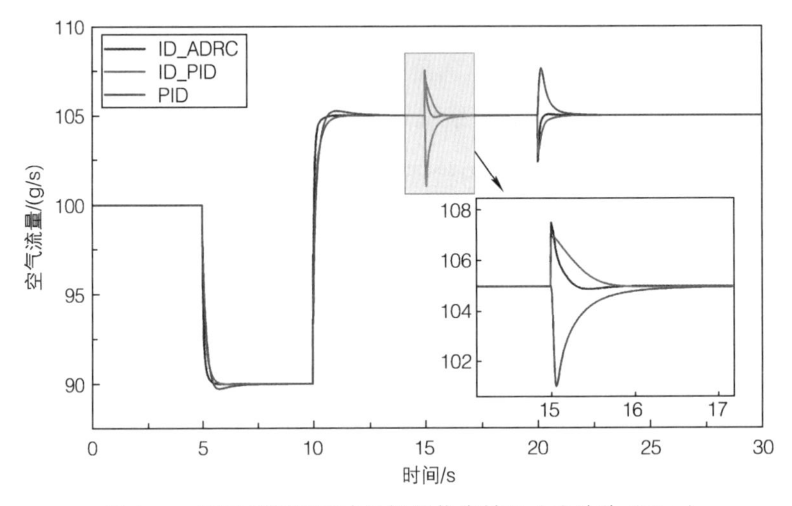

图 4-18　不同控制器下流量控制仿真结果（电流为 300A）

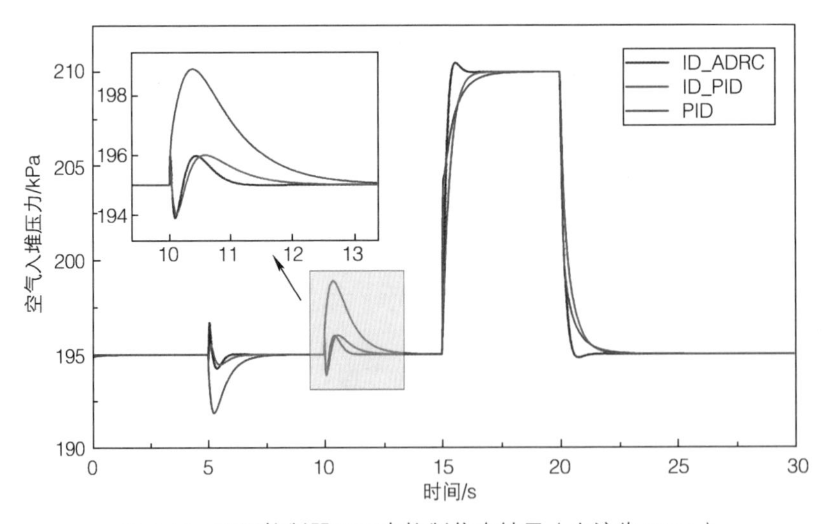

图 4-19　不同控制器下压力控制仿真结果（电流为 300A）

由于仿真模型和传递函数之间存在一定的动态和稳态误差，这导致了所设计的反向解耦器产生了一定的失配，并未达到彻底解耦，这也与在实际工程应用

中无法准确获取传递函数吻合，验证了在传递函数不精确情况下，ID_ADRC 和 ID_PID 控制算法依然能够进行较好的解耦控制。

为了进一步验证解耦算法的鲁棒性，考虑到实际燃料电池系统中，湿度和温度难以精确控制，尤其是温度容易发生波动，在此制定温度变化序列和湿度变化序列，如图 4-20 所示，湿度和温度变化相对缓慢，模拟了真实情况。

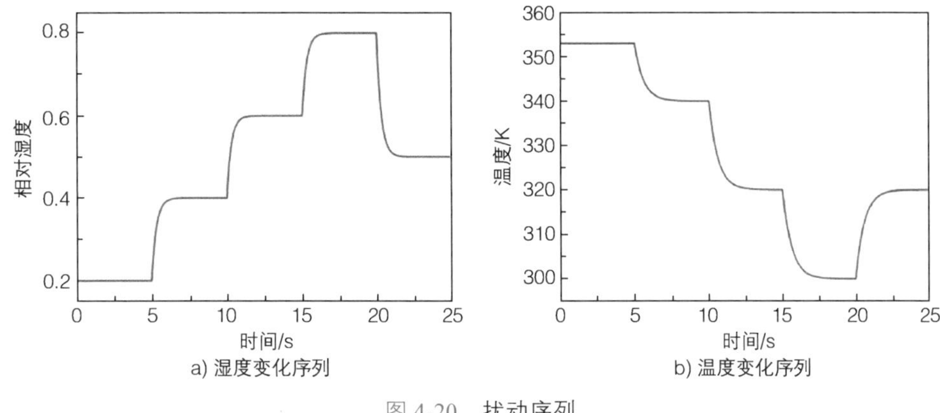

a) 湿度变化序列　　b) 温度变化序列

图 4-20　扰动序列

使用扰动变化序列对 3 种控制算法进行仿真验证和对比控制效果，如图 4-21 所示。在流量控制上，3 种控制所引起的波动均不大，其中 ID_PID 引起的波动略大，最大为 0.55g/s，流量控制的收敛速度上来看，未解耦的 PID 控制明显慢于 ID_PID 和 ID_ADRC，在每次干扰后需要较长时间到达稳态。在压力控制上，3 种控制相近，其中未解耦的 PID 控制收敛慢于 ID_PID 和 ID_ADRC。经过对比发现，所提出的两种控制算法均具有较强的鲁棒性，在受到干扰后可快速恢复到稳态值。

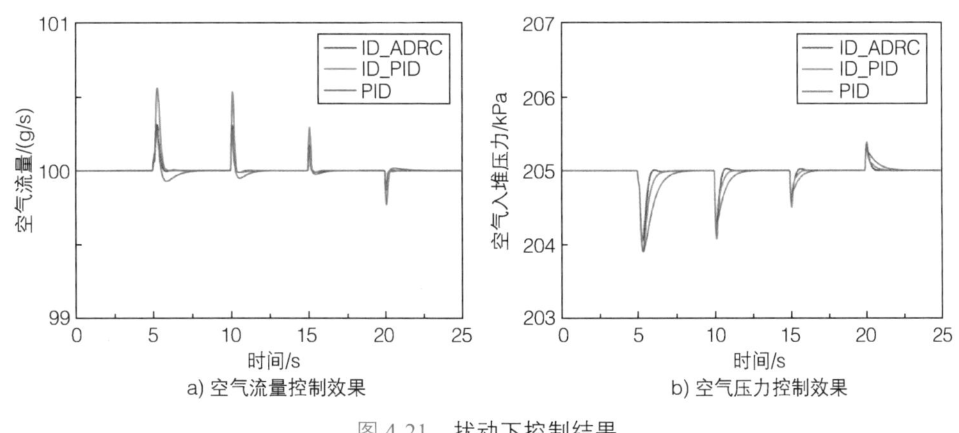

a) 空气流量控制效果　　b) 空气压力控制效果

图 4-21　扰动下控制结果

在实际应用过程中，大多数情况下流量和压力需要同时变化，根据本节所研究系统的实测数据，选择负载电流序列为 220～360A 之间，所选用的目标流量和压力序列如图 4-22 所示。

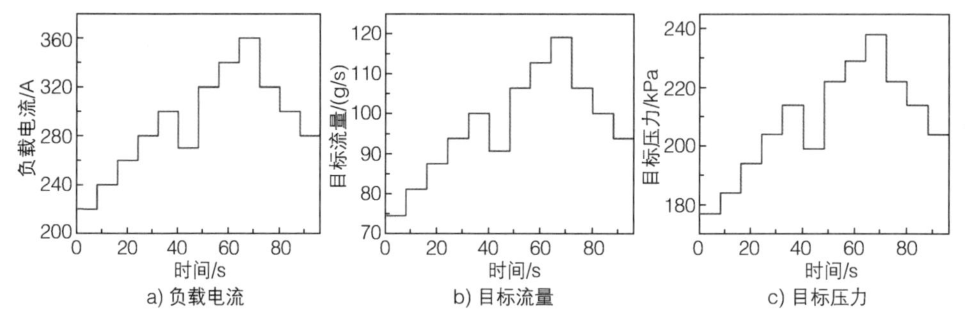

图 4-22　设定负载电流、目标流量和目标压力序列图

通过 Simulink 进行仿真，得到在目标流量和目标压力同时变化时的结果如图 4-23 所示。在流量控制方面，ID_ADRC 和 ID_PID 控制算法具有更快的调节速度，PID 控制算法调节速度较慢。在压力控制上，ID_ADRC 和 PID 控制算法有小于 2kPa 的超调量，在可接受范围内，其中解耦控制算法收敛速度更快。

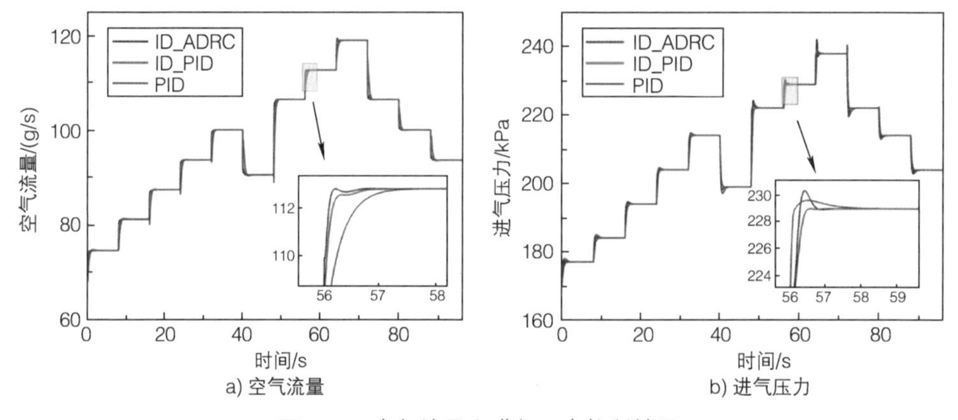

图 4-23　空气流量和进气压力控制结果

4.3.2　基于标定的前馈 PID 串级控制

1　控制器设计

传统 PID 控制响应速度慢，无法满足燃料电池系统在实际工作中频繁进行加、减载的需求，长期较慢的响应会造成电堆损伤。燃料电池系统工作环境多变，环境温度、环境压力等均会发生变化，这将严重影响传统 PID 控制效果。上文提出的解耦控制器依赖于传递函数，虽从仿真结果看具有较强的鲁棒性和较快

的调节速度，但当系统进气环境或系统特性发生变化时，效果有待进一步验证。客观地看，当前燃料电池供气系统在工程实践方面，多采用基于标定的方法进行开环控制，该种控制方法无法在复杂环境中维持氧气过量系数和压力稳定，进而导致电压波动，且开环控制在不同环境温度、不同环境压力需要大量的标定工作。

针对上述现状，本小节提出一种基于标定方法的前馈 PID 控制算法，分别对空压机转速和节气门开度进行控制，从而达到期望的氧气过量系数和空入压力，其中 PID 控制算法采用位置式 PID

$$u(k)=K_{\mathrm{p}}e(k)+K_{\mathrm{i}}\sum_{j=1}^{k}e(j)+K_{\mathrm{d}}\left[e(k)-e(k-1)\right] \tag{4-101}$$

在此采用如下经验公式对氧气过量系数进行计算

$$\lambda_{\mathrm{O_2}}=\frac{Q}{0.0166IN} \tag{4-102}$$

式中，Q 为空气流量（L/min）；I 为负载电流（A）；N 为电池片数，在此为 435。

所提出的控制结构如图 4-24 所示，根据实际工程经验设计不同负载电流下的氧气过量系数和空入压力，并在常温常压下对空压机转速和背压阀开度进行一次标定。在控制过程中，空压机转速和背压阀开度将首先到达标定点附近，之后 PID 模块开始调节，维持氧气过量系数和压力稳定。其中，对于空压机转速而言，转速标定值一般略大于 PID 稳态输出值，先到达标定空压机转速附近可以保证系统在加载瞬间不发生饥饿现象。

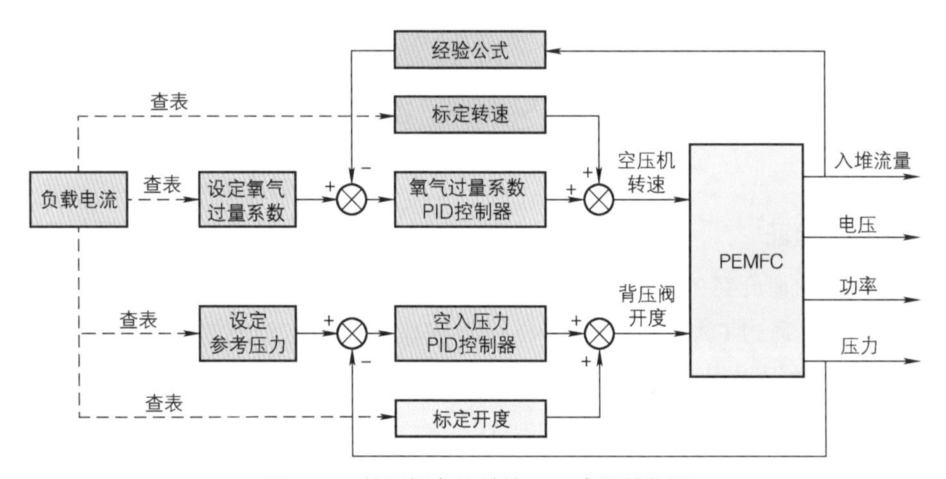

图 4-24 基于标定的前馈 PID 串级结构图

在整个控制过程中，需要考虑空压机的响应时间、燃料电池系统负载电流响应时间、背压阀响应时间，需要合理保证进入 PID 模块的时间和保持 PID 模块运行的时间。PID 控制中引入积分主要为了消除静态误差，提高系统精度，在此借助积分分离的思想，在每次启动 PID 时，将 PID 重新初始化，即将 P 项、I 项置零，防止上次负载变化过程中 P 项、I 项的值对下次负载变化产生影响。针对空压机转速和背压阀开度具体控制流程如图 4-25 所示。

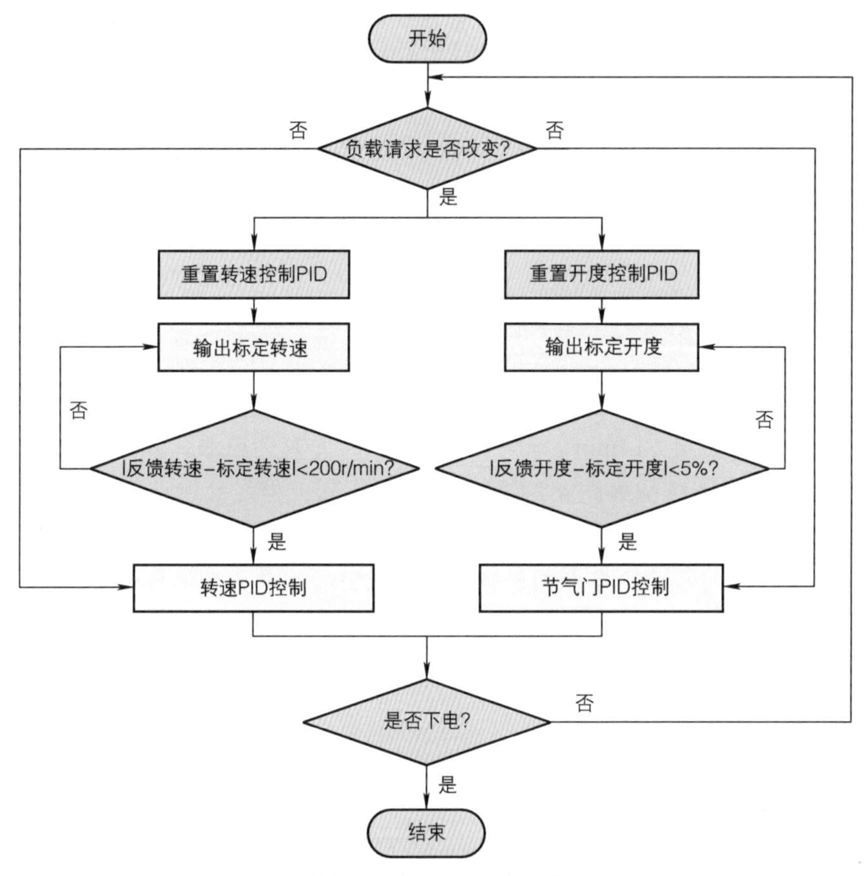

图 4-25　前馈 PID 流量 - 压力协同控制流程图

2 控制器验证

仍采用前面介绍的 90kW 车用燃料电池发动机进行控制器的测试验证，LabVIEW 上位机通过 CAN 总线与 FCU 互相通信，将负载变化请求通过上位机发送至 FCU，数据采用远程数据采集装置进行记录并下载保存至计算机进行数据分析。

（1）氧气过量系数控制试验　为了验证通过控制空压机转速可以将氧气过量系数控制在合理范围内，在此不对空入压力进行闭环控制，背压阀开度使用标定值，负载电流变化如图 4-26 所示。在试验中 PID 选取的参数为 $k_p = 12$，$k_i = 8$，试验所得到的空气流量和氧气过量系数结果如图 4-27 所示。试验中的空压机转

速和背压阀开度控制序列如图 4-28 所示。试验结果表明，空压机在负载变化的瞬间可以按照标定转速给予较大的流量，从而防止饥饿，氧气过量系数和流量控制得较为平稳，流量可以在较短的时间内调节到稳定值，从而满足了频繁变载的工况。

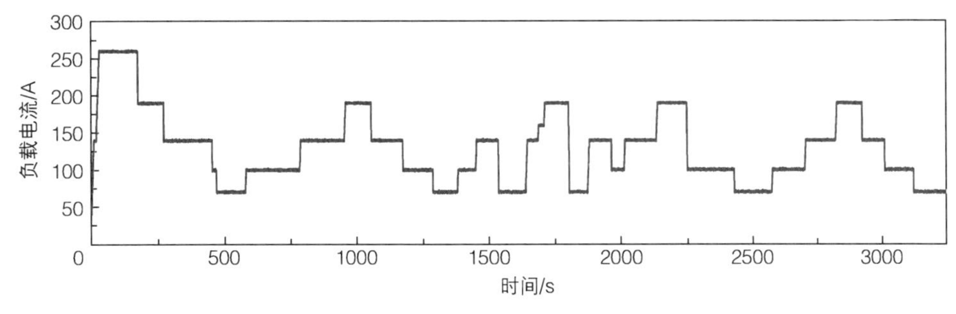

图 4-26　验证测试负载电流

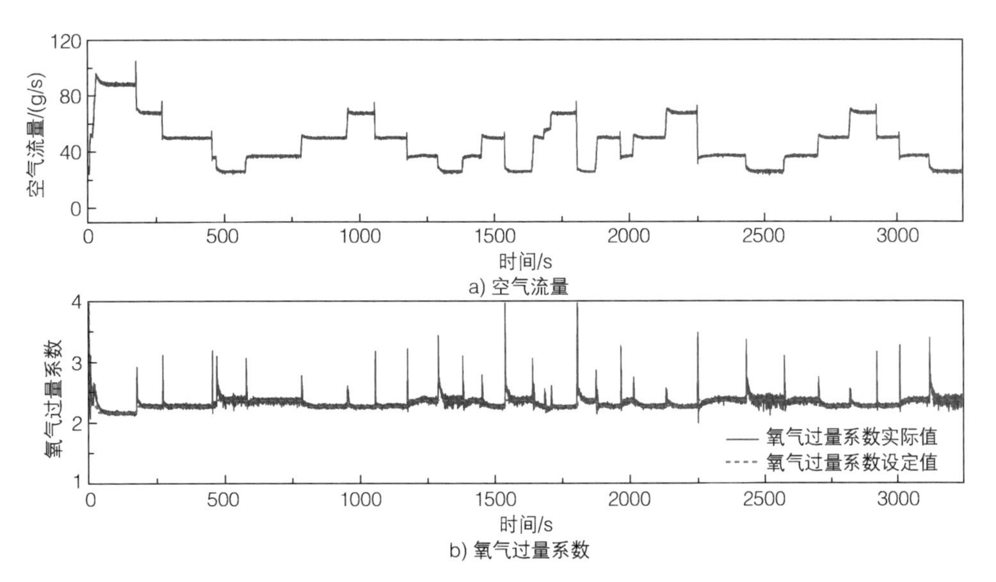

图 4-27　空气流量和氧气过量系数控制结果

在本小节中，由于标定时的环境温度为 25℃，而测试时环境温度为 5℃，这导致空压机只需较小的转速即可满足氧气过量系数的要求，氢气入口压力通过 PID 按照标定压力进行控制（具体压力控制策略将在 4.4 节详细阐述），但是此时未对空入压力进行控制，导致空气入口压力大部分小于设计值，如图 4-29 所示。按照电堆要求和实际工程经验，空气入口压力应小于氢气入口压力且二者之差应在某合适范围内，此时系统具有较好的性能，故需要在调节空压机的同时对背压阀进行控制从而达到对压力控制的效果。

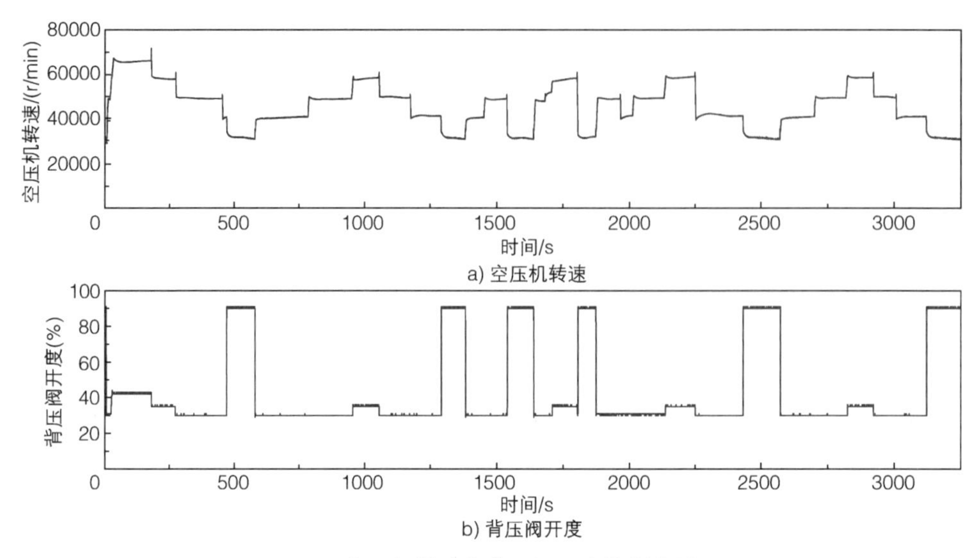

a) 空压机转速

b) 背压阀开度

图 4-28　空压机转速和背压阀开度控制序列图

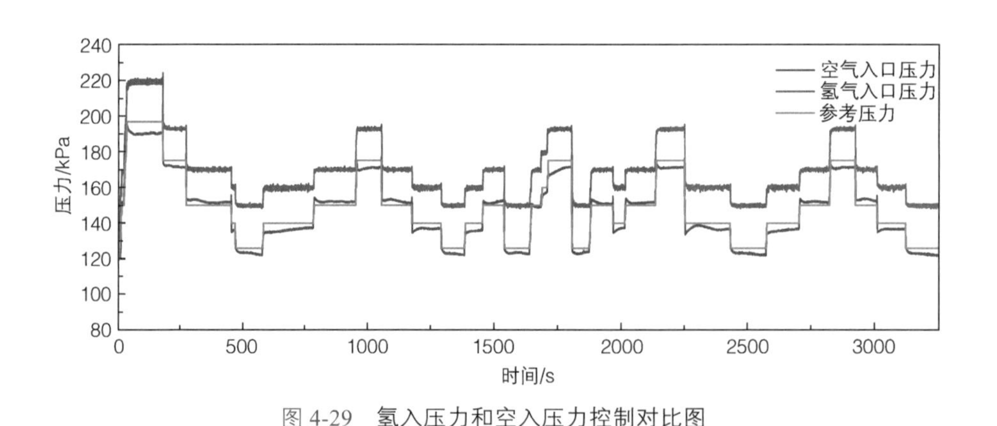

图 4-29　氢入压力和空入压力控制对比图

（2）氧气过量系数控制及空入压力协同控制试验　按照上文提出的基于标定方法的前馈 PID 控制和给定控制流程，对空压机和背压阀进行控制，为了保证试验安全，在此限定背压阀开度在 25% 至 90% 之间。首先进行小功率试验，负载电流如图 4-30 所示，将功率限制在 50kW 内，得到空气流量、氧气过量系数、空气入口压力如图 4-31 所示。从图 4-31 中可以看到，在 100s 附近负载电流为 100A 时，由于设定的空入压力较高和背压阀口径过大对压力调节有限的原因，背压阀开度在最小值 25%（图 4-32）而无法达到给定压力。随着负载电流拉升，通过调节背压阀使得空入压力维持在设定值且响应较快。

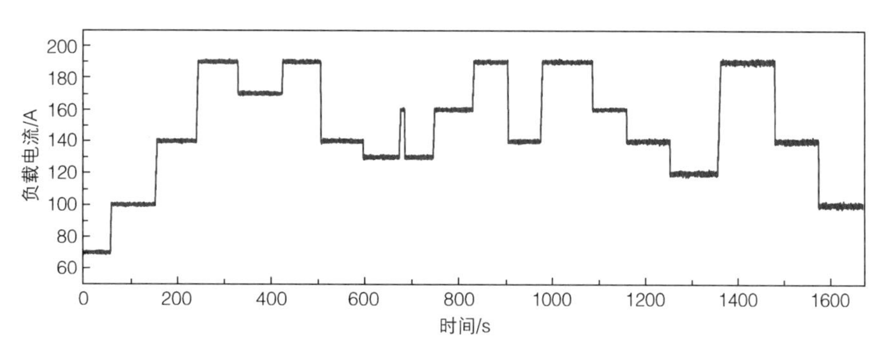

图 4-30 小功率下负载电流

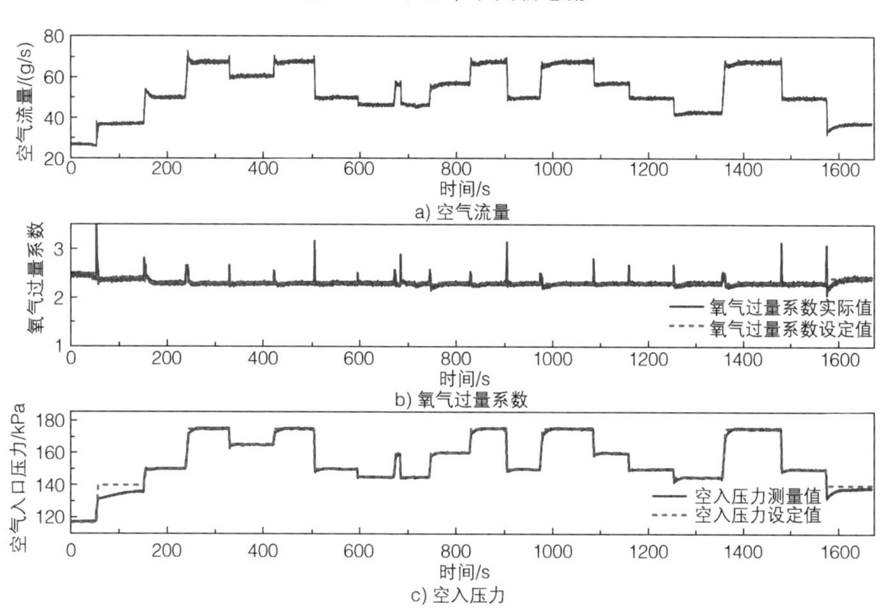

图 4-31 小功率下空气流量、氧气过量系数及空入压力控制结果

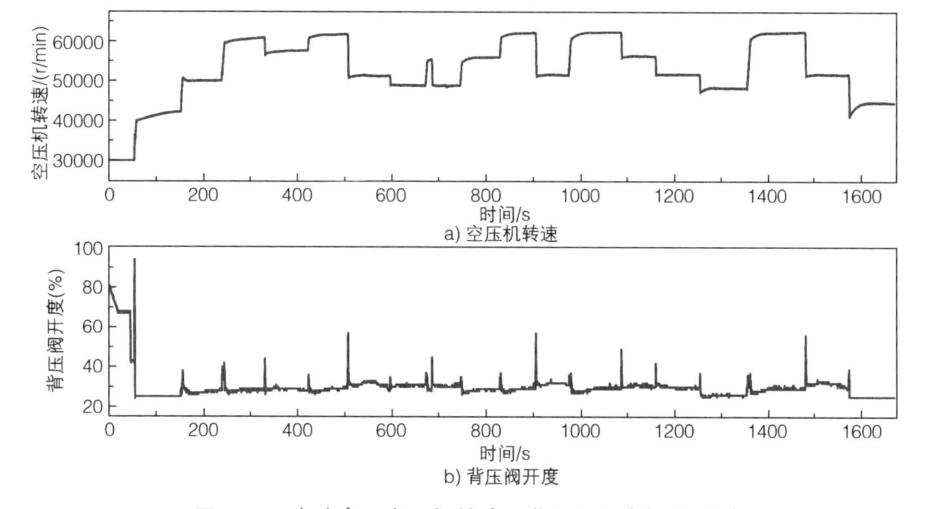

图 4-32 小功率下空压机转速及背压阀开度控制序列

通过小功率验证了算法的有效性，之后为了验证在大负载情况下该控制方法仍然有效，在此对系统进行大功率测试，将净功率加载至 80kW，所使用的负载电流如图 4-33 所示，所得到的空压机转速和背压阀开度控制序列以及空气流量、氧气过量系数、空气入口压力、电堆电压和电堆输出功率分别如图 4-34、图 4-35 所示。

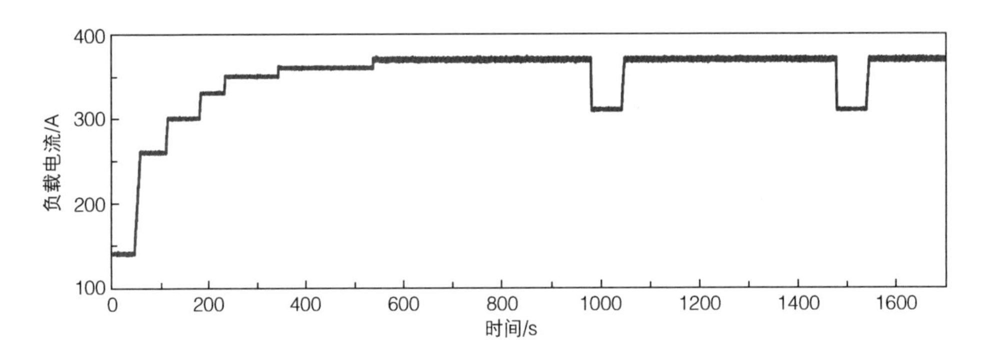

图 4-33　大功率下负载电流

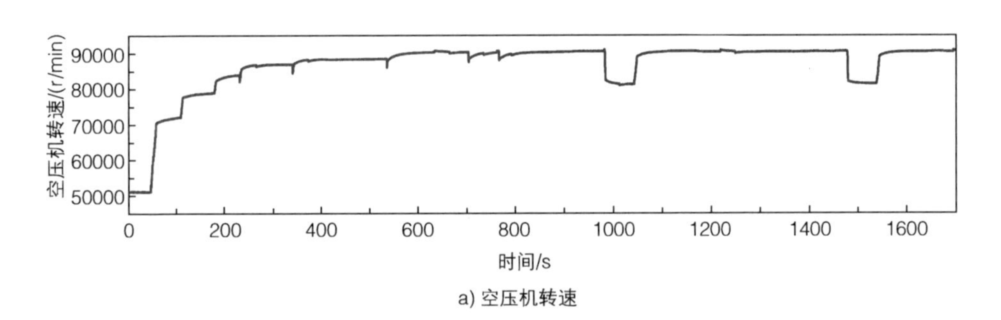

a) 空压机转速

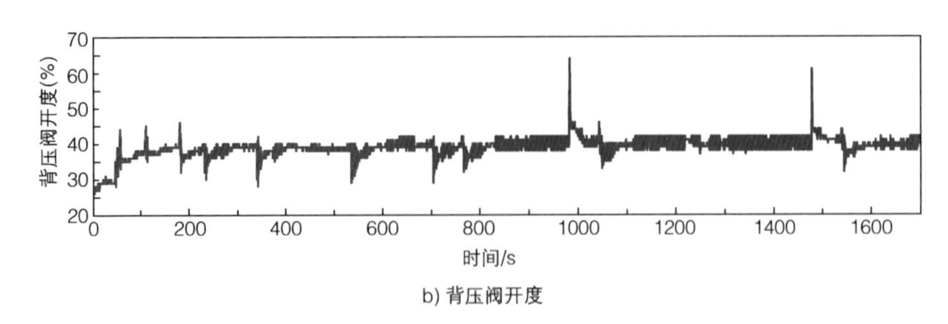

b) 背压阀开度

图 4-34　大功率下空压机转速及背压阀开度控制序列

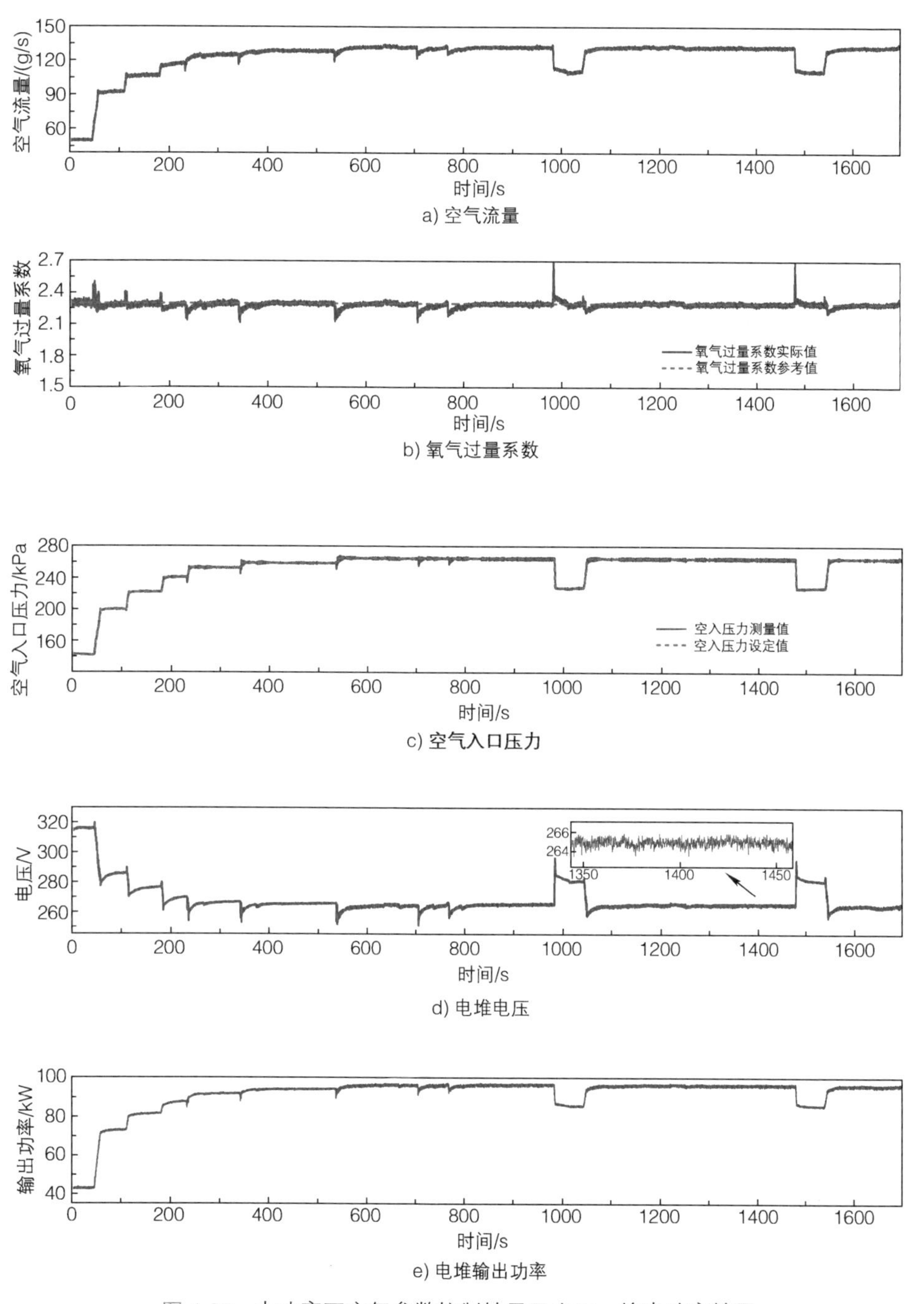

图 4-35　大功率下空气参数控制结果及电压、输出功率结果

从结果图中可以看到，当负载电流到达 380A 时，该控制策略仍然能够较好地控制氧气过量系数和空入压力且电压平稳，但是此时背压阀开度变化较大，这与空入压力传感器以及流量传感器噪声较大有关。

4.4 氢气压力控制算法

4.4.1 基于模糊 PI 的氢气压力控制

传统燃料电池系统的阳极入口压力采用开环查表或简单的 PI 控制，容易导致排氢阀开启时，电堆阳极入口压力因排气作用下降，若压降过大则易导致氢气饥饿现象；排氢阀关闭时，电堆阳极入口压力会因比例阀或喷氢的开度调节延迟而上升，若压力过高则易引起较大的阴、阳极压差，导致交换膜出现裂纹，进而影响燃料电池使用寿命。

本小节开发了模糊 PI 前馈补偿（fuzzy logic PI feedforward，FLPIF）控制策略，具体结构如图 4-36 所示。根据目标阳极入口压力和实测阳极入口压力的差值及差值变化率实时修正 PI 参数，并根据实测电流信号和排氢阀开启控制信号对比例阀或喷射器进行前馈补偿控制，保证了阳极入口压力控制精度和响应速度，提高了氢气压力在复杂车用工况下的鲁棒性。

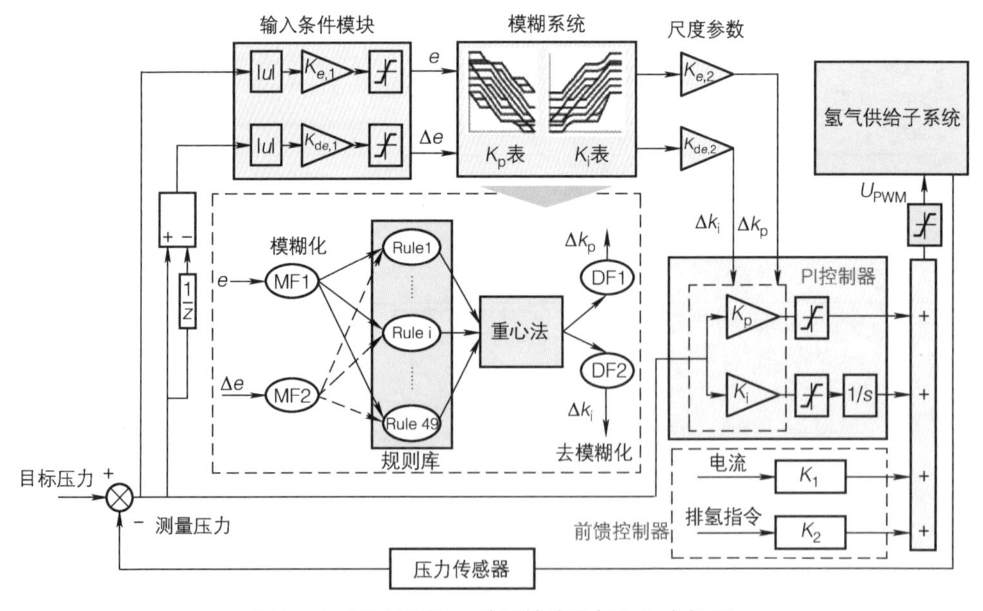

图 4-36　基于模糊 PI 前馈补偿的氢气压力控制

以 PID 算法为基础，通过模糊逻辑控制器计算出的权重因子，借助一组规则自适应调整增益参数，可使氢气压力控制表现得更好。但是，PID 控制中求导项很容易引入高频测量噪声，而滤波时间常数很难确定。因此，这里采用 PI 结构［式（4-103）］，不含求导分量，以保证闭环控制系统的稳定性。

$$u(t)_{\mathrm{PI}} = k_{\mathrm{p}} e(t) + k_{\mathrm{i}} \int_0^t e(t)\mathrm{d}t \tag{4-103}$$

式中，$u(t)_{\mathrm{PI}}$为计算出的比例阀控制信号；$e(t)$为目标值与实测值之间的误差；t 为系统运行时间；Δk_{p}和Δk_{i}分别为比例增益、积分增益。为了提高 PI 控制参数对输入变化的适应性，对 PI 控制参数由以下规则进行模糊处理

$$\Delta k_{\mathrm{p}} = f_1(e, \Delta e) = \frac{\sum_{i=1}^{n} \omega_i(e, \Delta e) K_{\mathrm{p},i}}{\sum_{i=1}^{n} \omega_i(e, \Delta e)} \tag{4-104}$$

$$\Delta k_{\mathrm{i}} = f_2(e, \Delta e) = \frac{\sum_{i=1}^{n} \omega_i(e, \Delta e) K_{\mathrm{i},i}}{\sum_{i=1}^{n} \omega_i(e, \Delta e)} \tag{4-105}$$

式中，e、Δe分别为误差和误差变化量；ω_i为隶属度函数；n 为模糊子集的个数；$K_{\mathrm{p},i}$和$K_{\mathrm{i},i}$为单点的输出；Δk_{i}和Δk_{p}为规则确定的输出。因此，PI 控制器的参数可由下式求得

$$k_{\mathrm{p\_controller}} = k_{\mathrm{p}} + \Delta k_{\mathrm{p}} \tag{4-106}$$

$$k_{\mathrm{i\_controller}} = k_{\mathrm{i}} + \Delta k_{\mathrm{i}} \tag{4-107}$$

针对模糊规则设计更多的模糊子集有助于获得更好的控制性能。模糊集数量可以是 3 个、5 个、7 个甚至更多，但模糊集数量越多，规则制定就越复杂，其选择依赖于实际经验。因此，采用语言标签来将模糊集分为 7 个模糊子集，即 NB（远小于 0）、NM（小于 0）、NS（略小于 0）、ZO（0）、PS（略大于 0）、PM（大于 0）、PB（远大于 0），作为控制效果和规则数量之间的权衡。

隶属度函数的合理构造也是模糊控制的关键问题之一。不同研究者对同一模糊概念的理解可能会有所不同，因此隶属度函数的确定具有一定的主观性。隶属度函数通常可以是广义的钟形、三角形和高斯分布。广义钟形隶属度函数与三角形隶属度函数的控制精度没有明显差异。隶属度函数曲线尖锐的模糊子集具有较高的分辨率和控制灵敏度。相反，形状曲线平缓，如高斯分布函数，保证了控制的稳定性。对于氢气的压力控制，比例阀开度的微小变化可能引起较大的压力波动，所以当压力接近稳态时，PI 参数的变化应足够小。为此，根据实际经验和方便性，采用三角形构造误差和误差变化的输入隶属度函数，对压力误差进行敏感检测，而比例增益和积分增益的输出隶属度函数选择高斯分布，以获得更好的稳定性。隶属度函数的域或区间的划分也显著地依赖于个体的概念，具有相当的灵活性，它依赖于实际系统，一般是统一划分的。这里对于误差和误差的变化，将

隶属度函数划分为 [−6，6] 内所有变量的常用字段，同时，对输出隶属度函数用场 [−1，1] 进行微调。输入、输出隶属度函数及对应域如图 4-37 所示。

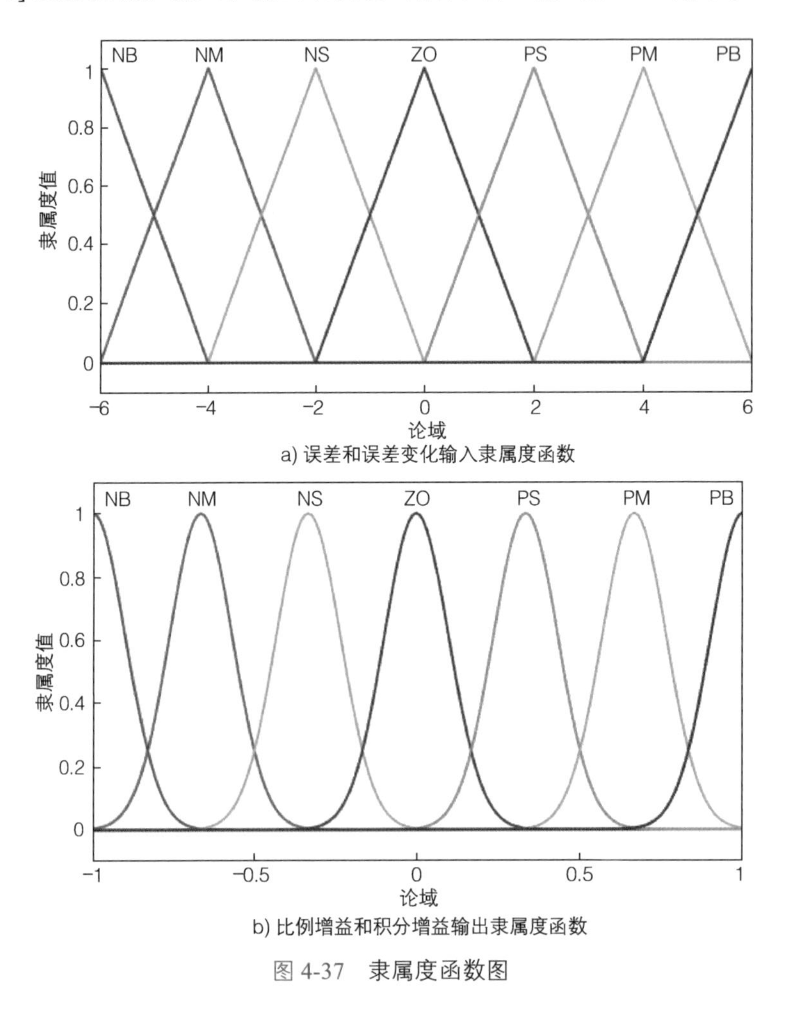

图 4-37 隶属度函数图

在确定了输入和输出变量、模糊集和相关域的隶属度函数后，需要确定调节 PI 参数的模糊规则。如前所述，模糊规则是根据被控对象和工作经验建立的，对于燃料电池系统的氢气压力控制，在可变负载和吹扫下，希望压力能够稳定控制，超调量也保持在特定范围内。对于 PI 控制器，比例系数作用是提高系统的响应速度和响应精度，比例系数越大，系统响应速度越快，调节精度越高，而比例系数过大容易造成系统超调甚至系统不稳定；同时，比例系数越小，系统响应速度越慢，静、动态特性越差。积分的目的是消除稳态误差，积分系数越大，系统的静态误差消除得越快；但是，过大的积分系数很可能导致初始阶段误差饱和，从而导致响应过程中更大的超调量，如果积分系数过小，系统静态误差难以消除。

基于上述分析，当误差比较大时，特别是在燃料电池系统的启动或关闭状态时，希望比例系数可以足够大，以快速响应。例如，当启动燃料电池系统时，需要额外补氢，以保持阳极压力始终高于阴极压力，以避免氢 - 空界面的产生；补氢过程中，阳极侧压力可低至 50 ~ 70kPa，充氢目标压力可达 120kPa，这时也需要一个较大的比例系数使氢压快速达到目标值，否则可能出现响应较慢的情况。如果在一段时间内出现阳极压力两次没有达到 115kPa 的情况，此时燃料电池控制单元在进行故障判定时会认为系统无法启动，从而导致误判。同时，在积分不过饱和的前提下，当误差较大时，应尽量选择较大的积分系数。当目标压力与测量压力差较小时，应尽量减小比例系数和积分系数的波动，以提高系统的稳定性。

基于 PI 控制器特性和非线性滞后效应所创建的模糊逻辑规则见表 4-4。此外，还需要应用调制模块通过适当的比例因子将误差和误差变化转换为模糊输入，模糊逻辑系统的输出校正也需要通过比例因子进行调整。除对 PI 参数进行自适应修正外，还需加入前馈补偿，即当排氢阀被打开或负载电流增大时，应提前适当增大比例阀的开度，该方法可以显著减小反馈控制延迟引起的误差。

表 4-4　模糊逻辑控制规则

Δe	e						
	NB	NM	NS	ZO	PS	PM	PB
	Δk_p，Δk_i						
NB	PB, NB	PB, NB	PM, NM	PM, NM	PS, NS	ZO, ZO	ZO, ZO
NM	PB, NB	PB, NB	PM, NM	PM, NM	PS, NS	ZO, ZO	ZO, ZO
NS	PM, NB	PM, NM	PM, NS	PS, NS	ZO, ZO	NS, PS	NS, PS
ZO	PM, NM	PM, NM	PS, NS	ZO, ZO	NS, PS	NS, PM	NM, PM
PS	PS, NM	PS, NS	ZO, PS	NS, PS	NS, PS	NM, PM	NM, PB
PM	PS, ZO	ZO, ZO	NS, PS	NM, PS	NM, PM	NM, PB	NB, PB
PB	ZO, ZO	ZO, ZO	NM, PS	NM, PM	NM, PM	NB, PB	NB, PB

4.4.2　氢气压力控制结果

基于 4.1 节介绍的燃料电池系统模型对氢气压力控制策略进行验证。对应的电流分布图和阴极压力如图 4-38a 所示，事实上，阴极的动态压力响应取决于阴极侧开环或闭环控制，不取决于阳极侧控制。而本节主要研究氢气压力控制，因此在数值模拟中，假定阴极保持恒定。

为了评价所提出方法的有效性，将模糊逻辑自适应 PI 方法与相同的调节参数的 PI 控制器进行了比较。同时，对带前馈补偿的模糊逻辑 PI（FLPIF）控制器与不带前馈补偿的模糊逻辑 PI（FLPI）控制器进行了比较。图 4-38b 给出了不同控制策略的压力响应，从图中可以看出，在吹扫动作和负载扰动下，所有控制算法都能及时跟踪目标压力，其中实线圆和虚线圆分别代表负载和吹扫引起的变化。这里假设吹扫阀在每个循环中开启 1s，关闭 5s，模拟真实车辆典型工况下的排氢阀动作，吹扫动作时序如图 4-38c 所示。

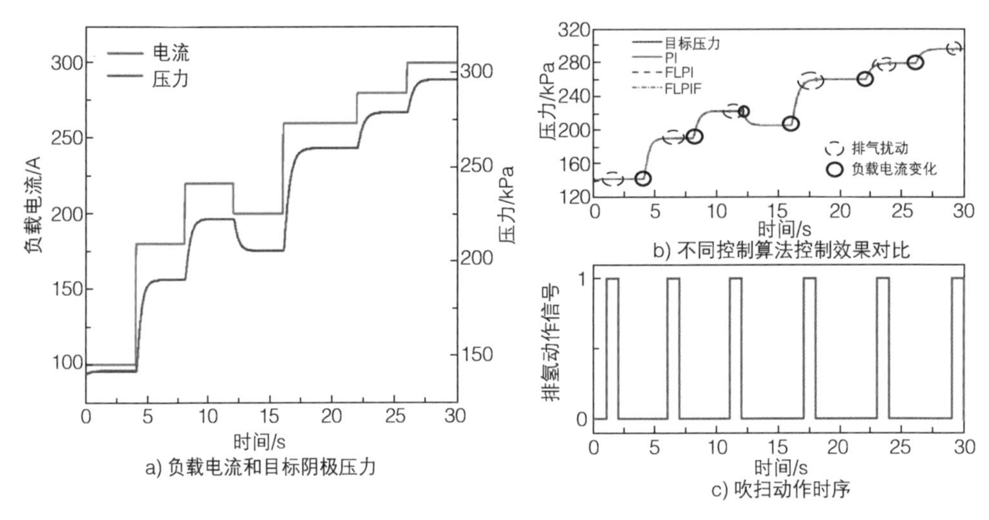

图 4-38　氢气压力控制结果

控制结果对比的部分放大如图 4-39 所示，基于模糊逻辑的 PI 控制能够将氢气压力波动峰值从 1.5kPa 减小到 0.7kPa，且稳态时间缩短至 0.6s。此外，与没有补偿的模糊逻辑 PI（FLPI）控制器相比，带有前馈补偿的模糊逻辑 PI（FLPIF）控制器对吹扫扰动引起的压力波动具有更好的抵抗能力，在补偿的情况下，只有 0.1kPa 左右的压力波动，如图 4-39a 和 b 所示。此外，FLPIF 对负载电流的变化也具有良好的鲁棒性。其中，当负载电流变化时，FLPIF 控制器跟踪目标压力大约需要 0.02s，而 FLPI 控制器和传统 PI 控制器分别需要 0.03s 和 0.1s，如图 4-39c 和 d 所示。

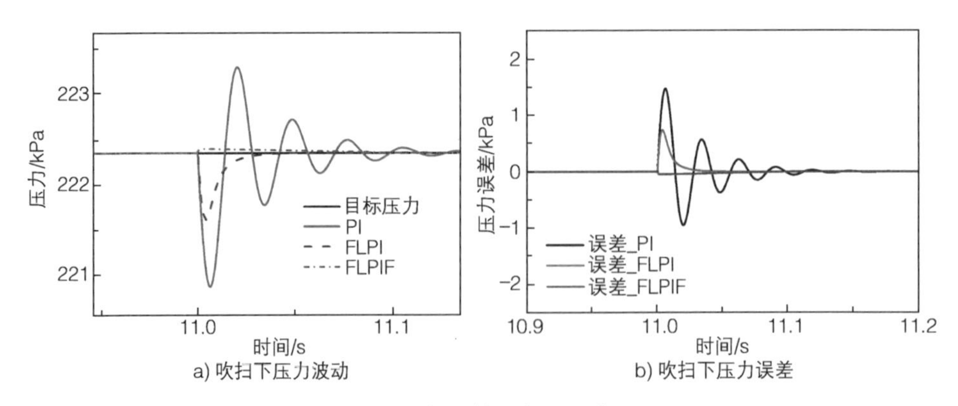

图 4-39　控制效果部分放大

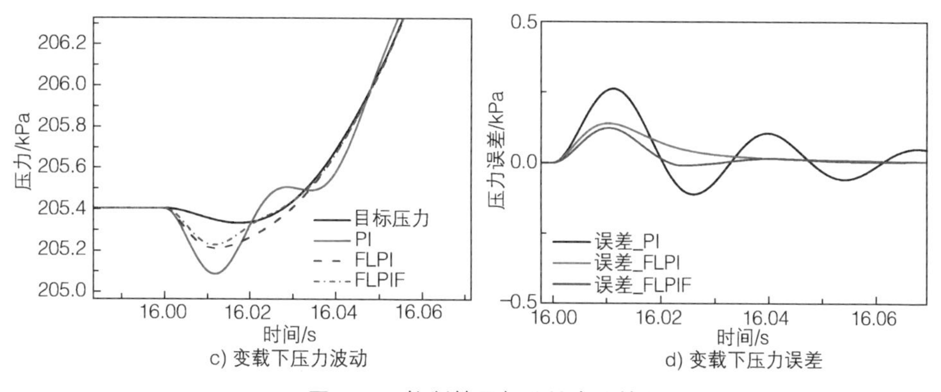

图 4-39 控制效果部分放大（续）

与其他基于模型的复杂控制器相比，氢气供给子系统控制中的模糊逻辑 PI 控制器在经典 PID 基础上，通过结合设计和仿真阶段甚至工程师的经验，可以在减少计算时间的同时，便捷地更新语言规则。此外，负载电流可以从控制器中准确地获取，并由 FCU 决定吹扫动作。因此，前馈控制可以很容易地消除或减少这些干扰。

为了对控制策略进行试验验证，建立了氢气供给子系统快速原型平台实现控制策略的硬件在环测试，如图 4-40 所示，主要由压缩气源、减压阀、进口电磁阀、比例阀、泄压阀、气液分离器、吹扫阀等关键部件组成。为了在调试过程中避免氢气泄漏，保证试验安全，采用压缩氮气进行测试，并通过减压阀将压力降低到 0.8MPa，以匹配比例阀的进口需求。将氢气容器等效为阳极体积，模拟吹扫阀充、放气体的动态特性。由于受研究条件的限制，目前还没有组装用于模拟氢消耗的氢质量流量控制器。恒定电流下的流量消耗对吹扫扰动和稳态误差的控制影响不大，因此，这里认为无耗氢试验台是合理的。上层管道和容器入口、出口的氢气压力由压力传感器测量，并由 FCU 采样。FCU 与上位机之间的信息传输是通过 CAN 通信实现。理论上，目标氢气压力是由阴极压力和电流决定的，但在快速原型平台试验中，由于阴极侧没有压力积累，所以目标压力主要是手动设定，通过上位机发送到 FCU。

将所提出的前馈补偿模糊逻辑 PI 控制器在上述快速原型平台上进行验证，由于本次试验使用的是压缩空气，气体黏度较大，因此比例系数选择在 50 左右，以获得快速响应，其他参数通过实际调试获得。图 4-41 为吹扫开启时间（T_{open}）为 1s，关闭时间（T_{close}）为 5s 时目标压力作用下的压力响应。结果表明，在 100～220kPa 的较宽目标压力范围内，该控制器对压力波动具有良好的控制性能，其中，比例阀跟踪压力上升大约需要 0.3s，即使在吹扫信号上升边缘超调量也不超过 2kPa。压力响应失效时间由排氢质量流量和耗氢量决定，该快速原型平台约为 1.5s。

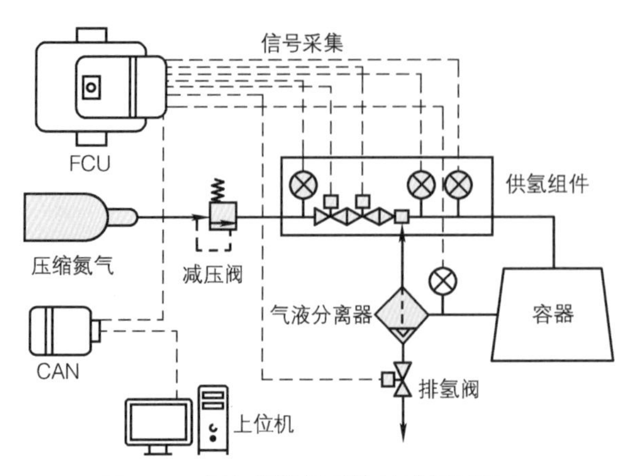

图 4-40 氢气供给子系统快速原型平台

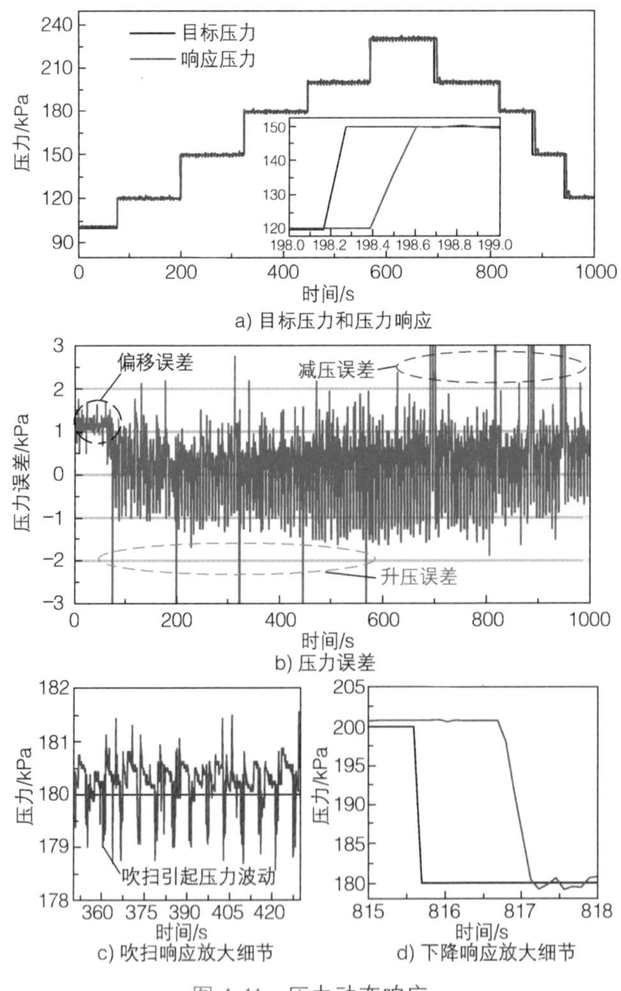

图 4-41 压力动态响应

为了验证该控制器对不同吹扫时间的有效性，还分别进行了在较短开启时间（0.5s）和较长的开启时间（1.5s）下的吹扫试验，试验结果如图 4-42 所示。从图中可以看出，虽然吹扫阀开启持续时间不同，但目标压力与响应压力之间的压差限制在 2kPa 以内，相比之下，吹扫阀在短时间排放时，比例阀开度波动要小于长的排放时间。

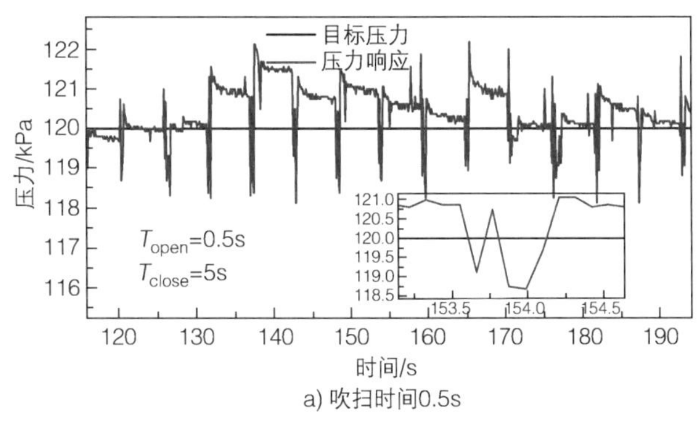

a) 吹扫时间0.5s

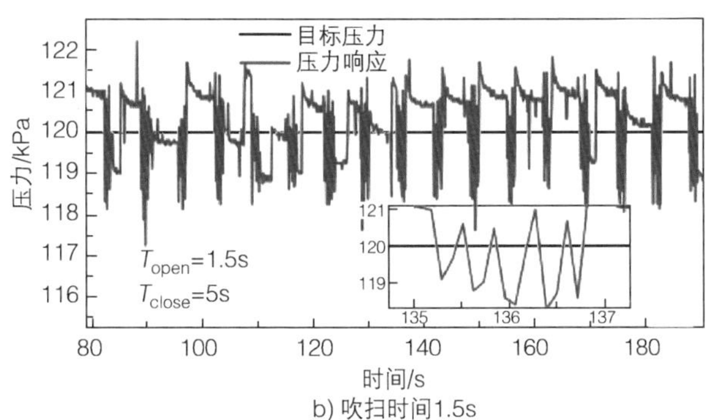

b) 吹扫时间1.5s

图 4-42　不同吹扫时间下压力响应

为了进一步验证提出的燃料电池系统氢气侧控制策略，将提出的控制策略在 90kW 级燃料电池发动机系统上进行了控制试验。在试验中，双向电源作为车辆动力系统中的锂离子电池组，通过 DC/DC 变换器输出高压电，为燃料电池系统初始启动阶段的空气压缩机、高压水泵等辅助部件提供动力。调节好合适的初始空压机转速、节流阀开度、氢气目标压力，然后在电堆建立电压后进行加载。同时，双向电源将燃料电池系统产生的电能反馈回电网。

试验中，将电流设置在 0 ~ 124A 的较宽范围内，目标氢压为 130 ~ 210kPa。如前所述，目标氢气压力主要由阴极侧压力决定。发动机系统目标压力和阳极压力测量和实时记录如图 4-43 所示，提出的控制策略具有令人满意的控制性能，且没有明显的超调和稳态误差。最大稳态误差在目标压力 180kPa 左右，调时上下误差在 2kPa 以内，其他稳态误差多在 1.5kPa 左右。

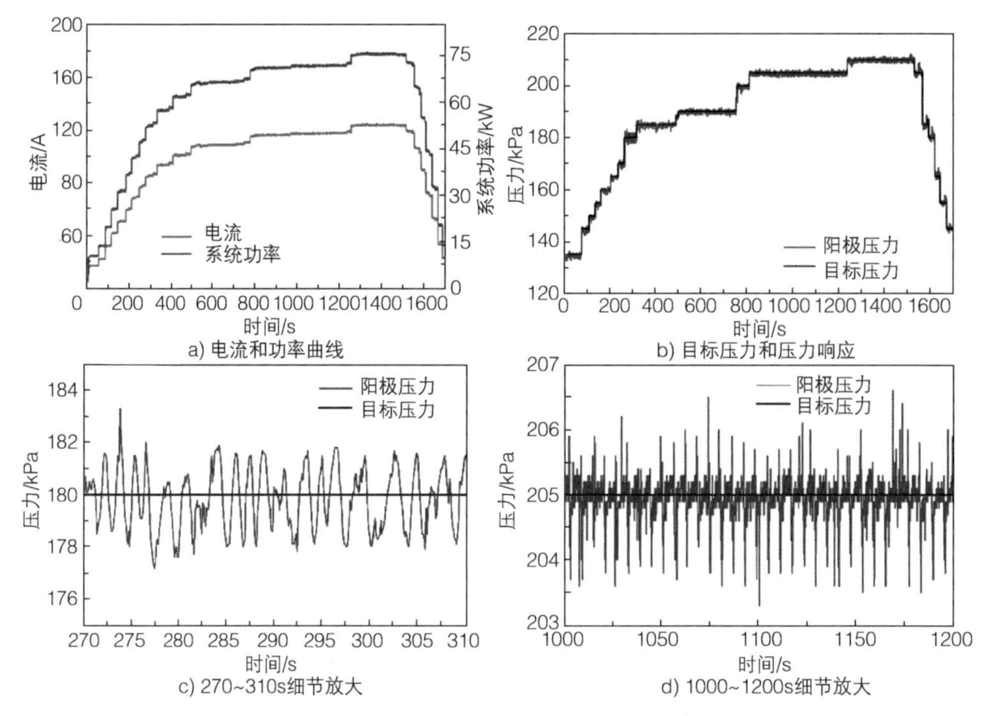

图 4-43　燃料电池系统氢气侧压力控制试验

4.5　本章小结

本章针对燃料电池进气控制问题，对燃料电池堆以及辅助部件进行了面向控制的集总参数建模，并采用优化算法对燃料电池系统模型进行参数辨识。

针对燃料电池空气路流量 - 压力耦合问题，设计了一种串级反向解耦控制器，对空气路压缩机和背压阀进行解耦控制。结果表明，提出的流量 - 压力解耦控制器在氧气过量系数、流量和压力方面，相比于传统控制器有着更佳的响应和控制精度。提出了基于标定的前馈 PID 串级控制器，使用 90kW 燃料电池发动机进行试验，结果表明，该方法能够对空气流量变化进行快速响应，实现了流量和压力的协同控制。

对于氢气侧控制，考虑排氢波动的问题，采用了模糊 PID 前馈补偿控制进气压力。对所提出的控制策略在快速原型平台上以及燃料电池发动机系统上进行了验证试验，结果表明，提出的控制策略具有令人满意的控制性能，且没有明显的超调和稳态误差。

燃料电池温度控制

传统燃油车发动机工作温度较高（400℃），通过废气和散热回路可以将温度稳定在一定范围内。燃料电池系统是化学反应装置，一半左右的反应能量会转化为不可逆热量，然而排气输出的热量占比小，绝大部分热量需要通过辅助散热带出。另一方面，燃料电池电化学特性使得其对运行温度的敏感性远大于传统内燃机，从而需要被精确维持在工作温度附近（当前一般为 80 ~ 90℃），因此精确高效热管理是影响燃料电池实际运行性能的关键技术之一。

燃料电池热管理子系统，冷却回路复杂，包含多个控制执行器，如风扇、节温器、冷却水泵等，系统非线性特性较强；同时电堆、冷却液、散热器的温度等内部状态变量较多，且相互耦合。传统的控制方法难以针对上述多输入 - 多输出非线性热管理问题进行准确的控制；另一方面，燃料电池状态实时最优控制等先进控制方法开始陆续被应用到燃料电池热管理中。

模型预测控制是一种快速兴起的智能控制算法，其对模型要求低，适合处理多输入 - 多输出情况，本节基于某 60kW 燃料电池系统，建立了系统动态热管理模型，并设计了自适应模型预测控制（adaptive model predictive control，AMPC）策略，实现燃料电池系统温度的精确控制。

5.1 热管理子系统建模

车用燃料电池系统功率较大，一般采用水冷的方式进行散热。某车用 60kW 级燃料电池系统的热管理子系统架构如图 5-1 所示（未显示传感器和去离子器等），主要由水泵、电子节温器、PTC 加热器、散热器和 3 个独立风扇组成。水泵负责为冷却液提供流通动力，节温器负责大、小循环切换，即调节大、小循环中冷却液的流量比例，PTC 加热器主要用于低温启动加热，散热器总成负责将冷却液热量强化传递到环境中，调节冷却液温度。

基于此燃料电池系统热管理架构，采用集总参数法，建立了面向控制的热管理子系统动态模型，其中包括电堆模型和冷却系统模型（包括水泵、节温器以及散热器总成）。这里主要讨论冷却工况，因此忽略了 PTC 加热器。建模过程中，对模型进行了合理的简化，模型基于以下假设：假设各个腔体为均质模型，即不考虑各个控制容积内部的质量和温度分布；冷却液不可压缩；不考虑管路结构带来的流阻；各个执行部件内部变量值一致，数值差别存在于进、出口两端。

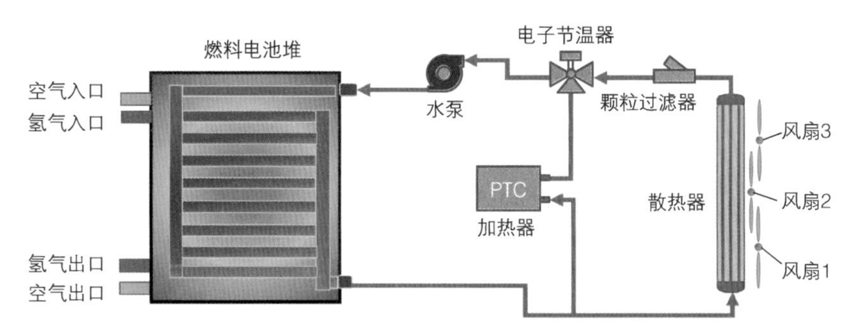

图 5-1　燃料电池热管理子系统示意图

5.1.1　电堆产热模型

电堆产热主要来源于氢气发生氧化还原反应转化成水过程中释放的能量，电堆单位时间反应所释放总能量为

$$\dot{Q}_{rea} = \frac{nI}{2F}\Delta H \tag{5-1}$$

式中，n 是单体燃料电池片数；I 是燃料电池输出电流；F 是法拉第常数；ΔH 是氢气热值。

燃料电池系统运行过程中产电量表示为

$$P_{st} = IV \tag{5-2}$$

式中，V 是燃料电池输出电压。同时，由于电堆温度比环境温度高，会对外部环境有热辐射的作用，一小部分电堆热量会由辐射换热带走。根据辐射传热公式，单位时间内电堆损失热量可以表示为

$$\dot{Q}_{rad} = A_{st}k_{rad}(T_{st} - T_{amb}) \tag{5-3}$$

式中，A_{st} 为电堆表面积；k_{rad} 为辐射换热系数；T_{st} 为电堆温度；T_{amb} 为环境温度。电堆小部分热量都将通过自然对流直接带走，根据牛顿冷却公式，这部分带走的热量可以表示为

$$\dot{Q}_{conv,amb} = A_{st}h_{amb}(T_{st} - T_{amb}) \tag{5-4}$$

式中，h_{amb} 为自然对流系数。电堆绝大部分热量由电堆内部冷却液带走，根据牛顿冷却公式，这部分带走的热量可以表示为

$$\dot{Q}_{conv,flow} = A_{flow}h_{st,w}(T_{st} - T_{w,st}) \tag{5-5}$$

式中，$h_{st,w}$ 为电堆与冷却液间的对流换热系数，其主要由电堆流道结构和冷却液

流量决定；A_{flow} 为电堆内流道总面积；$T_{w,st}$ 为电堆内部冷却液温度。系统温度控制过程中流道结构不变，因此这里换热系数主要由冷却液流量决定，同时由于流量变化其压降损失会增大，故换热量不会线性增加。电堆内部流道总面积计算较为困难，由于其是常量参数，为了建模简洁，这里和换热系统合并进行参数辨识，采用二次拟合式表示流量与换热系数和壁面乘积变化

$$A_{flow}h_{st,w}=k_1mf_{water}^2+k_2mf_{water}+k_3 \tag{5-6}$$

式中，k_1、k_2、k_3 为待辨识参数；mf_{water} 为冷却液流量。

根据能量守恒原理，基于集总参数表示法，电堆温度的动态可以表示为

$$\frac{dT_{st}}{dt}=\frac{\dot{Q}_{rea}-P_{st}-\dot{Q}_{rad}-\dot{Q}_{conv,flow}-\dot{Q}_{conv,amb}}{m_{st}C_{p,st}} \tag{5-7}$$

式中，m_{st} 为电堆质量；$C_{p,st}$ 为电堆的比热容。

5.1.2 冷却系统模型

热管理部件主要包括水泵、节温器、散热器、风扇。电堆与热管理子系统通过冷却液进行热量交换，因此冷却液在热管理子系统中的循环流动以及和各个子系统部件的交互作用，形成了不同区域的冷却液状态。

首先建立冷却系统执行器的输入输出模型，然后通过建立不同区域的冷却液状态和能量交互，形成整个热管理子系统的动态模型。这里考虑到动态模型的准确度和复杂度平衡，利用部件的输入输出特性，将冷却液管路中的冷却液分为 3 个控制容积。对不同的控制容积采用集总参数法计算不同区域的冷却液温度状态，从而得出能够较为准确地反应燃料电池热管理子系统的动态特性的热模型。

1 水泵模型

水泵的作用是带动冷却液循环，在控制过程中，通过控制水泵转速实现控制冷却液流量，从而间接控制冷却液与壁面间的换热速率。为了简化系统模型，水泵及散热风扇均采用多项式拟合的方式。通过水泵性能试验数据拟合出水泵的输入输出模型，经过试验数据拟合对比发现，三次多项式更符合水泵转速和出口流量间的关系，拟合效果如图 5-2 所示，其拟合式为

$$mf_w=p_1N_{pump}^3+p_2N_{pump}^2+p_3N_{pump}+p_4 \tag{5-8}$$

式中，mf_w 为循环冷却液流量；N_{pump} 为水泵转速；$p_1\sim p_4$ 为拟合项。试验与仿真的拟合结果判定系数（R^2）值大于 0.99，能够很好地表示水泵的输入输出关系。

建模过程中认为冷却液是不可压缩流体，因此认为整个冷却系统中各计算域下流量相同。

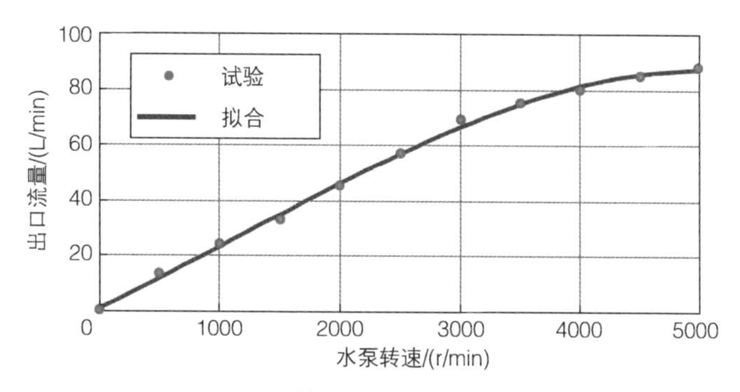

图 5-2　燃料电池散热水泵曲线拟合

2 节温器模型

节温器本质是一个电磁三通阀，作用在于分流，即通过控制阀门的开度调整节温器两端输出口的流量比例，以决定热管理子系统中大、小循环流量比。其中大循环的冷却液将通过散热器进行强化换热，小循环中的冷却液直接通过节温器回到水泵，期间几乎不对外进行散热。因此，节温器通过调节散热器冷却液的流量大小，可以实现进堆冷却液温度快速调整，是燃料电池冷却系统中重要的热管理执行部件。节温器的阀门具有一定程度的非线性特性，这里采用非线性方程描述节温器开度与大、小循环切换之间的关系

$$mf_{\mathrm{w,l}} = \frac{1}{1+\mathrm{e}^{(0.2u_{\mathrm{tv}}-9)}} mf_{\mathrm{w}} \tag{5-9}$$

$$mf_{\mathrm{w,s}} = mf_{\mathrm{w}} - mf_{\mathrm{w,l}} \tag{5-10}$$

式中，$mf_{\mathrm{w,l}}$ 为通过散热器支路（大循环）的冷却液流量；$mf_{\mathrm{w,s}}$ 为小循环支路通过节温器的冷却液流量；u_{tv} 为节温器开度（%）。由于不同的节温器具有不同的开度特性，在建模中需要考虑其输入输出特性。对于本节采用的节温器，开度 $u_{\mathrm{tv}} \in [20,80]$，其中开度 20 表示系统完全运行在小循环状态，开度 80 表示系统完全运行在大循环状态。

3 散热器总成模型

散热器的作用是通过翅片和扁管结构增大与外界的换热面积，从而实现较高的冷却液冷却速率。由于散热器是固定结构，其翅片和扁管参数对换热的影响在动态控制中可认为是常数。另外，其壁面温度会影响散热器与外界的换热功率，这里将散热器的壁面温度作为一个状态量，根据能量守恒，其可以描述为

$$\frac{\mathrm{d}T_{\mathrm{Hec}}}{\mathrm{d}t}=\frac{\dot{Q}_{\mathrm{cool,Hec}}-\dot{Q}_{\mathrm{Hec,amb}}}{m_{\mathrm{Hec}}C_{p,\mathrm{Hec}}} \tag{5-11}$$

式中，

$$\dot{Q}_{\mathrm{cool,Hec}}=A_{\mathrm{Hec,in}}h_{\mathrm{w,Hec}}(T_{\mathrm{w,Hec}}-T_{\mathrm{Hec}}) \tag{5-12}$$

$$\dot{Q}_{\mathrm{Hec,amb}}=A_{\mathrm{Hec,out}}h_{\mathrm{Hec,amb}}(T_{\mathrm{Hec}}-T_{\mathrm{amb}}) \tag{5-13}$$

式（5-11）~ 式（5-13）中，T_{Hec} 为散热器温度；m_{Hec} 为散热器质量；$C_{p,\mathrm{Hec}}$ 为散热器比热容；$\dot{Q}_{\mathrm{cool,Hec}}$ 为冷却液传递给散热器的热量；$\dot{Q}_{\mathrm{Hec,amb}}$ 为散热器传递给环境空气的热量；$A_{\mathrm{Hec,in}}$ 和 $A_{\mathrm{Hec,out}}$ 分别是散热器内、外换热面积；$h_{\mathrm{w,Hec}}$ 和 $h_{\mathrm{Hec,amb}}$ 分别是冷却液与散热器壁面间换热系数、壁面与外部空气换热系数。换热面积是固定常数，换热系数较难通过测量实现，因此这里采用辨识公式获取换热系数与外部输入的关系

$$A_{\mathrm{Hec,in}}h_{\mathrm{w,Hec}}=\xi_1 mf_{\mathrm{w,1}}^2+\xi_2 mf_{\mathrm{w,1}}+\xi_3 \tag{5-14}$$

式中，ξ_1、ξ_2、ξ_3为待辨识参数。

此散热器总成中包括 3 个风扇，标记为风扇 1、风扇 2、风扇 3，每个风扇独立控制，据此可推测

$$A_{\mathrm{Hec,out}}h_{\mathrm{Hec,amb}}=k_{\mathrm{fan,1}}h_{\mathrm{fan}}+k_{\mathrm{fan,2}}h_{\mathrm{fan}}+k_{\mathrm{fan,3}}h_{\mathrm{fan}} \tag{5-15}$$

$$h_{\mathrm{fan}}=\theta_1 V_{\mathrm{air}}^2+\theta_2 V_{\mathrm{air}}+\theta_3 \tag{5-16}$$

式中，$k_{\mathrm{fan,1}}$、$k_{\mathrm{fan,2}}$、$k_{\mathrm{fan,3}}$ 为风扇权重，跟风扇位置排布有关，这里分别取 1、0.9、0.9；h_{fan} 为风扇散热对散热贡献；θ_1、θ_2、θ_3 为待辨识参数；V_{air} 为散热器外部空气流速，其值与外部风扇转速有关，其函数关系为二次形式，具体结果如图 5-3 所示，通过试验数据拟合可得流速与转速的关系

$$V_{\mathrm{air}}=c_1 N_{\mathrm{fan}}^3+c_2 N_{\mathrm{fan}}^2+c_3 N_{\mathrm{fan}}+c_4 \tag{5-17}$$

式中，N_{fan} 为风机转速（r/min）；$c_1 \sim c_4$ 为风机拟合参数。

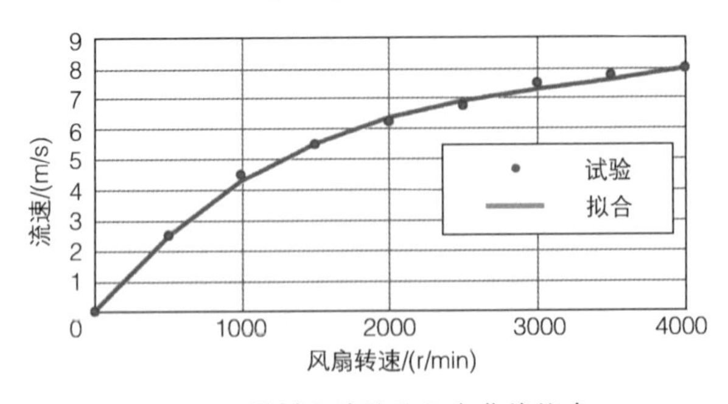

图 5-3　燃料电池散热风扇曲线拟合

4 冷却液状态模型

燃料电池系统冷却回路管路较长，存水较多且热容较大，虽然冷却回路管路连通，但不同位置的冷却液温度区别明显，若电堆的整个冷却循环水温采取集总参数方式，则无法分辨不同区域的水温，导致模型精度较差。因此，为了更加精确地模拟冷却回路各个位置的状态，采用三腔式集总参数法分别对电堆内部水温、进口处水温和散热器内部水温进行温度动态描述。

假设电堆出口冷却液温度和电堆内部冷却液温度一致，根据内部冷却液质量守恒和能量守恒定律，控制容积 1 及电堆内部冷却液温度动态变化为

$$\frac{\mathrm{d}T_{\mathrm{w,st}}}{\mathrm{d}t}=\frac{\dot{Q}_{\mathrm{conv,flow}}+mf_{\mathrm{w}}C_{p,\mathrm{w}}T_{\mathrm{w,in}}-mf_{\mathrm{w}}C_{p,\mathrm{w}}T_{\mathrm{w,st}}}{m_{\mathrm{w,st}}C_{p,\mathrm{w}}} \tag{5-18}$$

式中，$m_{\mathrm{w,st}}$ 为电堆内部冷却液质量；$C_{p,\mathrm{w}}$ 为冷却液的比热容；$T_{\mathrm{w,in}}$ 为进堆段冷却液温度，这一段冷却液为从节温器出口到电堆进口这一段管路和部件中所包含的冷却液，其被作为另一个腔体的状态计算，记为控制容积 2，其温度变化可以描述为

$$\frac{\mathrm{d}T_{\mathrm{w,in}}}{\mathrm{d}t}=\frac{mf_{\mathrm{w,l}}C_{p,\mathrm{w}}T_{\mathrm{w,Hec}}+mf_{\mathrm{w,s}}C_{p,\mathrm{w}}T_{\mathrm{w,st}}-mf_{\mathrm{w}}C_{p,\mathrm{w}}T_{\mathrm{w,in}}}{m_{\mathrm{w,in}}C_{p,\mathrm{w}}} \tag{5-19}$$

式中，$m_{\mathrm{w,in}}$ 为电堆进堆段冷却液质量。

循环（散热器）内的水温定为第 3 个温度腔体。同理，根据质量守恒和能量守恒，其温度动态变化可以描述为

$$\frac{\mathrm{d}T_{\mathrm{w,Hec}}}{\mathrm{d}t}=\frac{mf_{\mathrm{w,l}}C_{p,\mathrm{w}}T_{\mathrm{w,st}}-\dot{Q}_{\mathrm{cool,Hec}}-mf_{\mathrm{w,l}}C_{p,\mathrm{w}}T_{\mathrm{w,Hec}}}{m_{\mathrm{w,Hec}}C_{p,\mathrm{w}}} \tag{5-20}$$

式中，$m_{\mathrm{w,Hec}}$ 为散热器内所包含的冷却液质量。

5.2 模型参数辨识及验证

上述燃料电池系统热管理控制模型具有较强的非线性，系统可以描述为

$$\begin{cases}\dot{\boldsymbol{x}}=f(\boldsymbol{x},\boldsymbol{u})\\ y=g(\boldsymbol{x},\boldsymbol{u})\end{cases} \tag{5-21}$$

式中，

$$
\boldsymbol{x}=\begin{bmatrix} T_{\mathrm{Hec}} \\ T_{\mathrm{w,Hec}} \\ T_{\mathrm{w,in}} \\ T_{\mathrm{w,st}} \\ T_{\mathrm{st}} \end{bmatrix},\quad \boldsymbol{u}=\begin{bmatrix} N_{\mathrm{pump}} \\ u_{\mathrm{tv}} \\ N_{\mathrm{fan1}} \\ N_{\mathrm{fan2}} \\ N_{\mathrm{fan3}} \\ I_{\mathrm{st}} \\ T_{\mathrm{amb}} \end{bmatrix},\quad y=T_{\mathrm{w,st}} \tag{5-22}
$$

式中，$\boldsymbol{x}$ 为系统状态向量；y 为系统输出可观测量；$\boldsymbol{u}$ 为系统的输入向量。

所建立的热管理子系统非线性模型包含 5 个状态变量，分别是散热器表面温度 T_{Hec}、散热器内部冷却液温度 $T_{\mathrm{w,Hec}}$、进堆段冷却液温度 $T_{\mathrm{w,in}}$、电堆内部冷却液温度（包含出口段）$T_{\mathrm{w,st}}$ 和电堆温度 T_{st}。系统有 7 个输入量会影响到系统状态，分别为冷却回路水泵转速 N_{pump}，节温器开度 u_{tv}，风扇 1、2、3 的转速 N_{fan1}、N_{fan2}、N_{fan3}，燃料电池系统负载电流 I_{st}，以及环境温度 T_{amb}。对于系统输出量，这里将温度传感器放置在燃料电池系统电堆冷却液出口位置，并认为电堆出口温度和电堆内部水温一致，因此观测量为电堆内部和出口冷却液的温度 $T_{\mathrm{w,st}}$。

由于建模过程中的对一些物理过程的简化以及结构特征的忽略，导致模型会存在一定程度失真。因此，对上述模型进行参数辨识，利用系统运行温度控制的试验数据对模型参数进行校正，优化出符合试验数据的辨识参数。基于模型中待辨识参数，采用的参数辨识方法如图 5-4 所示。通过参数辨识，可以简化系统的建模过程，同时提升系统动态响应的预测精度。参数辨识是一个优化求解参数最优值的问题，描述如下

$$
\begin{gathered}
\min_{K_{\mathrm{ident}}} f(K_{\mathrm{ident}})=\sum_{t=0}^{t_N}[Y_{\mathrm{model}}(t)-Y_{\mathrm{exp}}(t)]^2 \\
\text{s.t. } K_{\mathrm{lb}}\leqslant K_{\mathrm{ident}}\leqslant K_{\mathrm{ub}}
\end{gathered} \tag{5-23}
$$

式中，K_{ident} 为待辨识参数；Y_{model} 和 Y_{exp} 分别为模型输出结果和试验结果；N 为采样点个数；K_{ub} 和 K_{lb} 分别为参数搜索上、下界。在上文建立的热管理模型中，主要关注冷却液出口温度，因此这里利用输出表现，即电堆压力对系统参数进行辨识。为了加快辨识收敛速度，采用如图 5-4 所示的流程对所建立的热管理系统模型参数进行辨识。

首先，电堆出口温度采用式（5-23）进行辨识，此时

$$
\boldsymbol{K}_{\mathrm{ident}}=\begin{bmatrix} \boldsymbol{K}_k \\ \boldsymbol{K}_\xi \\ \boldsymbol{K}_\theta \end{bmatrix}=\begin{bmatrix} [k_1 \quad k_2 \quad k_3]^{\mathrm{T}} \\ [\xi_1 \quad \xi_2 \quad \xi_3]^{\mathrm{T}} \\ [\theta_1 \quad \theta_2 \quad \theta_3]^{\mathrm{T}} \end{bmatrix}
$$

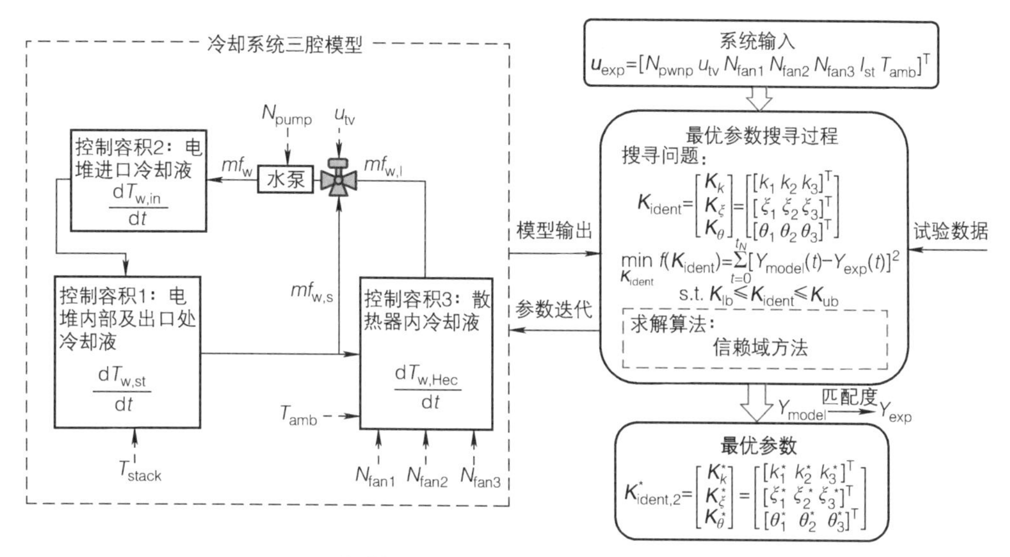

图 5-4 燃料电池冷却系统三腔模型及其参数辨识

给出系统辨识一组动态工况下的输入参数 $\boldsymbol{u}=[N_{pump}\ u_{tv}\ N_{fan1}\ N_{fan2}\ N_{fan3}\ I_{st}\ T_{amb}]^T$，系统输出为电堆冷却液出口温度，即 $Y_{model}=T_{w,st}$，然后采用信赖域方法（trust-region approach）对式（5-23）求解，可得出热管理模型参数最优估计值 $\boldsymbol{K}^*_{ident}$。

为验证所建立的热管理模型对动态工况下系统动态温度的预测能力，这里采用了一组变电流工况下的 60kW 燃料电池测试结果作为对比，系统输入、输出均随工况进行变化，以此来验证动态控制下模型准确性。需要注意的是，这里没有采取不同电流密度下的稳态温度测试作为对比，原因在于稳态点的温度验证不适用于动态温度控制，在稳态输入和输出情况下将模型与试验对比很难保障实时动态控制过程模型的预测精度。

在试验系统中，冷却回路的进口和出口处安装有温度传感器，因此这里选取电堆进口和出口实测冷却液温度作为系统的响应对比量。系统测试过程中，电子节温器和风扇采用的控制策略均为 ON/OFF 和 PID 的控制形式。控制过程中，当温度小于开启设定值时采用小循环，反之开启大循环，风扇控制采用 PID 计算负荷并基于当前负荷分配风扇转速。当负荷达到各个风扇开启阈值时，依次开启风扇，从而实现 3 个风扇闭环调控。为保障电堆温度一致性和安全性，水泵根据电流大小采用开环控制。测试过程中节温器、风扇以及水泵控制输入变化如图 5-5 所示。仿真模型的环境参数、电流工况以及执行器采用和系统测试相同的输入进行模拟，获得该模型的温度响应情况，并与试验结果进行对比。

试验与模型仿真结果对比如图 5-6 所示，该结果显示了在变电流工况下燃料电池系统从热机到大负荷过程的温度变化情况。可以看出，燃料电池一开始电流为 0A，系统上电后，电流首先在 120A 稳定一段时间，此时燃料电池系统处于热

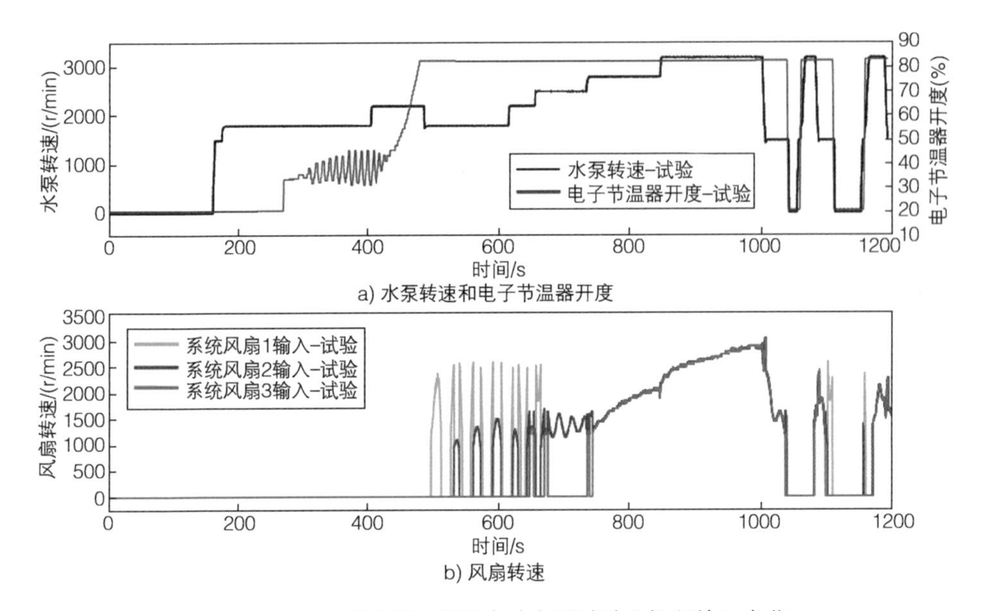

a) 水泵转速和电子节温器开度

b) 风扇转速

图 5-5　60kW 系统变工况温度响应测试试验控制输入变化

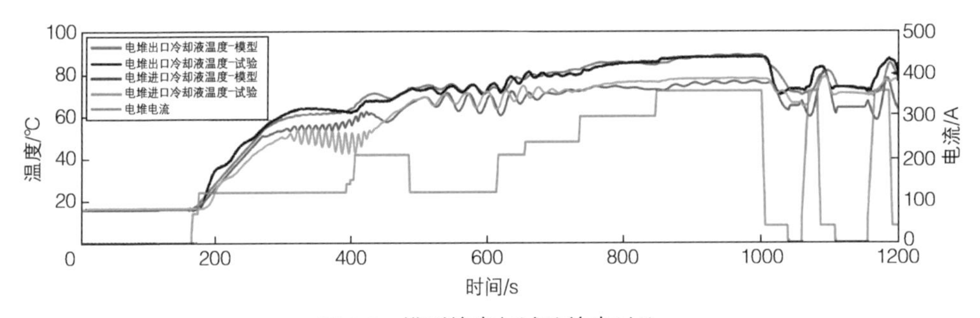

图 5-6　模型输出与试验输出对比

机状态，冷却液温度持续上升。当进堆的冷却液温度到达 60℃左右时，节温器开启，但由于大循环中散热器内部存储的冷却液处于较低温度，开启节温器后，散热器内部低温冷却液和小循环中高温冷却液中和，这会导致电堆温度在 60℃附近徘徊，一段时间后继续上升。产生上述现象主要是因为这里节温器采用的是 ON/OFF 控制方式，导致了在开启阈值附近的控制波动。然后，电流继续动态增加，模拟实际可能出现的负载情况，最后进行了两次关机和开机工况。

从试验及模型仿真结果对比可以看出，建立的多输入 - 多输出系统动态热模型的输出与试验结果在各个动态工况下具有较好契合度，能够模拟动态工况下变控制输入时系统实际的温度响应。具体地，进口冷却液温度的试验与仿真结果 R^2 和相对误差结果分别为 0.99 和 2.76%，出口冷却液的温度试验与仿真 R^2 和相对误差结果分别为 0.96 和 5.6%。基于此动态模型，后续进一步设计燃料电池温度控制策略。

5.3　基于自适应模型预测控制的热管理

本节提出的燃料电池热管理策略框架如图 5-7 所示，在该框架中，基于不同电流负载工况点，设计了不同的热管理控制策略，从而得到面向不同工况（如低负载工况、中负载工况、高负载工况）的系统预测模型；然后，在工况变化时切换与之对应工况下的线性化预测模型，从而提升系统在不同工况下状态预测的适应性。更进一步，针对不同工况设计了节温器、风扇 1、风扇 2、风扇 3 这几者操纵变量之间不同的优化权值，实现了控制比重的在线适应，从而提升执行器的实时工作效率，降低热管理子系统能耗。最后，针对不同工况下电堆的热负荷情况，结合风扇的工作效率区间，设计了不同的优化权重设置。采用实时最优化计算方法并在线求解，得出节温器和风扇 1、2、3 的当前时刻下最优控制值，实现燃料电池系统的实时最优热管理控制。

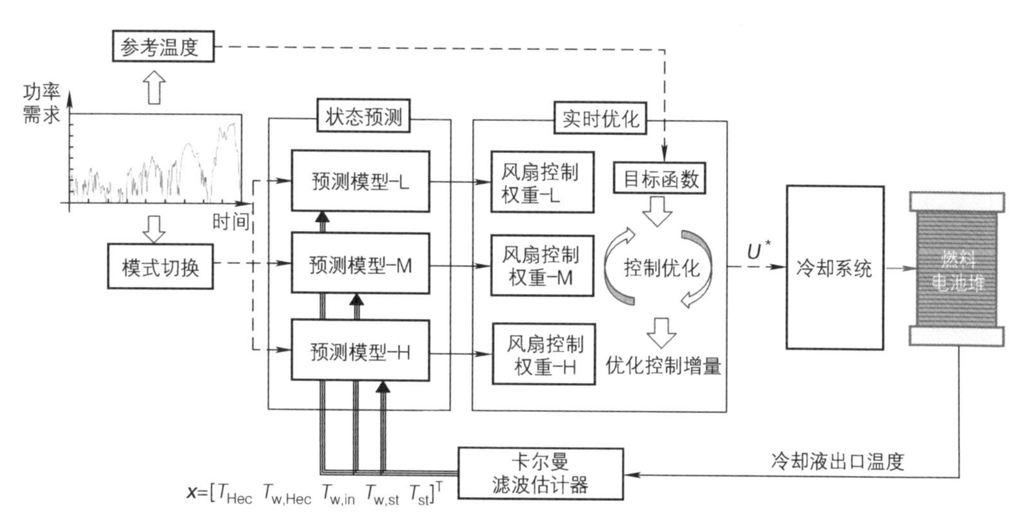

图 5-7　燃料电池热管理子系统自适应多模型预测控制策略

5.3.1　多工况点热管理子系统模型线性化

对于燃料电池热管子系统控制，可操纵变量主要为水泵、节温器以及散热器总成中的风扇，其他输入量被认为是外部扰动变量。在本节的设计中，做了以下两方面的考虑：一是冷却液的循环不仅对电堆平均温度有影响，也能影响电堆产热均匀性；另外，在电堆温度较低时，水泵转速偏低，随着电堆温度迅速上升，水泵迟滞可能导致电堆产热均匀性变差，因此这里水泵采用基于系统电流前馈的开环控制。其余的操纵变量均作为模型预测控制器的优化变量。

在系统的外部扰动量中，电流变化相比于环境温度扰动更为迅速，直接关系到电堆产热及温升，是主要扰动项，并且在燃料电池汽车能量管理中，由于动力电池的存在，燃料电池发动机电流请求有较大的预测可迟滞时间。环境温度扰动变化较慢，在控制中动态影响较小。因此，本节的可测扰动量为负载电流，而环境温度不作为输入和预测扰动项引入预测模型中。基于此，燃料电池热管理子系统非线性模型表示为

$$\begin{cases}\dot{\boldsymbol{x}}=f(\boldsymbol{x},\boldsymbol{u})\\ y=g(\boldsymbol{x},\boldsymbol{u})\end{cases} \tag{5-24}$$

式中，$\boldsymbol{x}=[T_{\mathrm{Hec}}\ T_{\mathrm{w,Hec}}\ T_{\mathrm{w,in}}\ T_{\mathrm{w,st}}\ T_{\mathrm{st}}]^{\mathrm{T}}$；$\boldsymbol{u}=[\boldsymbol{mv}\ v]^{\mathrm{T}}$，其中，$\boldsymbol{mv}$ 为输入控制变量，$\boldsymbol{mv}=[u_{\mathrm{tv}}\ N_{\mathrm{fan1}}\ N_{\mathrm{fan2}}\ N_{\mathrm{fan3}}]^{\mathrm{T}}$，$v$ 为扰动变量，$v=I_{\mathrm{st}}$。由于电堆内部温度 T_{st} 较难测量，故系统输出变量采用电堆出口冷却液温度，即 $y=T_{\mathrm{w,st}}$，这与系统实际操作条件采用的温度点一致。

对于系统在线控制，计算量对控制硬件的算力有直接要求。燃料电池系统状态模型具有强非线性，若采用非线性模型进行预测和求解，计算量会十分巨大，难以保证实时控制效果。因此模型预测控制中的预测模型将采用线性化方程，在燃料电池某一个稳态工况点进行线性化，获得其线性化系统模型，利用线性系统的可叠加原理，使得状态预测和优化问题能够快速求解。线性化通常在某一特定工作点采用线性近似模型替代原有系统方式，如图 5-8 所示的二维非线性函数近似，在工作点（x_0，y_0）附近，其线性模型与原函数高度近似。利用此特征，对上述燃料电池热管理子系统在工作点进行线性化，从而获得其线性预测模型。

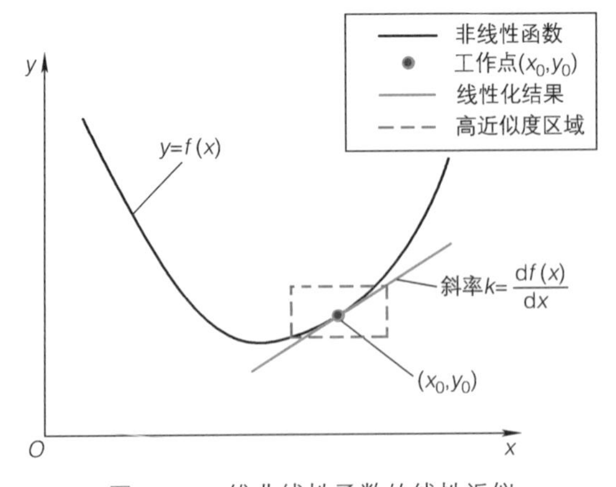

图 5-8　二维非线性函数的线性近似

将式（5-24）表示的复杂非线性燃料电池系统模型在某一个稳态工况点下进行线性化，以得到线性化状态空间方程

$$\begin{cases}\dot{\tilde{\boldsymbol{x}}}=\boldsymbol{A}\tilde{\boldsymbol{x}}+\boldsymbol{B}\tilde{\boldsymbol{u}}\\ \tilde{y}=\boldsymbol{C}\tilde{\boldsymbol{x}}+\boldsymbol{D}\tilde{\boldsymbol{u}}\end{cases},\quad \tilde{\boldsymbol{x}}=\boldsymbol{x}-\boldsymbol{x}_{\mathrm{op}},\quad \boldsymbol{u}=\boldsymbol{u}-\boldsymbol{u}_{\mathrm{op}},\quad \tilde{y}=y-y_{\mathrm{op}} \tag{5-25}$$

式中，$\boldsymbol{A}$、$\boldsymbol{B}$、$\boldsymbol{C}$、$\boldsymbol{D}$ 为非线性系统函数 f 和 g 在稳态点（$\boldsymbol{x}_{\mathrm{op}},\boldsymbol{u}_{\mathrm{op}}$）关于变量（$\boldsymbol{x},\boldsymbol{u}$）的雅可比（Jacobian）矩阵

$$\begin{bmatrix}\boldsymbol{A} & \boldsymbol{B}\\ \boldsymbol{C} & \boldsymbol{D}\end{bmatrix}=\begin{bmatrix}\left.\dfrac{\partial f}{\partial \boldsymbol{x}}\right|_{(\boldsymbol{x}_{\mathrm{op}},\boldsymbol{u}_{\mathrm{op}})} & \left.\dfrac{\partial f}{\partial \boldsymbol{u}}\right|_{(\boldsymbol{x}_{\mathrm{op}},\boldsymbol{u}_{\mathrm{op}})}\\ \left.\dfrac{\partial g}{\partial \boldsymbol{x}}\right|_{(\boldsymbol{x}_{\mathrm{op}},\boldsymbol{u}_{\mathrm{op}})} & \left.\dfrac{\partial g}{\partial \boldsymbol{u}}\right|_{(\boldsymbol{x}_{\mathrm{op}},\boldsymbol{u}_{\mathrm{op}})}\end{bmatrix} \tag{5-26}$$

更进一步，将系统状态方程以离散形式处理，得到以下离散线性化模型

$$\begin{cases}\tilde{\boldsymbol{x}}(k+1)=\boldsymbol{A}_k\tilde{\boldsymbol{x}}(k)+\boldsymbol{B}_k\begin{bmatrix}\boldsymbol{mv}(k)\\ v(k)\end{bmatrix}\\ \tilde{y}(k)=\boldsymbol{C}_k\tilde{\boldsymbol{x}}(k)+n(k)\end{cases} \tag{5-27}$$

式中，$\boldsymbol{A}_k=\boldsymbol{I}+T_{\mathrm{sp}}\boldsymbol{A}$，其中，$\boldsymbol{I}$ 为单位矩阵；T_{sp} 为采样周期；$\boldsymbol{B}_{\mathrm{k}}=T_{\mathrm{sp}}\boldsymbol{B}$；$\boldsymbol{C}_k$ 为系统输出矩阵；k 为当前采样时刻；$k+1$ 为下一采样时刻；$n(k)$ 为 k 时刻测量噪声干扰。将上述线性时不变系统用于系统状态估计和预测以及控制优化，以减少优化计算时间。

由于燃料电池热管理子系统存在较强的非线性，单一的燃料电池线性预测模型可能无法满足系统各个工作点切换需求。为了增加对不同工况的适应性，这里平衡了适应性和模型复杂度，在低功率、中功率和高功率工作点下分别得到燃料电池热管理子系统线性化预测模型，并实时根据外部工况进行切换，线性化工作点及有效范围见表 5-1。

表 5-1　自适应模型线性化工作点及有效范围

负载工况	有效电流范围	工作点	线性模型	对应预测控制模式
低功率	0 ~ 140A	90A	$\begin{bmatrix}\boldsymbol{A}_{\mathrm{L}} & \boldsymbol{B}_{\mathrm{L}}\\ \boldsymbol{C}_{\mathrm{L}} & \boldsymbol{D}_{\mathrm{L}}\end{bmatrix}$	MPC-L
中功率	140 ~ 280A	220A	$\begin{bmatrix}\boldsymbol{A}_{\mathrm{M}} & \boldsymbol{B}_{\mathrm{M}}\\ \boldsymbol{C}_{\mathrm{M}} & \boldsymbol{D}_{\mathrm{M}}\end{bmatrix}$	MPC-M
高功率	280 ~ 420A	360A	$\begin{bmatrix}\boldsymbol{A}_{\mathrm{H}} & \boldsymbol{B}_{\mathrm{H}}\\ \boldsymbol{C}_{\mathrm{H}} & \boldsymbol{D}_{\mathrm{H}}\end{bmatrix}$	MPC-H

5.3.2 预测控制原理

1 状态更新

通过上述线性化模型可以对未来一段时间的燃料电池热管理子系统状态进行预测。由于系统线性化和外部扰动干扰，模型输出和实测值会有偏差，为了提升预测初值的准确性，这里采用卡尔曼滤波的方法对系统进行状态估计，通过外部温度传感器观测水温，完成对系统内部状态的实时估计和更新，保证状态估计的实时性和准确性。对于本系统，直接反馈方程 $\boldsymbol{D}=\boldsymbol{0}$，因此状态误差可以表示为

$$\boldsymbol{e}(k)=\hat{\boldsymbol{x}}(k)-\hat{\boldsymbol{x}}(k|k-1) \tag{5-28}$$

式中，$\hat{\boldsymbol{x}}(k)$ 为状态估计值；$\hat{\boldsymbol{x}}(k|k-1)$ 为 $k-1$ 时刻对 k 时刻的系统状态估计值。

k 时刻对下一时刻的状态估计可以表示为

$$\hat{\boldsymbol{x}}(k+1\,|\,k)=\boldsymbol{A}_k\hat{\boldsymbol{x}}(k|k-1)+[\boldsymbol{B}_u\ \ B_v]\begin{bmatrix}\boldsymbol{u}(k)\\ v(k)\end{bmatrix}+\boldsymbol{K}(k)(y_{\mathrm{m}}(k)-\boldsymbol{C}_k\hat{\boldsymbol{x}}(k|k-1)) \tag{5-29}$$

式中，$\boldsymbol{B}_u$ 和 B_v 分别为控制输入矩阵和扰动输入矩阵；$y_{\mathrm{m}}(k)$ 表示 k 时刻通过外部温度传感器实际测得的温度值；$\boldsymbol{K}$ 为卡尔曼增益，通过黎卡提方程计算

$$\boldsymbol{K}(k)=\frac{\boldsymbol{P}(k|k-1)\boldsymbol{C}_k^{\mathrm{T}}+\boldsymbol{N}}{\boldsymbol{C}_k\boldsymbol{P}(k|k-1)\boldsymbol{C}_k^{\mathrm{T}}+R} \tag{5-30}$$

协方差更新过程如下

$$\boldsymbol{P}(k|k-1)=\boldsymbol{A}_k\boldsymbol{P}(k-1)\boldsymbol{A}_k^{\mathrm{T}}+\boldsymbol{Q} \tag{5-31}$$

$$\boldsymbol{Q}=\boldsymbol{E}[v(k)v(k)],\quad R=E[w(k)w(k)],\quad \boldsymbol{N}=\boldsymbol{E}[w(k)v(k)] \tag{5-32}$$

$$\boldsymbol{P}(k)=[\boldsymbol{e}(k)\boldsymbol{e}(k)^{\mathrm{T}}] \tag{5-33}$$

式中，E 为期望；w 为过程噪声。

通过状态更新（估计），能够将预测模型初始基准状态利用测量的真实值进行修正，使得其快速收敛到真实值附近，从而提升最优控制精确性。

2 状态预测

模型预测控制采用滚动时域预测的方法，其原理如图 5-9 所示。在控制步长 k 时刻，基于目前系统的状态，结合线性方程进行短期响应预测，其中预测时域记为 N_{p}，控制时域记为 N_{c}。通过状态预测，基于预测值计算最优的系统输入。

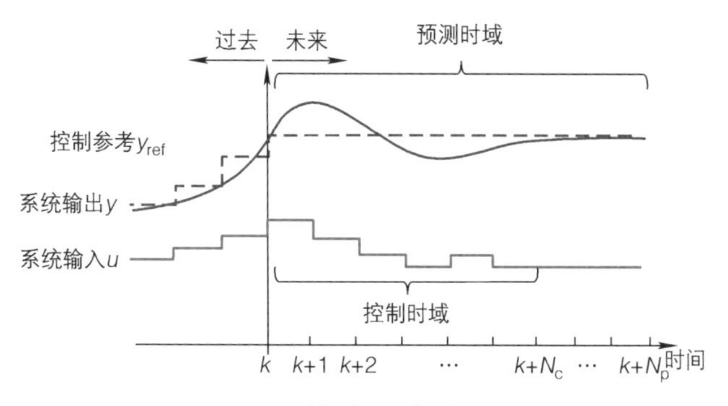

图 5-9　模型预测控制原理

根据当前反馈的系统状态和实时状态估计，结合待优化的输出控制量预设值，就可以基于建立的模型预测未来系统响应。具体地，在预测时域 N_p 步内，未来系统输出可以描述为

$$\boldsymbol{Y}_p = \boldsymbol{S}_x \hat{\hat{\boldsymbol{X}}}(k) + \boldsymbol{S}_u \tilde{\boldsymbol{U}}(k-1) + \boldsymbol{S}_{\Delta u} \Delta \boldsymbol{U}(k) + \boldsymbol{S}_v \boldsymbol{V}(k) \tag{5-34}$$

$$\boldsymbol{Y}_p = \begin{bmatrix} y(k+1|k) \\ y(k+2|k) \\ \vdots \\ y(k+N_c|k) \\ \vdots \\ y(k+N_p|k) \end{bmatrix}_{(N_p \times 1)}, \quad \boldsymbol{S}_x = \begin{bmatrix} \boldsymbol{C}\boldsymbol{A}_k \\ \boldsymbol{C}\boldsymbol{A}_k^2 \\ \vdots \\ \boldsymbol{C}\boldsymbol{A}_k^{N_c} \\ \vdots \\ \boldsymbol{C}\boldsymbol{A}_k^{N_p} \end{bmatrix}_{(N_p \times 1)}, \quad \boldsymbol{S}_u = \begin{bmatrix} \boldsymbol{C}\boldsymbol{B}_k \\ \boldsymbol{C}(\boldsymbol{A}_k\boldsymbol{B}_k + \boldsymbol{B}_k) \\ \vdots \\ \boldsymbol{C}\sum_{i=0}^{N_c-1} \boldsymbol{A}_k^i \boldsymbol{B}_k \\ \vdots \\ \boldsymbol{C}\sum_{i=0}^{N_p-1} \boldsymbol{A}_k^i \boldsymbol{B}_k \end{bmatrix}_{(N_p \times 1)} \tag{5-35}$$

$$\boldsymbol{S}_{\Delta u} = \begin{bmatrix} \boldsymbol{C}\boldsymbol{B}_k & 0 & 0 & 0 \\ \boldsymbol{C}(\boldsymbol{A}_k\boldsymbol{B}_k + \boldsymbol{B}_k) & \boldsymbol{C}\boldsymbol{B}_k & 0 & 0 \\ \vdots & \vdots & & \vdots \\ \boldsymbol{C}\sum_{i=0}^{N_c-1} \boldsymbol{A}_k^i \boldsymbol{B}_k & \sum_{i=0}^{N_c-2} \boldsymbol{A}_k^i \boldsymbol{B}_k & \cdots & \boldsymbol{C}\boldsymbol{B}_k \\ \boldsymbol{C}\sum_{i=0}^{N_c} \boldsymbol{A}_k^i \boldsymbol{B}_k & \sum_{i=0}^{N_c-1} \boldsymbol{A}_k^i \boldsymbol{B}_k & \cdots & \boldsymbol{C}(\boldsymbol{A}_k\boldsymbol{B}_k + \boldsymbol{B}_k) \\ \vdots & \vdots & & \vdots \\ \boldsymbol{C}\sum_{i=0}^{N_p-1} \boldsymbol{A}_k^i \boldsymbol{B}_k & \boldsymbol{C}\sum_{i=0}^{N_p-2} \boldsymbol{A}_k^i \boldsymbol{B}_k & \ldots & \boldsymbol{C}\sum_{i=0}^{N_p-N_c} \boldsymbol{A}_k^i \boldsymbol{B}_k \end{bmatrix}_{(N_p \times N_c)} \tag{5-36}$$

$$\Delta \boldsymbol{U}(k)=\begin{bmatrix}\Delta \boldsymbol{u}(k|k)\\ \Delta \boldsymbol{u}(k+1|k)\\ \vdots \\ \Delta \boldsymbol{u}(k+N_c-1|k)\end{bmatrix}_{(N_c\times 1)} \tag{5-37}$$

式中，$\boldsymbol{V}(k)$ 为外部可测但不可控扰动量，在本研究中为电堆功率变化，其由外部整车功率需求决定，因此无法由热管理系统进行主动控制。

3 实时优化

基于预测模型，利用二次规划算法求解出最优控制序列，使得系统输出能很好地跟踪参考点。同时由于执行器的限制和安全考虑，希望输出控制增量和系统输出均控制在合理的范围内。因此在滚动优化中，在每个控制步长的优化问题可以描述为

$$\begin{aligned}&\min_{\Delta \boldsymbol{U}(k)} J(k)=Y_{ref}(k)-Y_p(k)_{\boldsymbol{Q}_y}^2+\|\Delta \boldsymbol{U}(k)\|_{\boldsymbol{R}_u}^2\\ &\text{s.t.}\quad Y_{min}\leqslant Y(k)\leqslant Y_{max}\\ &\quad \boldsymbol{U}_{min}\leqslant \boldsymbol{U}(k)\leqslant \boldsymbol{U}_{max}\\ &\quad \Delta\boldsymbol{U}_{min}\leqslant \Delta\boldsymbol{U}(k)\leqslant \Delta\boldsymbol{U}_{max}\end{aligned} \tag{5-38}$$

式中，输出约束为 $Y_{min}=0$、$Y_{max}=90℃$；系统控制输入约束为

$$\begin{cases}\boldsymbol{U}_{min}=[20\ \ 0\ \ 0\ \ 0]^T\\ \boldsymbol{U}_{max}=[80\ \ 4000\ \ 4000\ \ 4000]^T\\ \Delta\boldsymbol{U}_{max}=[10\ \ 400\ \ 400\ \ 400]^T\\ \Delta\boldsymbol{U}_{min}=[-10\ \ -400\ \ -400\ \ -400]^T\end{cases} \tag{5-39}$$

$\boldsymbol{Q}_y$ 和 $\boldsymbol{R}_u$ 为不同负荷条件下的控制权重矩阵。通过优化过程，将优化后的控制增量序列 $\Delta \boldsymbol{U}^*(k)$ 的第一个元素作为 k 时刻的真实控制增量，控制算法更新到下一个控制步长 $k+1$，进行下一轮闭环预测控制。

4 工况权重系数适应性

燃料电池系统散热量很大程度上由风扇负荷决定，由于燃料电池散热器较大，风扇也较多，不同情况下，风扇工作负荷需要根据散热量需求决定。然而，由于风扇电机工作效率随着其功率变化，因此，为了在模型预测控制中尽量提高各个执行器的工作效率，需让其尽量工作在较高效的区间。

在低负载工况下电池堆散热需求小，可以设置风扇 1 的权重大于风扇 2 和风扇 3，从而让风扇 1 的转速更高，使其工作在中等转速的高效工作区，其他风扇根据权重不同降低转速或者关闭，以降低能耗。在高负载工况时，电池堆散热需求大，需加强散热能力。考虑以上特性，在不同工况下平衡风扇权值，设计合适

的风扇权重比，将散热负荷平摊到各个风扇，使其各自工作在高效区。本节模型预测控制参数以及权重设置见表 5-2。对于低负载工况，由于设计工作点针对低电流工况，此时一般开启一个风扇就足够满足系统的散热需求，因此风扇 1、2、3 权重比设置为 10∶1∶1。同理，对于中负载和高负载工况，根据稳态测试经验，将风扇权重分别设置为 3∶2∶1 和 1∶1∶1。

表 5-2　模型预测控制参数及权重设置

工况	预测模型	离散周期	预测时域	控制时域	风扇 1、2、3 权重
低负载	MPC-L	0.1s	5s	0.4s	10∶1∶1
中负载	MPC-M	0.1s	5s	0.4s	3∶2∶1
高负载	MPC-H	0.1s	5s	0.4s	1∶1∶1

5.4　燃料电池温度控制结果

与传统 MPC 策略相比，自适应多模型预测控制在适应工况变化方面具有优势。因此，本节重点研究上述多工况线性模型设计以及风扇权重适应性设计对燃料电池热管理 MPC 算法控制结果带来的差异。首先，将所提出策略的适应性与传统 MPC 进行比较；然后，在全球统一轻型车辆测试循环（worldwide light vehicles test cycle，WLTC）工况下，将自适应模型预测控制（AMPC）与经典多 PID 控制策略进行比较，验证 AMPC 策略在动态路况下的优越性。

5.4.1　温度控制的适应性分析

基于上述验证后的动态热管理模型，在动态工况下，对传统 MPC 控制与自适应多模型预测控制策略进行了对比。由于传统 MPC 采用单一的预测模型，对特定的工作点很难保持性能随条件的变化，特别是当负载条件远离设计点时。因此，为了评价 AMPC 所带来的改进，针对燃料电池系统低、中、高负载工况，进行传统 MPC，包括低负载模式 MPC（MPC-L）、中负载模式 MPC（MPC-M）、高负载模式 MPC（MPC-H）三种，在动态工况的温度控制测试，并将传统 MPC 与 AMPC 控制结果进行对比分析。燃料电池温度控制结果和负载工况如图 5-10 所示，燃料电池系统的负载工况与 5.2 节中系统试验相同。

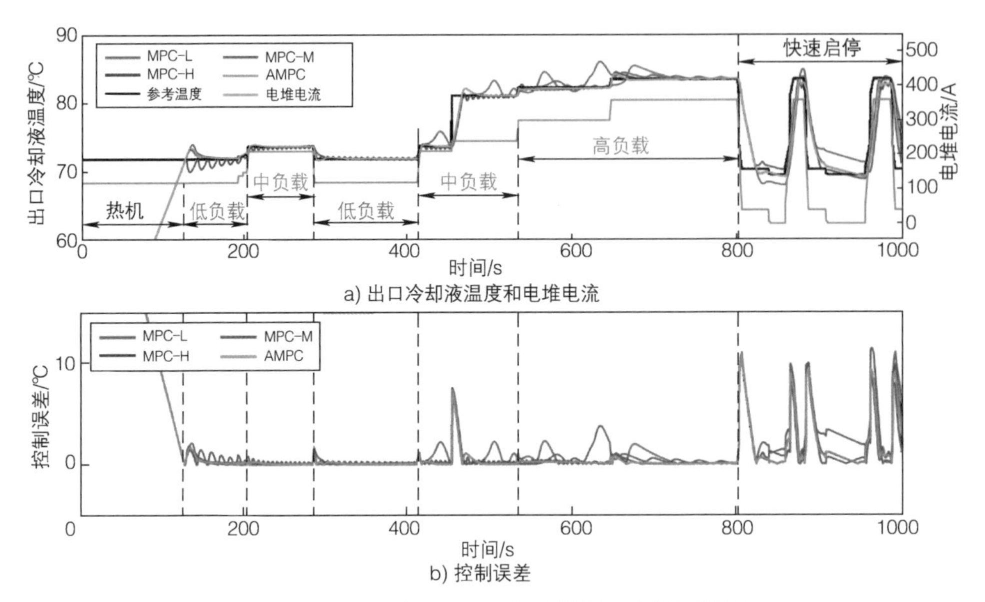

图 5-10　不同工作点 MPC 策略燃料电池控制结果

从测试结果可以看出，MPC-L 控制器在低负载状态下具有较好的跟踪效果，但当负载变为中或高状态时，MPC-L 控制误差明显增大。同样，MPC-M 和 MPC-H 分别在各自工作负荷点附近（中负载和高负载）条件下也能很好地控制温度，而在其他状态下则较差。相比之下，与传统纯 MPC 相比，自适应 MPC 在整个控制过程控制精度均较高，在不同工况下均能够将燃料电池系统温度快速精确地控制在目标温度附近，这是因为 AMPC 结合了单一 MPC 在不同工作点的优势，可根据工况进行了自适应切换，降低了因为工况变化造成的线性预测模型失配情况，从而提升了优化决策的合理性，因此在动态工况下具有最低的平均跟踪误差。

为了进一步说明 AMPC 的控制优势，比较了不同控制策略的风扇转速控制结果，如图 5-11 所示。单独的 MPC-L、MPC-M、MPC-H 采用了不同的风扇权重比，而 APMC 根据不同的工况切换权重。图 5-11a 展示了 MPC-L 的风扇控制结果，此时由于风扇 1 权重较大，风扇 2 和风扇 3 权重较小，因此主要由风扇 1 承担散热响应；当热负荷变大，一个风扇无法满足控制需求时，MPC-L 将风扇 2、3 转速提升以满足较大负荷工况，但由于权重较低，风扇 2、3 开启较慢，因此容易造成温度误差。MPC-M 权重比为 3∶2∶1，主要针对中负荷工况，此时一般开启一个或两个风扇就足够满足散热需求，因此如图 5-11b 所示，3 个风扇转速随着热负荷变化呈梯度上升。类似地，如图 5-11c 所示，MPC-H 主要针对大负荷工况，此时 3 个风扇权重均衡，且随工况同步变化。如图 5-11d 所示，AMPC 控制风扇结果在不同工况下进行了权重自适应，结合了 MPC-L、MPC-M、MPC-H

的各自优势。因此，AMPC 3 个风扇在不同工况下均主要运行在高效区，且运行更为平稳。

从图 5-12 的结果可以看出，基于工况自适应控制的 AMPC 能耗相对于传统 MPC 的能耗较低，虽然 MPC-L 能耗也比较低，但是其在高功率工况下的控制结果较差。综合而言，AMPC 的控制精度和能耗在宽范围的动态工况下比传统 MPC 控制策略更具优势。对于车用燃料电池系统，动力系统功率需求会在较宽范围内频繁变化，因此，这种控制策略有助于提升车用燃料电池系统热管理控制性能和燃料电池系统的经济性。

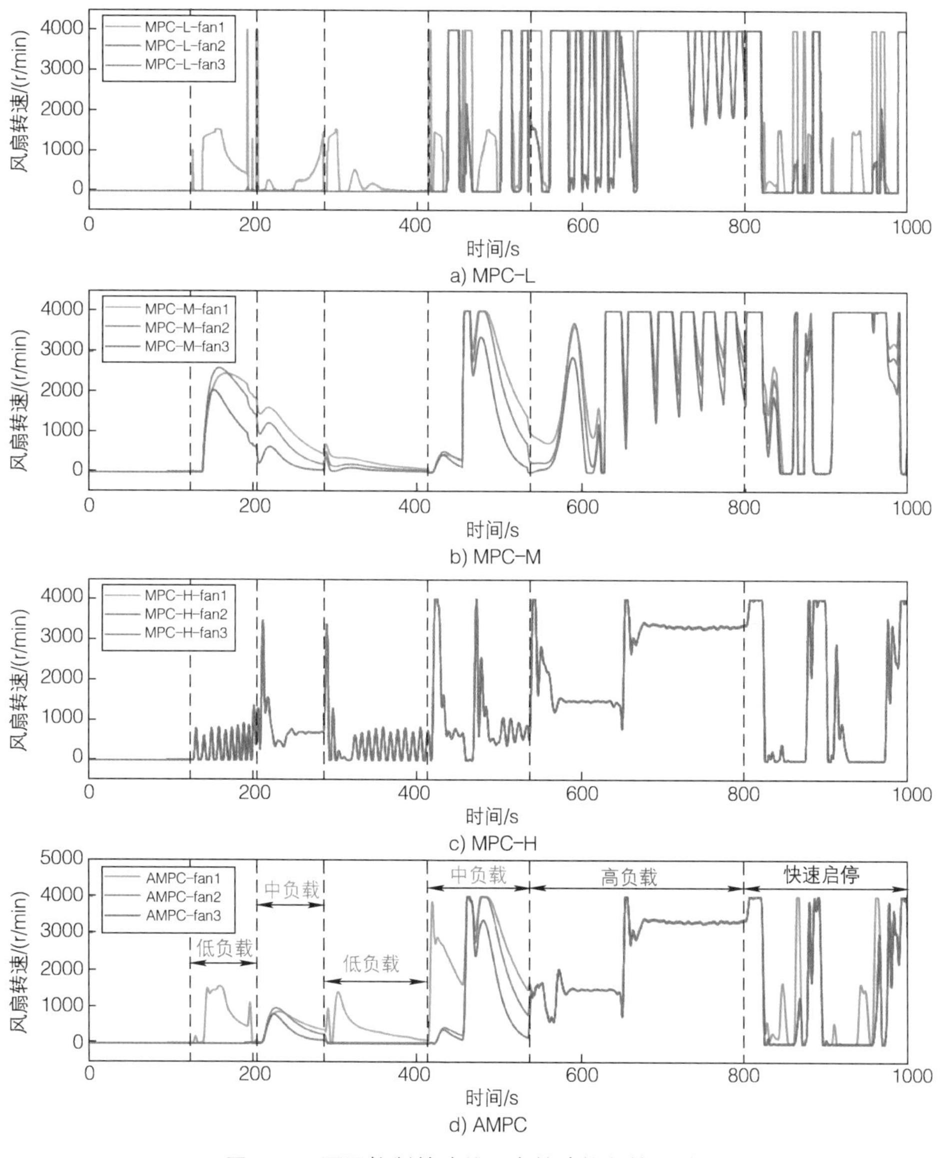

图 5-11　不同控制策略的风扇转速控制结果对比

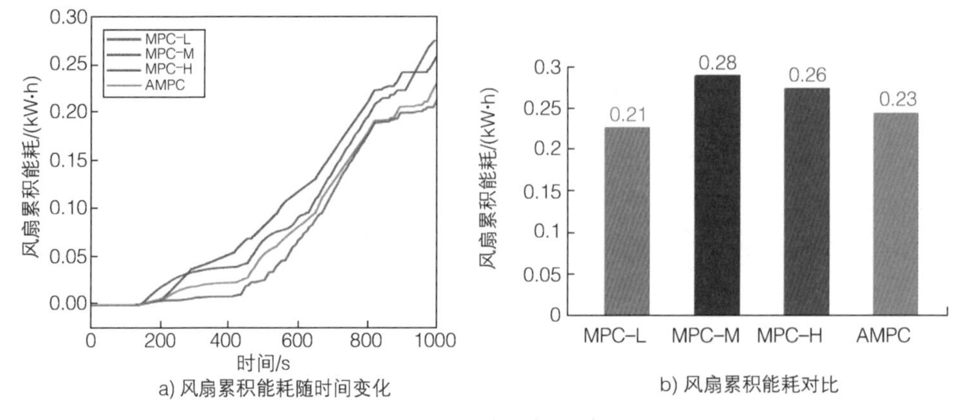

a) 风扇累积能耗随时间变化

b) 风扇累积能耗对比

图 5-12 风扇能耗对比

5.4.2 WLTC 工况下的温度控制结果对比

为了进一步验证提出的控制策略在车用工况下的控制表现，这里基于 WLTC 工况设计了燃料电池负载工况，对比了该工况下的自适应模型预测控制和多 PID（multi-PID，MPID）热管理控制效果。这里多 PID 控制是指燃料电池冷却系统节温器和风扇均采用 PID 进行闭环控制，且已经进行了控制参数的相关标定调试工作，保证了 PID 控制器的追踪性能。

实车使用过程中，不同能量管理策略下，燃料电池功率请求不同。由于本节目的在于验证热管理策略在动态工况下的性能，不再具体讨论整车能量管理策略。因此，假设燃料电池功率请求将随车速而变化，并由锂电池进行整车瞬态功率补偿和吸收。在此假设下，模拟燃料电池面临的动态电流工况，并验证热管理策略的效果。

图 5-13a 显示了 WLTC 电流工况下，AMPC 的模式切换情况。当系统负载较低时，AMPC 模式为 3，代表低负载模式；当负载上升到 140 ~ 280A 范围内时，模式自动调节为 2，代表中负载模式；当负载上升到 280A 以上时，模式切换为 1，即高负载模式。燃料电池温度控制结果如图 5-13b 所示，可以看出燃料电池参考温度在随电流负载变化，这是由燃料电池系统操作条件所决定的，当电流变化时，需要改变对应参考温度以维持水热平衡。从参考温度的追踪效果来看，传统 MPID 控制方式在进行动态工况追踪时具有比较明显的波动和超调现象；相比于 MPID，AMPC 对参考温度的动态追踪效果更好，在绝大部分情况下，AMPC 与参考值几乎贴合，温度波动和超调均较小。

AMPC 对比传统控制的优势在于实时优化输出，从图 5-14 可以看出 AMPC 与 MPID 执行器控制输出的不同。水泵控制由于采取的是开环方式，所以 AMPC

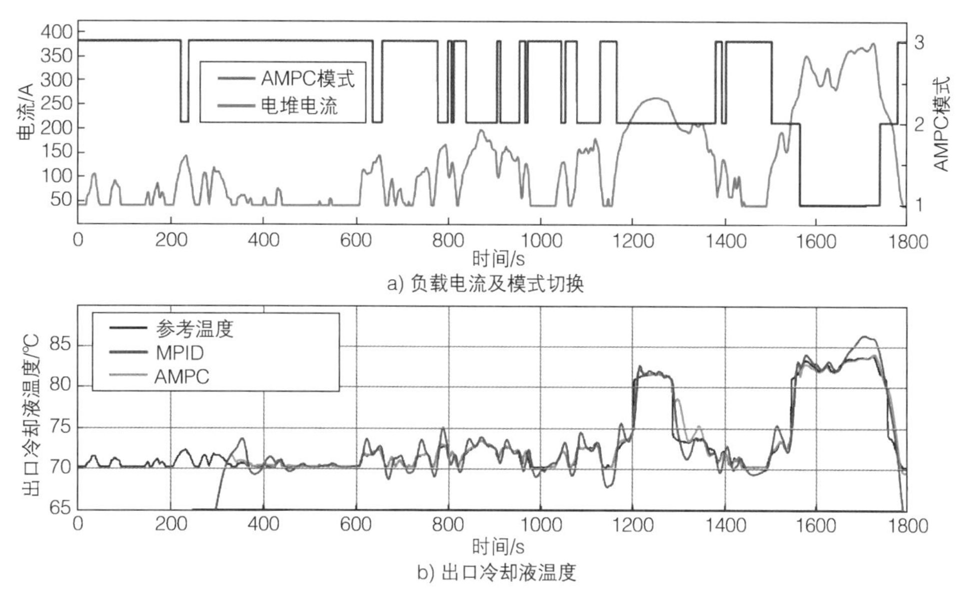

a) 负载电流及模式切换

b) 出口冷却液温度

图 5-13 热管理控制结果

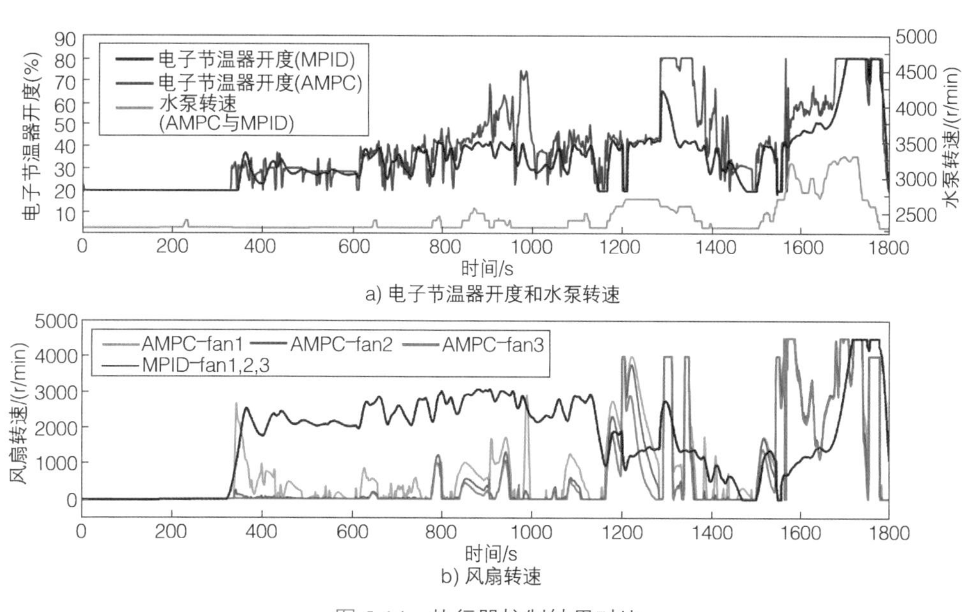

a) 电子节温器开度和水泵转速

b) 风扇转速

图 5-14 执行器控制结果对比

和 MPID 控制结果是相同的。不同之处在于节温器和风扇的控制，MPID 采用了相同的风扇权值，3 个风扇同步运行。当温度接近参考温度后，风扇在冷却初期开启幅度较大，而节温器开启较小，这样会导致散热器虽然散热功率较大，但通过大循环进入电堆的冷却液较少，使得实际对电堆冷却效能较低，造成了能量的浪费。反之，AMPC 在热机状态达到参考温度后，选择提前开启节温器，并采用对应模式的风扇权重比。由于初期大循环内水温较低，AMPC 采取频繁调节节温器开度的方式，利用大、小循环内冷却液较大温差相互混合快速调节温度；而风扇采取负荷较低的运行方式，因此在运行前期能耗较低。当运行一段时间后，冷却系统整体温度已上升，此时风扇逐渐频繁开启，以满足散热需求。因此，基于实时优化，AMPC 在整个温度控制过程中实现了比 MPID 更高效的实时控制方式，提升温度控制效果的同时降低了冷却系统能耗。如图 5-15 所示，MPID 在整个控制时间内风扇消耗了 0.5kW・h，而 AMPC 仅消耗了 0.253kW・h，降低了 49.4%。因此，对于车用动态工况的燃料电池系统热管理，自适应模型预测控制在精度和能耗方面均比传统 PID 控制方式更具优势。

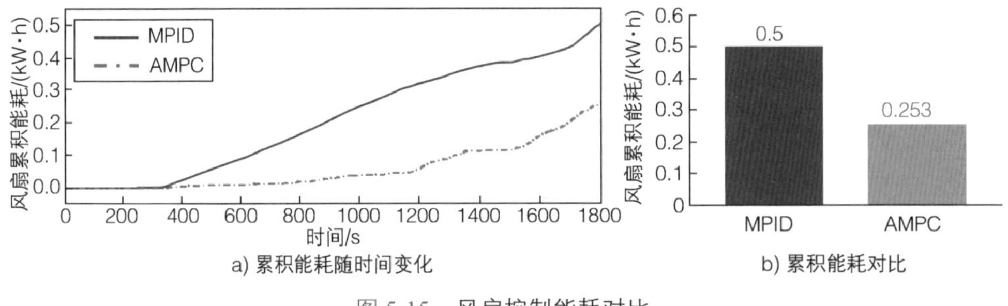

图 5-15　风扇控制能耗对比

5.5　本章小结

本章针对某 60kW 级车用燃料电池发动机系统，建立了动态热管理子系统模型，并进行了系统参数辨识。模型验证试验结果表明，电堆冷却液出口温度模型与试验的 R_2 和相对误差分别为 0.99 和 2.76%，模型具有较好的精度。基于此动态模型，提出了自适应模型预测控制策略，弥补了传统模型预测控制策略在不同工作点表现不佳的问题，实现了针对不同工况进行模式自适应，在线自适应调整预测模型和风扇权重，提升温度控制精度的同时降低了热管理能耗。进一步地，在 WLTC 负载工况下对比了 AMPC 与传统 MPID 的控制效果，发现 AMPC 对参考温度的追踪效果更好，且能耗降低了 49.4%。

燃料电池冷启动优化控制

低温会造成燃料电池生成水结冰，而水反复结冰与融化产生的不平衡力会对燃料电池的关键部件和整体性能造成不利影响，同时也给燃料电池低温环境下的成功启动带来挑战。冷启动过程中加快电池温度上升、阻止冰形成是提高低温冷启动能力的关键举措。因此，研究低温环境下，燃料电池产水带来的一系列后续影响以及启动电流的控制是冷启动优化控制的重点工作，而温度上升速度和水结冰速度的相对大小关系是冷启动成功与否的关键。

本章在分析燃料电池低温冷启动过程中涉及的关键反应过程控制方程基础上，建立了燃料电池冷启动一维数学机理模型，并对模型中的关键参数进行了测量和辨识，进而对模型进行了验证，最后提出了不同情景下的冷启动优化策略，对比分析了策略优化前后的结果。

6.1 低温冷启动过程机理模型

为了更深入地探究燃料电池低温冷启动时内部状态的变化，便于之后对低温冷启动优化控制策略的研究，针对本书 2.5 节中升温冷启动的试验对象，建立该燃料电池堆第一片单体电池的一维数学机理模型来模拟仿真低温冷启动过程，表 6-1 给出了模型中的部分参数。

表 6-1 燃料电池模型中的部分参数

物理量	单位	质子交换膜	催化层	气体扩散层	双极板
厚度	μm	18	10	215	1050
密度	g/cm^3	2.01	1.8	1	2.6
比热容	J/(kg·K)	750	750	750	808
接触角	°	—	100	120	—
孔隙率	—	0	0.4	0.56	0
电导率	S/m	—	500	500	20000
热导率	W/(m·K)	20	30	40	80
渗透率	m^2	—	6.20×10^{-13}	6.20×10^{-12}	—
离聚物体积分数	—	1	0.15	0	0

6.1.1　模型控制方程

为了方便研究，对于低温冷启动过程建模提出了以下假设：所有气体均为理想气体；气体流速低，流动状态为层流且不可压缩；气体无法在质子交换膜中渗透；忽略重力的影响。

1　电化学反应过程

在质子交换膜燃料电池低温冷启动过程中，氢气在阳极催化层中被氧化，而氧气在阴极催化层中被还原。该电化学反应动力学可以由经典巴特勒 - 福尔默（Butler-Volmer，B-V）方程来描述，其中阳极催化层和阴极催化层处的交换电流密度（代表反应速率快慢）可以表示为

$$j_a = (1 - s_{lq} - s_{ice})^{\tau_a} j_{0,a} \left(\frac{c_{H_2}}{c_{H_2,ref}}\right)^{0.5} \left[\exp\left(\frac{a_a F\eta}{RT}\right) - \exp\left(-\frac{a_c F\eta}{RT}\right)\right] \tag{6-1}$$

$$j_c = (1 - s_{lq} - s_{ice})^{\tau_a} j_{0,c} \left(\frac{c_{O_2}}{c_{O_2,ref}}\right) \left[\exp\left(\frac{a_a F\eta}{RT}\right) - \exp\left(-\frac{a_c F\eta}{RT}\right)\right] \tag{6-2}$$

式中，s_{lq} 和 s_{ice} 分别为催化层中的液态水和冰的局部体积分数；冰和液态水的存在会影响电极的电化学活性，从而影响电池的电压损失，因此使用修正指数 τ_a 表示该效应，从经验来看，随着冰体积分数的增大，修正指数是越来越大的，当 s_{ice} 小于 0.2 时，τ_a 的值为 1，当 s_{ice} 大于 0.2 时，$\tau_a = 12.5\times(s_{ice} - 0.2) + 1$；$j_{0,a}$ 和 $j_{0,c}$ 分别为阳极和阴极参考状态下固有的体积交换电流密度；c_{H_2} 和 c_{O_2} 分别为氢气和氧气的局部浓度；$c_{H_2,ref}$ 和 $c_{O_2,ref}$ 分别为氢气和氧气的参考浓度；a_a 和 a_c 为电荷传输系数；F 为法拉第常数；η 为阳极和阴极的过电位，可以定义为

$$\eta = \phi_s - \phi_e - E_{eq} \tag{6-3}$$

式中，ϕ_s 为固体电极电位；ϕ_e 为电解质相电位；E_{eq} 为电化学反应的热力学平衡电势，在阳极处为零，在阴极处由能斯特方程确定

$$E_{eq} = 1.23 - 0.9\times10^{-3}(T - T_0) + \frac{RT}{2F}\ln\left(\frac{p_{H_2} p_{O_2}^{0.5}}{p_{H_2O}}\right) \tag{6-4}$$

式中，T 为燃料电池温度；T_0 为室温（298K）。

燃料电池中电荷传输包括质子传输和电子传输，其守恒方程可表示为

$$-\nabla\cdot(\sigma_e^{eff}\nabla\phi_e) = j \tag{6-5}$$

$$-\nabla\cdot(\sigma_s^{eff}\nabla\phi_s) = -j \tag{6-6}$$

式中，σ_e^{eff} 和 σ_s^{eff} 分别为有效电子电导率和离子电导率，可以根据离聚物体积和介质孔隙率进行修正

$$\sigma_e^{eff} = (1-\varepsilon-\omega)^{1.5}\sigma_e \tag{6-7}$$

$$\sigma_s^{eff} = \omega^{1.5}\sigma_s \tag{6-8}$$

式中，ω 为聚合物电解质的体积分数；ε 为催化层和气体扩散层的孔隙率；σ_e 为材料的固有电子电导率；σ_s 为离聚物离子电导率。在质子交换膜和催化层中的离聚物的电导率与含水量和温度密切相关，通过试验数据拟合可以确定为式（6-9），具体推导过程在后面解释。

$$\sigma_m = \exp\left(5.496 - \frac{9.371}{\lambda_m^{0.3978}}\right) \cdot \exp\left[\frac{32270}{R_{const}}\left(\frac{1}{273} - \frac{1}{T}\right)\right] \tag{6-9}$$

式中，σ_m 为膜电导率（S/m）；λ_m 为膜含水量；R_{const} 为气体常数 [J/(kg・K)]；T 为工作温度（K）。

2 传热传质过程

（1）反应气体传输 质量守恒定律控制着燃料电池中反应物质的传输。关于气体质量传输过程，对流主要发生在流道中，而在催化层和气体扩散层中的对流项可以忽略，以气体扩散作为气体质量传输过程的主要方式。气体物质的扩散可由菲克（Fick）扩散定律描述，相应的气体扩散方程可以表示为

$$\frac{\partial[\varepsilon(1-s_{lq}-s_{ice})c_i]}{\partial t} = \frac{\partial^2(D_i^{eff}c_i)}{\partial x^2} + S_i \tag{6-10}$$

式中，$c_i(i=H_2或O_2)$ 为氢气或氧气摩尔浓度，由于低温下的饱和水蒸气分压很低，为了简化模型，此处不考虑水蒸气存在；D_i^{eff} 为对应气体的有效扩散系数；s_{lq} 和 s_{ice} 为催化层和气体扩散层中的液态水和冰体积分数；气体扩散的源项 S_i 由电化学反应速率决定，表 6-2 中列出了燃料电池中各种气体扩散的源项定义。

表 6-2　燃料电池中各种气体扩散的源项定义

气体类型	阳极催化层	阴极催化层	气体扩散层
H_2	$\frac{-M_{H_2}j}{2F}$	0	0
O_2	0	$\frac{-M_{O_2}j}{4F}$	0

将多孔介质、液态水和冰对扩散系数的影响进行修正，可以被定义为

$$D_i^{eff} = (1-s_{lq}-s_{ice})^3\varepsilon^{3.6}D_i \tag{6-11}$$

式中，ε 为多孔传输介质的孔隙率；D_i 为气体组分扩散系数，与温度相关。

（2）液体传输　低温条件下，燃料电池中的水可能以膜水、过冷水、冷冻膜水和冰的多种形式存在。质子交换膜三相界面产生的水被认为是溶解相，即膜水；随着催化层中电化学反应的进行，膜逐渐变得饱和。膜水达到饱和后，液态水从离聚物中脱出，由于该过程发生环境温度低于0℃，所以脱出状态为过冷水。过冷水特性不稳定，有一定概率会相变结冰。最新的研究表明，饱和含氟膜在零下冻结的时候，液态水在膜表面析出变成冰，膜内并没有冰晶。液态水质量守恒方程可用下式描述

$$\frac{\partial(\varepsilon\rho_{lq}s_{lq})}{\partial t}=\frac{\partial^2\left(\rho_{lq}\frac{K_{lq}}{\mu_{lq}}p_c\right)}{\partial x^2}+S_{lq} \tag{6-12}$$

式中，ε 为多孔电极的孔隙率；ρ_{lq} 为液态水的密度；s_{lq} 为液态水体积分数；K_{lq} 为液态水的有效渗透率，计算公式为 $K_{lq}=K_0(1-s_{ice})^3s_{lq}^3$；$\mu_{lq}$ 为液态水的动力学黏度；S_{lq} 为液态水的源项；p_c 为表面张力引起的毛细管压力，可描述为

$$p_c=\begin{cases}\dfrac{\sigma_{lq}\cos\theta}{(K_0/\varepsilon)^{0.5}}[1.417(1-s_{lq})-2.12(1-s_{lq})^2+1.263(1-s_{lq})^3], & \theta\leqslant 90^\circ\\ \dfrac{\sigma_{lq}\cos\theta}{(K_0/\varepsilon)^{0.5}}(1.417s_{lq}-2.12s_{lq}^2+1.263s_{lq}^3), & \theta>90^\circ\end{cases} \tag{6-13}$$

式中，θ 为接触角，取决于气体扩散层和催化层的亲水性或疏水性；K_0 为材料的固有渗透率；ε 为材料的孔隙率；σ_{lq} 为液态水的表面张力（N/m），它与电池温度（K）直接相关

$$\sigma_{lq}=-0.0001676T+0.1218 \tag{6-14}$$

膜水的质量守恒方程如下所示

$$\frac{\rho_m}{EW}\frac{\partial(\omega\lambda_m)}{\partial t}=\frac{\rho_m}{EW}\frac{\partial(\omega^{1.5}D_m\lambda_m)}{\partial x^2}+S_{mw} \tag{6-15}$$

式中，ρ_m 为膜完全干燥时的密度；EW 为膜的当量；ω 为离聚物在质子交换膜/催化层中的体积分数，在质子交换膜中离聚物的体积分数为1；λ_m 为膜含水量；S_{mw} 为膜水源项；D_m 为离聚体中膜水的扩散系数（m^2/s），它在很大程度上取决于膜含水量和温度，计算方法见下式

$$D_m=\begin{cases}3.1\times10^{-7}\lambda_m\left[\exp(0.28\lambda_m)\exp\left(\dfrac{-2346}{T}\right)\right], & 0<\lambda_m<3\\ 4.17\times10^{-8}\lambda_m[161\exp(-\lambda_m)+1]\exp\left(\dfrac{-2346}{T}\right), & 3\leqslant\lambda_m<17\end{cases} \tag{6-16}$$

式中，λ_m 为离聚物中每个磺酸基所携带的水分子数，即膜含水量，可根据膜水的摩尔浓度来进行计算

$$\lambda_m = \frac{c_{mw}\mathrm{EW}}{\rho_m} \tag{6-17}$$

使用 λ_{sat} 表示膜饱和含水量，即膜最大含水量，通常用于表征产物水在膜水状态和液态水状态的区分界限，具体推导过程见后，根据试验测量结果得到的拟合公式为

$$\lambda_{sat} = 6.346\times10^{-5}T^3 - 0.04306T^2 + 9.762T - 731.4 \tag{6-18}$$

式中，T 为工作温度（K）。

膜水传输的源项表示为

$$S_{mw} = \begin{cases} -S_{m\to l} - S_{EOD} & (ACL) \\ -S_{m\to l} + S_{EOD} + \dfrac{M_{H_2O}j}{2F} & (CCL) \\ 0 & (PEM) \end{cases} \tag{6-19}$$

式中，$S_{m\to l}$ 为膜水脱离成液态水的相变源项。在燃料电池电荷传输过程中，阳极侧产生的质子 H^+ 先与水分子结合成 H_3O^+，然后与磺酸基 HSO_3^- 结合来穿过质子交换膜，因此水分子会随着质子 H^+ 穿过催化层和质子交换膜从阳极向阴极迁移，这部分水称为电渗透拖曳水。膜水源项中的 S_{EOD} 表示这部分电渗透拖曳水，计算表达式为

$$S_{EOD} = n_d \frac{j}{nF} \tag{6-20}$$

式中，n_d 为电渗阻力系数，即每个质子通过离聚物时所拖曳的水分子数，依赖于聚合物膜的含水量

$$n_d = \frac{2.5\lambda_m}{22} \tag{6-21}$$

冰的质量守恒方程为

$$\varepsilon \frac{\rho_{ice}}{M_{H_2O}} \frac{\partial s_{ice}}{\partial t} = S_{l\to i} \tag{6-22}$$

式中，ρ_{ice} 为冰的质量密度；M_{H_2O} 为水的摩尔质量；$S_{l\to i}$ 为液态水生成冰的源项；如前所述，不考虑水蒸气的存在，因此也不考虑从水蒸气至冰的相变。

（3）热量传输过程 描述热量传输过程的能量守恒方程可以表示为如下形式

$$(\rho c_p)_{eff} \frac{\partial T}{\partial t} + \nabla\cdot(-k_{eff}\nabla T) = S_{heat} \tag{6-23}$$

式中，$(\rho c_p)_{\text{eff}}$ 和 k_{eff} 分别为有效体积热容和导热系数，为了简化计算，忽略了气体和冰的影响；S_{heat} 为燃料电池冷启动期间的热源项，热源项包括可逆热 $jT\Delta S/2F$，活化热 $|\eta j|$，还有焦耳热和水相变潜热。水相变潜热可以根据相变速率计算得到，且膜水的焓与液态水相似，因此膜水生成液态水过程不具有潜热，详细的热源项见表6-3，其中，$h_{\text{l}\to\text{i}}$ 为液态水结冰的焓变，$S_{\text{l}\to\text{i}}$ 为结冰相变化率。除此以外，燃料电池在运行期间最外侧的双极板和环境也有一个换热系数 h_{t}。

表6-3　热源项和潜热的计算

位置	反应热	焦耳热	相变潜热
质子交换膜	0	$\sigma_{\text{e}}^{\text{eff}}(\nabla\phi_{\text{e}})^2$	0
阳极催化层	0	$\sigma_{\text{e}}^{\text{eff}}(\nabla\phi_{\text{e}})^2+\sigma_{\text{s}}^{\text{eff}}(\nabla\phi_{\text{s}})^2$	$h_{\text{l}\to\text{i}}S_{\text{l}\to\text{i}}$
阴极催化层	$-j\dfrac{T\Delta S}{2F}+\|\eta j\|$	$\sigma_{\text{e}}^{\text{eff}}(\nabla\phi_{\text{e}})^2+\sigma_{\text{s}}^{\text{eff}}(\nabla\phi_{\text{s}})^2$	$h_{\text{l}\to\text{i}}S_{\text{l}\to\text{i}}$
气体扩散层	0	$\sigma_{\text{s}}^{\text{eff}}(\nabla\phi_{\text{s}})^2$	0
双极板	0	$\sigma_{\text{s}}^{\text{eff}}(\nabla\phi_{\text{s}})^2$	0

3 水相变过程

在燃料电池低温冷启动过程中，电池内部水以不同的状态存在，这些状态包括水蒸气、膜水、过冷水和冰，而且各个状态的水发生着相变转化。由于在低温下的饱和水蒸气分压很低，为了简化模型而不考虑水蒸气的存在。阴极催化层中由于氧还原反应产生的水被离聚物吸收成为膜水，当膜水达到饱和后，便开始以液态水的形式从离聚物中解析。因此，从膜水到液态水的相变速率与膜含水量成正相关，可以定义为

$$S_{\text{m}\to\text{l}}=\begin{cases}\gamma_{\text{m}\to\text{l}}(1-s_{\text{lq}}-s_{\text{ice}})\dfrac{\rho_{\text{m}}}{\text{EW}}(\lambda-\lambda_{\text{sat}}), & \lambda>\lambda_{\text{sat}}\text{且}T<T_{\text{F}}\\ 0, & \text{其他}\end{cases} \tag{6-24}$$

式中，$\gamma_{\text{m}\to\text{l}}$ 表示膜水解析出液态水的相变速率系数；s_{ice} 表示局部冰体积分数；λ_{sat} 是膜饱和含水量；T_{F} 是冻结温度，其值为常量273.15K。解析出的过冷水会相变结冰，相变速率可以使用 $S_{\text{l}\to\text{i}}$ 表示，由于结冰相变过程比较复杂，$S_{\text{l}\to\text{i}}$ 的推导过程将在后面详细解释。

6.1.2 模型中的关键参数测量与辨识

1 质子交换膜电导率

根据文献，结合试验，提出了质子交换膜的电导率随着温度和膜含水量变化的经验拟合公式，见式（6-9），本小节将详细解释电导率公式的推导过程。在本书 2.5 节描述的恒温冷启动试验中，降温阶段通过热电偶和阻抗测试仪记录了燃料电池单体温度从 0℃降低到 −20℃时所对应的高频阻抗（HFR）。所测得 HFR 由两部分组成，一部分是质子交换膜阻值；另一部分是除了质子交换膜以外部分的欧姆值（包括接触阻抗），这一部分可以将膜电极拆掉之后进行试验测量得到。将单片燃料电池的膜电极拆除，电池的各个部件按照原先所要求的预紧力拧紧（保证和工作状态相同的接触阻抗），测得去除掉膜电极后电池的欧姆值 R_x 为 0.5239mΩ。将降温过程中所测得的总高频阻抗 R_{all} 减去去除膜电极后所测得的欧姆值 R_x 即可得到质子交换膜所对应的阻值 R_m，最终结果如图 6-1 所示。取对数后的结果如图 6-2 所示，发现各条曲线近似成平行关系。

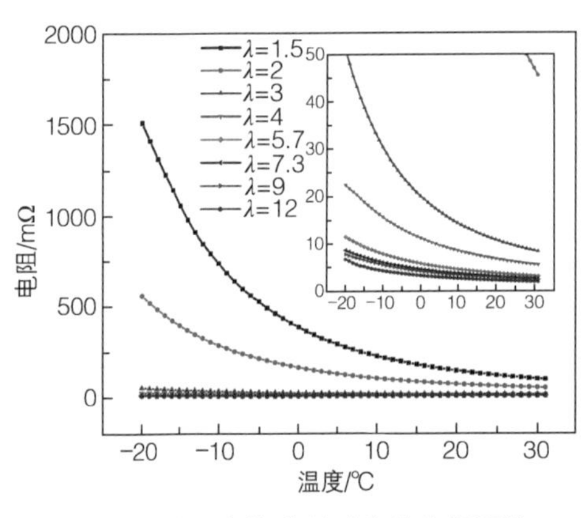

图 6-1 质子交换膜所对应的高频阻抗

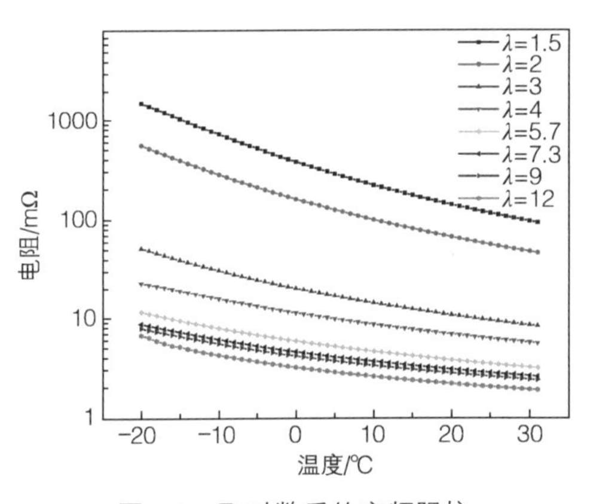

图 6-2 取对数后的高频阻抗

质子交换膜的电导率 σ_m 和高频阻抗 R_m 有如下计算关系

$$\sigma_m = \frac{\delta_m}{R_m A_m} \tag{6-25}$$

式中，σ_m 为质子交换膜的厚度；A_m 为质子交换膜的面积。

通过得到的一系列随膜含水量和温度变化的电导率 σ_m(S/cm)，对膜含水量 λ 和温度 T(K) 进行拟合得到如下关系

$$
\begin{cases}
\sigma_{1.5}(T)=2.36933\times10^{-5}T^2-0.0119057T+1.50018, & \lambda=1.5\\
\sigma_{2}(T)=4.56610\times10^{-5}T^2-0.0224387T+2.76853, & \lambda=2\\
\sigma_{3}(T)=2.00869\times10^{-4}T^2-0.0930939T+10.84255, & \lambda=3\\
\sigma_{4}(T)=4.54147\times10^{-4}T^2-0.218246T+26.51239, & \lambda=4\\
\sigma_{5.7}(T)=8.13927\times10^{-4}T^2-0.375121T+43.54839, & \lambda=5.7\\
\sigma_{7.3}(T)=1.68547\times10^{-3}T^2-0.805841T+97.06, & \lambda=7.3\\
\sigma_{9}(T)=2.19174\times10^{-3}T^2-1.052947T+127.317727, & \lambda=9\\
\sigma_{12}(T)=3.28652\times10^{-3}T^2-1.523407T+176.39017, & \lambda=12
\end{cases}
\tag{6-26}
$$

其中，每个式子表示在不同膜含水量下，膜电导率与温度的拟合关系。为了得到膜电导率 σ_m 随着膜含水量 λ 连续变化的关系式，采用插值法可以得到

$$
\sigma_m(\lambda,T)=
\begin{cases}
\sigma_{1.5}(T), & \lambda<1.5\\
\sigma_{1.5}(T)+[\sigma_2(T)-\sigma_{1.5}(T)]\dfrac{\lambda-1.5}{0.5}, & 1.5\leqslant\lambda<2\\
\sigma_2(T)+[\sigma_3(T)-\sigma_2(T)](\lambda-2), & 2\leqslant\lambda<3\\
\sigma_3(T)+[\sigma_4(T)-\sigma_3(T)](\lambda-3), & 3\leqslant\lambda<4\\
\sigma_4(T)+[\sigma_{5.7}(T)-\sigma_4(T)]\dfrac{\lambda-4}{1.7}, & 4\leqslant\lambda<5.7\\
\sigma_{5.7}(T)+[\sigma_{7.3}(T)-\sigma_{5.7}(T)]\dfrac{\lambda-5.7}{1.6}, & 5.7\leqslant\lambda<7.3\\
\sigma_{7.3}(T)+[\sigma_9(T)-\sigma_{7.3}(T)]\dfrac{\lambda-7.3}{1.7}, & 7.3\leqslant\lambda<9\\
\sigma_9(T)+[\sigma_{12}(T)-\sigma_9(T)]\dfrac{\lambda-9}{3}, & 9\leqslant\lambda<12\\
2\sigma_{12}(T)-\sigma_9(T), & \lambda\geqslant12
\end{cases}
\tag{6-27}
$$

考虑到插值法得到的公式曲面不够平滑，并不能最佳地仿真实际情况，将式（6-27）进行平滑拟合处理，得到膜电导率 σ_m (S/cm) 对于膜含水量 λ 和温度 T(K) 的解析式

$$
\sigma_m=\exp\left(5.496-\frac{9.371}{\lambda^{0.3978}}\right)\cdot\exp\left[-\frac{32270}{R_{const}}\left(\frac{1}{T}-\frac{1}{273}\right)\right]
\tag{6-28}
$$

2 质子交换膜饱和含水量

阴极催化层的离聚物在低温冷启动过程中会不断地吸收反应生成水直到膜水饱和状态，此时膜含水量 $\lambda=\lambda_{sat}$，之后继续生成的水才会解析结冰。λ_{sat} 是低温冷启动模型中十分关键的参数，为了验证以往文献中 λ_{sat} 数据的正确性以及是否符合当前试验所用的质子交换膜型号，在单片燃料电池上进行了等温填充试验，

来测定不同温度下的 λ_{sat}。

等温填充试验原理为，在某个特定的温度和膜初始含水量下，通过给以小幅值的电流，记录过程中的燃料电池高频阻抗（HFR）的变化。由于是低温下通入干燥气体，膜中的水分被气流带出的量很少，可以忽略不计。随着过程中不断生成水，膜逐渐达到水饱和状态，出现 HFR 逐渐降低的现象，直到膜的含水量达到 λ_{sat} 后，HFR 不再降低。图 6-3 为等温填充试验下所得到的电压和 HFR 变化曲线，其中 −5℃、−10℃、−15℃ 3 种情况低温冷启动持续时间达到了数个小时之久，且后半段数据并无很大价值，因此绘图时有选择地进行了忽略，只截取了前 90min 的数据。计算从初始时刻 t_0 至 HFR 最低点时刻 $t_{HFR,min}$ 所产生水的摩尔量可得到含水量 λ 的上升值，即得到该温度下对应的 λ_{sat}，具体计算见下式

$$\lambda_{sat}=\frac{(t_{HFR,min}-t_0)I_{cell}EW}{2F_{const}A_{fc}\delta_{mem}\rho_{mem}}+\lambda_{init} \tag{6-29}$$

其中，t_0 为初始时刻；I_{cell} 为负载电流；F_{const} 为法拉第常数；EW 为质子交换膜的等效质量；δ_{mem} 为膜的厚度；A_{fc} 为质子交换膜的工作面积；ρ_{mem} 为膜的密度；λ_{init} 为初始膜含水量。

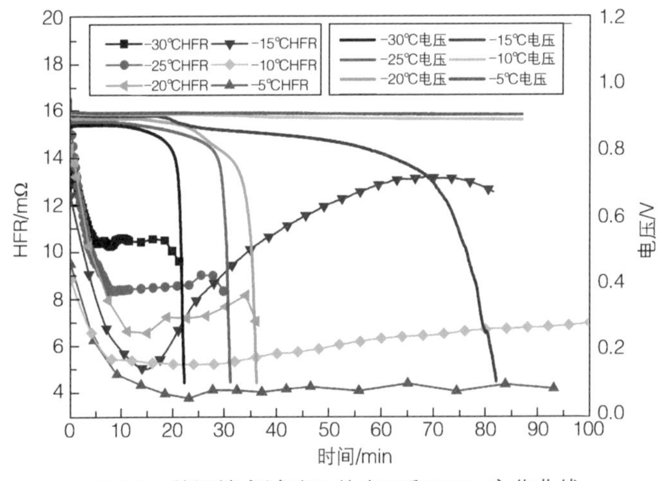

图 6-3　等温填充试验下的电压和 HFR 变化曲线

从膜水饱和到冷启动失败这段时间所产生的水，可看作大部分都结成冰阻塞在阴极催化层的孔隙内，通过计算结冰体积能够估算得到孔隙率。考虑到过冷水的存在，生成的水可能流出阴极催化层，导致估算得到的孔隙率 $epsp_{cl}$ 是大于实际值的，具体计算如下

$$epsp_{cl}=\frac{(t_{end}-t_{HFR,min})I_{cell}M_{H_2O}}{2F_{const}\rho_{ice}V_{mem}} \tag{6-30}$$

式中，t_{end} 为结束时刻；M_{H_2O} 为水的摩尔质量；ρ_{ice} 为冰的密度；V_{mem} 为膜的体积。

试验所测得的 λ_{sat} 和文献数据对比见表 6-4。显然，膜饱和含水量会随着温度的升高而上升。通过表 6-4 中数据拟合得到的 λ_{sat} 与 T 的关系见式（6-31），计算分析显示本节试验测得的不同温度下膜饱和含水量与拟合曲线之间的最大相对误差为 3.8%，文献中的数据与拟合曲线之间的最大相对误差为 1.7%。本节测得的相近温度下的膜饱和含水量数据与文献的数据比较接近，差异在合理范围内，对比结果表明试验测量数据具有一定的说服力，文献中的数据的准确性得到了验证。同时由于文献数据补充了数据量，拟合精度得到了提高。

表 6-4　λ_{sat} 的试验测量和文献数据对比

试验测量		文献数据①	
T/K	λ_{sat}	T/K	λ_{sat}
243	7.83	220	7.07
248	8.27	230	7.28
253	9.36	240	7.70
258	10.08	250	8.76
263	11.17	260	10.42
268	12.55	270	13.65

① 数据参考自 GUILLERMO A，GEBEL G，MENDIL-JAKANI H，et al. NMR and pulsed field gradient NMR approach of water sorption properties in Nafion at low temperature [J]. The Journal of Physical Chemistry B，2009，113（19）：6710-6717.

$$\lambda_{sat}(T)=6.346\times10^{-5}T^3-0.04306T^2+9.762T-732.2 \tag{6-31}$$

根据式（6-31）作出的拟合曲线如图 6-4 所示，可以发现 λ_{sat} 与温度近似呈现指数关系。

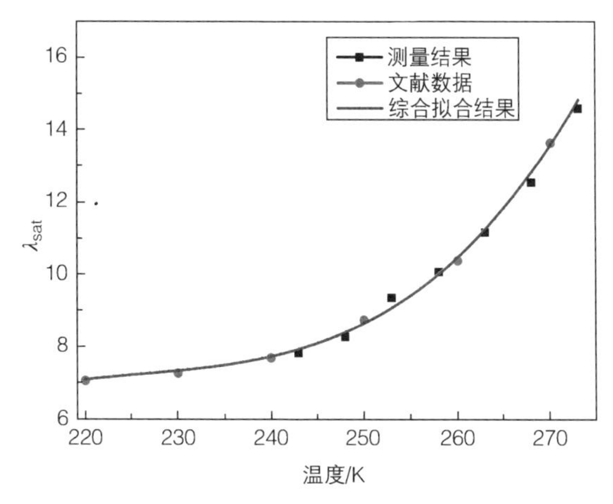

图 6-4　膜饱和含水量的拟合曲线

3 双极板与环境的传热系数

在低温冷启动试验中，燃料电池堆中每一片单体电池的工作温度根据所处位置不同也是有差异的，基本规律是位于中间的单体电池温度最高，两侧的温度依梯度降低，和低温环境直接接触的第一片单体电池是温度最低的，因此整个堆的冷启动成功与否即取决于第一片电池是否能启动成功。造成这种现象的原因是每一片单体电池与环境之间的热交换不同，中间的单体电池与外界换热量最小，几乎处于绝热状态。第一片单体电池双极板与外界的换热量是最大的，所对应的传热系数是低温冷启动机理模型中十分重要的参数。

为了确定第一片单体电池双极板与环境的传热系数，对升温冷启动试验过程中的温度数据随时间的变化关系进行分析，在每个采样点计算出一个传热系数，具体计算如下

$$h_{\mathrm{t}} = \frac{(E_{\mathrm{eq}} - U_{\mathrm{cell}})I_{\mathrm{cell}}\Delta t - \Delta T C_p}{(T - T_{\mathrm{init}})A_{\mathrm{fc}}\Delta t} \tag{6-32}$$

式中，E_{eq} 为热力学平衡电势；U_{cell} 为电池电压测量值；Δt 为采样记录点的时间间隔，取为 0.1s；ΔT 为相邻采样时刻的温差；T_{init} 为环境温度，取为 253.15K。计算得到的传热系数随时间的变化关系如图 6-5 所示。然后统计该时间段内的传热系数平均值为 386.24J/(K・s・m^2)，最终确定低温冷启动模型中所采用的传热系数数值为 386.24J/(K・s・m^2)。

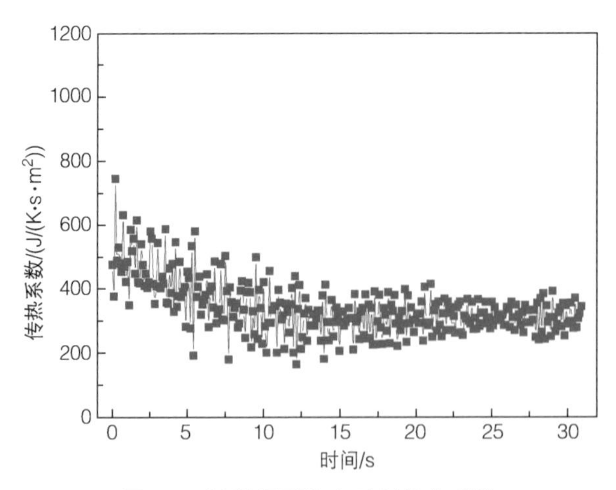

图 6-5　计算得到的各时刻传热系数

4 水结冰相变速率

燃料电池内的水会以多种状态存在，其中过冷水和冰这两种状态占据了绝大部分。当膜水达到饱和后，水将从离聚物中解析出来成为过冷水，然后过冷水会

结成冰，结冰过程相变速率由 $S_{\mathrm{l\to i}}$ 来表示。过冷水结冰是一个异质成核问题，可以使用经典成核理论来估计新相态在可能成核点的成核速率 J_T，计算公式如下

$$J_T = N_\mathrm{S} Zj\exp\left(\frac{-\Delta G^*}{k_\mathrm{B}T}\right) \tag{6-33}$$

式中，ΔG^* 为吉布斯自由能；k_B 为玻尔兹曼常数；T 为绝对温度；$k_\mathrm{B}T$ 为平均热能；N_S 为成核点的数量；j 为吸附到核上的分子参与成核过程的速率；Z 为泽尔多维奇因子，代表势垒顶部的核继续生成新相态而不分解的概率。对于过冷水成核结冰过程，由于 N_S 和 ΔG^* 等多个参数无法计算，选择使用模型参数辨识的方法获得成核速率 J_T。考虑到过冷度 ΔT 为零时的成核速率，亦为零和简化参数辨识的复杂度，将成核速率改写为以下形式

$$J_T = A\exp\left[\frac{-B}{T(\Delta T)^2}\right] \tag{6-34}$$

式中，$\Delta T = 273.15 - T$，代表过冷度；A 和 B 为后续需要进行参数辨识的未定参数。通过成核速率 $J_T(\mathrm{cm^{-3}\cdot s^{-1}})$，可以计算得到冰结晶速率常数 $k_T(\mathrm{cm/h})$，见下式

$$k_T = \frac{64\pi}{15} g(\theta) J_T \eta_0^3 \alpha_\mathrm{L}^{1.5} \tag{6-35}$$

$$g(\theta) = \frac{(2+\cos\theta)(1-\cos\theta)^2}{4} \tag{6-36}$$

式中，θ 为结冰位置的接触角；η_0 为一个无量纲的温度相关生长参数，计算方法见式（6-37）；α_L 为液体热扩散系数，其值为 $1.4\times10^{-7}(\mathrm{m^2/s})$。

$$\eta_0 = \frac{0.056(273.15-T)}{1+0.056(273.15-T)} \tag{6-37}$$

通过冰结晶速率常数 k_T，可以计算冰结晶速率 R_I

$$R_\mathrm{I} = k_T^{0.4}\frac{s_\mathrm{lq}}{s_\mathrm{ice}+s_\mathrm{lq}}\left[\ln\left(\frac{s_\mathrm{ice}+s_\mathrm{lq}}{s_\mathrm{lq}}\right)\right]^{0.6} \tag{6-38}$$

式中，s_lq 为局部液态水体积分数；s_ice 为局部冰体积分数。最终液态水结冰的相变速率 $S_{\mathrm{l\to i}}$ 可以由下式计算得到

$$S_{\mathrm{l\to i}} = R_\mathrm{I}(s_\mathrm{ice}+s_\mathrm{lq})\rho_\mathrm{lq} \tag{6-39}$$

式中，ρ_lq 为液态水的密度。

到这里，模型还有式（6-34）中的 A、B 两个参数未知。使用 COMSOL Multiphysics 编写本章所涉及的控制方程建立模型，然后和 MATLAB 进行联合仿真。采用本书 2.5 节升温冷启动试验电压数据作为标准值，所对应的模型输出电压作为预测值，利用 COMSOL Multiphysics 内置的非线性优化工具，基于最小二乘法的思想，辨识式（6-34）中的 A 和 B 参数。辨识误差的目标函数定义如下

$$\Delta D = \sum \text{abs}(U_{\text{test}} - U_{\text{model}}) \tag{6-40}$$

式中，U_{test} 和 U_{model} 分别为某采样点的实测电压和模型输出电压。最终参数辨识得到结果 $A = 4.02 \times 10^7 (\text{m}^{-3} \cdot \text{s}^{-1})$ 和 $B = 5.11 \times 10^2 (\text{K}^3)$。

6.2 冷启动机理模型验证和误差分析

为了对所建立的模型进行精度验证，将多种工况仿真所得到的电压和温度数据与试验结果进行对比分析。在仿真中，燃料电池低温冷启动模型的初始环境温度设置为 −20℃；质子交换膜的初始含水量设置为 4；双极板与环境之间的传热系数设置为 386.24J/(K · s · m^2)；进气的化学计量比设置为 $\alpha_{\text{H}_2} = 1.5$ 和 $\alpha_{\text{O}_2} = 2$；阳极气体通道处氢气的进气压力为 200kPa，阴极气体通道处空气的进气压力为 180kPa。设定的部分初始条件，见表 6-5。

表 6-5　模型仿真中部分初值

描述	值
阳极 / 阴极进气过量系数	1.5/2
阳极 / 阴极进气压力	200kPa/180kPa
阳极 / 阴极进气相对湿度	0
冷启动初始温度	−20℃
初始冰 / 液态水体积分数	0
膜初始含水量	4
双极板与环境的换热系数	386.24J/(K · s · m^2)

6.2.1　冷启动失败工况下的结果对比分析

1　仿真结果对比和误差计算

在本节分析中，电压误差定义为试验电压和模型电压在对应时刻的绝对差值，温度误差定义为 4 个热电偶温度取平均值和模型温度在对应时刻的绝对差值。恒电流下的电压和温度对比曲线及误差曲线如图 6-6 所示，斜坡电流下的电压和温度对比曲线及误差曲线如图 6-7 所示。

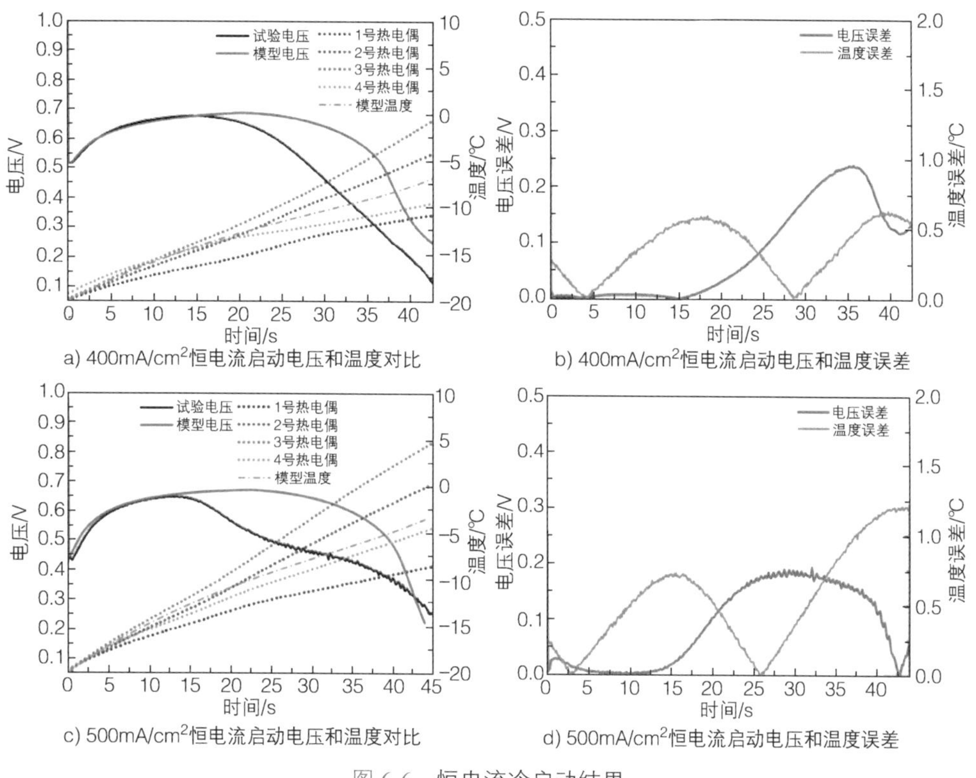

图 6-6　恒电流冷启动结果

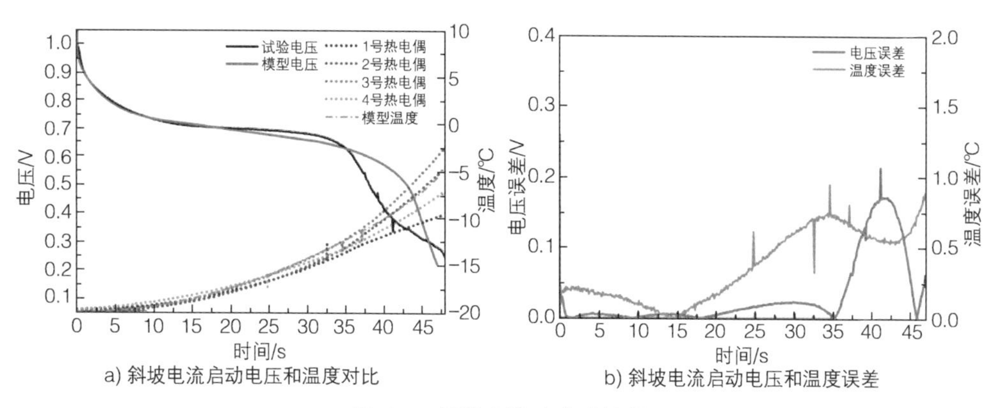

图 6-7　斜坡电流冷启动结果

通过计算每一个采样点时刻的误差并进行统计分析发现，400mA/cm^2 恒电流冷启动中电压误差的平均值为 0.081V，中位数为 0.043V，标准差为 0.084V；温度误差的平均值为 0.34℃，中位数为 0.36℃，标准差为 0.19℃。500mA/cm^2 恒电流冷启动中电压误差的平均值为 0.088V，中位数为 0.085V，标准差为 0.072V；温度误差的平均值为 0.53℃，中位数为 0.52℃，标准差为 0.35℃。斜坡电流冷启动中电压误差的平均值为 0.032V，中位数为 0.011V，标准差为 0.049V；温度误差的平均值为 0.36℃，中位数为 0.31℃，标准差为 0.25℃。

误差曲线的波峰代表误差极大值，通过观察误差波峰出现的位置可以发现，这 3 种冷启动失败工况的误差曲线形状相似：在电压误差方面，前期电压符合得很好，后期模型仿真电压偏高；在温度误差方面，刚加载时刻均有一个波峰，这是由于在试验中通入反应气体会对电池温度有些影响，但是幅度很小可以忽略，并不影响后续其他误差波峰的分析，400mA/cm^2 和 500mA/cm^2 冷启动工况在前期模型仿真温度偏高，后期模型仿真温度偏低，斜坡电流冷启动工况则是模型仿真温度整体偏高。进一步发现，电压误差的波峰同时是温度误差的波谷，这与电压对温度的影响作用有关。

2 内部参数曲线和误差原因分析

考虑到低温冷启动失败工况具有相似的误差曲线，选取 400mA/cm^2 恒电流低温冷启动工况做详细的代表性分析。在模型中获取到启动过程中的冰、水体积分数，氧气浓度分布，膜含水量分布，液态水分布如图 6-8 所示，模型得到的结冰分布如图 6-9 所示。结合图中膜含水量分布和液态水体积分数可以发现，在低温冷启动开始后 2.5s 左右，阴极催化层的膜含水量已经达到了饱和值，此时液态水开始生成，随着反应不断进行，阴极催化层的离聚物处于膜水过饱和状态。结合液态水和结冰分布可以发现，冷启动开始后主要生成的是液态水（液态水分布图偏冷色系，冷色分布线间隔较大），且在阴极催化层和气体扩散层均有分布；启动 10s 后才大量生成了冰（冰分布图偏暖色系，暖色分布线间隔较大），且主要分布在阴极催化层。冷启动失败前，阴极催化层的液态水体积分数达到了 0.15，冰体积分数达到了 0.8，两者之和接近 1，相当于此刻的阴极催化层孔隙已经几乎完全被冰水混合物阻塞，因此阴极催化层孔隙被冰填满是冷启动失败的根本原因，阴极催化层孔隙阻塞导致了氧气局部浓度降低为 0。结合 B-V 方程可以发现，当氧气浓度为 0 时，过电势 η 数值会趋于无穷大，这是导致冷启动电压降低至 0 的直接原因。

根据上述分析，冷启动结冰阻塞阴极催化层会引起局部氧气浓度下降，从而影响输出电压。因此从图 6-6a 中 20s 开始出现的电压误差可知，冷启动后期模型仿真的电压偏高，说明过电势 η 仿真值偏低，电压误差来源可能是在冷启动后期

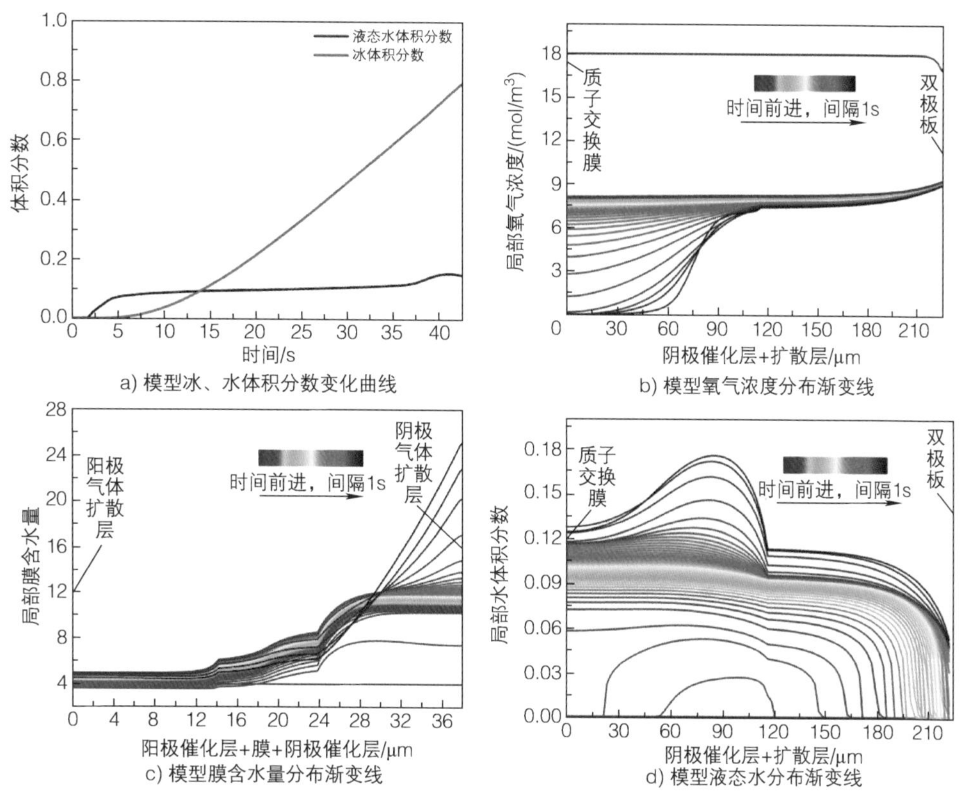

图 6-8 冷启动失败工况下模型内部参数曲线

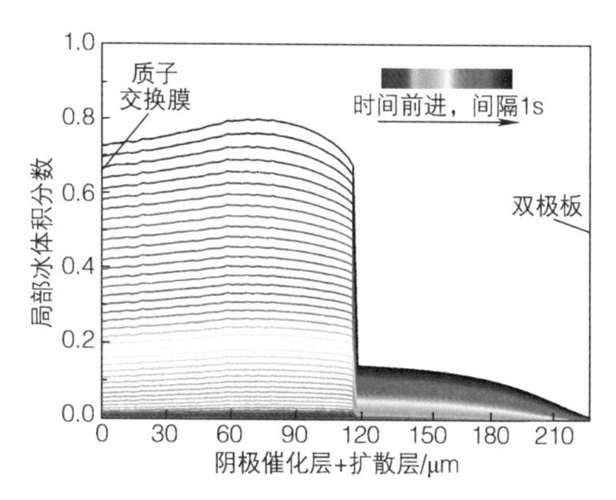

图 6-9 冷启动失败工况下模型结冰分布渐变线

结冰量较大时，影响电化学活性的指数修正项 τ_a 偏小。

对于温度误差的来源可以从产热和传热两个角度进行分析。首先，分析产热影响，在电流不变的情况下，电池产热量和 ($E_{eq} - U_{cell}$) 成正比，因此在模型电压偏高的情况下，冷启动后半段模型产热相比试验会偏少，造成冷启动后半段的模型温度偏低；其次，分析传热的影响，模型仿真所得到的温度是指第一片燃料电池的平均温度，然而试验测得温度是冷却液流道内 4 个点的温度，热传导需要时间，试验中热量从电池产热源到达测温点有一定的延迟，所以在冷启动前期，试验的温度上升速率相比于模型较慢，温度偏低。此外，由于温度场分布是未知的，4 个热电偶温度的平均值只能近似表示电池整体温度，因此传热方面导致的温度误差可以归因于模型与试验的测温方式和热导率差异。从整体分析，恒电流低温冷启动模型温度和试验温度的升高速率均是逐渐减小的，这是由于在产热量和传热系数几乎不变的情况下，后期电池温度越高，与环境温度的差值越大，热交换数值越大；斜坡电流低温冷启动则由于电流在不断升高，产热量在不断升高，温度上升速率是不断增大的。

6.2.2 冷启动成功工况下的结果对比分析

在 2.5 节电堆升温冷启动试验中，阶梯电流启动方式成功实现了燃料电池低温冷启动，本小节将结合模型仿真结果对低温冷启动成功工况进行模型验证和误差分析。

1 仿真结果对比和误差计算

阶梯电流低温冷启动的电压和温度对比曲线及电压和温度误差曲线如图 6-10 所示。通过对每一个采样点时刻计算误差并进行统计分析发现，斜坡电流冷启动中电压误差的平均值为 0.011V，中位数为 0.012V，标准差为 0.0075V；温度误差的平均值为 0.44℃，中位数为 0.45℃，标准差为 0.27℃。通过误差曲线和上述计算可以发现，阶梯电流模型电压和试验电压比较接近，误差相比于其他工况很小，可以忽略不计；在温度误差方面，出现了和斜坡电流工况相同的现象，模型仿真温度整体偏高。

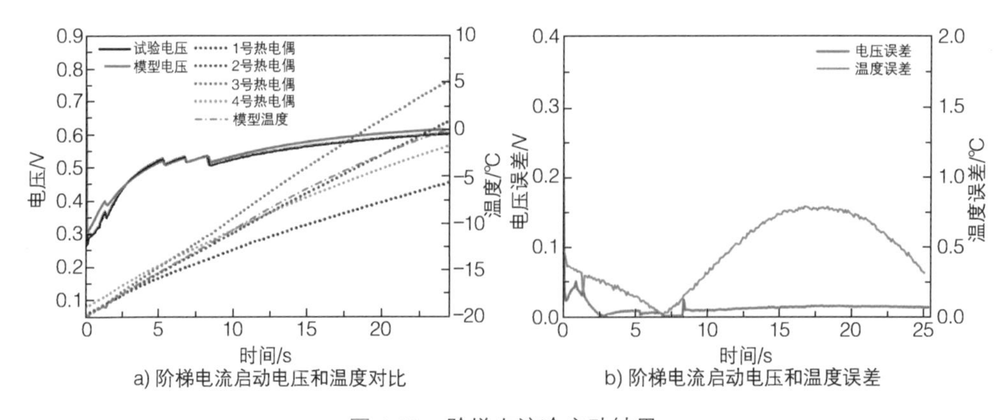

a) 阶梯电流启动电压和温度对比　b) 阶梯电流启动电压和温度误差

图 6-10　阶梯电流冷启动结果

2 内部参数曲线和误差原因分析

在模型仿真结果中获取到启动过程的冰、水体积分数，氧气浓度分布，膜含水量分布，液态水分布和结冰分布分别如图 6-11 和图 6-12 所示。

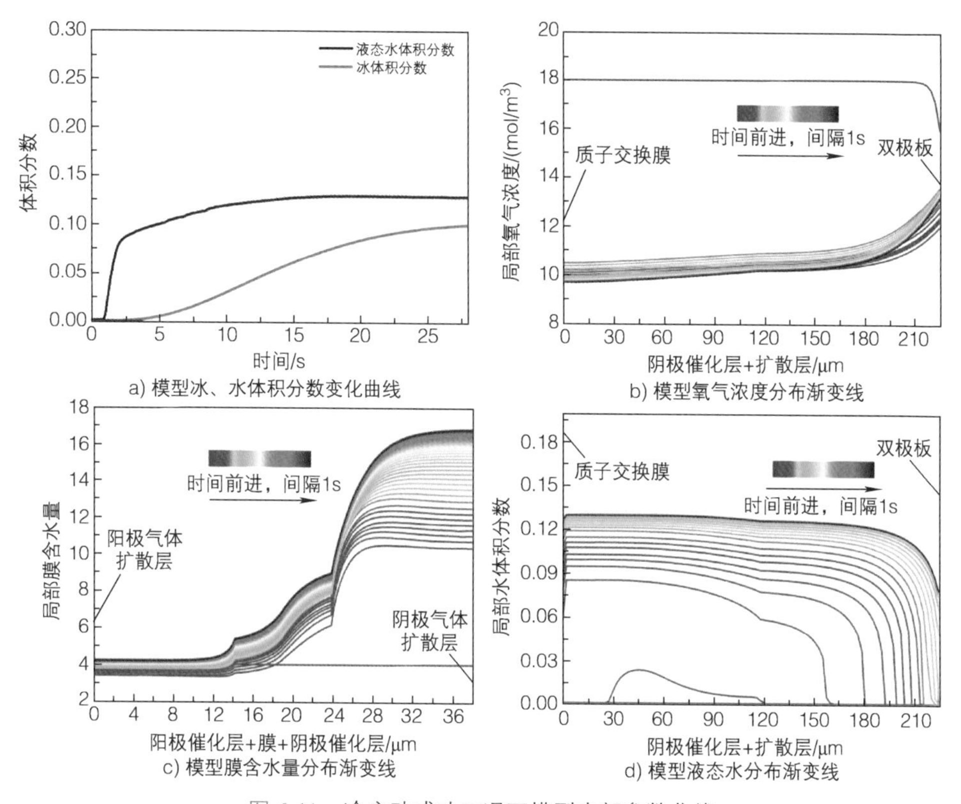

图 6-11 冷启动成功工况下模型内部参数曲线

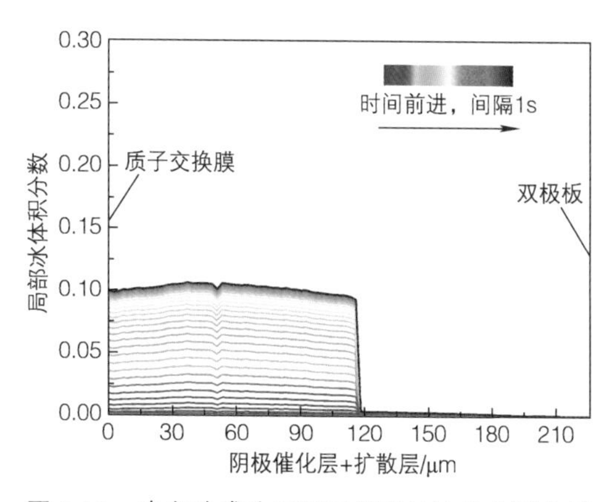

图 6-12 冷启动成功工况下模型结冰分布渐变线

对于低温冷启动成功工况，启动结束时其冰、水体积分数比较小，阴极催化层的液态水体积分数为 0.13，冰体积分数为 0.1。阴极催化层孔隙的轻微阻塞并没有使局部氧气浓度下降很多，因此电压也没有明显的降低。在结冰完全堵塞阴极催化层之前，电池温度成功升高到 0℃以上，说明低温冷启动成功。结合之前低温冷启动失败工况的分析，冷启动模型对于结冰多的工况预测电压误差较大，对于结冰少的工况预测电压误差很小。至于温度误差的来源，则与上述冷启动失败工况中温度误差的传热部分相同。

6.2.3 低温冷启动模型仿真误差来源总结

建立的燃料电池低温冷启动机理模型误差来源及影响路径如图 6-13 所示。

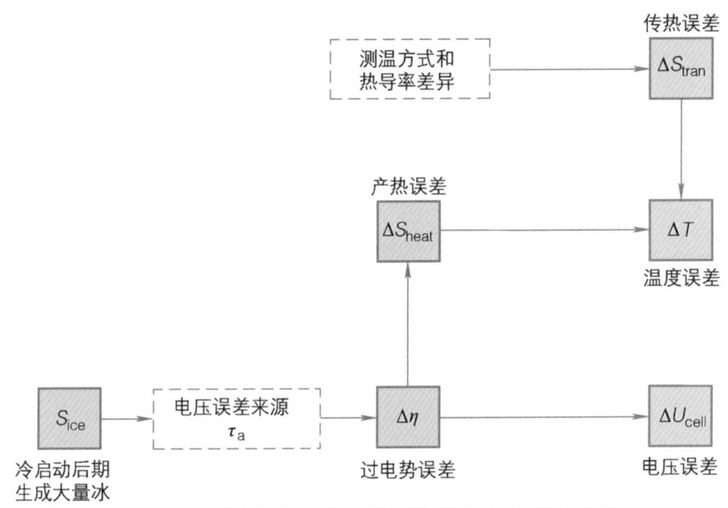

图 6-13 低温冷启动机理模型误差来源及影响路径

对于模型电压误差，通过之前的误差计算发现，所有冷启动失败工况在后半段均会出现明显的电压误差，且一致表现为模型电压偏高，然而对于冷启动成功工况却不存在这一现象。通过分析模型仿真的内部状态参数变化发现，低温冷启动后半段的电化学活性修正项 τ_a 不够精确是造成电压误差的主要原因。修正项 τ_a 表达式是基于经验的线性简化形式，实际上 τ_a 和冰体积分数的函数关系十分复杂。当冰体积分数较小时，τ_a 计算值与实际值误差很小，但是当结冰量增多后，τ_a 计算值比实际值偏低，直接导致过电势 η 的仿真值偏低，因而输出电压偏高。

对于模型温度误差，一方面由于过电势 η 的误差除了影响到输出电压外，还决定了产热，因而在冷启动仿真后半段的产热量会比实际值偏低，直接导致了后半段模型温度的偏低。另一方面，模型与试验的测温方式和热导率存在差异，导致试验中的热量从产热源到达热电偶测温点具有一定的延迟，从而导致试验升温速率变慢，试验温度比仿真温度低。

6.3 低温冷启动策略优化

6.3.1 基于粒子群优化算法的策略优化方法

由于粒子群优化（particle swarm optimization，PSO）算法容易实现、迅速收敛、高效寻优的特点，已经被广泛用于优化问题的求解。粒子群优化算法的产生，源于人们对于自然界鸟群觅食行为的仿生模拟。有研究发现，在飞行过程中的鸟群有时会突然散开或聚集，同时整体方向也会发生改变，尽管这个过程中每只鸟的行为无法预测且没有规律，但整个鸟群在某种程度上都处于一致性，且个体之间也能适当地保持距离。这是因为鸟群中存在着某种信息共享机制，使得每只鸟之间能够相互影响，从而促使整个鸟群的前进，粒子群优化算法的理论依据便来源于这一现象。

影响燃料电池低温冷启动的因素有很多，例如加载电流、初始温度、膜初始含水量、进气化学计量比、进气压力等，为了研究方便，先仅选取加载电流这个影响最大的因素作为冷启动策略优化的可变参数。根据之前的分析，阶梯电流的加载形式更有利于冷启动成功，因此选取按照温度区间划分的阶梯电流加载形式。假设待优化电流分成多段，优化目标为冷启动时间最短，本小节所做的优化就属于含有自变量的单目标优化问题，可以表示为如下的形式

$$\begin{aligned} &y_{\min} = f(\boldsymbol{x}) \\ &\boldsymbol{x} = (x_1, x_2, \cdots, x_n) \in \boldsymbol{X} \subseteq R^n \\ \text{s.t.}\quad &g_j(\boldsymbol{x}) \geqslant 0, \quad j = 1, 2, \cdots, J \\ &h_k(\boldsymbol{x}) = 0, \quad k = 1, 2, \cdots, K \end{aligned} \tag{6-41}$$

式中，$y_{\min}$ 为优化目标值；$f(\boldsymbol{x})$ 为目标函数，在本小节快速低温冷启动策略优化中指冷启动时间；$\boldsymbol{x}$ 表示 n 维决策向量，指阶梯电流的 n 个取值；$g_j(\boldsymbol{x})$ 及 $h_k(\boldsymbol{x})$ 为 $\boldsymbol{x}$ 的约束条件，指低温冷启动中相关参数的边界条件；$\boldsymbol{X}$ 表示满足约束的决策空间，在此处指 n 个阶梯电流值的优化范围所组成的 n 维空间。

在粒子群优化算法中，种群中的每一个个体被抽象为单个粒子，每个粒子都具有自己的位置、速度及适应值。其中，位置对应着决策空间中任一向量，实质为最优阶梯电流一个候选；速度代表寻优过程中每一步的决策向量（或位置）的改变，实质为电流值的变化；适应值和决策向量的目标函数相对应，用以衡量粒子当前位置的优劣，在本优化问题中指代电流加载后的冷启动成功时间。在寻优

过程中，记录任一粒子经历的个体最优位置和整个群体的全局最优位置；同时，每个粒子基于这两样信息确定下一步的路径和速度。如此循环往复，整个粒子群最终将收敛于最优解。这一方法，正是模拟了鸟群里的个体基于自身及同伴的经验调整觅食飞行路径的过程。

对于本小节优化问题，假设粒子群规模为 N，每一个粒子都代表一种启动电流，当前第 $i\in\{1,2,\cdots,N)$ 个粒子的个体最优位置为 $\boldsymbol{p}_{\text{pbest},i}$，而群体的全局最优位置为 $\boldsymbol{p}_{\text{gbest}}$，最优位置代表处于此电流加载下的冷启动成功时间最短。在第 k 次迭代中，粒子的 n 维位置向量 $\boldsymbol{x}=[x_1,x_2,\cdots,x_n]$ 和速度向量 $\boldsymbol{v}=[v_1,v_2,\cdots,v_n]$ 需依据式（6-42）进行更新，这一过程如图 6-14 所示。

$$\boldsymbol{v}_i(k)=\omega\boldsymbol{v}_i(k-1)+c_1r_1(\boldsymbol{p}_{\text{pbest},i}-\boldsymbol{x}_i(k-1))+c_2r_2(\boldsymbol{p}_{\text{gbest}}-\boldsymbol{x}_i(k-1)) \tag{6-42a}$$

$$\boldsymbol{x}_i(k)=\boldsymbol{x}_i(k-1)+\boldsymbol{v}_i(k) \tag{6-42b}$$

式中，ω 为惯性权重，决定着粒子保持惯性运动的倾向；r_1 和 r_2 为（0，1）区间内均匀分布的随机数；c_1 和 c_2 为学习因子。ω 越大，粒子群的运动状态越稳定，全局寻优性能越强；然而，这将导致粒子在局部范围的搜索能力下降，甚至很难收敛。因此，通常采用线性递减的方式，在寻优过程中动态调整 ω 的取值，其计算见式（6-43），

$$\omega=\omega_{\max}-\frac{\omega_{\max}-\omega_{\min}}{n_{\text{it,max}}}n_{\text{it}} \tag{6-43}$$

式中，n_{it} 为当前的迭代次数；$n_{\text{it,max}}$ 为程序预设的最大迭代次数。粒子群优化算法在运行前期由于 ω 较大，因而具有较强的全局寻优能力，有利于避免最终的结果陷入局部最优；随着迭代次数的增加，ω 逐渐减小，粒子的局部寻优能力不断增大，从而使优化算法的搜索精度得到有效提高。学习因子 c_1 和 c_2 分别用于控制个体经验及群体经验对寻优路径决策的影响，当学习因子相对惯性权重偏小时，容易造成粒子和群体的脱节，因此学习因子的取值一般大于惯性权重。

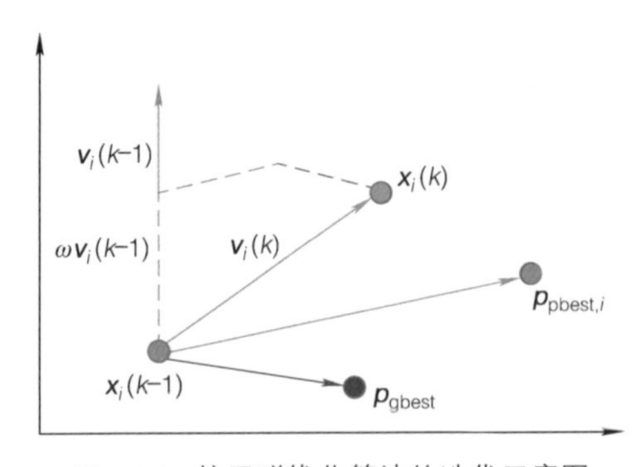

图 6-14　粒子群优化算法的迭代示意图

在粒子群的寻优过程中，需要建立外部档案，来存储得到的个体和全局最优解，以便于之后粒子位置和速度的更新，防止由于运动的随机性导致最优解的丢失。在首次迭代中，直接将初始粒子群相应的适应值存入外部档案；之后每次迭代期间，比较粒子的适应值更新档案中的信息，保证其中始终只存放着目前已知的个体及全局的最优解。当达到预设的迭代次数时，外部档案中存储的全局最优向量便为最终的优化结果。基于 MATLAB 和 COMSOL 联合仿真一维低温冷启动机理模型的粒子群优化算法的流程如图 6-15 所示。

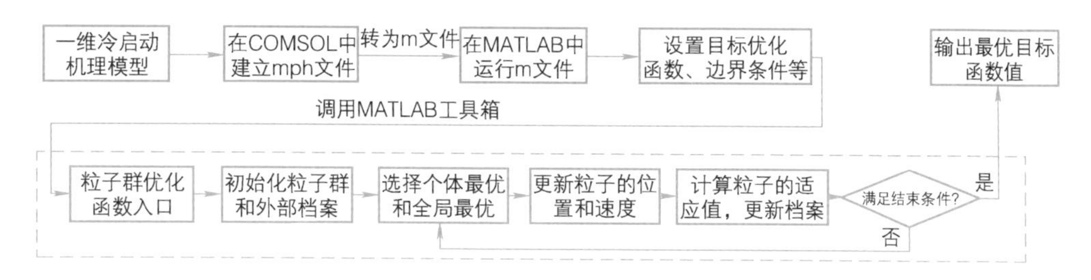

图 6-15　联合仿真和粒子群优化算法的流程图

6.3.2 膜含水量已定的快速冷启动策略优化

本小节探究在初始温度为 −20℃和膜初始含水量为 4 的前提条件下快速冷启动的控制策略优化。根据之前分析，阶梯电流的加载形式更有利于冷启动成功，而且启动过程中温度的升高，会使得相对应的最佳电流也随之升高，反过来促使温升速率不断加快，二者呈现正反馈的作用关系。因此选择将待优化阶梯电流按照温度区间划分为 3 段，且区间长度依次递增，见式（6-44）。

$$I_{\text{cell}}=\begin{cases}I_{\text{a}}, & T_{\text{cell}}\in[253.15,256.15)\text{K}\\ I_{\text{b}}, & T_{\text{cell}}\in[256.15,261.15)\text{K}\\ I_{\text{c}}, & T_{\text{cell}}\in[261.15,273.15]\text{K}\end{cases}\tag{6-44}$$

快速低温冷启动策略优化的边界约束条件有以下 3 个：首先，冷启动过程中，电压需要大于或等于 0.2V，这样保证在实际台架上加载优化电流时，不会由于偶然因素波动导致电压过低而造成反极等异常情况；其次，阴极催化层孔隙的结冰体积分数小于或等于 1；最后，电池的温度小于或等于 0℃。当电池温度升高至 0℃，代表低温冷启动成功，所进行的时间即优化目标——冷启动成功时间 t。综上所述，边界约束条件见式（6-45）。

$$\begin{cases}U_{cell} \geqslant 0.2V \\ s_{ice} \leqslant 1 \\ T_{cell} \leqslant 0°C\end{cases} \tag{6-45}$$

设置好如上的边界约束条件和优化目标后，进行 COMSOL 和 MATLAB 的联合仿真，通过粒子群优化算法得到如下结果

$$I_{cell} = \begin{cases}275.96A, & T_{cell} \in [253.15, 256.15)K \\ 415.23A, & T_{cell} \in [256.15, 261.15)K \\ 549.89A, & T_{cell} \in [261.15, 273.15]K\end{cases} \tag{6-46}$$

此时模型仿真的冷启动成功时间为 $t = 9.6s$。同时，优化电流也可以按时间分段表示为

$$I_{cell} = \begin{cases}275.96A, & t \in [0, 2.2)s \\ 415.23A, & t \in [2.2, 4.6)s \\ 549.89A, & t \in [4.6, +\infty)s\end{cases} \tag{6-47}$$

电池冷启动模型中的电压和温度曲线如图 6-16a 所示。为了验证该优化结果在实际台架上的启动效果，将式（6-47）所对应的电流加载到试验电堆上，得到试验结果和模型仿真优化结果对比，如图 6-16b 所示。相比于优化之前的启动策略，优化后的加载策略能够在很快的时间内使得燃料电池成功实现低温冷启动。但是通过对比电压曲线可以发现，冷启动验证试验的电流加载时间和模型的电流加载时间存在偏差，原因是试验台架上的负载变化会存在 0.5 ~ 1s 的延迟。为了消除这个延迟误差，在模型中将优化电流与试验加载电流进行了同步，同步后电流见式（6-48），同步后的试验和模型对比曲线如图 6-17 所示。

$$I_{cell} = \begin{cases}275.96A, & t \in [0, 2.7)s \\ 415.23A, & t \in [2.7, 5.3)s \\ 549.89A, & t \in [5.3, +\infty)s\end{cases} \tag{6-48}$$

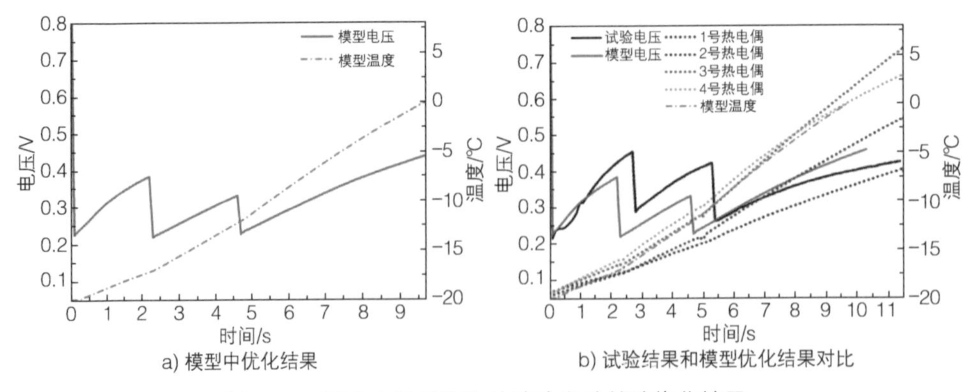

a) 模型中优化结果　　b) 试验结果和模型优化结果对比

图 6-16　膜含水量已定的快速冷启动策略优化结果

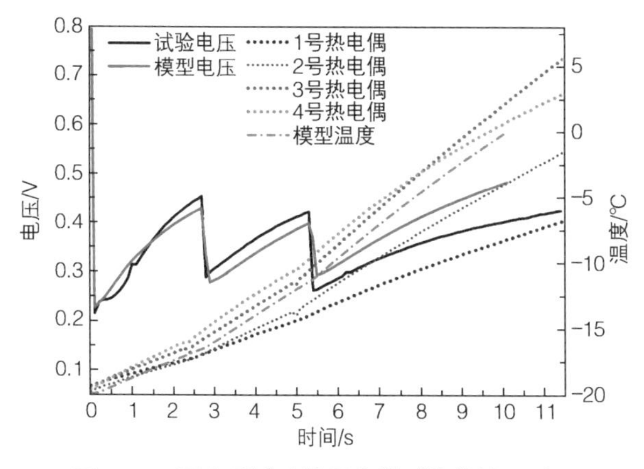

图 6-17　同步后试验结果和模型优化结果对比

在图 6-17 中，低温冷启动模型起到了良好的模拟效果，模型电压和试验电压保持了几乎一致的曲线；而模型温度预测比实际温度偏高，这是由于模型升温速率略大于试验升温速率，具体原因已在本书 6.2 节中进行了分析。在冷启动模型中，该优化策略的冷启动时间是 10.1s；而在试验台架上，冷启动时间为 11.5s，两者冷启动时间相差 1.4s，这是模型温度误差所导致的。低温冷启动策略优化结果的电压曲线一直维持在比较低的水平，最大限度地将化学能转化为了热能，因而能够达到快速冷启动的目标。

为了探究此次低温冷启动策略优化所对应的电池内部状态变化，分析模型中获取到的启动过程中冰、水体积分数，以及氧气浓度，膜含水量、液态水和结冰分布，分别如图 6-18 和图 6-19 所示。分析图 6-18a 可以发现，在低温冷启动成功时，阴极催化层的液态水体积分数为 0.15，冰体积分数为 0.013，因此快速冷启动过程中生成的非结合水大部分以液态水的形式存在。分析图 6-18b 可以发现，冷启动开始时初始氧气浓度约为 18mol/m^3；当开始加载后氧气被消耗，氧气浓度会有一定降低；当加载电流升高后，由于进气量的增大，氧气浓度会有突然的升高；在冷启动结束时，由于冰、水体积分数还很小，局部氧气浓度未受到很大的影响。当加载电流突变时，液态水体积分数会出现一个阶梯跃升，膜含水量也会出现突然的提高。在图 6-18c 中可以明显地区分出来三段阶梯电流所对应的膜含水量（分别为紫色、绿色和红色），发现在反应生成水、电流拖曳作用、水浓度梯度扩散三者作用下，改变电流对于阳极催化层和膜的离聚物含水量影响不大，主要影响区域为阴极催化层。

结合图 6-18c、d 进行分析可知，在低温冷启动前期，膜含水量升高幅度较小，液态水生成速度很快；然而在后期，膜含水量升高幅度较大，液态水生成速度将会减缓。这是因为随着冷启动进行，电池温度升高，膜饱和含水量相应提高，析出液态水的速率降低。将该策略优化后结果和未优化的燃料电池内部状态参数比较可以发现，优化后液态水体积分数更高，冰体积分数更低，氧气浓度更高，膜含水量更高。产生上述结果的根本原因是，优化的冷启动策略提高了冷启动升温速率，减缓了结冰速率，如图 6-19 所示。

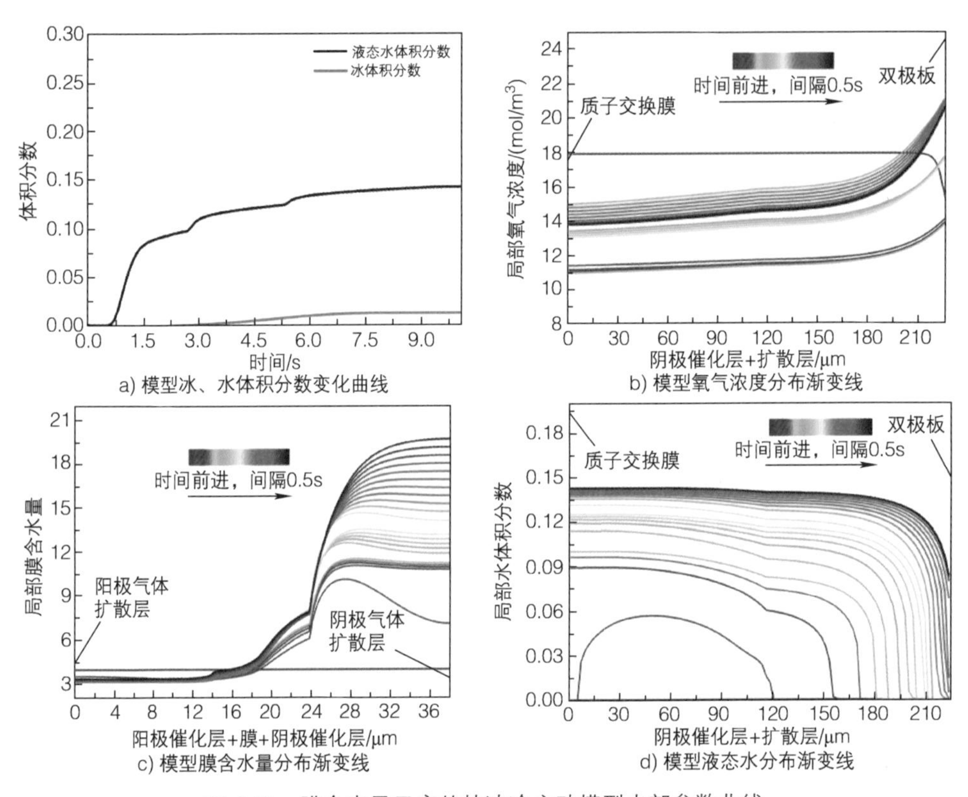

图 6-18　膜含水量已定的快速冷启动模型内部参数曲线

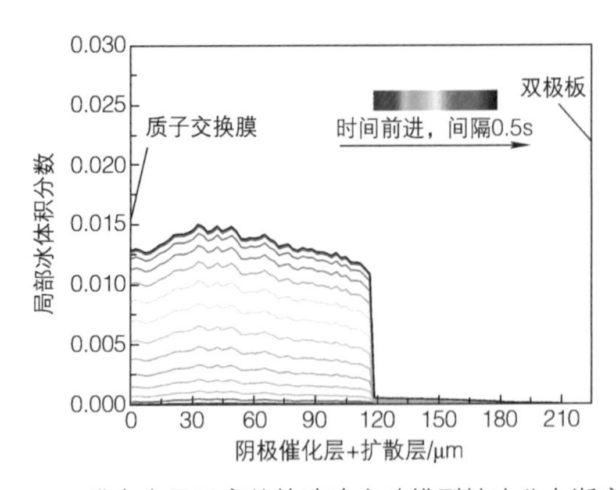

图 6-19　膜含水量已定的快速冷启动模型结冰分布渐变线

6.3.3　膜含水量未定的快速冷启动策略优化

考虑到实际应用中，低温停机存在吹扫过程，而吹扫的主要目标是控制下一次低温冷启动的膜初始含水量，因此，本小节在上一小节基础上进行拓展，将膜初始含水量 λ_{init} 也作为待优化的参数，优化目标仍然是冷启动时间最短，边界约束条件不变，同样选取按照温度区间划分的阶梯电流加载形式，粒子群优化程序运行后得到如下结果

$$I_{cell}=\begin{cases}471.75\text{A}, & T_{cell}\in[253.15,257.15)\text{K}\\570.43\text{A}, & T_{cell}\in[257.15,263.15)\text{K}\\675.95\text{A}, & T_{cell}\in[263.15,273.15]\text{K}\end{cases}\quad(6\text{-}49)$$
$$\lambda_{init}=8.02$$

此时模型仿真的冷启动成功时间为 $t=7.9\text{s}$，同时，优化电流也可以按时间分段表示为式（6-50）。

$$I_{cell}=\begin{cases}471.75\text{A}, & t\in[0,2.1)\text{s}\\570.43\text{A}, & t\in[2.1,4.4)\text{s}\\675.95\text{A}, & t\in[4.4,+\infty)\text{s}\end{cases}\quad(6\text{-}50)$$

可以发现，对于膜初始含水量不确定情况下的快速冷启动优化，其冷启动成功时间为 7.9s，相比于膜初始含水量为 4 下的快速冷启动时间 9.6s，减少了 1.7s。而且，优化后的膜初始含水量 $\lambda_{init}=8.02$，相比之前的膜初始含水量有所提高。优化后的分段电流仍然是阶梯上升的规律，且整体幅值更高。这说明适当增加膜初始含水量，可以增大极限加载电流，温度上升更快，更有利于冷启动快速成功。本次优化后的电压和温度曲线如图 6-20 所示，刚开始加载后的电压出现了

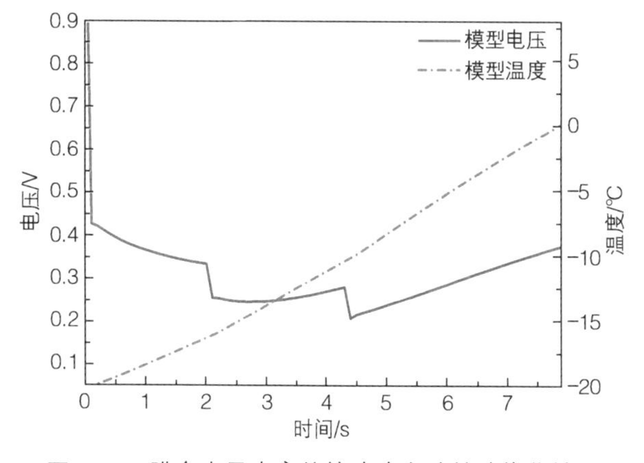

图 6-20　膜含水量未定的快速冷启动策略优化结果

下降段，这是由于大电流会产生极强的电流拖曳作用，导致膜的阳极侧极度失水，膜阻抗在不断增大，因此过大膜初始含水量和电流对于冷启动也是不利的。

为了探究此次低温冷启动策略优化所对应的电池内部状态变化，分析模型中获取到的启动过程中冰、水体积分数，氧气浓度分布，膜含水量分布、液态水分布和结冰分布，分别如图 6-21 和图 6-22 所示。通过将本小节优化后模型内部状态参数和未优化结果进行对比发现，各状态参数的基本规律和变化趋势都十分相似。不同的是，将膜初始含水量纳入优化变量后，开始生成液态水的时刻将会提前，前期生成液态水的速率更高，并且最终液态水体积分数有稍微增大；冷启动结束时的结冰体积分数更小；在启动过程中，阳极催化层和膜的离聚物含水量不断降低，阴极催化层的离聚物含水量不断提高；氧气浓度由于电流的增大也有一定的提高。

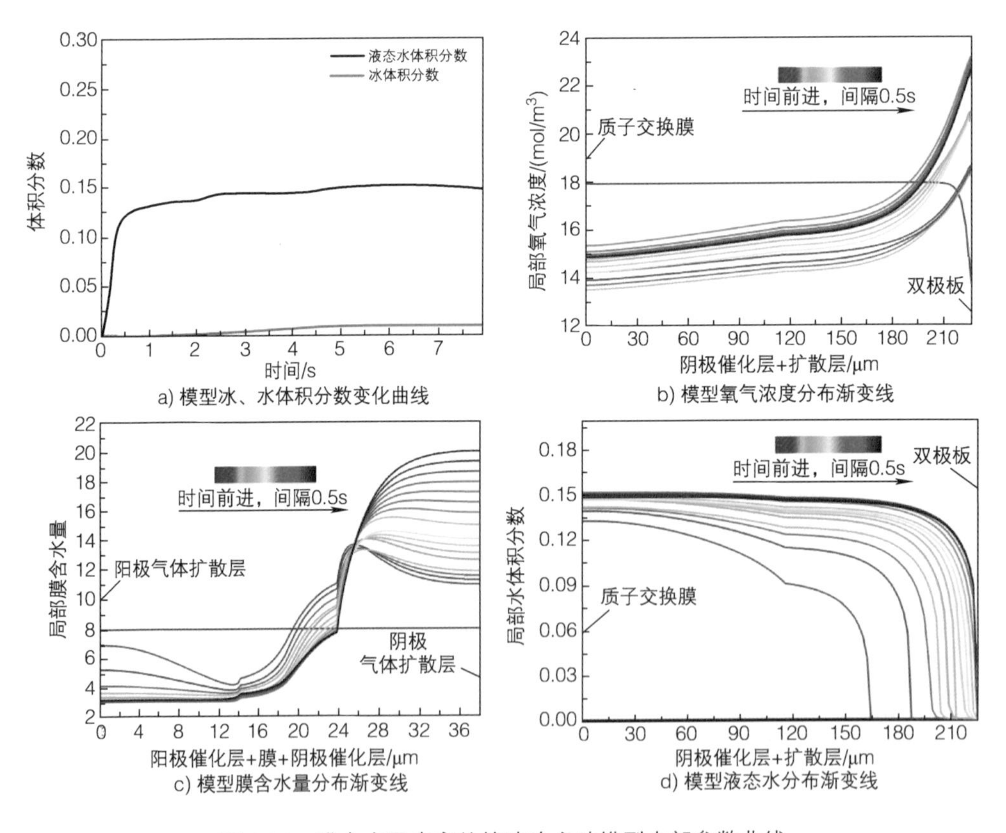

图 6-21 膜含水量未定的快速冷启动模型内部参数曲线

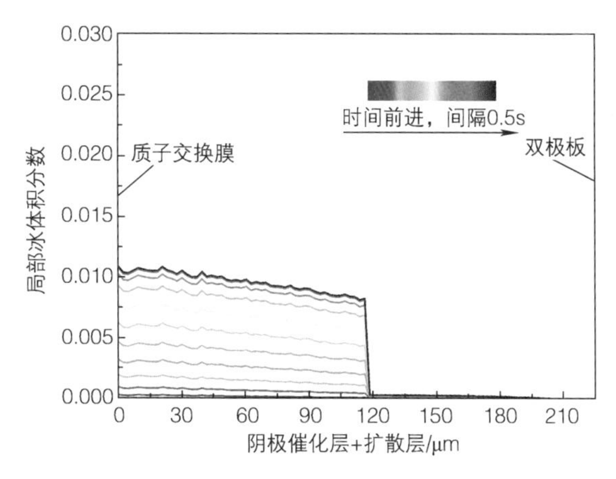

图 6-22　膜含水量未定的快速冷启动模型结冰分布渐变线

6.3.4　−30℃下快速冷启动策略优化

目前的燃料电池冷启动也有以 −30℃作为初始温度的需求，因此本小节进一步将对于 −30℃下的快速冷启动进行策略优化。同样选取按照温度区间划分的阶梯电流加载形式，但是由于升温范围相比之前有所扩大，将待优化电流划分成 4 段恒流，见式（6-51）。

$$I_{cell}=\begin{cases}I_a, & T_{cell}\in[243.15,247.15)\text{K}\\ I_b, & T_{cell}\in[247.15,253.15)\text{K}\\ I_c, & T_{cell}\in[253.15,261.15)\text{K}\\ I_d, & T_{cell}\in[261.15,273.15]\text{K}\end{cases} \tag{6-51}$$

本次冷启动优化的优化参数有 5 个：I_a、I_b、I_c、I_d、λ_{init}，优化目标和边界限制条件与之前一致。粒子群优化程序运行后得到的结果见式（6-52）

$$I_{cell}=\begin{cases}298.15\text{A}, & T_{cell}\in[243.15,247.15)\text{K}\\ 340.35\text{A}, & T_{cell}\in[247.15,253.15)\text{K}\\ 422.54\text{A}, & T_{cell}\in[253.15,261.15)\text{K}\\ 624.86\text{A}, & T_{cell}\in[261.15,273.15]\text{K}\end{cases} \tag{6-52}$$
$$\lambda_{init}=6.63$$

模型仿真的冷启动成功时间为 $t=14.9\text{s}$，同时，电流也可以按时间分段表示为如下形式

$$I_{cell}=\begin{cases}298.15\text{A}, & t\in[0,2.7)\text{s}\\ 340.35\text{A}, & t\in[2.7,6.2)\text{s}\\ 422.54\text{A}, & t\in[6.2,10.3)\text{s}\\ 624.86\text{A}, & t\in[10.3,+\infty)\text{s}\end{cases} \tag{6-53}$$

电池冷启动模型中的电压和温度曲线如图 6-23 所示。通过分析可以发现，−30℃冷启动的优化电流值和膜初始含水量是比 −20℃的优化结果偏小的，且最终的冷启动时间更长。这与之前的分析相符合，因为更低的初始温度会降低膜饱和含水量，更低的膜含水量会导致其更高的阻抗和更小的膜水扩散系数，因而极限电流也会变小。所以，初始温度越低的冷启动，最优加载电流和膜初始含水量是越低的。

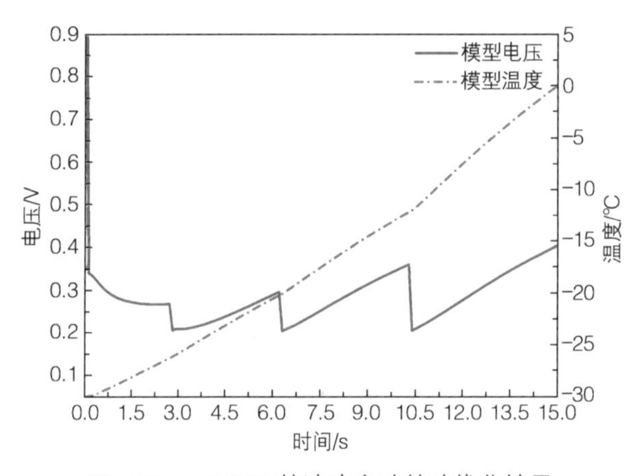

图 6-23 −30℃下快速冷启动策略优化结果

为了探究 −30℃低温冷启动策略优化所对应的电池内部状态变化，分析模型中获取到的启动过程中冰、水体积分数，氧气浓度分布，膜含水量分布，液态水分布和结冰分布，分别如图 6-24 和图 6-25 所示。由图 6-24a 可以发现，在 −30℃低温冷启动成功时，液态水体积分数和冰体积分数均达到了 0.15 左右，相比于 −20℃冷启动有所提高。由图 6-24b 可以发现，初始氧气浓度为 19mol/m^3，相比 −20℃的情形有所上升，这是因为热胀冷缩现象增加了氧气的密度，从而提高了氧气浓度。由图 6-25 可以发现，阴极催化层的结冰分布不是均匀的，而是有凹凸现象出现，这与过冷水成核相变结冰的随机性有关，随着冷启动温度的降低，各结冰位点的随机性导致的差异更加明显，结冰分布变得更加不均匀。

和 −20℃的低温冷启动优化结果进行总结对比发现，−30℃冷启动下，刚加载时刻的膜初始含水量更低，初始氧气浓度由于温度的降低而有所提高；−30℃冷启动结束时刻的液态水体积分数和膜含水量几乎不变，冰体积分数更高，相应的氧气浓度更低。

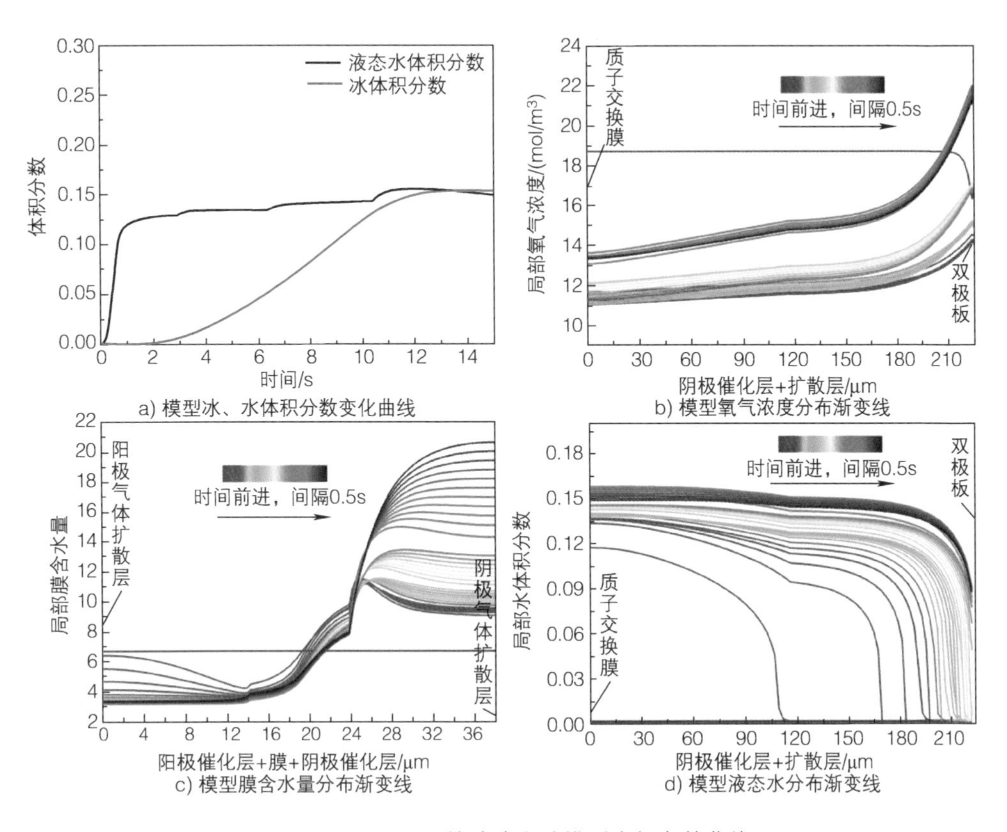

图 6-24　−30℃下快速冷启动模型内部参数曲线

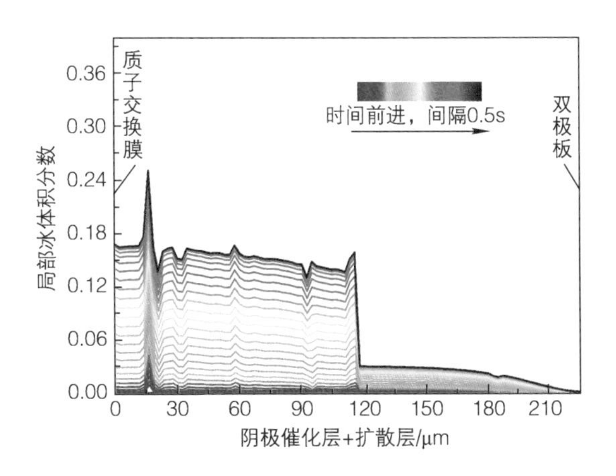

图 6-25　−30℃下快速冷启动模型结冰分布渐变线

6.3.5 冷启动策略优化前后对比分析

对一系列未优化的冷启动加载结果和快速冷启动优化策略结果进行对比，结果见表 6-6。经过分析可以发现，快速冷启动优化策略均能实现成功冷启动并且启动时间明显缩短。原因在于，在低温冷启动过程中随着温度的升高，电压也会不断升高，因此需要不断增长的阶梯电流使得电压保持在一个很低的水平，最大限度地给电池加热。但是电流的增长需要受到边界条件的限制，不然电压过低会出现反极现象。

表 6-6 优化前后启动结果对比

冷启动策略	结果
400mA/cm^2 恒电流	42.5s 失败
500mA/cm^2 恒电流	47.5s 失败
5V 恒电压	5s 失败
斜率为 15mA/(cm^2 · s) 斜坡电流	52.5s 失败
阶梯电流	25s 成功
−20℃膜初始含水量已定的优化电流	11.5s 成功
−20℃膜初始含水量未定的优化电流	7.9s 成功
−30℃膜初始含水量未定的优化电流	14.9s 成功

通过对比 −20℃下的膜初始含水量已定 / 未定的优化结果，发现当把膜初始含水量也纳入优化变量后，有助于缩短冷启动成功时间。原因是膜初始含水量进行优化后，可以改善电池低温冷启动性能，相比于之前的固定值可以进一步提高电流。而根据之前的分析，电流越大，产热速率越快，所以能够有效缩短冷启动成功时间。但是过大的膜初始含水量意味着初始电压偏高，这对于加快产热速率是不利的。更高的电流也就意味着更严重的电流拖曳效应，阳极侧失水会更加严重，有可能会提高电池整体的阻抗，表现在电压上便是在加载后会先降低再升高，这便是造成不同优化结果下电压曲线差异的原因。因此优化策略的实质是找到一个平衡状态，一个适当大小的膜初始含水量和阶梯电流。

通过对比 −20℃和 −30℃下的优化结果，发现不同初始温度所对应的快速冷启动加载策略也不相同，具体表现为，冷启动温度越低，策略优化得到的膜初始含水量会越低，这主要是由温度影响膜饱和含水量和膜水扩散系数等因素所决定的。相应的，越低的膜初始含水量也会导致优化后的电流越低，产热速率更慢。再考虑到不同初始温度冷启动成功所需要的升温幅度也不同，−30℃下优化后冷启动时间也就越长。

6.4　本章小结

本章建立了燃料电池低温冷启动机理模型，基于模型揭示了燃料电池冷启动过程中的关键物理化学过程，发现电化学过程决定了低温冷启动过程中的端电压变化，传热传质过程决定了温度、膜水分布和气体浓度变化，水相变决定了冰、水体积分数变化，三者之间相互影响、具有深度的耦合关系。针对燃料电池低温冷启动策略设计，本章提出了基于粒子群优化算法的快速冷启动策略优化方法，优化的策略均能成功实现系统低温冷启动，并可以缩短低温冷启动时间。进一步验证试验表明，膜初始含水量和电流的优化控制有利于提高冷启动效率。

燃料电池状态识别及老化预测

复杂工况下，进气及水、热管理不当会导致燃料电池内部状态超过合理范围，引起较大动力学损失，进而发生水淹、膜干和缺气等故障，短时间内会导致燃料电池输出性能下降，若不及时缓解，则会引起碳腐蚀、膜穿孔、铂溶解、材料变性等不可逆衰减。然而，由于燃料电池是封闭结构，难以直接采用传感器对内部状态进行测量，所以目前车用燃料电池系统主要基于外部可测量信号进行阈值判断，即只通过判断输出电压偏离预期值的程度实施降功率措施，无法针对具体的内部信息进行性能恢复。

因此，对于燃料电池系统控制而言，需在线识别燃料电池内部状态，以便及时改变燃料电池外部操作条件，缓解或防止内部故障发生。另一方面，老化预测和健康管理技术被证实对改善燃料电池耐久性是有效的。该技术本质上是一种预防性的维护策略，能在燃料电池全生命周期内监测其健康信息，并根据系统状态来及时判断是否执行维护操作，最后通过有效决策来降低系统故障或风险发生概率。老化预测是健康管理的关键，能向系统提供未来燃料电池健康状态信息，为燃料电池系统管理、维护和决策提供理论依据和信息支撑。

7.1　燃料电池内部状态估计

对燃料电池内部状态进行识别，判断是否发生水淹、膜干和缺气故障，提前改变操作条件，有利于提升燃料电池系统输出性能和使用寿命。目前，燃料电池内部状态识别主要分为定量识别和定性识别。燃料电池内部状态定量识别主要是基于燃料电池数值模型和外部可测量信号，利用滤波算法对模型内部状态变量进行重构，从而实现内部状态估计，又称燃料电池内部状态观测器。本节以车用燃料电池系统为研究对象，利用滑模控制算法建立适用于车用控制器的在线燃料电池内部状态观测器，以实现对氧气过量系数的有效估计，为基于内部状态信号的反馈控制提供依据。

7.1.1　系统状态方程及参数辨识

为实现燃料电池阴极状态观测及系统氧气过量系数估计，需要对燃料电池系统进行建模，得到系统状态方程以满足观测器的设计需要，在 4.1 节中已对系统模型进行了详细阐述。本节采用额定输出功率为 40kW、活性面积为 $340cm^2$ 的燃料电池系统为研究对象。针对燃料电池氧气过量系数估计，燃料电池系统状态方程可整理如下

$$
\begin{aligned}
\dot{x}_1 = {} & \frac{\mu_{cp}K_t}{J_{cp}R_{cm}}(u_{cm}-x_1)-\frac{C_p T_{atm}}{J_{cp}\omega_{cp}}\left[\left(\frac{x_2}{p_{atm}}\right)^{\frac{\gamma-1}{\gamma}}-1\right]\sqrt{Y_1+Y_2\frac{p_{atm}}{x_2}}\cdot \\
& (B_{00}+B_{10}x_2+B_{20}x_2{}^2+B_{01}x_1+B_{11}x_2x_1+B_{02}x_1{}^2)
\end{aligned} \tag{7-1}
$$

$$
\begin{aligned}
\dot{x}_2 = {} & \frac{\gamma R_a}{V_{sm}}(B_{00}+B_{10}p_{sm}+B_{20}p_{sm}^2+B_{01}\omega_{cp}+B_{11}p_{sm}\omega_{cp}+B_{02}\omega_{cp}^2)\cdot \\
& \sqrt{Y_1+Y_2\frac{p_{atm}}{p_{sm}}}\left\{T_{atm}+\frac{T_{atm}}{\mu_{cp}}\left[\left(\frac{p_{sm}}{p_{atm}}\right)^{\frac{\gamma-1}{\gamma}}-1\right]\right\}- \\
& \frac{\gamma R_a}{V_{sm}}k_{sm,out}T_{sm}\left(x_2-p_{v,ca}-\frac{R_{O_2}T_{st}x_3}{V_{ca}}-\frac{R_{N_2}T_{st}x_4}{V_{ca}}\right)
\end{aligned} \tag{7-2}
$$

$$
\begin{aligned}
\dot{x}_3 = {} & \frac{0.21M_{O_2}(x_2-\mathrm{RH}_{ca}T_{in})k_{sm,out}}{M_a(x_2-\mathrm{RH}_{ca}T_{in})+M_v\mathrm{RH}_{ca}T_{in}}\cdot\left(x_2-p_{v,ca}-\frac{R_{O_2}T_{st}x_3}{V_{ca}}-\frac{R_{N_2}T_{st}x_4}{V_{ca}}\right)- \\
& \frac{k_{ca,out}x_3}{x_3+x_4+\dfrac{p_{v,ca}V_{ca}}{R_vT_{st}}}\left(p_{v,ca}-\frac{R_{O_2}T_{st}x_3}{V_{ca}}-\frac{R_{N_2}T_{st}x_4}{V_{ca}}-x_5\right)-\frac{nM_{O_2}}{4F}
\end{aligned} \tag{7-3}
$$

$$
\begin{aligned}
\dot{x}_4 = {} & \frac{0.79M_{N_2}(x_2-\mathrm{RH}_{ca}T_{in})}{M_a(x_2-\mathrm{RH}_{ca}T_{in})+M_v\mathrm{RH}_{ca}T_{in}}\cdot k_{sm,out}\left(x_2-p_{v,ca}-\frac{R_{O_2}T_{st}x_3}{V_{ca}}-\frac{R_{N_2}T_{st}x_4}{V_{ca}}\right)- \\
& \frac{x_4}{x_3+x_4+\dfrac{p_{v,ca}V_{ca}}{R_vT_{st}}}k_{ca,out}\left(p_{v,ca}-\frac{R_{O_2}T_{st}x_3}{V_{ca}}-\frac{R_{N_2}T_{st}x_4}{V_{ca}}-x_5\right)
\end{aligned} \tag{7-4}
$$

$$
\begin{aligned}
\dot{x}_5 = {} & \frac{R_aT_{rm}}{V_{rm}}k_{ca,out}\left(p_{v,ca}-\frac{R_{O_2}T_{st}x_3}{V_{ca}}-\frac{R_{N_2}T_{st}x_4}{V_{ca}}-x_5\right)-\frac{R_aT_{rm}}{V_{rm}}\gamma^{\frac{1}{2}}\left(\frac{2}{\gamma+1}\right)^{\frac{\gamma+1}{2(\gamma-1)}}\cdot \\
& \frac{C_{D,rm}(\zeta_1 I_{st}{}^5+\zeta_2 I_{st}{}^4+\zeta_3 I_{st}{}^3+\zeta_4 I_{st}{}^2+\zeta_5 I_{st}+\zeta_6)p_{rm}}{\sqrt{R_aT_{rm}}}
\end{aligned} \tag{7-5}
$$

式中，u_{cm}为空压机控制电压；μ_{cp} 为压缩机效率；K_t 和 R_{cm} 为电机常数；J_{cp}为空压机转动惯量；C_p为空气比热容；γ 为空气比热容比；p_{sm}、p_{rm} 和 p_{atm} 分别为进气

歧管压力、排气歧管压力和大气歧管压力；B 为空压机多项式拟合参数；Y_1 和 Y_2 为修正参数；ω_{cp} 为空压机角速度；R_a 为空气气体常数；R_{O_2} 为氧气气体常数；R_{N_2} 为氮气气体常数；V_{sm} 为进气歧管体积；V_{ca} 为阴极腔体体积；V_{rm} 为排气歧管体积；n 为燃料电池单片数量；T_{sm}、T_{atm}、T_{st} 和 T_{rm} 分别为进气歧管温度、环境温度、电堆温度和排气歧管温度；RH_{ca} 为阴极侧湿度；T_{in} 为阴极进口气体温度；$k_{sm,out}$ 为进气歧管出口流量系数；$k_{ca,out}$ 为阴极出口气体流量系数；$p_{v,ca}$ 为阴极水蒸气分压；R_v 为水蒸气气体常数；$C_{D,rm}$ 为背压阀流量系数；ζ 为多项式拟合参数；系统状态变量 x_1 为 ω_{cp}，x_2 为 p_{sm}，x_3 为阴极氧气质量 m_{O_2}，x_4 为阴极氮气质量 m_{N_2}，x_5 为 p_{rm}。

根据系统状态方程，需辨识的参数包括 B_{00}、B_{20}、B_{10}、B_{01}、B_{02}、B_{11}、Y_1、Y_2、ζ_1、ζ_2、ζ_3、ζ_4、ζ_5、ζ_6、$k_{sm,out}$ 和 $k_{ca,out}$。具体的试验测试台架以及数据采集流程和 4.2 节一致。采用阶跃电流对燃料电池进行测试，具体工况设置如图 7-1 所示，运行时长共 1950s，存在加载、减载工况，最高负载电流 450A，最低负载电流 35A，阶跃变化最短持续 30s。试验过程中，测量得到空压机角速度、进气歧管压力、进气歧管入口质量流量、进气歧管出口处气体温度及湿度（被测系统配备维萨拉传感器）、排气歧管压力，各物理量变化曲线如图 7-2 所示。

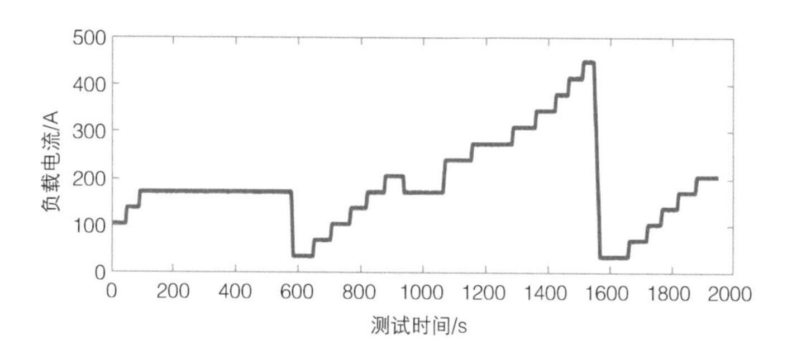

图 7-1　模型参数辨识用工况

测试平台采用 Simulink 自带工具 Parameter Estimation 进行参数辨识，给定初始值后通过迭代寻找与设定输出误差最小的参数，当参数改变减小的误差小于设定阈值时，迭代结束，输出最优化参数。根据实际试验数据，选择负载电流、进气温度及湿度、排气温度作为系统输入，选择空压机角速度、进气压力及排气压力作为系统输出，进行参数寻优，参数辨识结果见表 7-1。

根据试验数据进行模型仿真，真实测量的空压机角速度和进、排气压力与模型给定初值后仿真得到的空压机角速度和进、排气压力结果如图 7-3 所示。从试验结果可以看出，空压机角速度、进气歧管压力及排气歧管压力变化趋势与负载电流变化趋势相同。

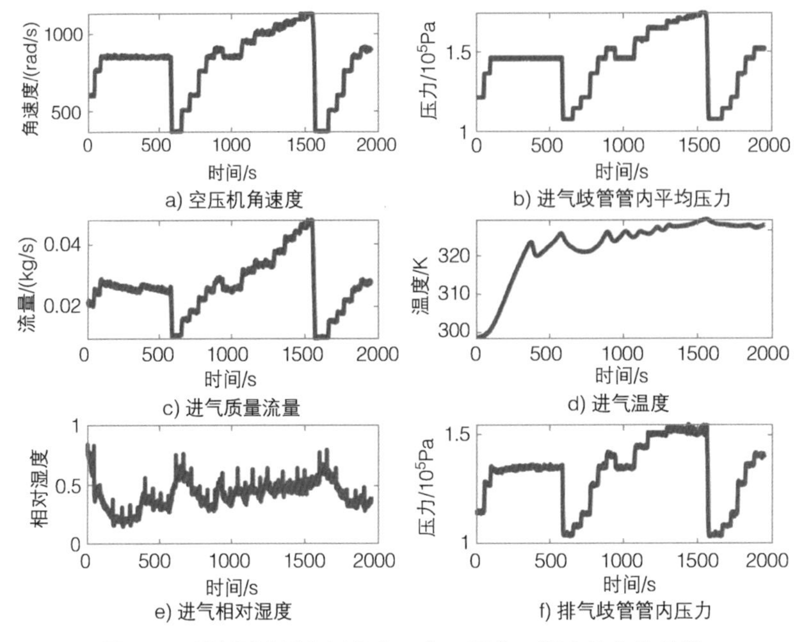

图 7-2 系统测试平台测量的压力、温度、湿度等变化曲线

表 7-1 燃料电池系统参数辨识结果

参数	辨识值	参数	辨识值
B_{00}	0.02826	ζ_1	1.1192×10^{-15}
B_{01}	3.944×10^{-5}	ζ_2	5.1914×10^{-13}
B_{02}	8.956×10^{-7}	ζ_3	-1.7721×10^{-9}
B_{10}	-4.354×10^{-7}	ζ_4	1.0135×10^{-6}
B_{11}	-7.5885×10^{-10}	ζ_5	-2.2982×10^{-4}
B_{20}	2.8777×10^{-12}	ζ_6	2.1654×10^{-2}
Y_1	0.4712	$k_{sm,out}$	3.6881×10^{-6}
Y_2	0.4709	$k_{ca,out}$	3.8349×10^{-6}

在整个负载工况下，模型可较好地仿真系统测量信号。模型计算得到的空压机角速度、进气歧管压力及排气歧管压力相对误差如图 7-4 所示，各变量的相对误差基本在 ±5% 以内。各状态量的相对误差均在 580s、1580s 左右出现突变的“尖峰”，根据对应的工况图可以发现，此时系统负载电流突然大幅度降低，造成系统模型与实际测量误差较大。进气歧管压力与排气歧管压力拟合较好，基本相对误差都在 ±5% 以内；角速度误差相对较大，在 0 ~ 50s、700 ~ 760s、1720 ~ 1770s 相对误差超过 5%，但是不超过 8%。造成角速度误差的主要原因是空压机模型不够准确，在低角速度段模型拟合的质量流量存在误差，此时空压机角速度较小，造成相对误差较大。

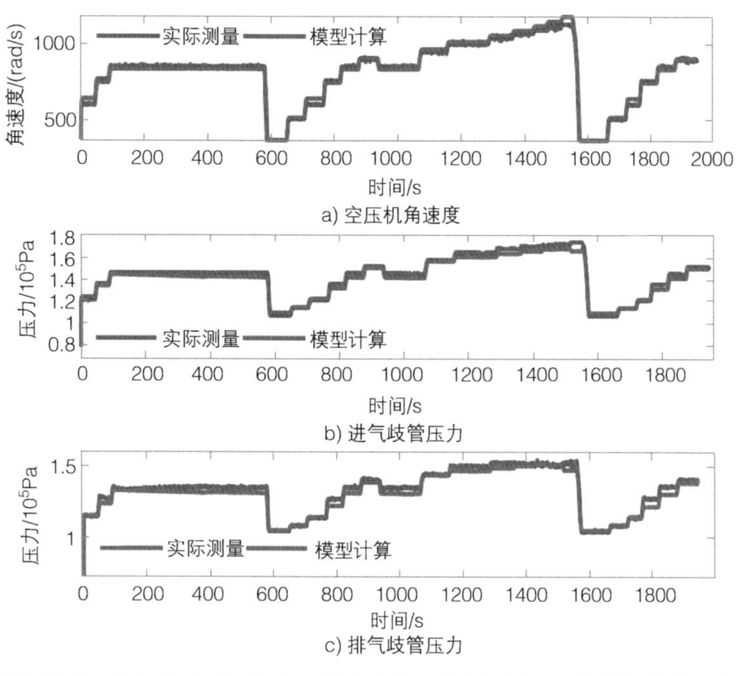

a) 空压机角速度

b) 进气歧管压力

c) 排气歧管压力

图 7-3　实际测量和系统模型仿真的空压机角速度、进气歧管压力和排气歧管压力结果对比

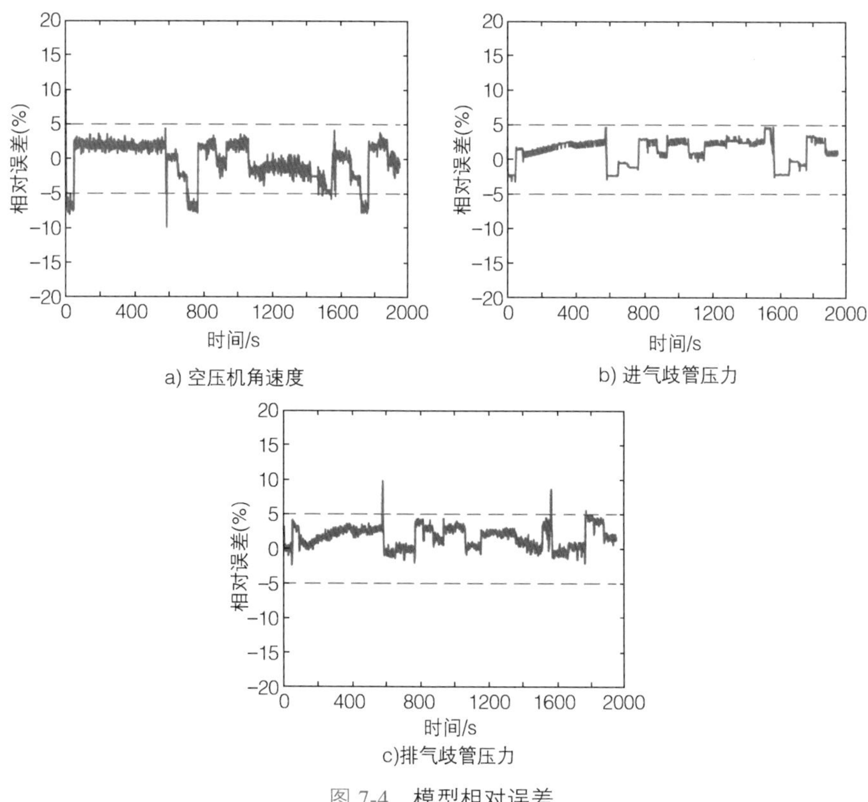

a) 空压机角速度

b) 进气歧管压力

c)排气歧管压力

图 7-4　模型相对误差

7.1.2 氧气过量系数计算原理

氧气过量系数表示燃料电池阴极内部实际进入的氧气流量 $W_{O_2,in}$ 与实际参与反应的氧气流量 $W_{O_2,react}$ 的比值，反映了燃料电池系统进气量与需求气体量的关系。通过合理控制氧气过量系数，可以有效防止氧饥饿现象发生，同时提高燃料电池系统效率。氧气过量系数定义为

$$\lambda_{O_2}=\frac{W_{O_2,in}}{W_{O_2,react}} \tag{7-6}$$

反应氧气质量流量可表示为

$$W_{O_2,react}=n\frac{M_{O_2}}{4F}I_{st} \tag{7-7}$$

实际进入阴极侧的氧气质量流量等于单位时间内经过线性喷管流入的氧气所占含量

$$W_{O_2,in}=\frac{0.21M_{O_2}[p_{sm}-RH_{ca}p_{sat}(T_{in})]}{M_a[p_{sm}-RH_{ca}p_{sat}(T_{in})]+M_v RH_{ca}p_{sat}(T_{in})}k_{sm,out}\cdot\left(p_{sm}-p_{v,ca}-\frac{R_{N_2}T_{st}m_{N_2}}{V_{ca}}-\frac{R_{O_2}T_{st}m_{O_2}}{V_{ca}}\right) \tag{7-8}$$

式中，$p_{sat}(T_{in})$ 为进气歧管温度下的饱和水蒸气压力；$p_{v,ca}$ 为燃料电池内部水蒸气分压，假设燃料电池内部湿度达到 100%，则水蒸气分压为定值。

可见，氧气过量系数与燃料电池内部阴极侧氧气质量和氮气质量有关，只需估计阴极内部氧气质量和氮气质量，即可实现氧气过量系数在线估计。基于模型得到的燃料电池内部氧气和氮气分压变化如图 7-5 所示，氧气在燃料电池内部被电化学反应消耗，由进气流量、排气流量和反应消耗共同决定。在前期，氧气分压与进气管压力呈相同变化趋势，说明此时进来的氧气质量大于反应需要的氧气质量以及排气质量，电流负载消耗的氧气被进来的氧气补充，氧气分压整体呈上升趋势。负载突然减小后，燃料电池反应消耗的氧气减少，进气量也减少，此时氧气过量系数较大，说明进气质量大于消耗氧气质量，但进气质量小于反应消耗的氧气量与排气质量之和，因此氧气分压降低。在 1200s 左右开始，始终保持高电流负载，消耗氧气增多，进气增加量较少，因此阴极氧气分压逐渐下降。如果继续升高负载而保持进气量不变或略有增加，可能会造成氧饥饿现象，使燃料电池效率降低，甚至损坏燃料电池。

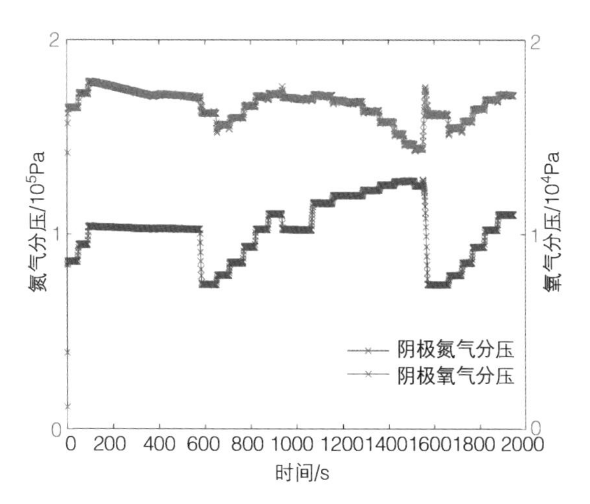

图 7-5　基于模型仿真的燃料电池内部气体分压

7.1.3　内部状态观测器设计

对于系统模型而言，若想得到实时的燃料电池阴极内部气体状态（质量和压力等），需要知道系统状态量的初始值，而在实际应用中，系统状态量的初始值是不可知的。利用观测器方法，可以实现通过系统已知且便于测量的物理量对系统不可测量状态进行估计。因此，在本书 4.1 节建立的模型基础上，利用滑模变结构控制原理，设计滑模状态观测器对燃料电池阴极气体质量进行观测，进而估计氧气过量系数。

1　滑模变结构原理

滑模变结构控制系统本质上是一类特殊的非线性控制，具有不连续性，控制系统结构并不固定，随时间的变化具有开关特性。在动态过程中，这种控制结构会根据系统当前的状态（误差以及误差的各阶导数等）有目的地不断变化，这种控制特性可以迫使系统在一定特性下沿规定的状态轨迹进行小幅度、高频率的上下运动，即所谓的滑动模态（sliding mode，SM）运动。

如图 7-6 所示，滑模运动就是一种“终止点”运动，即系统运动点到达切换面 $s=0$ 附近时，不论在切换面两边哪一侧，运动点都会向趋向于该点方向运动。一旦运动点趋近于该区域，就会被吸引到该区域内运动，称此时切换面 $s=0$ 上所有运动点都

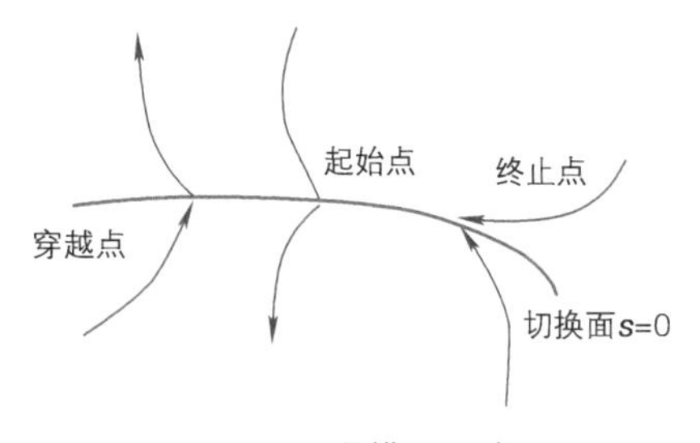

图 7-6　滑模面示意图

是终止点区域，即“滑动模态”区。

滑模观测器依据滑模变结构控制原理，通过外加滑模控制量使得系统输出量按照“预期轨迹”运行，并通过一定权重作为反馈量反馈回系统，实现对不可观测量的估计。滑模观测器本质上是对系统的一种替代，所有输出误差通过设计的滑模算法注入状态量，使得系统状态量得到重构，设计的滑模参数需要满足系统状态在有限时间内的收敛。因为滑动模态可以人为设计，同时与系统扰动和对象参数无关，因此变结构系统控制具备物理实现简单、响应速度快、不受外界扰动干扰、无需系统在线辨识等优点。

设计滑模变结构控制函数主要包括以下内容：设计滑模控制量，满足可到达要求，即在切换面 $\boldsymbol{s}(x)=0$ 以外的运动点都将在有限时间内到达切换面，从而在切换面上形成滑动模态区；保证滑模运动的稳定性；设计切换函数 $\boldsymbol{s}(x)$，使它所确定的滑动模态渐近稳定且拥有优良的动态品质。

2 滑模观测器设计

（1）系统结构 针对观测器设计，将上述五阶多输入多输出的燃料电池系统方程表示为

$$\dot{\boldsymbol{x}}=f(\boldsymbol{x})+\boldsymbol{u}(I_{\mathrm{st}}) \tag{7-9}$$

式中，$f(\boldsymbol{x})\in R^5$；系统状态量 $\boldsymbol{x}\in R^5$；$\boldsymbol{u}$ 为系统外部扰动，与系统负载工况有关。系统输出量选择为进、排气歧管内气体压力和空压机角速度，可以保证系统动态响应速度，输出方程为

$$\boldsymbol{y}=[h_1,h_2,h_3]^{\mathrm{T}}=[x_1,x_2,x_5]^{\mathrm{T}} \tag{7-10}$$

滑模观测算法通过系统外加控制律对系统进行“复制”，实现系统状态量重构，因此最终系统状态方程为如下形式

$$\dot{\hat{\boldsymbol{x}}}=f(\hat{\boldsymbol{x}})+\boldsymbol{u}(I_{\mathrm{st}})+\boldsymbol{G}(\hat{\boldsymbol{x}})\boldsymbol{v}(\boldsymbol{y}-\hat{\boldsymbol{y}}) \tag{7-11}$$

$$\hat{\boldsymbol{y}}=[\hat{h}_1,\hat{h}_2,\hat{h}_3]^{\mathrm{T}}=[\hat{x}_1,\hat{x}_2,\hat{x}_5]^{\mathrm{T}} \tag{7-12}$$

式中，$\hat{\boldsymbol{x}}\in R^5$ 是观测的模型状态量；$\hat{\boldsymbol{y}}$ 为观测得到的输出量；$f(\hat{\boldsymbol{x}})$ 为系统状态方程；$\boldsymbol{G}(\hat{\boldsymbol{x}})\in R^5$ 为控制输入前的增益矩阵；$\boldsymbol{v}(\boldsymbol{y}-\hat{\boldsymbol{y}})$ 为外加的滑模控制量，具体控制设计将在后文阐述。

（2）观测器可导性分析 设计观测器的前提是系统是可观测的或局部可观测的。对于非线性系统，设 $\boldsymbol{x}$ 为状态矢量，$\boldsymbol{z}$ 为观测矢量

$$\begin{cases}\dot{\boldsymbol{x}}=f(\boldsymbol{x})\\ \boldsymbol{z}=h(\boldsymbol{x})\end{cases} \tag{7-13}$$

假设状态方程 $f(\boldsymbol{x})$ 和观测方程 $h(\boldsymbol{x})$ 为光滑函数且满足利普希茨连续条件，利用李导数分析系统的可观测性。根据微分理论，$h(\boldsymbol{x})$ 沿 $f(\boldsymbol{x})$ 的各阶李导数被定义为

$$L_f^0 h(\boldsymbol{x}) = h(\boldsymbol{x}) \tag{7-14}$$

$$L_f^j h(\boldsymbol{x}) = \frac{\partial(L_f^{j-1} h(\boldsymbol{x}))}{\partial \boldsymbol{x}} f(\boldsymbol{x}) \tag{7-15}$$

将式中 $\dfrac{\partial(L_f^{j-1} h(\boldsymbol{x}))}{\partial \boldsymbol{x}}$ 定义为 $\mathrm{d}L_f^{j-1} h(\boldsymbol{x})$，由非线性系统观测性原理可知，$\{h, L_f h, \cdots, L_f^k h, \cdots\}$ 可以线性组合成为该非线性系统的观测空间，并且对于该空间中一点 x_0，如果满足

$$\dim \operatorname{span}\{\mathrm{d}H(x_0) | H \in \{h, L_f h, \cdots, L_f^k h, \cdots\}\} = n,\ x_0 \in \boldsymbol{x}^n \tag{7-16}$$

则该非线性系统在 x_0 点满足可观测性秩条件。因此，由 $\mathrm{d}H^n$ 定义的非线性系统的可观测性矩阵 $\boldsymbol{O}(\boldsymbol{x})$ 为

$$\boldsymbol{O}(\boldsymbol{x}) = [\mathrm{d}L_f^0 h,\ \mathrm{d}L_f^1 h,\ \ldots,\ \mathrm{d}L_f^{k_n-1} h]^{\mathrm{T}},\ \boldsymbol{O}(\boldsymbol{x}) \in R^{n\times n} \tag{7-17}$$

因此，利用李导数求解非线性系统可观测性时，如果 $\operatorname{rank}(\boldsymbol{O}(\boldsymbol{x})) = n$，则系统理论上在该区域是局部可观测的。针对质子交换膜燃料电池系统，可观测性矩阵 $\boldsymbol{O}$ 的观测空间为

$$\boldsymbol{O}(\boldsymbol{x}) = \begin{bmatrix} \mathrm{d}L_f^0(h_1), & \mathrm{d}L_f^0(h_2), & \mathrm{d}L_f^0(h_3) \\ \mathrm{d}L_f^1(h_1), & \mathrm{d}L_f^1(h_2), & \mathrm{d}L_f^1(h_3) \\ \mathrm{d}L_f^2(h_1), & \mathrm{d}L_f^2(h_2), & \mathrm{d}L_f^2(h_3) \\ \mathrm{d}L_f^3(h_1), & \mathrm{d}L_f^3(h_2), & \mathrm{d}L_f^3(h_3) \\ \mathrm{d}L_f^4(h_1), & \mathrm{d}L_f^4(h_2), & \mathrm{d}L_f^4(h_3) \end{bmatrix} \tag{7-18}$$

考虑到 x_1 只在 f_1 中出现，所以最终选择的燃料电池系统可观测性矩阵形式为

$$\boldsymbol{O}(\boldsymbol{x}) = \left[\left[\frac{\partial h_1}{\partial \boldsymbol{x}}\right]^{\mathrm{T}} \left[\frac{\partial h_2}{\partial \boldsymbol{x}}\right]^{\mathrm{T}} \left[\frac{\partial L_f^1(h_2)}{\partial \boldsymbol{x}}\right]^{\mathrm{T}} \left[\frac{\partial h_3}{\partial \boldsymbol{x}}\right]^{\mathrm{T}} \left[\frac{\partial L_f^1(h_3)}{\partial \boldsymbol{x}}\right]^{\mathrm{T}}\right]_{5\times 5} \tag{7-19}$$

要求此系统可观测，则

$$\det(\boldsymbol{O}) \neq 0 \tag{7-20}$$

经整个工况条件下计算 $|\det(\boldsymbol{O})|$，结果显示 $|\det(\boldsymbol{O})|$ 最小值为 9.8×10^{21}，所以 $|\det(\boldsymbol{O})|$ 始终大于零，满足可观测要求。

（3）观测器设计　在系统可观测条件下，滑模观测器设计结构如图 7-7 所示。图 7-7 中系统输入为空压机角速度、进气歧管平均压力、排气歧管平均压力、

阴极氧气质量及阴极氮气质量。系统输出量为空压机角速度、进气歧管压力和排气歧管压力。利用传感器测量空压机角速度、进气歧管压力及排气歧管压力与系统得到的状态量相减得到系统输出误差，作为滑模反馈量的输入值。通过在五阶燃料电池系统状态方程上外加滑模反馈量，最终重构系统状态量。

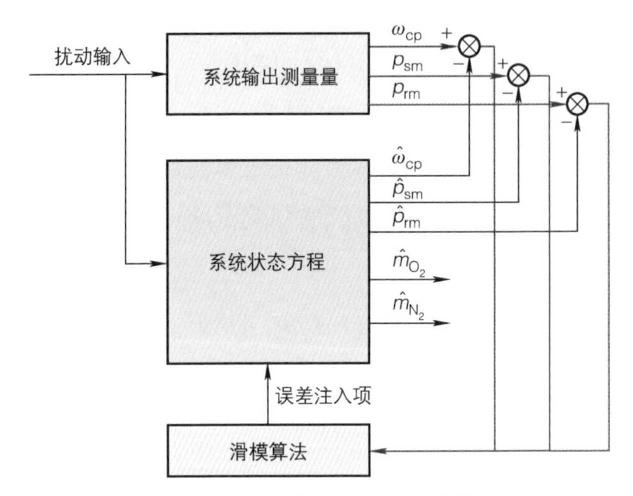

图 7-7　滑模状态观测器设计结构图

对于增益矩阵$\boldsymbol{G}(\hat{\boldsymbol{x}})$，令$\boldsymbol{G}(\hat{\boldsymbol{x}})$为如下形式

$$\boldsymbol{G}(\hat{\boldsymbol{x}})=\boldsymbol{O}^{-1}(\hat{\boldsymbol{x}})\begin{bmatrix}1&0&0\\0&0&0\\0&1&0\\0&0&0\\0&0&1\end{bmatrix} \tag{7-21}$$

定义$\boldsymbol{\Delta}$为系统状态量误差

$$\boldsymbol{\Delta}=\hat{\boldsymbol{x}}-\boldsymbol{x} \tag{7-22}$$

定义 $\boldsymbol{\delta}$为系统输出测量误差

$$\boldsymbol{\delta}=\hat{\boldsymbol{y}}-\boldsymbol{y} \tag{7-23}$$

则有

$$\dot{\boldsymbol{\Delta}}=f(\hat{\boldsymbol{x}})-f(\boldsymbol{x})+\boldsymbol{G}(\hat{\boldsymbol{x}})\boldsymbol{v} \tag{7-24}$$

$$\boldsymbol{\delta}=h(\hat{\boldsymbol{x}})-h(\boldsymbol{x}) \tag{7-25}$$

根据设计的 $\boldsymbol{G}(\hat{\boldsymbol{x}})$，求系统输出误差一阶到 n 阶导数，并换成各阶李导数代入进去，可以得到如下等式

$$\boldsymbol{\delta}^{(j)}=L_{f(\hat{\boldsymbol{x}})}^{j}(h(\hat{\boldsymbol{x}}))-L_{f(\boldsymbol{x})}^{j}(h(\boldsymbol{x})),\qquad 1\ll j\ll n-1 \tag{7-26}$$

$$\boldsymbol{\delta}^{(n)}=L_{f(\hat{\boldsymbol{x}})}^{n}(h(\hat{\boldsymbol{x}}))-L_{f(\boldsymbol{x})}^{n}(h(\hat{\boldsymbol{x}}))+\boldsymbol{v} \tag{7-27}$$

即观测误差输出方程为

$$\begin{bmatrix}\dfrac{\mathrm{d}\delta_1}{\mathrm{d}t}\\ \dfrac{\mathrm{d}\delta_2}{\mathrm{d}t}\\ \dfrac{\mathrm{d}^2\delta_2}{\mathrm{d}t^2}\\ \dfrac{\mathrm{d}\delta_3}{\mathrm{d}t}\\ \dfrac{\mathrm{d}^2\delta_3}{\mathrm{d}t^2}\end{bmatrix}=\begin{bmatrix}L_f^1(h_1(\hat{x}))-L_f^1(h_1(x))\\ L_f^1(h_2(\hat{x}))-L_f^1(h_2(x))\\ L_f^2(h_2(\hat{x}))-L_f^2(h_2(x))\\ L_f^1(h_3(\hat{x}))-L_f^1(h_3(x))\\ L_f^2(h_3(\hat{x}))-L_f^2(h_3(x))\end{bmatrix}+\begin{bmatrix}1&0&0\\0&0&0\\0&1&0\\0&0&0\\0&0&1\end{bmatrix}\begin{bmatrix}v_1&v_2&v_3\end{bmatrix}^{\mathrm{T}} \tag{7-28}$$

系统输出误差 $\boldsymbol{\delta}$ 可以看成是系统状态量 $\boldsymbol{x}$ 和观测量 $\hat{\boldsymbol{x}}$ 的函数，所以系统输出误差 $\boldsymbol{\delta}$ 可以看作为系统观测量误差 $\boldsymbol{\Delta}$ 和系统观测量 $\hat{\boldsymbol{x}}$ 的函数映射。如果系统输出量误差 $\boldsymbol{\delta}$ 为零时，系统观测量误差 $\boldsymbol{\Delta}$ 为零，说明当设计的观测器使得系统模型输出量与实际测量量相同时，系统所有观测量与系统实际状态量误差也为零，系统状态观测量即为系统实际状态量，观测器观测目的得以实现。因为直接证明该理论较为复杂，因此利用双射函数即反函数定义进行证明。

如果系统状态量误差 $\boldsymbol{\Delta}(t)=\mathbf{0}$，即系统输出量中所有阶导数全部为零，那么系统输出误差必然为零，即对于函数

$$\boldsymbol{\delta}=\varphi(\boldsymbol{\Delta},\hat{\boldsymbol{x}}) \tag{7-29}$$

在 $\boldsymbol{\Delta}\in\mathbf{0}$ 的邻域附近，存在一个映射，使得

$$\varphi(\mathbf{0},\hat{\boldsymbol{x}})=\mathbf{0} \tag{7-30}$$

考虑函数 φ 的反函数 φ^{-1}，如果存在这样的反函数 φ^{-1}，由反函数定义可知，在该邻域内，函数变量之间一一对应，即

$$\boldsymbol{\Delta}=\varphi^{-1}(\boldsymbol{\delta},\hat{\boldsymbol{x}}) \tag{7-31}$$

考虑其雅可比矩阵

$$\frac{\partial\varphi(\boldsymbol{\Delta},\hat{\boldsymbol{x}})}{\partial\boldsymbol{\Delta}}=\frac{\partial\boldsymbol{\delta}}{\partial\boldsymbol{\Delta}}=\frac{\partial h(\boldsymbol{x})}{\partial\boldsymbol{x}}\frac{\partial\boldsymbol{x}(\hat{\boldsymbol{x}},\boldsymbol{\Delta})}{\partial\boldsymbol{\Delta}} \tag{7-32}$$

定义符号 $\varphi^{(j)}(\boldsymbol{\Delta},\hat{\boldsymbol{x}})$ 表示如下含义

$$\varphi^{(j)}(\boldsymbol{\Delta},\hat{\boldsymbol{x}})=L_{f(\hat{\boldsymbol{x}}+\boldsymbol{\Delta})}^{(j-1)}h(\hat{\boldsymbol{x}}+\boldsymbol{\Delta})-L_{f(\hat{\boldsymbol{x}})}^{(j-1)}h(\hat{\boldsymbol{x}}) \tag{7-33}$$

则

$$\frac{\partial \varphi^{(j)}(\boldsymbol{\Delta},\hat{\boldsymbol{x}})}{\partial \boldsymbol{\Delta}}=\frac{\partial L_{f(x)}^{(j-1)}h(\boldsymbol{x})}{\partial \boldsymbol{x}}\frac{\partial \boldsymbol{x}(\hat{\boldsymbol{x}},\boldsymbol{\Delta})}{\partial \boldsymbol{\Delta}},\quad j=2,\ \cdots,\ n \tag{7-34}$$

因为

$$\begin{cases}\dfrac{\partial \boldsymbol{x}(\hat{\boldsymbol{x}},\boldsymbol{\Delta})}{\partial \boldsymbol{\Delta}}=\mathbf{1}\\ \boldsymbol{\Delta}(t)=\mathbf{0}\end{cases} \tag{7-35}$$

所以可得

$$\left.\frac{\partial \varphi(\boldsymbol{\Delta},\hat{\boldsymbol{x}})}{\partial \boldsymbol{\Delta}}\right|_{\boldsymbol{\Delta}=\mathbf{0}}=\frac{\partial h(\boldsymbol{x})}{\partial \hat{\boldsymbol{x}}} \tag{7-36}$$

$$\left.\frac{\partial \varphi^{j}(\boldsymbol{\Delta},\hat{\boldsymbol{x}})}{\partial \boldsymbol{\Delta}}\right|_{\boldsymbol{\Delta}=\mathbf{0}}=\frac{\partial L_{f(\hat{x})}^{(j-1)}h(\boldsymbol{x})}{\partial \hat{\boldsymbol{x}}} \tag{7-37}$$

所以其雅可比矩阵即为其可观测性矩阵 $\boldsymbol{O}$，即

$$\left.\frac{\partial \varphi^{j}(\boldsymbol{\Delta},\hat{\boldsymbol{x}})}{\partial \boldsymbol{\Delta}}\right|_{\boldsymbol{\Delta}=\mathbf{0}}=\frac{\partial L_{f(\hat{x})}^{(j-1)}h(\boldsymbol{x})}{\partial \hat{\boldsymbol{x}}} \tag{7-38}$$

当满足系统可观测时，

$$\det(\boldsymbol{O})\neq 0 \tag{7-39}$$

即雅可比行列式不为零。由雅可比定理，如果雅可比行列式不为零，则原函数具有反函数，说明函数在测量误差为零的邻域内是一一映射的。因此，在系统输出测量量误差为零的情况下，系统状态量误差也为零。至此，观测器观测量的正确性得到理论证明。

下面说明设计的观测器可以在有限时间内收敛。对于非线性动态系统，其 n 阶方阵 $\boldsymbol{M}(z)$ 定义如下

$$\boldsymbol{M}(z)=\begin{bmatrix}\mathrm{d}L_{f(z)}^{0}h\\ \mathrm{d}L_{f(z)}^{1}h\\ \vdots\\ \mathrm{d}L_{f(z)}^{n-1}h\end{bmatrix} \tag{7-40}$$

当 $\boldsymbol{M}(z)$ 满足对于全部 z 均非奇异，并且存在常数 T 使得如下不等式成立时

$$|\boldsymbol{\delta}|<T \tag{7-41}$$

则通过选择合适的外部控制量 $\boldsymbol{v}$，可以实现系统观测误差在有限的时间内收敛于零。设计的系统控制律 $\boldsymbol{v}$ 见式（7-42）~ 式（7-47），称为准连续任意阶滑模控制。

在给定阶参数 β_1、β_2、…、β_{n-1}、α 足够大时，系统可以在有限时间内稳定，状态量误差可以收敛于零。

$$\varphi_{0,n}=e_y,\ N_{0,n}=\left|e_y\right| \tag{7-42}$$

$$\varPsi_{0,n}=\frac{\varphi_{0,n}}{N_{0,n}}=\operatorname{sign}(e_y) \tag{7-43}$$

$$\varphi_{i,n}=e_y^{(i)}+\beta_i N_{i-1,n}^{(n-i)/(n-i+1)} \tag{7-44}$$

$$N_{i,n}=\left|e_y^{(i)}\right|+\beta_i N_{i-1,n}^{(n-i)/(n-i+1)} \tag{7-45}$$

$$\varPsi_{i,n}=\frac{\varphi_{i,n}}{N_{i,n}} \tag{7-46}$$

$$\boldsymbol{v}=-\alpha\varPsi_{n-1,n}(e_y,e_y^{(1)},e_y^{(2)},\cdots,e_y^{(n-1)}) \tag{7-47}$$

式（7-43）中 $\operatorname{sign}(e_y)$ 为开关函数，具体形式如下

$$\operatorname{sign}(e_y)=\begin{cases}1, & e_y>0\\ 0, & e_y=0\\ -1, & e_y<0\end{cases} \tag{7-48}$$

设计燃料电池系统一阶滑模观测器控制律如下

$$\boldsymbol{v}=-\alpha\operatorname{sign}(\boldsymbol{\delta}) \tag{7-49}$$

得到最终系统动态方程如下

$$\dot{\hat{\boldsymbol{x}}}=f(\hat{\boldsymbol{x}})+\boldsymbol{u}(I_{\mathrm{st}})+\boldsymbol{G}(\hat{\boldsymbol{x}})\boldsymbol{v}(\boldsymbol{\delta}) \tag{7-50}$$

式中，

$$\boldsymbol{G}(\hat{\boldsymbol{x}})=\boldsymbol{O}(\hat{\boldsymbol{x}})^{-1}\begin{bmatrix}1&0&0\\0&0&0\\0&1&0\\0&0&0\\0&0&1\end{bmatrix}$$

$$\boldsymbol{v}(\boldsymbol{\delta})=\begin{bmatrix}-\alpha_1\operatorname{sign}(\delta_1)\\-\alpha_2\operatorname{sign}(\delta_2)\\-\alpha_3\operatorname{sign}(\delta_3)\end{bmatrix}$$

α_1、α_2 和 α_3 为大于零的正数，最终根据实际试验数据，分别设计为 0.2、0.1 和 0.1。

7.1.4 状态观测器结果及优化

考虑到阴极侧气体状态无法测量，利用前面已经验证过模型的理论值与观测器观测的状态量进行仿真对比，据此分析观测器性能。图 7-8 为燃料电池堆阴极侧气体状态，从图中可以看出，对于阴极侧氧气质量和氮气质量，所设计的滑模观测器虽然收敛于模型理论值，收敛速度很快，但是抖振的幅度很大，造成了较大的相对误差。图 7-9 为一阶滑模观测器具体相对误差，可以看出，对于阴极侧氧气质量与氮气质量，因为本身绝对值较小，过大的抖振幅度导致系统相对误差较大，氮气质量估计相对误差基本在 5% 以内，而氧气质量估计相对误差已经到达 20%，失去了观测阴极气体状态的作用。较大的抖振不仅使误差增加，而且在实际控制器使用时，很容易造成失真和控制不稳定等问题，因此传统滑模观测器在实际应用中并不合适。

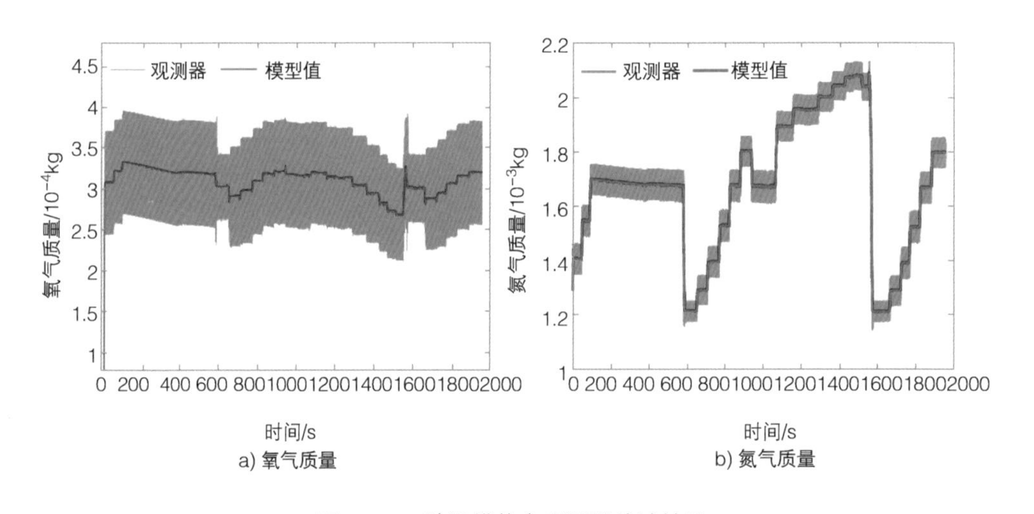

图 7-8 一阶滑模状态观测器估计结果

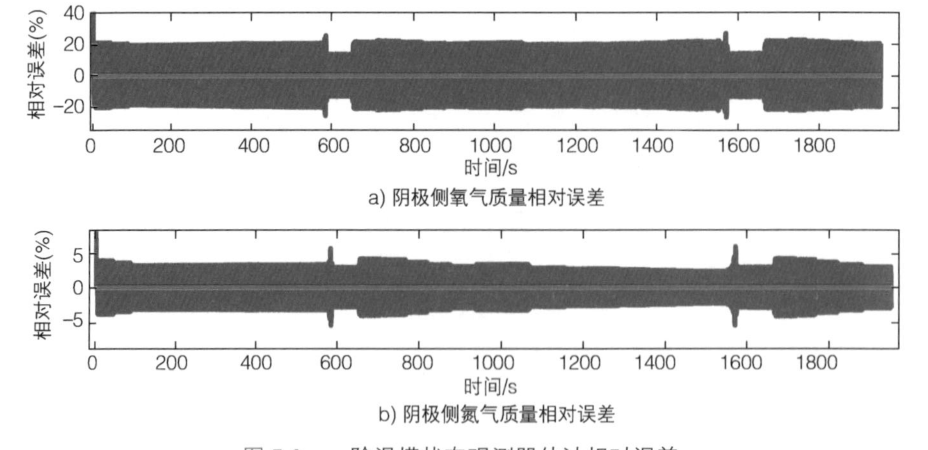

图 7-9 一阶滑模状态观测器估计相对误差

针对抖振问题，将常规变结构控制中的切换函数通过微分环节构成新的切换函数，该切换函数与系统控制输入的一阶或高阶导数有关，将不连续项转移到控制的一阶或高阶导数中，这种高阶滑模设计可以有效降低抖振。同时，该形式滑模函数使系统具有良好的鲁棒性，可以在参数具有一定不确定性时，保证系统鲁棒性。因此，对于上一小节设计的观测器，根据控制律设计式（7-42）~式（7-47），$v_i(e_i)$ 采用二阶超螺旋滑模结构

$$v_i(e_i) = v_0 - \beta_i \int \mathrm{sign}(e_i)\mathrm{d}t \tag{7-51}$$

$$\begin{cases} v_0 = -\alpha_i |r_i|^{t_i} \mathrm{sign}(e_i), & |e_i| \geqslant |r_i| \\ v_0 = -\alpha_i |e_i|^{t_i} \mathrm{sign}(e_i), & |e_i| \leqslant |r_i| \end{cases} \tag{7-52}$$

针对二阶超螺旋滑模结构系统观测设计的理论推导，当参数满足如下不等式时，观测器可以在有限时间内收敛

$$\begin{cases} \beta_i > \dfrac{\phi_i}{T_{i,\mathrm{m}}} \\ \alpha_i^2 \geqslant \dfrac{4\phi_i T_{i,\mathrm{M}}(\beta_i + \phi_i)}{T_{i,\mathrm{m}}^2 T_{i,\mathrm{m}}(\beta_i - \phi_i)} \\ 0 \leqslant p \leqslant 0.5 \end{cases} \tag{7-53}$$

式中，ϕ_i 为滑动区域，受人为设置的最大趋近速度 r_i 影响；$T_{i,\mathrm{M}}$ 和 $T_{i,\mathrm{m}}$ 分别为滑动区域的上界和下界。根据实际试验数据，设计的滑模参数见表 7-2。

表 7-2　二阶超螺旋滑模参数

参数	值
α_1	0.29
β_1	4.5×10^3
α_2	0.035
β_2	0.19
α_3	5.5×10^3
β_3	0.18
r_1	200
r_2	300
r_3	300

利用超螺旋结构设计二阶滑模观测器代替传统滑模观测器，结果如图 7-10 所示，观测值在有限时间内快速收敛于真实值，并且抖振现象基本消除。在阶跃

负载变化的瞬间，观测器会存在一定误差，但随后收敛于真值。二阶滑模观测器观测的状态量与一阶滑模观测器相比，抖振幅度明显减小，收敛时间略有增加。图 7-11 给出了二阶滑模观测器具体估计的相对误差，明显误差产生的时刻是负载突变瞬间，图中除去幅值明显较大的“尖端突起”外，还有很多小范围的“抖振”，产生该现象的原因是系统输入中传感器测量数据如负载电流、进气温度和进气湿度等信号存在噪声，相当于对系统增添了外加扰动。观测状态量在负载变化最剧烈的位置瞬间相对误差最大，此时相当于系统外加的扰动最大，收敛时间也因为扰动幅度增加而增长。在观测器收敛后，所设计的观测器与理论值相比，氧气质量估计的相对误差不超过 0.2%，氮气质量估计的相对误差不超过 0.05%。

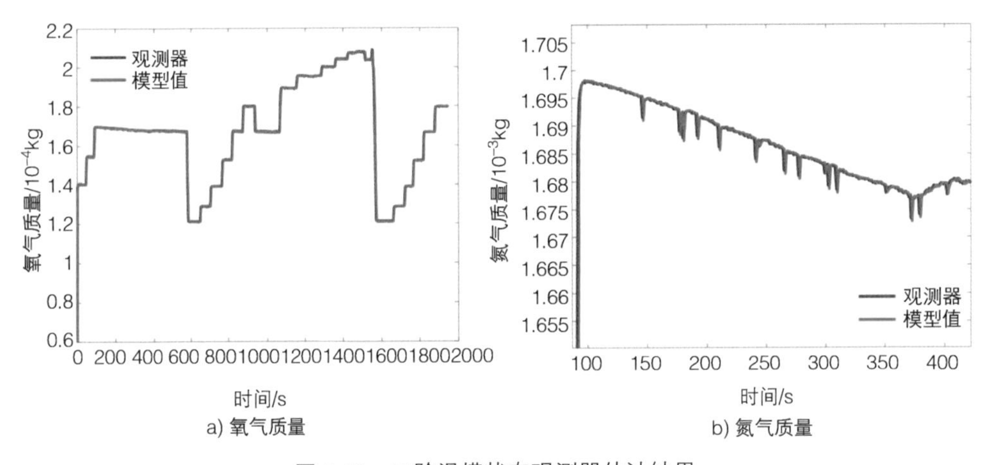

图 7-10　二阶滑模状态观测器估计结果

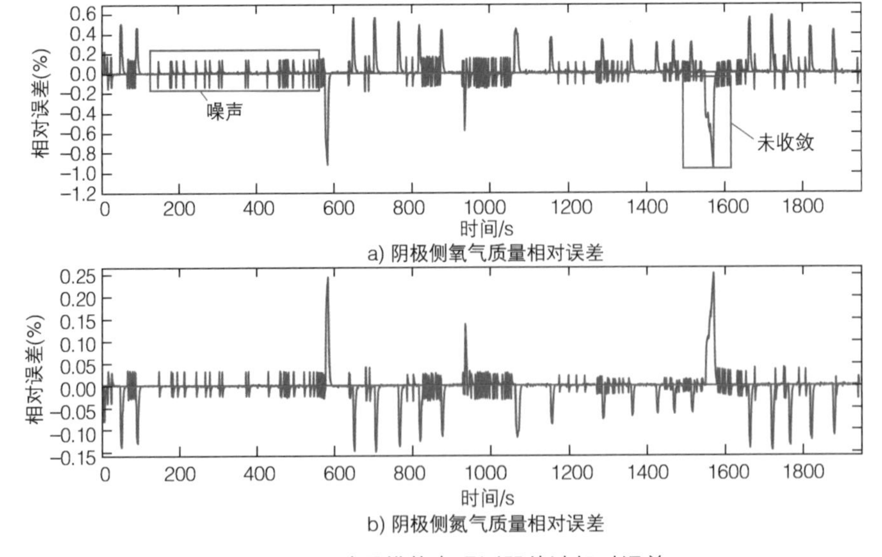

图 7-11　二阶滑模状态观测器估计相对误差

图 7-12 为根据二阶滑模观测器估计的氧气过量系数相对误差图，稳定收敛后氧气过量系数的相对误差不超过 0.05%，因此估计的氧气过量系数可以作为闭环控制的可靠依据。优化后的超螺旋滑模观测器比一阶滑模观测器收敛速度略有减小，收敛时间增加。

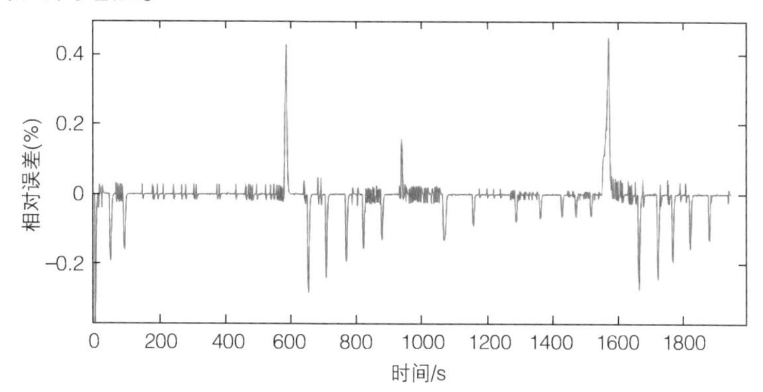

图 7-12 二阶滑模状态观测器氧气过量系数估计相对误差

实际应用中，一方面，系统模型参数本身存在测量误差，传感器测量值也存在一定的噪声，另一方面，车用工况下阴极侧气体状态初始时是未知的。这些都会对观测器性能造成影响，因此有必要对阴极状态观测器加入扰动，分析其精度和鲁棒性。针对阴极状态观测器精度受系统外加干扰强弱的影响问题，这里从初始值偏差和系统参数不确定性两方面对设计的观测器性能进行分析。

空压机角速度、进气歧管压力及排气歧管压力通过传感器测量可以得到，因此可以直接使用试验测量得到的实际数据。阴极侧氧气质量和阴极侧氮气质量无法测量，因此对于阴极侧氧气质量和氮气质量，初始值可能会存在很大的误差。为考虑初始误差对观测器的影响，加入 ±30%、±50% 的变化量后，观察观测器观测量的变化，如图 7-13 所示。可以看出，氧气质量和氮气质量的初始值改变

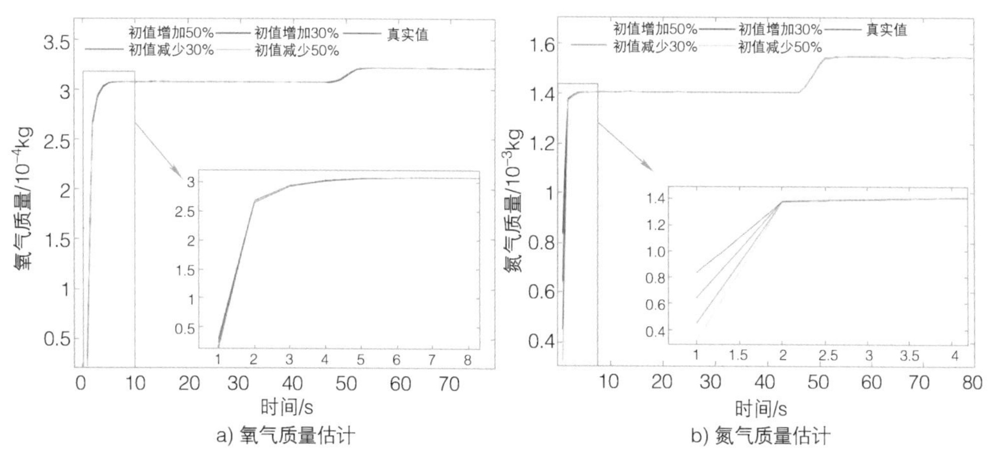

图 7-13 改变初值后二阶滑模观测器估计结果

后，系统状态量在未收敛的初始阶段会受到影响，然后系统状态量快速收敛于真实值，当观测器收敛后，后面阶段基本不受初始值变化的影响。

本节针对模型参数不确定问题，主要讨论进气歧管体积 V_{sm}、排气歧管体积 V_{ra}、进气歧管孔口系数 $k_{sm,out}$、排气歧管孔口系数 $k_{ca,out}$ 及燃料电池堆温度 T_{st} 的不确定度对燃料电池系统阴极状态观测器的影响。进气歧管体积 V_{sm} 和排气歧管体积 V_{rm} 为体积量，可以通过排水法或者通过测量物理尺寸计算获得参数的值。

在现有理论值上，对进气歧管体积和排气歧管体积分别加入 ±10% 的偏差。在每次仿真过程中，加入不确定度的参数保持不变，并且对于阴极侧氧气质量和氮气质量，初始值设为理论值的 50% 进行观测，仿真结果如图 7-14 和图 7-15 所示。可以看出，在加入体积误差后，观测器依旧可以实现燃料电池阴极状态观测。对比体积误差加入前后的观测结果发现，体积变动量只影响观测器在收敛前的状态，收敛后体积变动量对观测值无影响，相对误差依旧不超过 0.2%，说明设计的观测器可以抵抗进、排气歧管体积不确定性的影响。

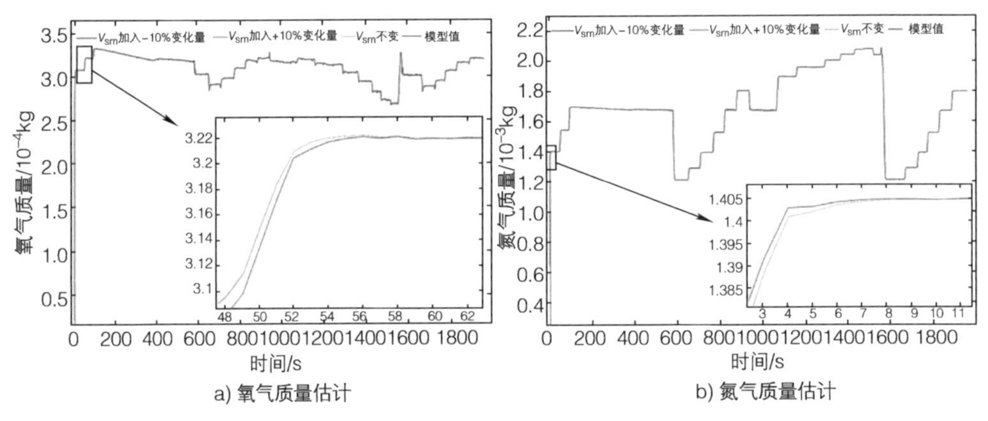

a) 氧气质量估计　　b) 氮气质量估计

图 7-14　改变进气歧管体积后二阶滑模观测器估计结果

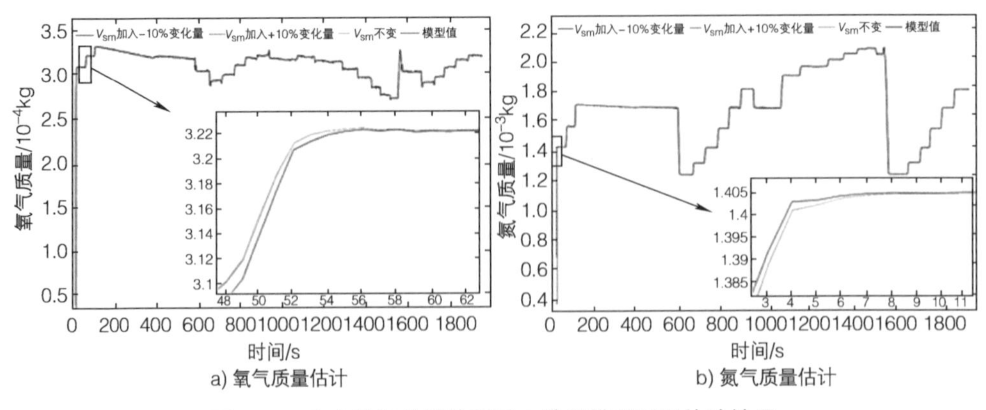

a) 氧气质量估计　　b) 氮气质量估计

图 7-15　改变排气歧管体积后二阶滑模观测器估计结果

进气歧管孔口系数 $k_{sm,out}$ 和排气歧管孔口系数 $k_{ca,out}$ 是用来描述气体流入和流出燃料电池反应流量大小的参数，同样分别加入 ±5% 的不确定度后，在阴极侧状态量初始值为理论值 50% 的情况下进行观测，仿真结果如图 7-16 和图 7-17 所示。可以看出，加入孔口系数不确定性后，观测量会快速收敛到真实值，收敛后相对误差在 0.2% 以内，说明设计的阴极状态观测器可以抵抗孔口系数不确定性的干扰，实现阴极气体状态观测。相对误差图中大的“突起”由负载变化引起，小的“抖振”由负载噪声引起。

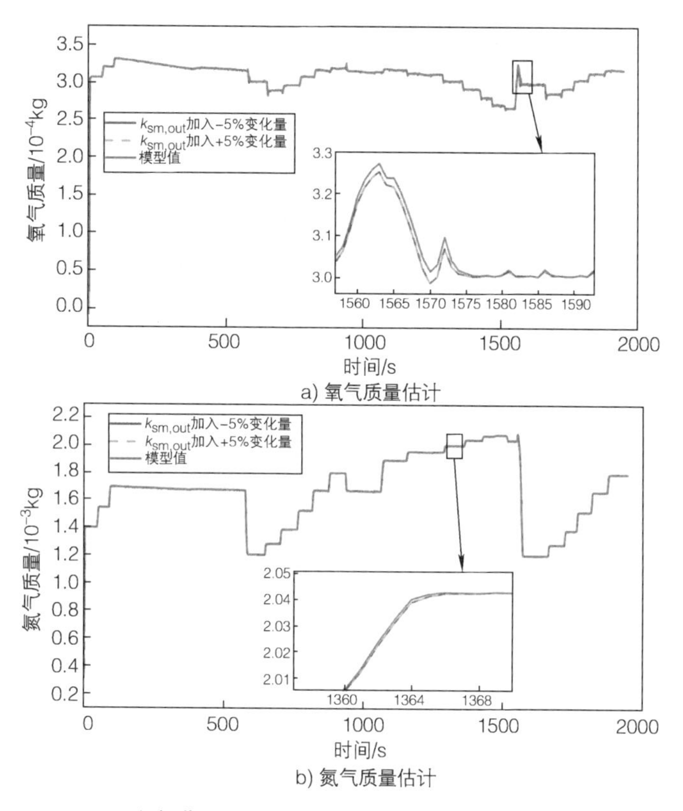

a) 氧气质量估计

b) 氮气质量估计

图 7-16　改变进气歧管孔口系数后二阶滑模观测器估计结果

在仿真过程中，燃料电池堆温度是假定不变的，对燃料电池堆温度加入 ±5% 的不确定度，观测器仿真结果如图 7-18 所示。可以看出，设计的观测器对燃料电池温度不确定度的干扰比较敏感，在燃料电池温度有一定改变前提下，观测器观测到的氧气值与理论值最大相对误差为 4.87%。这是因为在燃料电池观测系统中，观测器根据系统输出量与模型计算量误差值经由开关函数反馈作用在系统所有状态量上，通过外加滑模控制律依旧可以迫使空压机角速度、进气歧管压力和排气歧管压力误差趋于零，但由于模型中燃料电池堆的温度参数作用在燃料电池堆反应方程中，并且该参数对模型影响比较大，因此造成了较大的阴极侧内气体状态估计误差。

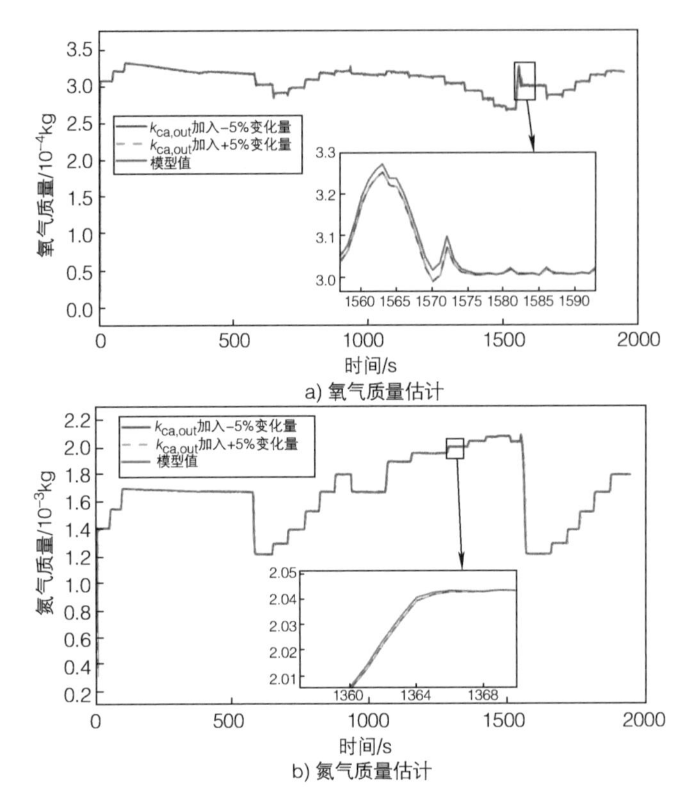

图 7-17　改变排气歧管孔口系数后二阶滑模观测器估计结果

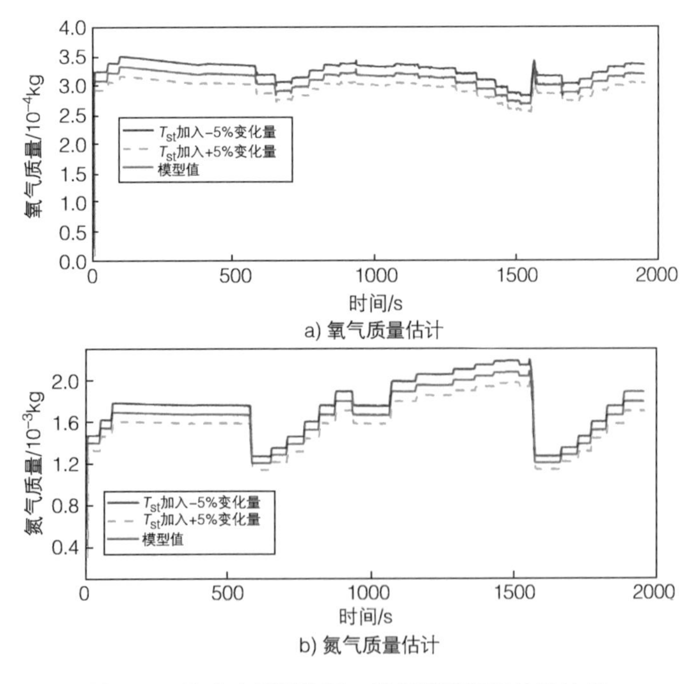

图 7-18　改变电堆温度后二阶滑模观测器估计结果

7.2　燃料电池内部故障识别

7.1 节提到的燃料电池阴极进气状态识别是一种基于模型的定量估计，然而对于内部膜含水量、液态水含量以及氧气浓度等内部状态，当前仍难以做到精确定量估计，因此，以定性诊断为主。燃料电池内部状态定性诊断主要是利用外部可测量信号，对内部膜含水量、液态水含量以及氧气浓度进行定性判断，分析燃料电池内部是否发生膜干、水淹或者缺气故障，进而及时调节外部工作条件，提高燃料电池输出性能和使用寿命。本节提出一种基于电化学阻抗特征和深度学习的燃料电池内部故障识别方法。

7.2.1　燃料电池故障数据集建立

数据是基于深度学习的内部状态识别基础，为此首先需构建燃料电池故障数据集，测试研究对象为 2.2 节中的 25cm^2 燃料电池单体。

为构建膜干故障，需增加质子传输损失和欧姆损失，基于本书 2.4 节动力学损失敏感性分析结果，可考虑的是降低进气相对湿度和升高工作温度，同时使燃料电池工作在较低的电流密度区域，具体操作条件见表 7-3，总共包含 8 个测试序列。在进行膜干故障工况测试的同时，记录 2500Hz 定频阻抗值，用于表征欧姆损失和质子传输损失的变化趋势，以判断燃料电池内部膜含水量的变化。

表 7-3　膜干故障工况条件（阳 / 阴极压力：100/80kPa；固定频率：2500Hz）

序列	电流密度 /（A/cm^2）	温度 /℃	空 / 氢气过量系数	空 / 氢气相对湿度（%）	测试时间 /min
1	0.1	80	5/3	10/10	15
2	0.1	80	4/3	10/10	15
3	0.2	75	3/2	15/15	15
4	0.3	75	2.5/2	15/15	15
5	0.3	75	2.5/2	30/30	20
6	0.35	75	2.5/1.5	30/30	15
7	0.4	75	2.5/1.5	30/30	15
8	0.4	75	2.5/1.5	40/40	20

对于水淹故障，从增加燃料电池内部液态水含量的角度增加氧气传递损失和电荷转移损失，可考虑降低工作温度，并适当降低空气过量系数和提高进气相对湿度，具体操作条件见表 7-4。在进行水淹故障工况测试的同时，记录 10Hz 定频阻抗值，用于表征电荷转移损失的变化趋势，进而可分析催化层水合状态和氧气浓度共同对电极电流密度的动态影响。

表 7-4 水淹故障工况条件（阳 / 阴极压力：130/110kPa；固定频率：10Hz）

序列	电流密度 /（A/cm²）	温度 /℃	空 / 氢气过量系数	空 / 氢气相对湿度（%）	测试时间 /min
1	1.0	70	2/1.5	100/100	20
2	1.0	65	2/1.5	100/100	20
3	1.1	65	2/1.5	100/100	20
4	1.1	65	1.9/1.5	100/100	20
5	1.1	60	1.9/1.5	100/100	20
6	1.2	60	1.9/1.5	100/100	20
7	1.2	60	1.8/1.5	100/100	20
8	1.2	55	1.8/1.5	100/100	20
9	1.2	50	1.8/1.5	100/100	20

由前面分析可知氢气过量系数对传质损失和传荷损失影响较小，另外在实际燃料电池系统控制当中，比例阀或氢气喷射器的响应速度远大于空压机的响应速度，所以氢气压力的响应速度大于空气压力的响应速度，阴极侧也更容易发生缺气现象。因此，本节研究主要考虑空气缺气故障，且构建故障最直接的方法是降低空气过量系数，具体的操作条件见表 7-5，在进行缺气故障工况测试时也记录 10Hz 定频阻抗值。另外，因为研究对象为单片膜电极，反应所需空气流量和氢气流量都较小，导致测试台架压力的控制响应速度较慢，所以在进行故障测试过程中进气压力保持不变。

表 7-5 缺气故障工况条件（阳 / 阴极压力：130/110kPa；固定频率：10Hz）

序列	电流密度 /（A/cm²）	温度 /℃	空 / 氢气过量系数	空 / 氢气相对湿度（%）	测试时间 /min
1	1.0	75	1.7/1.5	50/50	15
2	1.0	75	1.5/1.5	50/50	15
3	1.1	75	1.5/1.5	50/50	15
4	1.1	75	1.4/1.5	50/50	15
5	1.15	75	1.4/1.5	50/50	15
6	1.2	75	1.4/1.5	50/50	15
7	1.2	75	1.3/1.5	50/50	15
8	1.2	75	1.2/1.5	50/50	15

按表 7-3 的工作条件进行膜干工况测试，观测燃料电池电压和 2500Hz 阻抗的动态变化趋势，测试结果如图 7-19 所示。从图中可以看到，在开展测试序列 1 和序列 2 时，2500Hz 阻抗持续增加，输出电压则持续下降，说明交换膜正在经历严重的膜干故障。在进行测试序列 3 时，增加了工作电流密度和进气相对湿度，2500Hz 阻抗则不断减小，电压经下冲后不断增加，且之后并没有出现下降现象。随着测试序列的进行，故障程度得到缓解，输出电压不断上升，2500Hz 阻抗不断下降。其中，在开展测试序列 3、序列 5 和序列 8 时，空气相对湿度的提升能够明显提升燃料电池输出电压并减小 2500Hz 阻抗。另一方面，为了描述电压和测量阻抗的波动程度，采用五点极差值（Range5）去描述，具体定义如下

$$\mathrm{Range5} = \max[\theta(t_n : t_{n+5})] - \min[\theta(t_n : t_{n+5})] \tag{7-54}$$

式中，θ 为测量的阻抗或电压；t_n 为测量时刻。可以发现在水淹故障状态下电压波动值几乎不变，而 2500Hz 阻抗在序列 1 到序列 4 下的波动不明显，反而在故障程度稍微缓解的序列 5 至序列 8 之间波动相对明显。

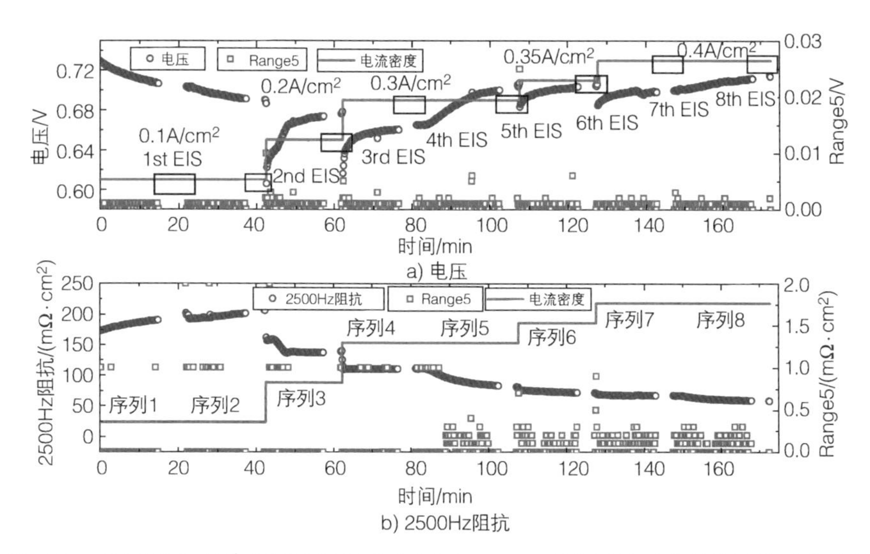

图 7-19　不同膜干故障测试序列下的电压和 2500Hz 阻抗以及对应的波动值动态变化

按表 7-4 的工作条件进行燃料电池水淹工况测试，观察其电压和 10Hz 阻抗的动态变化趋势，测试结果如图 7-20 所示。在开展第 1 个测试序列时，燃料电池的输出电压基本保持稳定，此时尚未发生明显的水淹故障。当开展测试序列 2 时，降低工作温度过程中输出电压持续降低且 10Hz 阻抗上升明显，但是当温度达到了该测试序列预设值后，电压仍基本保持稳定，10Hz 阻抗则呈现缓慢上升趋势。随着后续更严峻测试序列的开展，输出电压越来越低且 10Hz 阻抗越来越大。另外，与膜干故障工况不同，水淹故障下电压和 10Hz 阻抗的 Range5 随着测

试序列的开展不断增加，表明燃料电池输出的高阶谐波响应可能主要与催化层内的气体浓度波动有关。需要说明的是，有文献认为电压下降率为 5% 时燃料电池内部会发生水淹故障，而本节研究中，当操作条件固定后尽管不会发生明显的电压下降，但表征电荷转移损失的 10Hz 阻抗持续增加，说明此时燃料电池内部平均电流密度在不断减小，内部液态水仍不断积累，引起催化层氧气摩尔浓度不断下降。

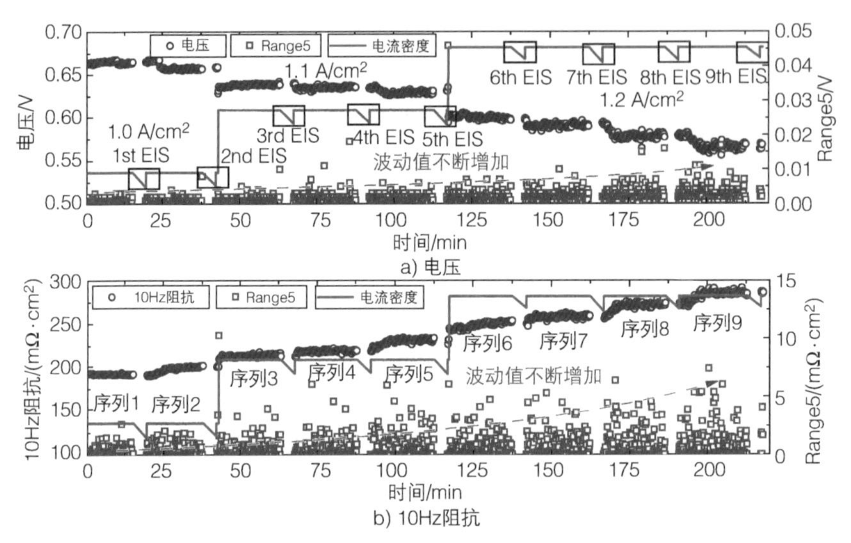

图 7-20 不同水淹故障测试序列下的电压和 10Hz 阻抗以及对应的波动值动态变化

按表 7-5 的工作条件进行燃料电池缺气工况测试，观察其电压和 10Hz 阻抗的动态变化趋势，测试结果如图 7-21 所示。与水淹故障类似，当测试条件不变时，燃料电池输出电压虽然不会持续下降，但是会随着测试序列的开展不断减小。然而与水淹故障不同的是，直接降低空气过量系数，10Hz 阻抗会不断上升，不过当空气过量系数达到预设值，10Hz 阻抗不再持续增加，说明与通过液态水累积的方式影响气体传质进而影响电荷转移过程相比，直接改变进气流量的方式对电荷转移的动态变化影响更快。同样，在缺气状态下，燃料电池的输出电压和 10Hz 阻抗的波动较为明显，且在相同电流密度下，缺气状态下的 Range5 大于水淹状态的 Range5，说明降低空气过量系数更容易引起较大的燃料电池输出谐波信号。

基于此，可构建面向燃料电池内部故障识别的数据集。如图 7-22 所示，不同膜干故障测试序列的标签设定为 1 ~ 8，不同水淹故障测试序列的标签设定为 9 ~ 17，不同缺气故障测试序列的标签设定为 18 ~ 25。据此，不同标签代表了不同类型和程度的故障，进而表示不同水平的燃料电池内部状态。需要说明的是，在水淹和缺气故障下，燃料电池内部液态水含量都较高，氧气浓度都较低，只不过水淹故障是因液态水的累积导致了氧气浓度降低，而缺气故障则是因进气流量

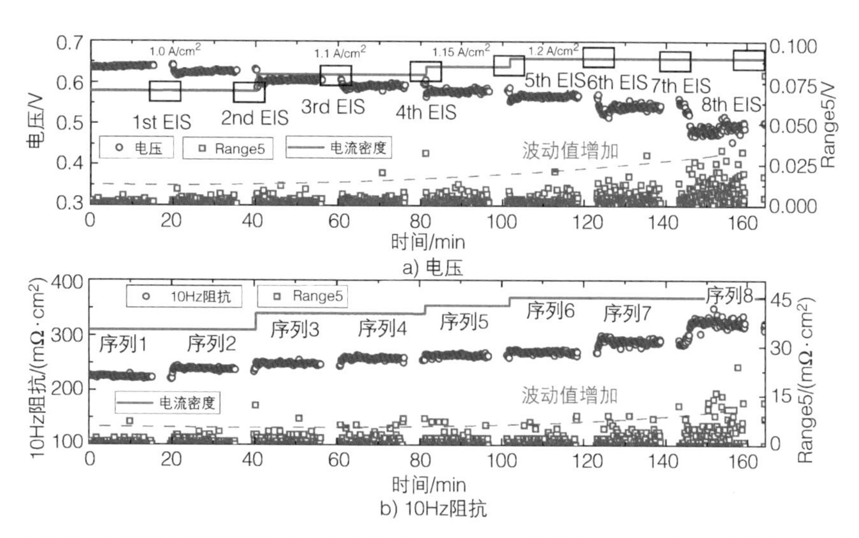

a) 电压

b) 10Hz阻抗

图 7-21　不同缺气故障测试序列下的电压和 10Hz 阻抗以及对应的波动值动态变化

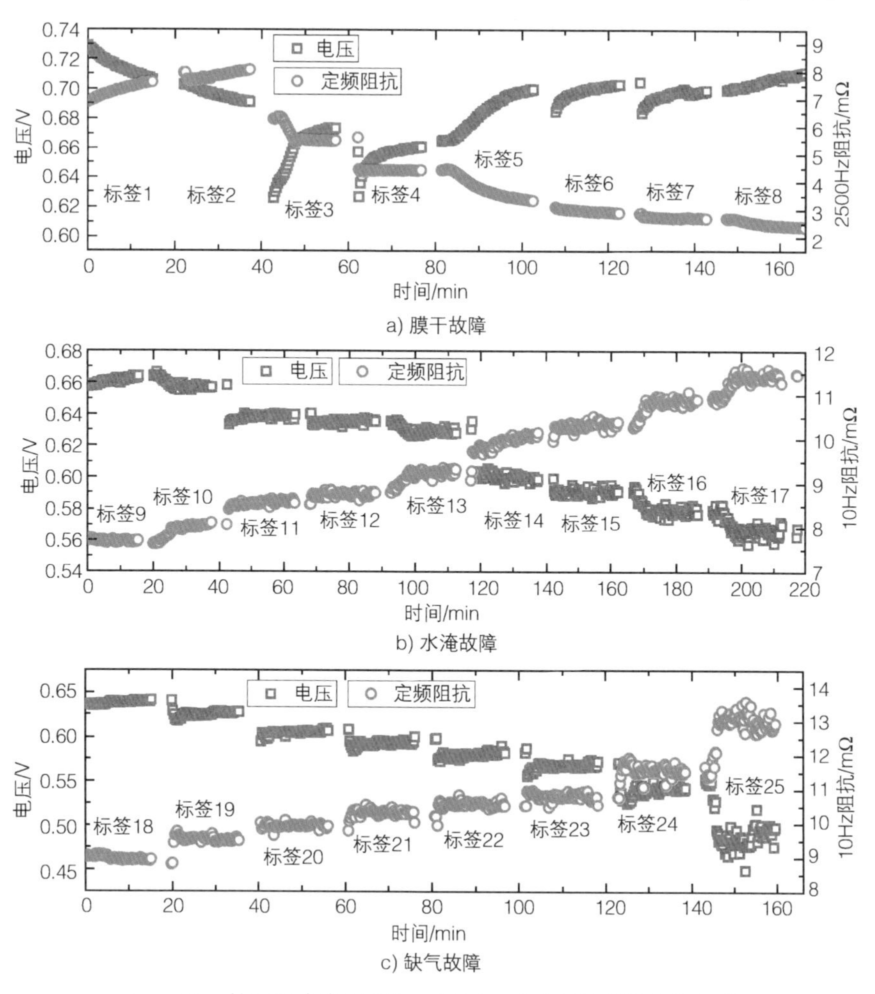

a) 膜干故障

b) 水淹故障

c) 缺气故障

图 7-22　基于融合定频阻抗的燃料电池内部故障识别数据集

的降低导致了液态水不断积累。所以除了将前面提到的 2500Hz 阻抗或 10Hz 阻抗作为特征输入，还结合外部操作条件共同作为特征输入。另一方面，还需根据外部操作条件来选择特征频率阻抗的特征频率，例如当燃料电池工作在较小的电流密度（电流密度≤ 0.4 A/cm^2），此时认为燃料电池易发生膜干故障，选择 2500Hz 阻抗值作为特征输入，而当燃料电池工作在较大的电流密度区域时（电流密度 > 0.4 A/cm^2），此时燃料电池易发生水淹或缺气现象，选择 10Hz 阻抗作为特征输入。

若要在线进行燃料电池内部状态辨识，则模型的特征输入同样需能在实车燃料电池系统中获取。空气流量、阴 / 阳极进 / 出口压力、阴 / 阳极进 / 出口温度以及电堆冷却液进 / 出口温度可以通过传感器采集后由控制器获取，电堆的电压可通过单体电压巡检或者 DC/DC 变换器内部的电压传感器获取，电堆的工作电流同样可通过 DC/DC 变换器内部的电流传感器获取。另外，阳极侧操作条件对燃料电池内部动力学影响较小，所以暂不考虑阳极操作条件作为特征输入。而且，在本数据集制作时，因为测试台架压力的控制响应较慢，所以在测试过程中进气压力保持不变，故也不考虑为特征输入。至此，将工作电流、电池电压、工作温度、阴极进气温度、空气过量系数以及特征频率阻抗视为内部状态识别输入。

7.2.2 基于混合深度学习的燃料电池内部故障识别

1 卷积神经网络理论

在传统机器学习神经网络中，所有神经元进行全连接，当隐含层和输入层神经元较多时，会产生大量的权重参数，易导致训练困难，且对运算条件要求较高。卷积神经网络（convolutional neural network，CNN）采用局部感知和权值共享思想，通过使用多种不同滤波器对样本进行学习，即可得到多种不同特征映射，明显减少了求解参数。典型的卷积神经网络主要包括输入层、卷积层、批量归一化层、池化层、全连接层和输出层。卷积神经网络结构示例如图 7-23 所示，输入数据通常是多维，这里给出的示例是三维矩阵，尺寸为 $H\times W\times C$，其中 H、W、C 分别表示的是输入矩阵的长、宽和通道数。

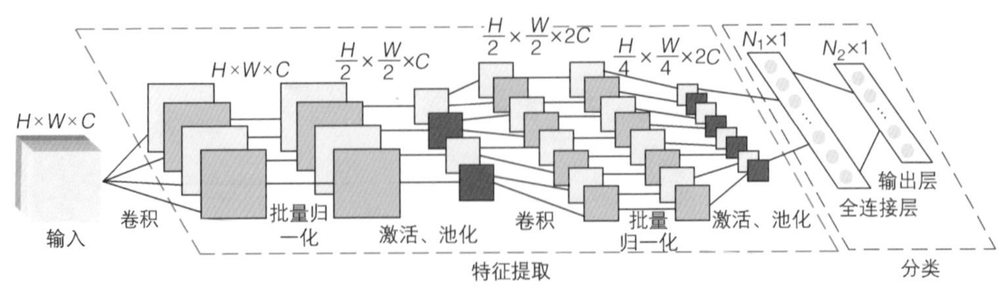

图 7-23　典型卷积神经网络结构图

卷积层是 CNN 的核心，在卷积层中，利用一定大小和数量的卷积核对上一层特征图进行卷积运算，并将产生新的特征图输入到下一层中，从而将低层次的抽象特征转换为高层次的抽象特征。卷积核在输入特征图上进行滑动可以提取不同位置的基本局部特征，另一方面，使用相同卷积核可实现权重共享。相较于传统全连接层，卷积层能明显减少所需训练权重数量，从而降低过拟合风险，减小训练难度和计算资源需求。一般来说，卷积层中的卷积核数量不断增加，用于理解上层输出特征以学习到更高层次的特征。基本的卷积操作表达式如下

$$y_j^l = \sum_{i=1}^{n} w_{i,j}^l \otimes x_j^{l-1} + b_j^l \tag{7-55}$$

式中，l 为层数；n 为输入特征映射个数；x_j^{l-1} 为第 j 个特征输入图；$w_{i,j}^l$ 为与第 j 个特征输入图连接的第 i 个卷积核；b_j^l 为偏置；$\otimes$ 为卷积运算符。

在深度神经网络中，每一层参数的更新会导致上一层输入数据的分布发生变化。随着网络层数叠加，高层次网络的输入分布变化剧烈，且会逐渐接近非线性函数取值范围的上端和下端。对于饱和激活函数，神经网络在反向传播过程中底层神经网络的梯度会出现消失现象，这也是训练深度神经网络过程中收敛速度变慢的根本原因。在机器学习理论中，通常假设训练数据和测试数据满足独立同分布假设。基于该假设，批量归一化（batch normalization，BN）层的作用是在深度神经网络训练中使每层神经网络的输入保持相同分布。基于此，如图 7-24 所示，经过 BN 层处理神经网络的输入分布后，激活函数的输入值能够落在非线性函数对输入变化较为敏感区域，从而可以得到较大梯度，避免训练过程中梯度消失的问题，进而加快了训练速度。BN 层的主要计算见下式

$$\mu_{\mathrm{B}} = \frac{1}{m}\sum_{i=1}^{m} x_i \tag{7-56}$$

$$\sigma_{\mathrm{B}}^2 = \frac{1}{m}\sum_{i=1}^{m}(x_i - \mu_{\mathrm{B}}) \tag{7-57}$$

$$\hat{x}_i = \frac{x - \mu_{\mathrm{B}}}{\sqrt{\sigma_{\mathrm{B}}^2 + \varepsilon}} \tag{7-58}$$

$$y_i = \gamma \hat{x}_i + \beta \equiv \mathrm{BN}_{\gamma,\beta}(x_i) \tag{7-59}$$

式中，μ_{B} 和 σ_{B}^2 分别为处理数据的平均值和方差；ε 为无穷小值避免除零；x_i 和 y_i 分别为 BN 层的输入特征和输出特征；γ 和 β 分别为尺度因子和平移因子；m 为本次批量处理的样本数。通常而言，非线性函数输出会在训练过程中发生变化，归一化无法消除其输出方差偏移，因此 BN 层一般放在卷积层后，以获取更加稳定的分布。

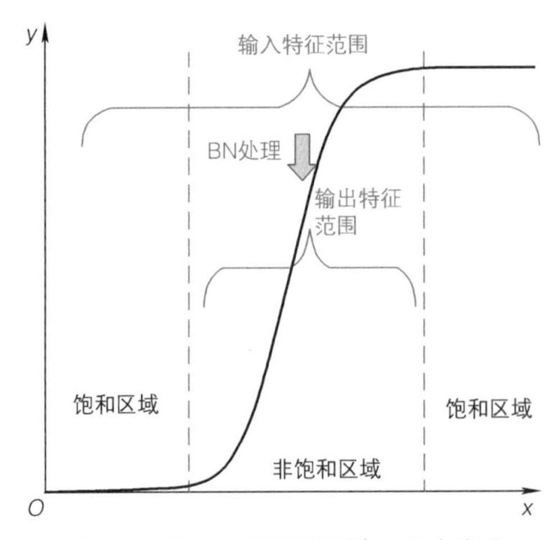

图 7-24　经 BN 层处理后输入分布变化

在神经网络结构中，引入激活函数的目的是实现输入数据的非线性映射，使神经网络能够拟合输入数据和输出之间的非线性关系，解决单纯线性传递导致的函数表达能力不足。一般导数随着自变量向正无穷或负无穷延伸而趋近于 0 的函数称为饱和激活函数，否则称为非饱和激活函数。在神经网络应用中，常见的饱和激活函数有 sigmoid、tanh 函数，非饱和激活函数有 ReLU 及其衍生的新型激活函数。

sigmoid 函数表达式如下，是早期常用的激活函数

$$y_{\text{sigmoid}}=\frac{1}{1+e^{-x_{\text{sigmoid}}}} \tag{7-60}$$

式中，x_{sigmoid} 和 y_{sigmoid} 分别为 sigmoid 函数的输入和输出。如图 7-25 所示，y_{sigmoid} 取值范围始终在（0，1）范围内，且以 0.5 为中心，容易影响模型迭代求解的收敛速度，更适用于循环神经网络；导数取值范围为（0，0.25），且在正、负无穷处趋近于 0，在网络训练的反向传播过程中易引起梯度消失现象，且函数中的幂运算在训练过程中需要较多的计算资源。

tanh 函数是双曲线正切函数，具有完全可微分、反对称特点，为另一种常见的饱和激活函数，其表达式为

$$y_{\tanh}=\frac{e^{x_{\tanh}}-e^{-x_{\tanh}}}{e^{x_{\tanh}}+e^{-x_{\tanh}}} \tag{7-61}$$

式中，$x_{\tanh}$ 和 $y_{\tanh}$ 分别为 tanh 函数的输入和输出。如图 7-26 所示，$y_{\tanh}$ 取值范围为（−1，1），导数取值范围为（0，1），且与 sigmoid 激活函数类似，在函数两端仍存在梯度饱和问题，容易导致训练过程中梯度消失，且也存在指数运算。

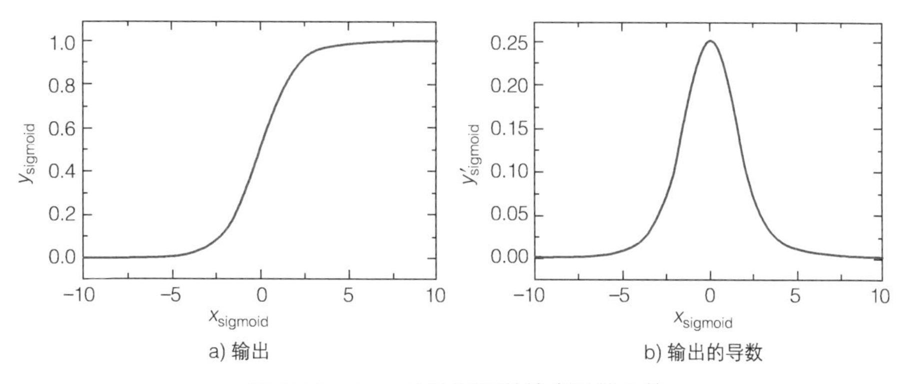

图 7-25　sigmoid 激活函数输出及其导数

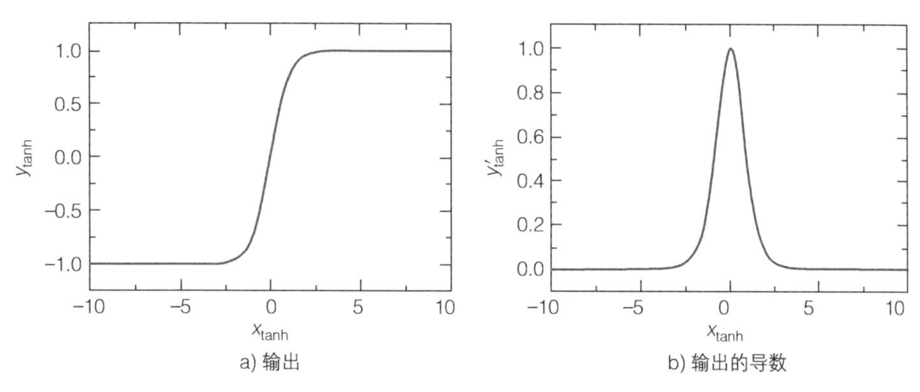

图 7-26　tanh 激活函数输出及其导数

ReLU 函数被称为线性修正单元，只有输入值超过阈值时神经元才会被激活，其表达式为

$$y_{\mathrm{ReLU}} = \max(0, x_{\mathrm{ReLU}}) \tag{7-62}$$

式中，x_{ReLU} 和 y_{ReLU} 分别为 ReLU 函数的输入和输出，当输入值大于 0 时，输出值等于输入值，当输入值小于 0 时，输出值也为 0。由此可见，ReLU 函数结构简单，且偏导数只能为 0 或 1，与饱和激活函数 sigmoid 和 tanh 相比，能够减小梯度消失和梯度爆炸的风险，因此对于卷积神经网络，后续采用 ReLU 激活函数。

池化层又称下采样层，即对输入特征图进行压缩得到尺寸更小的特征图，以进一步提取重要特征，同时可增大感受野，减小计算量。常见的池化层有平均池化和最大池化，平均池化是对池化窗口区域的值取平均值，最大池化是对池化窗口区域的值取最大值，表达式分别如下所示

$$y_j^l = \mathrm{average}(\varpi(s_1, s_2) \cap x_j^{l-1}) \tag{7-63}$$

$$y_j^l = \max(\varpi(s_1, s_2) \cap x_j^{l-1}) \tag{7-64}$$

式中，$\varpi(s_1,s_2)$为池化窗口。

全连接层一般位于卷积神经网络的末端，在整个网络中起到回归或者分类的作用。输入数据经过卷积、批量归一化处理、激活和下采样后，经全连接层展平成一维特征数据，然后与每个节点进行连接实现回归输出。全连接层可通过如下等式表示

$$x_j^l = f\left(\sum_{i=1}^{n} w_{i,j}^l x_j^{l-1} + b_j^l\right) \quad (7\text{-}65)$$

式中，f为非线性激活函数。

2 残差神经网络理论

随着 CNN 的理论和网络结构不断发展，CNN 已广泛用于图像处理、文档识别和语音识别等多个领域，且衍生出许多优秀的网络模型，例如 AlexNet、GoogLeNet、VGGNet 等。然而在面对更具挑战性的分类任务，传统浅层 CNN 已无法取得令人满意的效果，因此希望通过叠加卷积层数来获得更好的学习结果。然而，随着卷积网络层的叠加，容易出现梯度爆炸或梯度消失的问题，反而会因网络退化而导致学习效果变差。针对该问题，有学者提出了残差神经网络（Residual Network，ResNet），即在普通 CNN 模型基础上添加了跨越卷积层的恒等映射，以便于优化误差反向传播，进一步降低模型训练难度，在图像识别、图像分割和目标检测等计算机视觉相关任务中取得了良好效果。

残差神经网络在多层卷积神经网络基础上，通过引入多个首尾相连的残差块来学习残差特征，典型的残差结构如图 7-27 所示，其中，x为残差网络的输入，$F(x)$为残差映射函数，$H(x)=F(x)+x$为恒等映射函数。通过试验证明，学习残差映射函数$F(x)=H(x)-x$要比学习恒等映射函数$H(x)=x$容易；而且，在训练过程中底层误差可通过直接连接的方式传递给上一层，使得训练除了使用目标函数梯度外，还包含了残差梯度，所以残差神经网络具有较深卷积层数的同时，还有较好的性能。

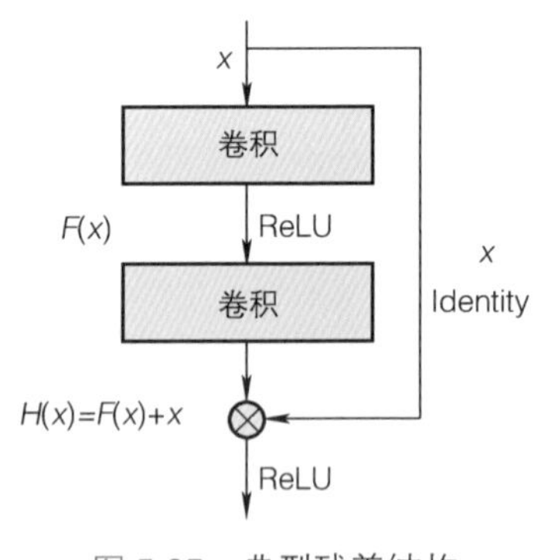

图 7-27　典型残差结构

3 长短时记忆网络理论

循环神经网络（recurrent neural network，RNN）具有较强的时间序列处理能力，能够以一段时间序列为输入进行预测输出，其基本结构如图 7-28a 所示，由输入层、隐含层和输出层组成，其中循环延时被添加到每个神经元节点上；x_t为t时刻输入，o_t为t时刻输出，s_t为t时刻隐含层输出，s_{t-1}为$t-1$时刻隐含层输出，

通过循环延时模块连接，隐含层上一时刻输出值 s_{t-1} 作为这一时刻隐含层输入，权重矩阵 $\boldsymbol{W}$ 为隐含层上一次输出作为这一次输入的权重，权重矩阵 $\boldsymbol{V}$ 为隐含层到输出层的权重，矩阵 $\boldsymbol{U}$ 为输入与隐含层之间的矩阵。据此，RNN 的计算公式可表示如下

$$o_t = \sigma(\boldsymbol{V}s_t) \tag{7-66}$$

$$s_t = \sigma(\boldsymbol{U}x_t + \boldsymbol{W}s_{t-1}) \tag{7-67}$$

式中，σ 为 sigmoid 激活函数。然而，RNN 在所有时间步长上都存在权值共享，因矩阵运算，RNN 权重系数必然会出现指数型增长或减小，导致 RNN 训练过程中会出现梯度爆炸或梯度消失现象，使得面向长序列学习的成功率降低。

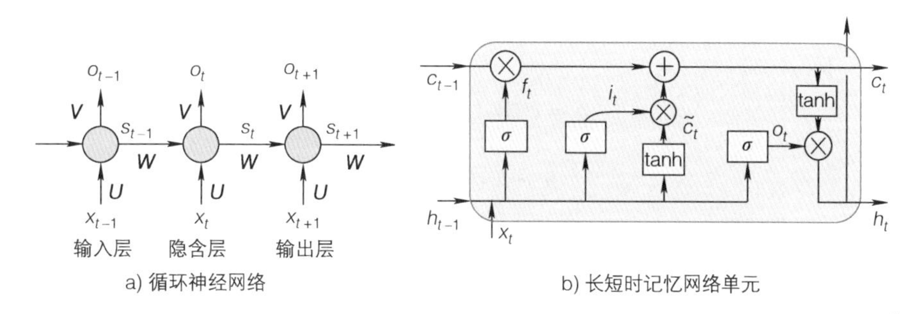

图 7-28　循环神经网络和长短时记忆网络单元结构图

针对 RNN 训练难题，长短时记忆（long short-term memory，LSTM）并非使用传统隐含层，而是引入遗忘门、输入门和输出门等构建存储单元，不仅可以选择性记忆历史信息，还可以让信息不断传递更新，有效缓解了传统 RNN 训练过程中梯度消失或梯度爆炸问题。基本的 LSTM 存储单元结构如图 7-28b 所示，相较于 RNN 多了单元状态 c_t，单元状态 c_t 能够记忆历史信息，在存储单元上方进行传递，同时能与其他部分进行交互实现信息更新，下方 3 个结构即为存储单元的 3 个门，输入信息通过这些门结构进行筛选更新，最终实现记忆传递，具体步骤如下。

首先，遗忘门决定了输入门结构信息的遗忘程度，根据当前时刻输入状态 x_t 和上一时刻隐含层输出状态 h_{t-1} 进行计算

$$f_t = \sigma(W_f[h_{t-1}, x_t] + b_f) \tag{7-68}$$

式中，f_t 为当前时刻遗忘门输出；W_f 和 b_f 分别为遗忘门权重和偏置。

输入门则决定有多少信息被保留到单元状态，且通过 tanh 函数的信息是更新单元状态 c_t 的备选向量，计算过程为

$$i_t = \sigma(W_f[h_{t-1}, x_t] + b_i) \tag{7-69}$$

$$\tilde{c}_t = \tanh(W_c[h_{t-1}, x_t] + b_c) \tag{7-70}$$

式中，W_f 和 W_c 为输入门权重；b_i 和 b_c 为输入门偏置。据此，可得新的单元状态输出

$$c_t = f_t \odot c_{t-1} + i_t \odot \tilde{c}_t \tag{7-71}$$

式中，$\odot$ 为点乘。

最后，输出门决定了隐含层的输出值，表示为经过门限结构的信息和当前单元状态 c_t 经 tanh 函数激活后相乘

$$o_t = \sigma(W_o[h_{t-1}, x_t] + b_o) \tag{7-72}$$

$$h_t = o_t \odot \tanh(c_t) \tag{7-73}$$

式中，W_o 和 b_o 分别为输出门的权重和偏置。

4 数据预处理

在训练模型之前，由于输入信号的单位和取值范围不一致，需要进行数据归一化处理，有助于模型在训练过程中收敛。这里采用标准分数归一化方法进行处理，其具体表示为

$$\varepsilon = \sqrt{\frac{1}{N}\sum_{i=1}^{N}(x_i - \mu)^2}, z = \frac{x - \mu}{\varepsilon} \tag{7-74}$$

式中，ε 为数据的标准差；μ 为数据平均值；z 为数据归一化后结果。

数据具体处理过程如图 7-29 所示，采用图中所示的滑动窗对时间序列进行剪切，滑动窗最后时刻的标签设置为输出标签，据此形成 30931 个包括 25 类不同程度的膜干、水淹和缺气故障的样本。综合考虑计算量和感受野大小，滑动窗的时间宽度设置为 10s。获得所有输入和输出样本后，以一定比例对样本进行随机抓取，形成测试集和训练集。在实际车载应用过程中，电流 I、电压 V、工作温度 T_{cell}、阴极温度 T_{ca}、空气过量系数 λ_{ca} 可由车用传感器测量，特征频率阻抗 R_{ci} 则可通过集成阻抗测量功能的 DC/DC 变换器获取。

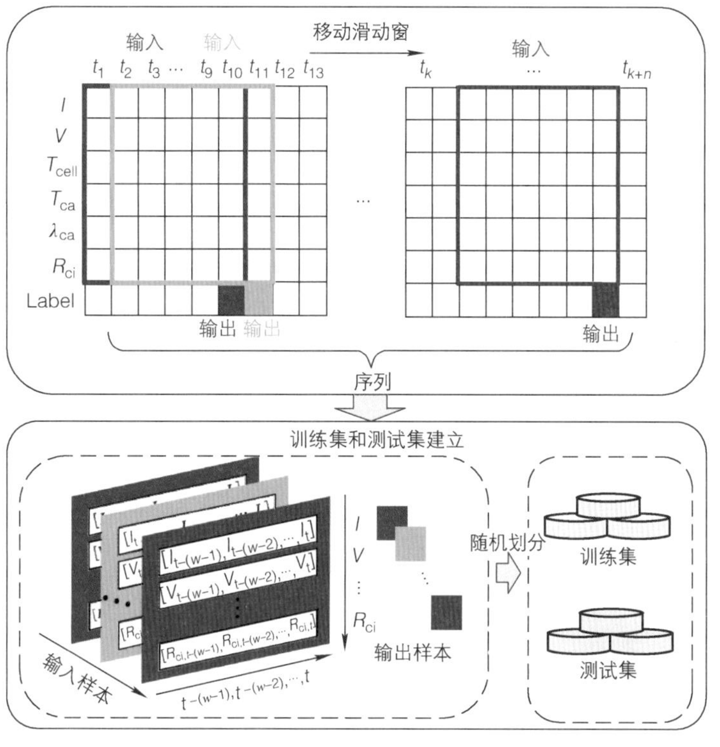

图 7-29　基于滑动窗处理的内部状态识别训练集和测试集建立

5 基于 ResNet-LSTM 混合网络的内部状态识别框架

总体来说，ResNet 可以通过多个卷积层深度挖掘输入数据的固有特征信息，为后续神经网络训练提供丰富的特征样本。然而，卷积神经网络需要足够的样本进行训练才能达到较好的性能，且对原始信号中的噪声非常敏感。LSTM 适合处理时间序列数据，不需要大量的数据样本就能获得良好的训练效果。但是，LSTM 缺乏专门的特征挖掘步骤，在处理特征隐藏较深的数据时表现一般，而且处理长时间序列时依然可能面临梯度消失或梯度爆炸。

为充分利用 ResNet 特征提取能力和 LSTM 时间序列处理能力，本节构建了 ResNet-LSTM 混合深度学习模型用于燃料电池内部状态识别，具体结构如图 7-30 所示，主要包括数据处理模块和子模型模块，参数配置见表 7-6。数据处理模块对采集的数据进行归一化后编码成二维特征矩阵，然后输入到 ResNet-LSTM 混合模型中；这里采用的 ResNet 由 3 个一维卷积堆叠组成，每个卷积层后都配置激活层和批量归一化层，对于本分类计算，将激活层放置在卷积层后。另外，第一次批量归一化层后直接与第三次批量归一化层进行残差连接；残差连接后经池化层进行下采样并展平成序列输入至 LSTM 网络中；LSTM 输出经 Dropout 进行随机失活后输入至全连接层中，最后经过 Softmax 实现不同标签输出，进而实现不同类型不同程度的故障识别。

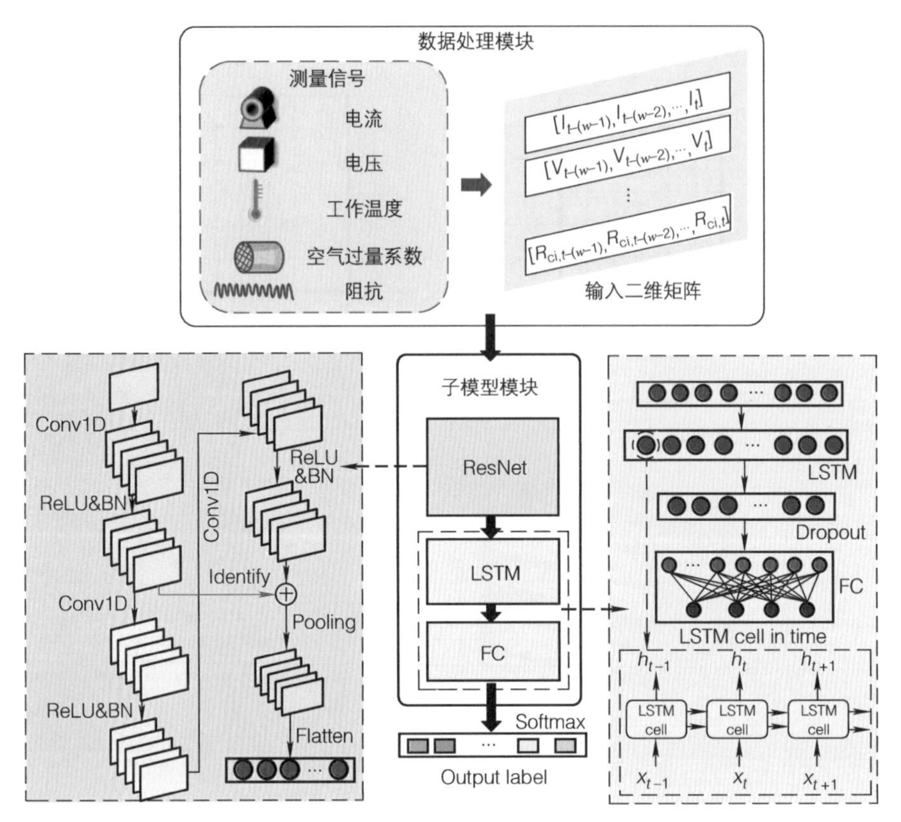

图 7-30 基于 ResNet-LSTM 融合特征频率阻抗的燃料电池内部状态识别框架

表 7-6 用于内部故障识别的 ResNet-LSTM 参数

序号	名称和具体信息
1	卷积层 Conv1D（卷积核尺寸：3；卷积核数量：64；卷积步长：1）
2	激活层 ReLU
3	批量归一化层 BN（与第 8 层进行残差连接）
4	卷积层 Conv1D（卷积核尺寸：3；卷积核数量：64；卷积步长：1）
5	激活层 ReLU
6	批量归一化层 BN
7	卷积层 Conv1D（卷积核尺寸：3；卷积核数量：64；卷积步长：1）
8	激活层 ReLU
9	批量归一化层 BN（与第 3 层进行残差连接）
10	全局最大池化层 GloMaxPool
11	展平层 Flatten
12	LSTM 层（节点数：128）
13	Dropout 层（概率：0.2）
14	全连接层（节点数：25）
15	Softmax

7.2.3　燃料电池内部故障识别结果

1　不同模型识别结果

对所有样本，基于固定随机种子以 70% 和 30% 比例划分为训练集和测试集，ResNet-LSTM 训练过程中的精度和损失随迭代次数的变化如图 7-31 所示，模型在初始 90 多次迭代下就能很快实现收敛，且最终训练集的识别精度达 100%。图 7-32 给出了基于 ResNet-LSTM 的膜干、水淹和缺气故障具体识别结果和混淆矩阵，其中横坐标为样本的编号，纵坐标为识别的标签输出；由结果可知，膜干故障的识别准确率为 99.172%，主要错误样本出现在标签 8，模型将 8 个标签为 8 的样本错误识别为标签 7；对于水淹故障，识别精度为 99.899%，仅有 4 个样本的故障程度被错误识别；而缺气故障的识别精度为 99.618%，除了部分样本的故障程度被错误识别外，有 1 个样本的故障类型被错误识别为水淹故障，这可能与输出电压以及阻抗在水淹和缺气时的特定表现类似有关。总体来说，ResNet-LSTM 的故障识别精度为 99.623%，有助于燃料电池健康管理系统的构建。

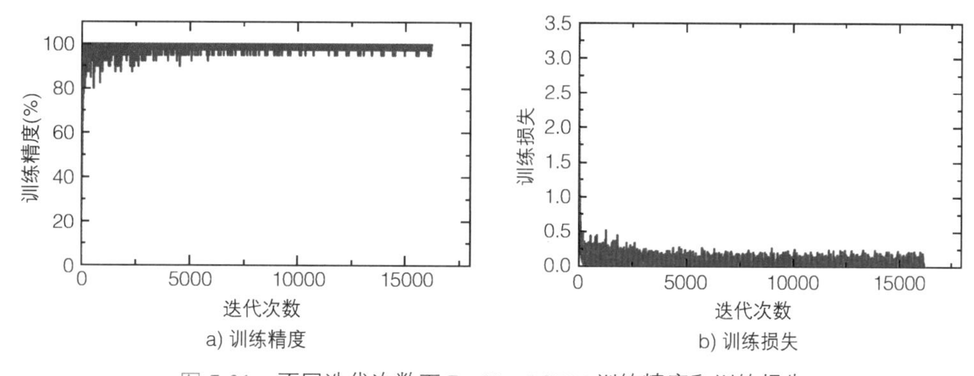

图 7-31　不同迭代次数下 ResNet-LSTM 训练精度和训练损失

为进一步说明 ResNet-LSTM 在燃料电池内部状态识别时的优越性，将其与单一的 CNN、ResNet 和 LSTM 进行对比。CNN 包含 3 个卷积层、3 个激活层、3 个批量归一化层以及 1 个全局最大池化层和全连接层，参数设置见表 7-6；ResNet 和 LSTM 的结构即分别为图 7-30 中的残差网络和长短时记忆网络，参数设置也与表 7-6 一致。另外，还选取以前文献常用的传统机器学习模型，例如概率密度神经网络（probabilistic neural network，PNN）、极限学习机（extreme learning machine，ELM）和支持向量机（support vector machine，SVM）作为比对。PNN 是一种基于贝叶斯（Bayes）分类规则和 Parzen 窗概率密度函数发展而来的并行计算方法，具有结构简单、训练简洁的特点，这里设置 PNN 径向基函数的扩展系数为 1.5。ELM 随机产生输入层与隐含层之间的连接权值及隐含层神经元

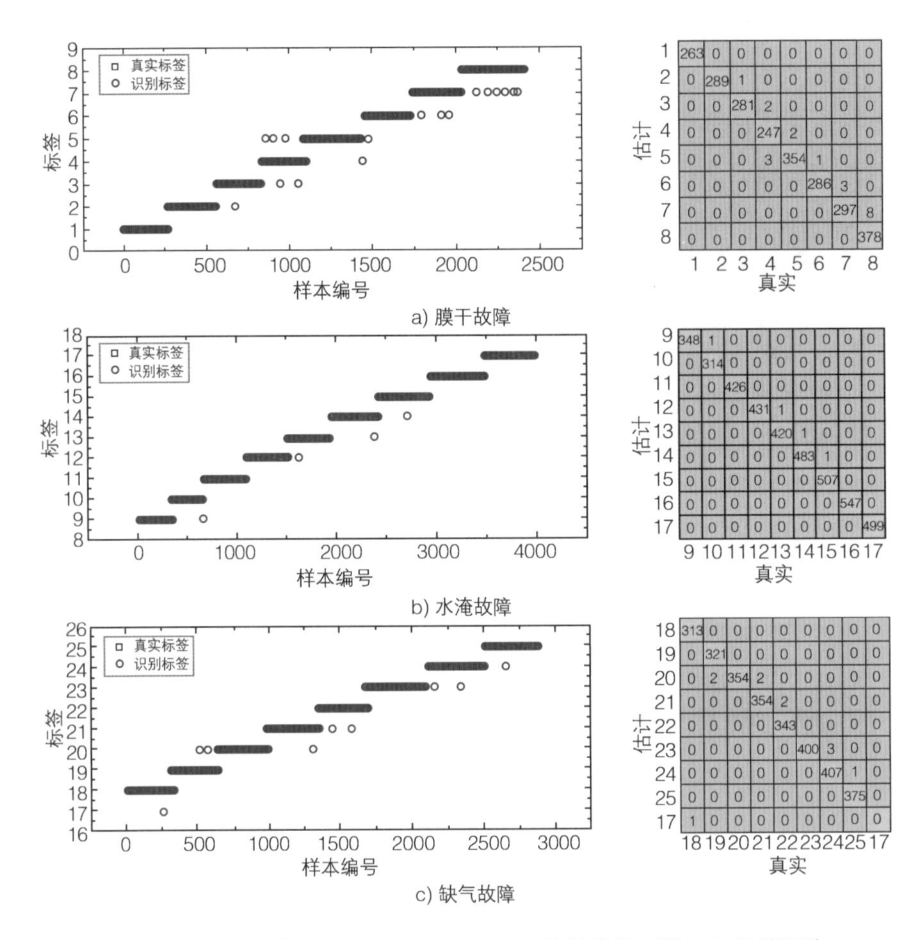

图 7-32　不同故障条件下 ResNet-LSTM 具体故障识别结果及混淆矩阵

阈值，在训练过程中只需调整隐含层神经元个数，便可获得唯一最优解，具有学习速度快、泛化能力强的优点，这里设置的 ELM 隐含层数目以及激活函数分别为 100 和 sigmoid 函数。SVM 是一类按监督学习方式对数据进行二元分类的广义线性分类器，其决策边界是对学习样本求解的最大边距超平面，可以将问题化为一个求解凸二次规划的问题，具有计算简单、鲁棒性强、理论完善等优点，这里，SVM 核函数设置为高斯函数，惩罚系数和核函数系数通过网格寻优法确定。

基于同样训练集和测试集的不同模型的识别精度和计算时间见表 7-7，由结果可知，在传统机器学习方法中，ELM 总体识别精度最高，达到了 96.943%，但仍明显低于深度学习方法（识别精度都在 99% 以上）；另外，PNN、ELM 和 SVM 的训练时间分别只有 0.032s、0.078s 和 23.228s，明显低于深度学习模型的训练时间，但是 PNN 和 SVM 的测试时间明显长于深度学习模型，因此，深度学习方法更适用于燃料电池内部状态识别。

表 7-7　不同模型的内部状态识别精度和计算时间

模型	识别精度（%）				计算时间 /s	
	总体	膜干	水淹	缺气	训练时间	测试时间
PNN	95.168	95.901	92.812	97.811	0.032	11.532
ELM	96.943	94.741	99.623	93.259	0.078	0.018
SVM	96.851	91.056	99.447	98.124	23.228	4.972
LSTM	99.245	99.006	99.548	99.027	352.284	1.136
CNN	99.299	98.551	99.673	99.409	299.442	1.003
ResNet	99.482	98.841	99.774	99.618	230.112	0.933
ResNet-LSTM	99.623	99.172	99.899	99.618	310.711	0.967

在深度学习方法中，LSTM 和 CNN 具有相当的识别精度，总体识别精度分别为 99.245% 和 99.299%，但是 CNN 的训练时间和测试时间低于 LSTM；另一方面，与 CNN 相比，ResNet 的识别精度提升了 0.184%，训练时间和测试时间分别缩短了 23.153% 和 6.979%，说明引入残差结构能够加速模型收敛并缓解模型因卷积层堆叠引起的退化；ResNet-LSTM 具有最高的识别精度，相比单独的 LSTM、CNN 和 ResNet，总体识别精度分别提高了 0.381%、0.326% 和 0.142%，而且训练时间和测试时间处于 ResNet 和 LSTM 之间，表明提出的 ResNet-LSTM 混合网络具有较好的特征提取能力和时间处理能力，而且计算量较小。

2　不同比例训练样本和噪声下的识别结果

为进一步验证所提出模型的泛化能力，分别以 30%、20% 和 10% 的极端训练样本比例对 SVM、LSTM、ResNet 和提出的 ResNet-LSTM 进行训练，不同模型识别精度见表 7-8。可以看到，SVM 在 30% 和 20% 训练样本下的识别精度分别为 94.702% 和 93.065%，但当训练样本为 10% 时 SVM 的识别精度仅为 89.173%，呈现出较差的泛化能力。与之相比，深度学习模型具有更强的泛化能力，在小训练样本下依然能够实现令人满意的识别精度，其中 ResNet-LSTM 的识别精度最高，一直是在 99% 以上，且训练样本为 10% 时的识别精度为 99.149%，与 ResNet 和 LSTM 相比，识别精度分别提升了 0.248% 和 0.904%，进一步表明提出的混合网络更有助于燃料电池健康管理系统建立。

现有的试验数据都是基于测试台架测量获取，考虑到实际车用燃料电池系统中数据采集可能还会受到环境噪声和高压部件的电磁干扰，对原始试验数据额外添加不同信噪比的高斯白噪声，并基于原来的固定随机种子以 70% 和 30% 样本对模型进行训练和测试，整体识别精度见表 7-8。在严峻的测量环境下，传统机器学习模型 SVM 的识别精度仅有 5% 左右，已经丧失内部状态识别能力；然而，所有深度学习模型仍能够实现内部状态识别，也正如预期一样，ResNet-LSTM 的识别精度最高，在添加 10dB 信噪比的噪声干扰后识别精度仍有 98.479%，而

ResNet 和 LSTM 的识别精度分别为 95.804% 和 97.929%，与之相比，ResNet-LSTM 的识别精度分别提升了 2.792% 和 0.562%。

表 7-8 不同比例训练样本、信噪比下不同模型识别精度

模型	不同比例样本训练			不同信噪比		
	30%	20%	10%	30dB	20dB	10dB
SVM	94.702%	93.065%	89.173%	5.964%	5.899%	5.812%
LSTM	98.937%	98.691%	98.261%	98.932%	98.641%	95.804%
ResNet	99.303%	99.171%	98.904%	99.396%	99.331%	97.929%
ResNet-LSTM	99.400%	99.309%	99.149%	99.579%	99.439%	98.479%

3 不同输入条件下的模型精度对比

为进一步验证所提出识别框架的鲁棒性，开展不同输入条件的消融试验。分别去除不同的输入条件后，重新进行滑动窗操作形成新的输入和输出样本，并基于原始固定随机种子以 70% 和 30% 比例的样本对模型进行训练和测试，各模型的总体识别精度和去掉某一输入条件后的精度下降率如图 7-33 和表 7-9 所示。从结果可知，当去除某一输入特征后，所有模型识别精度都会下降，但深度学习模型识别精度仍明显大于 SVM 识别精度，且 ResNet-LSTM 的识别精度仍然最高。从精度下降百分比来看，对于 SVM 模型，工作温度、特征频率阻抗和空气过量系数对其识别精度影响较大，精度下降率分别为 0.646%、0.329% 和 0.180%；对于 LSTM 模型，工作温度和特征频率阻抗影响较大，分别为 1.500% 和 0.272%，其次是电流密度，精度下降率达到了 0.261%；对于 ResNet 模型，工作温度和特

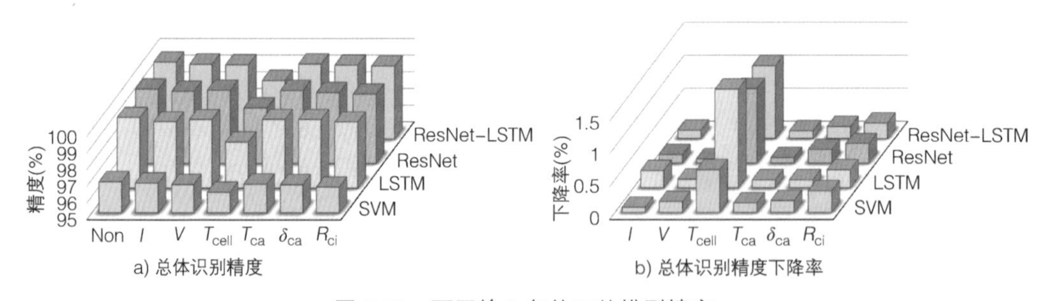

图 7-33 不同输入条件下的模型精度

表 7-9 去除不同输入条件后模型总体识别精度

模型	I	V	T_{cell}	T_{ca}	δ_{ca}	R_{ic}
SVM	96.775%	96.689%	96.225%	96.711%	96.677%	96.532%
LSTM	98.986%	99.116%	97.757%	99.126%	99.126%	98.975%
ResNet	99.353%	99.418%	98.355%	99.400%	99.277%	99.185%
ResNet-LSTM	99.493%	99.461%	98.522%	99.504%	99.439%	99.385%

征频率阻抗对识别精度影响较大，分别为 1.133% 和 0.299%，然后是空气过量系数，去除后识别精度下降了 0.206%；对于 ResNet-LSTM 混合模型，工作温度和特征频率阻抗同样为影响显著的两个输入条件，去除后模型识别精度分别下降了 1.105%、0.240%，当去除空气过量系数后识别精度下降了 0.185%。

总体来说，对于所有的模型，工作温度条件对识别精度影响最为明显，主要是数据集建立过程中，膜干、水淹和缺气故障的工作温度区分较为明显（膜干故障倾向于高温、水淹故障倾向于低温、缺气故障处于正常工作温度），因此对辨识精度具有直接影响；其次，影响显著的输入条件为特征频率阻抗，与输出电压相比，能够直接反映特定的动力学变化趋势，在燃料电池内部状态识别具有先进性。

7.3 燃料电池老化预测

目前，燃料电池技术用于商用车辆的可行性验证已初步完成，但其大规模商业化仍受到使用寿命限制。除了对燃料电池系统进行精确控制，确保燃料电池工作在合理区间内，另一方面需对燃料电池健康状态进行预测，以便设计如阴极侧氢气吹扫和氢泵效应等寿命恢复策略，延长燃料电池的使用寿命，并为燃料电池系统运行条件优化和维护策略提供依据，从而降低燃料电池系统的维护成本。这里以某用于 49t 牵引重卡的 110kW 燃料电池系统为研究对象，利用深度学习方法对其短时衰减进行预测。

7.3.1 燃料电池健康状态指标

首先，需确定能够表征燃料电池健康状态的指标，在众多燃料电池表征信号中，直接反映输出性能的电压信号被广泛使用，其基于一个假设，即在固定电流密度下，无论电池性能衰减原因是什么，它在全生命周期中都有不可逆转的衰减趋势。另外，也有研究人员从内部部件老化角度出发，采用电化学反应等效活性面积作为健康状态指标，也有选择表征欧姆损失和浓差损失的老化因子作为健康状态指标，另外通过电化学阻抗谱拟合的动力学损失也可以作为健康状态指标，同时由电压、功率、开路电压和内阻合成的混合健康状态指标可提高衰减预测的准确性。

这里的研究对象为重型燃料电池牵引车，燃料电池的健康状态指标应可由车用传感器测量的信息计算得到。如前所述，燃料电池系统通常只能采集压力、温度、空气质量流量、电压和电流等基本信息。尽管 DC/DC 变换器施加交流激励可实现特征频率阻抗采集，但本节研究的燃料电池系统中的 DC/DC 变换器暂时不支持该功能。至于电化学反应等效活性面积，可根据预先定义的极化曲线模型，通过定期测量的极化曲线进行拟合，但商用车辆燃料电池系统输出功率由整车控制器决定，导致周期性的极化曲线不容易获得。老化因子的在线估计依赖线性衰减假设，但燃料电池实际的衰减趋势呈现出较强的非线性。针对多个参数组成的混合健康状态指标，各参数之间的权重难以确定，且计算复杂。因此，选择燃料电池电压作为健康状态指标并进行衰减预测。

燃料电池控制单元（FCU）采集温度、压力、流量等信息，同时通过 CAN 与 DC/DC 变换器之间进行通信接收电堆的电压和电流信息。燃料电池汽车上配置了终端通信盒（transition box，TBox），能与云平台之间进行交互。TBox 通过 FCU 接收从 CAN 传输来的燃料电池系统运行数据，并将其上传至云平台。在此基础上，可以方便地从云平台上下载燃料电池汽车每天运行数据，本节中，数据记录频率为 1Hz。

本节研究的燃料电池商用车辆每天执行特定的货物运输任务，共提取了 120 天数据，其中第 20 天和第 60 天的电堆工作电流如图 7-34a 和图 7-34b 所示。可见，电堆每天的启停次数、总运行时长以及加载次数、大小和持续时间均有变化，这也是燃料电池商用车辆实际运营的正常情况，这与此前基于台架试验数据的同类研究有显著差异。例如，由 FCLAB 建立的著名开源数据集“IEEE PHM Data Challenge 2014”是由活性面积为 100 cm^2 的 5 个单池组成的电堆在测试台架上得出。在耐久性测试期间，电堆温度和入口湿度保持不变，电流保持在 70A，持续约 1000h，以获得相对稳态的老化数据集。伪动力学试验是在 70A 电堆工作电流上直接叠加一个振幅为 7A 且频率为 5kHz 的交流激励来开展。显然，与商用车辆的实际工作条件相比，台架试验的外部条件更加稳定，工作条件更加温和，因此台架测试中电堆的性能退化机理和规律与实际车用的燃料电池系统衰减有所不同。

另一方面，由于负载电流的大小以及出现的次数、时间段也不固定，直接选定一个特定的电流以记录对应的电堆电压可能将导致数据点分布稀疏和不均匀，因而需要先划分电流区间，对各电流区间出现的时间和次数进行统计。注意到变载过程中将覆盖多个电流区间，同时变载速度较快，电流稳定到某个区间后电堆电压需要一段时间才能稳定，故需设定一个时间阈值，超出后才采样一次电流和电压值。按照区间宽度 5A，时间阈值 100 s 对记录进行遍历，统计结果如图 7-34c ~ e 所示。可见，135 A、250 A、255 A 的负载电流出现次数均在 500 次以上。按照运行时长每小时采样一次对应的电堆电压，出现多次的小时取第一次采样值，缺

失的小时进行线性插值处理。观察处理结果发现，仅有 135A 电流区间出现的时间点分布较为均匀，而其他电流区间均类似 250 A 的情况，存在分布极为稀疏的时间段，不具备研究价值，因此，这里选择电流为 135A 时的电堆电压作为衰减指标。IEEE PHM Data Challenge 中的伪动态数据结果如图 7-34f 所示，这里提取的电堆电压的短期波动幅度明显更大，证明规律性振荡的电流无法反映商用电堆的实际运行工况，故有必要针对实车数据进行研究。

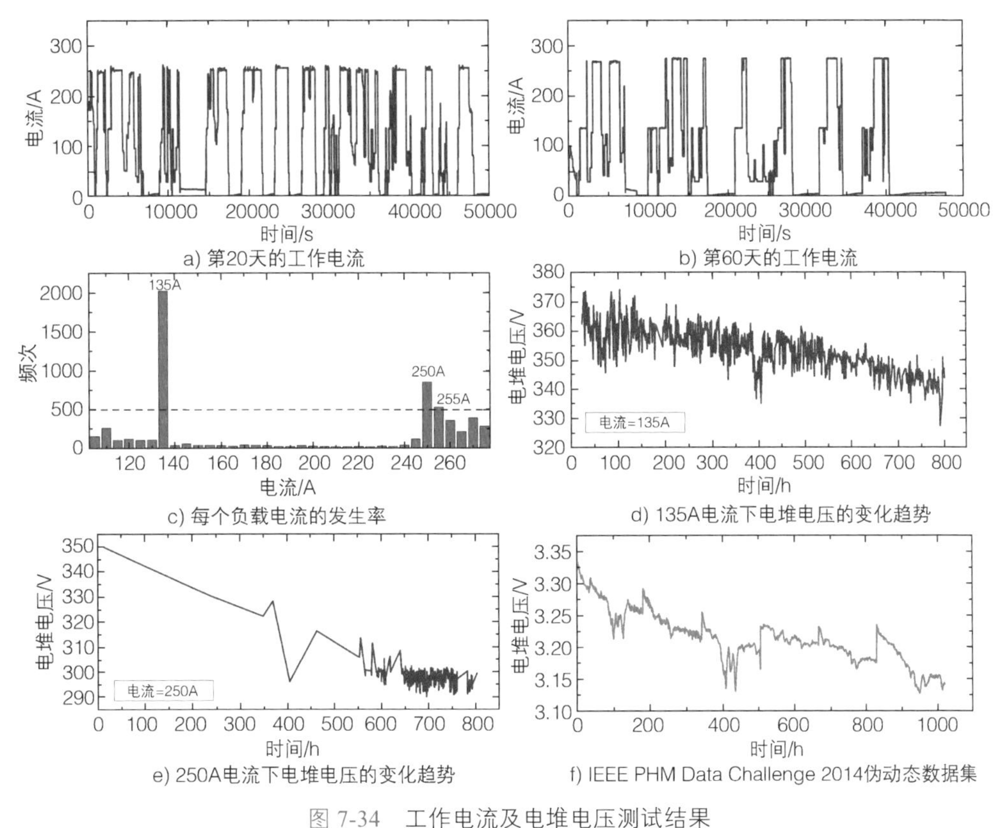

图 7-34 工作电流及电堆电压测试结果

7.3.2 基于模态分解和深度学习的短时衰减预测

1 电压模态分解

针对轻中型燃料电池物流车的研究指出，商用车辆燃料电池的衰减模式包括：质子交换膜在怠速高电压和低温高湿时的化学衰减，以及膜水合状态快速变化导致的物理衰减；铂催化剂在变载和怠速运行时的氧化和表面溶解；燃料电池启动时氢 - 空界面导致的扩散层与微孔层的碳腐蚀。对此，需要在高湿操作、怠速功率、变载斜率、启停策略上进行优化，但实际运行时气体杂质、低温冷启动、振动与冲击等外部因素仍将不可避免地导致电堆性能的加速衰减和大幅波动，这体现了性能衰退研究的必要性。然而由于多种外部操作条件和内部状态的影响，直接采用电压信号描述短期动态衰减趋势仍有所不足。为此，可考虑将操作条件引起的意外波动和其他不确定因素对燃料电池衰减和性能恢复的影响分离出来，进而形成多模态序列。

经验模态分解（empirical mode decomposition，EMD）适用于将非平稳非线性信号分解为多个固有模态函数（intrinsic mode functions，IMFs）和残差分量（residual，Res）。分解得到的 IMF 分量具有各不相同的特征时间尺度，且应满足两个条件：零点与极值点的数量相等或相差 1；局部极大值点确定的上包络线与局部极小值点确定的下包络线之均值恒为 0。相对于傅里叶变换和小波变换，EMD 无需事先确定基函数，而是对信号自身进行尺度变换得到 IMF，处理效率更高。EMD 具体算法如图 7-35a 所示，具体如下：

1）求取原始时序数据 $p(t)$ 的全部局部极大值点和局部极小值点，三次样条插值法获得上包络线 $e_{1,1}(t)$ 与下包络线 $e_{1,2}(t)$，求包络均值曲线

$$a_{1,1}(t)=\frac{e_{1,1}(t)+e_{1,2}(t)}{2} \tag{7-75}$$

2）求均值曲线与原始数据的差值曲线

$$h_{1,1}(t)=p(t)-a_{1,1}(t) \tag{7-76}$$

3）如果 $h_{1,1}(t)$ 满足 IMF 的基本条件，则 $h_{1,1}(t)$ 为第一个 IMF 分量，然而一般情况下，$h_{1,1}(t)$ 通常不会满足 IMF 要求，所以 $h_{1,1}(t)$ 将作为新的被分解信号，并重复步骤 1）和步骤 2）。基于此，第 i 次得到的差分曲线 $h_{1,i}(t)$ 表示为

$$h_{1,i}(t)=h_{1,i-1}(t)-a_{1,i}(t) \tag{7-77}$$

实际分解过程中，一般定义恰当宽松的柯西型筛选准则 $\mathrm{SD}_i=0.2\sim0.3$，以避免得到幅值几乎恒定的频率调制信号或包含过多频率分量的混叠信号，有

$$\mathrm{SD}_i=\frac{\sum_{t=0}^{T}|h_{1,i-1}(t)-h_{1,i}(t)|^2}{\sum_{t=0}^{T}h_{1,i-1}^2(t)} \tag{7-78}$$

4）当第 i 次得到的差分曲线 $h_{1,i}(t)$ 满足准则时，可将其视为第一个固有模态函数 $\mathrm{IMF}_1(t)$，就可以得到残差

$$r_1(t) = p(t) - \text{IMF}_1(t) \tag{7-79}$$

将 $p(t)$ 替换为 $r_1(t)$，然后返回步骤 1）并重复。直到第 k 次获得的 $\text{IMF}_k(t)$ 是单调函数或下标 k 达到预期次数 K 时，分解停止。此时原始信号被分解成

$$p(t) = \sum_{k=1}^{K} \text{IMF}_k(t) + r_K(t) \tag{7-80}$$

电堆电压极值分布影响了上下包络的形成，使得 EMD 分解影响了 IMF 成分的筛选。特别是测量电压中突然出现的高频变化，致使极值分布极不均匀。这些振幅变化最小的信号影响了包络描述和第一个 IMF 分量获取，导致模态混叠，进而影响后续筛选。因此，引入互补集合经验模态分解（complementary ensemble empirical mode decomposition，CEEMD）来解决这个问题。具体过程如图 7-35b 所示，正白噪声和负白噪声分别被添加到原始信号中。然后对这两个新信号进行 EMD 分解，并进行重复添加和分解过程，直到满足截止要求，最后对所有分解结果进行平均。在此基础上，得到的 IMF 和残余分量分别表示如下

$$\text{IMF}_k(t) = \frac{1}{2M}\sum_{j=1}^{M}(\text{IMF}_{k,j}(t) + \text{IMF}_{k,-j}(t)) \tag{7-81}$$

$$r_K(t) = \frac{1}{2M}\sum_{j=1}^{M}(r_{K,j}(t) + r_{K,-j}(t)) \tag{7-82}$$

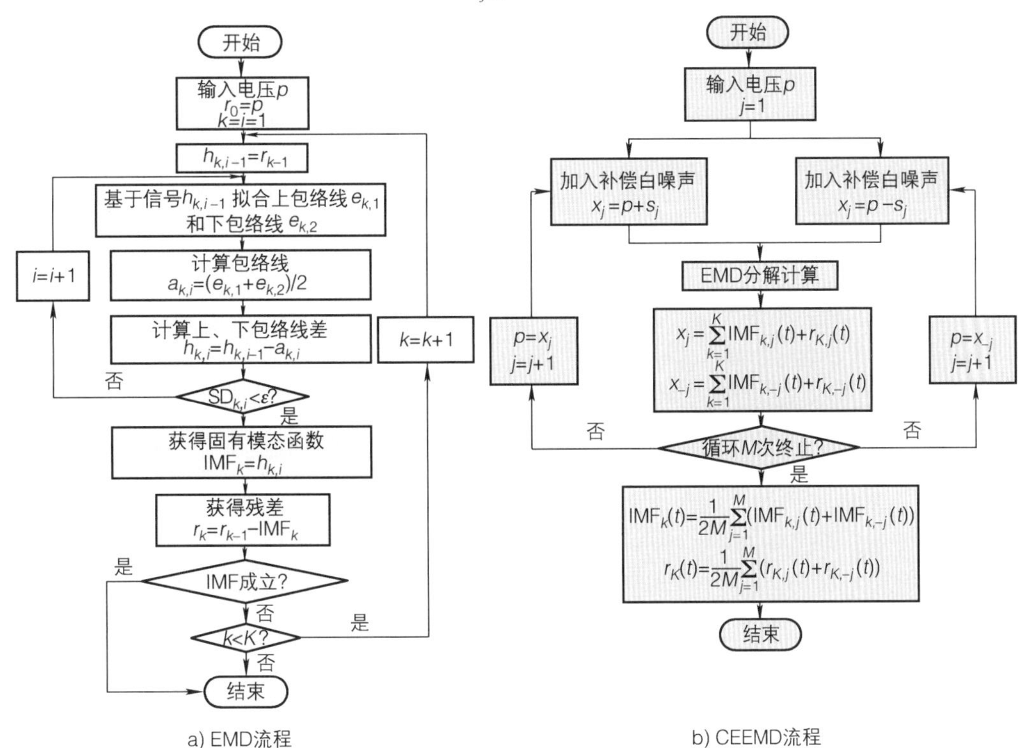

图 7-35 EMD 和 CEEMD 流程

2 短时衰减预测框架

使用的深度学习模型如图 7-36 所示，采用了 CNN-LSTM 结构，其中 CNN 层由 3 个卷积层组成，第一个卷积层读取分解模态序列并将其转换为特征图，第二个卷积层对第一个卷积层生成的特征图进行卷积，然后第三个卷积层执行进一步卷积以提取局部特征。之后，BN 层对特征图的分布进行转换，使其尽可能地落在 ReLU 激活函数对输入敏感的区域内。然后，使用平均集合池化层来简化特征图。简化后的特征图进一步扁平化为一个向量，输入至两个连续的 LSTM 网络，最后通过全连接层实现预测值输出，具体的模型参数设置见表 7-10。

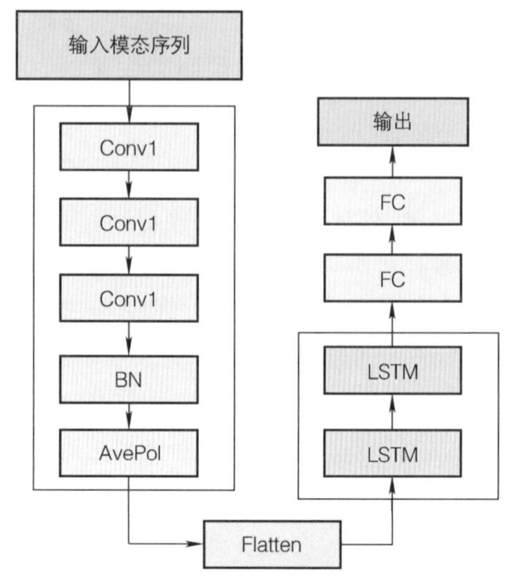

图 7-36　用于性能短时衰减预测的混合深度模型

表 7-10　CNN-LSTM 模型参数设置

序号	具体信息
1	卷积层（Kernel size: 3; Channel: 16; Padding; Dilation rate: 1）
2	卷积层（Kernel size: 3; Channel: 32; Padding; Dilation rate: 1）
3	卷积层（Kernel size: 3; Channel: 64; Padding; Dilation rate: 1）
4	归一化层
5	ReLU 激活层
6	平均池化层（Kernel size: 2; Stride: 2）
7	LSTM（Hidden node: 200）
8	LSTM（Hidden node: 200）
9	全连接层（Dense: 300）
10	全连接层（Dense: 1）

基于多模态输入的预测框架如图 7-37 所示。首先确定训练数据集和测试数据集，然后使用 Z-score 归一化方法对原始电压数据进行归一化，以提高模型的训练速度和准确性。通过滑动窗对归一化后的训练数据进行处理，以获得归一化后的电压序列。然后，通过 CEEMD 对电压序列进行分解，以获得不同特征频率的模态序列和残差序列，并输入至相应的 CNN-LSTM 模型中。最后，将经每个模态序列和残差序列获得的预测值进行融合并反归一化，得到最终的预测电压。

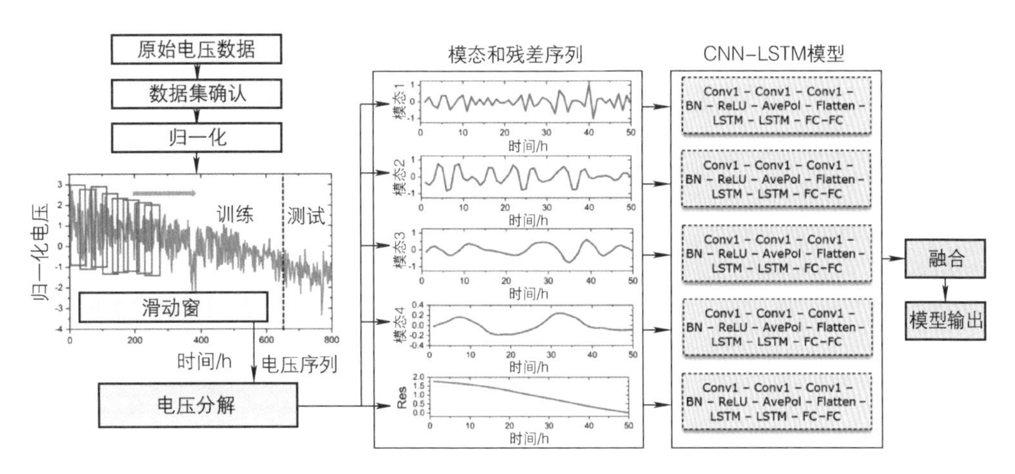

图 7-37 基于模态分解和 CNN-LSTM 的燃料电池短时衰减预测

7.3.3 燃料电池短时衰减预测结果

1 电压分解

图 7-38a ~ j 显示了 CEEMD 对 1 ~ 50h 原始电压序列的分解结果和快速傅里叶变换的频率分析结果。图 7-38a ~ d 中在 0 附近波动的模态可称为波动成分，图 7-38e 中相对平稳下降的模态可称为趋势成分。需要注意的是，由于电压采集的时间间隔为 1h，所以每个模态特征频率最高不会超过 0.5h，且会随着分解的深入而逐渐降低。

为了进一步说明这些模态与电堆运行条件波动之间存在潜在关系，在对应电压下与电堆相关的关键条件信号，如电流、空气质量流量、电堆温度、阴极压力和阳极压力，都被进行归一化处理，然后也用快速傅里叶变换进行分析，其结果在图 7-38k ~ t 中给出。可以看出在电流频谱中，最大振幅的频率与模态 IMF_1 相当，表明电流波动可能直接影响了 IMF_1。同样，空气质量流量和电堆温度的特征频率也接近于 IMF_2 和 IMF_3 的特征频率，表明它们在很大程度上影响了 IMF_2 和 IMF_3，阴极压力和阳极压力的特征频率都接近于 IMF_4 的特征频率。当然，除了这些工作条件外，其他许多条件的波动也会直接或间接地影响输出电压的波动。基于此定量分析，可认为燃料电池电压衰减波动成分是由偶然外部因素和不确定性引起的可恢复性波动，而趋势成分则可以反映经过长期示范运行后不可逆老化引起的不可逆电压下降。因此，CEEMD 可以通过将原始数据转换为多模态来保留不确定性和运行波动的影响。

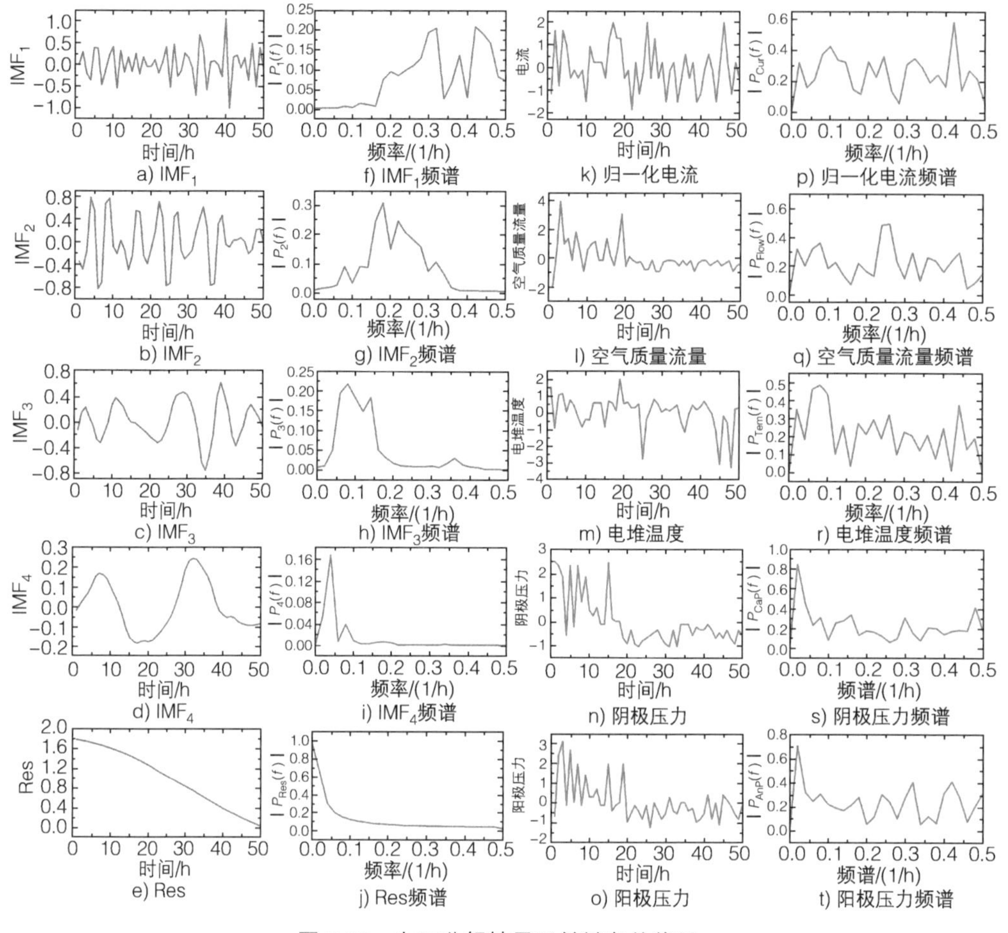

图 7-38 电压分解结果及关键条件信号

2 短时衰减预测结果

在燃料电池系统实时控制中，短时电压衰减预测具有重要意义。分解模态的数量对预测精度有很大影响，因此有必要首先确定合适的模态数量。表 7-11 中列出了针对不同模态数量的预测精度和计算时间。具体而言，采用前 80%（1 ~ 640h）数据用于模型训练，后 20%（641 ~ 800h）数据用于模型测试。其中，电压预测采用了单步预测，其基本过程如图 7-39a 所示，即当前时间序列被应用于预测下一时间值，且实际测量或观测值也被用于预测下一时间值，因为在预测过程中可以采集电堆电压；模型计算时间用 MATLAB 的 tic 和 toc 来记录。可以看出，增加模态数量可提高燃料电池短时衰减的预测精度，特别是模态数从 2 到 3 的变化；然而，当模态数量从 4 增加到 5 时，预测精度没有进一步提高，且测试时间反而会增加。因此，通过考虑预测准确性和测试时间之间的权衡，最终将模态数确定为 4。

表 7-11　不同模态数量下模型精度和计算时间

模态数量	MAE/V	MAPE	RMSE/V	训练时间 /s	测试时间 /s
2	1.9285	0.0056	2.5877	434.3453	0.3851
3	1.3880	0.0041	1.8099	668.6517	0.4002
4	1.1967	0.0035	1.6606	721.0217	0.5345
5	1.1882	0.0035	1.6736	1150.512	0.6812

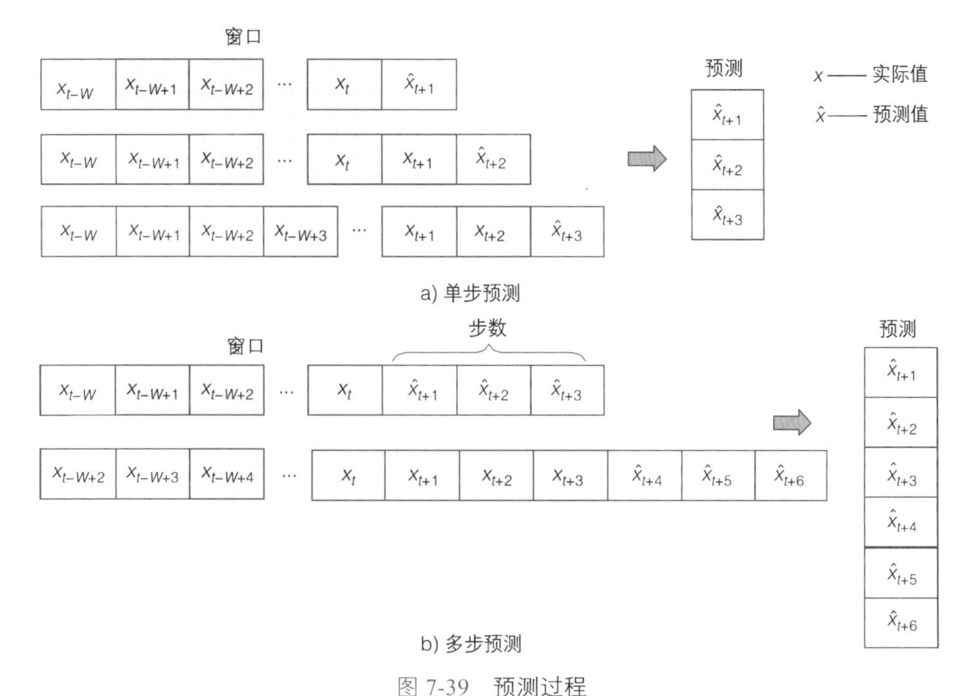

图 7-39　预测过程

模型精度通过平均绝对误差（mean absolute error，MAE）、平均绝对百分比误差（mean absolute percentage error，MAPE）和均方根误差（root mean square error，RMSE）等指标进行评估。

$$\mathrm{MAE}=\frac{1}{n}\sum_{i=1}^{n}\left|y_i-\hat{y}_i\right| \tag{7-83}$$

$$\mathrm{MAPE}=\frac{1}{n}\sum_{i=1}^{n}\left|\frac{y_i-\hat{y}_i}{y_i}\right| \tag{7-84}$$

$$\mathrm{RMSE}=\sqrt{\frac{1}{n}\sum_{i=1}^{n}(y_i-\hat{y}_i)^2} \tag{7-85}$$

式中，y_i 为实际电压；$\hat{y}_i$ 为训练模型估计电压；n 为测试集的样本数。

LSTM、CNN、CNN-LSTM 和 CEEMD-CNN-LSTM 的短时衰减预测结果如图 7-40 和表 7-12 所示。可以看出，所有模型都能有效地跟踪电压衰减趋势，

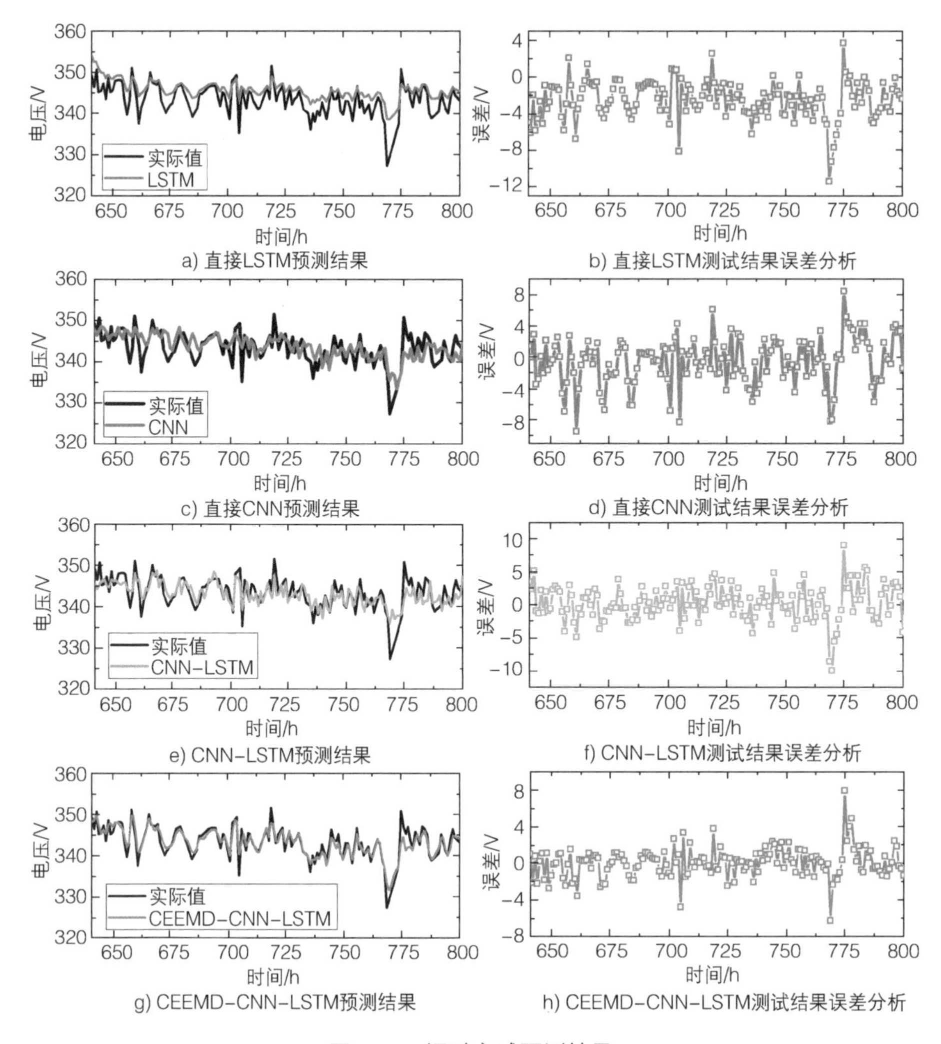

图 7-40　短时衰减预测结果

表 7-12　不同模型单步预测结果

模型	MAE /V	MAPE	RMSE/V	训练时间 /s	测试时间 /s
LSTM	3.1119	0.0091	4.0132	39.9851	0.0643
CNN	2.3271	0.0068	3.0452	55.9711	0.0240
CNN-LSTM	2.0347	0.0059	2.6327	226.2806	0.1265
CEEMD-CNN-LSTM	1.1967	0.0035	1.6606	721.0217	0.5345

CNN 预测精度高于 LSTM，与之相比，其 MAE、MAPE 和 RMSE 分别降低了 25.22%、25.27% 和 24.12%。这表明 CNN 在处理复杂的非线性特征数据方面能力更强。此外，CNN-LSTM 同时具有较好的特征提取能力和时间序列处理能力，

与直接 CNN 相比，其 MAE、MAPE 和 RMSE 分别降低了 12.56%、13.24% 和 13.55%。另一方面，CEEMD-CNN-LSTM 引入了多模态框架，可以有效地提高预测精度，因为短期电压波动的动态因素可被分离出来，与 CNN-LSTM 相比，MAE、MAPE 和 RMSE 分别降低了 41.19%、40.68% 和 36.92%。从计算效率的角度来看，CNN 测试时间比 LSTM 短，因为池化层可明显减小特征大小，另一方面，由于需要分别训练和测试多个网络，所以 CEEMD-CNN-LSTM 的训练时间和测试时间相对较长，但当算法嵌入云平台时，提出的预测框架仍有意义。

对商用车辆老化数据设置不同测试集进行模型训练，根据训练好的模型进行 641 ~ 800h 的单步预测。如图 7-41 和表 7-13 所示，与预期一致，更多的训练集数据可使模型学习更多衰减随时间的变化特征，从而在测试过程中可更准确地预测电压。另一方面，随着预测的进行，LSTM 预测的电压差逐渐增大，特别是在训练样本较少的情况下，预测电压明显大于实际测量电压，给故障前的维修服务带来了延迟风险。相比之下，尽管使用了前 30% 的样本进行训练，CNN 仍然能够跟踪燃料电池衰减趋势，进一步证明了 CNN 比 LSTM 具有更强的泛化能力。此外，与直接的 CNN 相比，CNN-LSTM 可以显著提高预测性能，再次表明混合深度学习模型的有效性。此外，CEEMD-CNN-LSTM 可以进一步提高预测精度，而不会出现预测电压误差的持续增长。

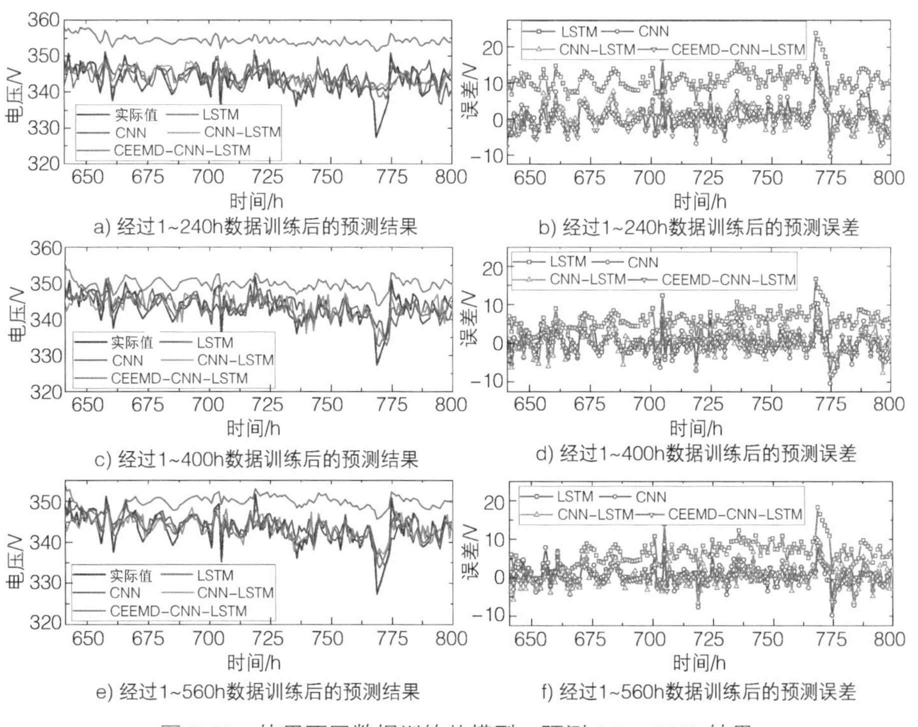

图 7-41　使用不同数据训练的模型，预测 641 ~ 800h 结果

表 7-13 不同训练样本下不同模型的单步预测结果

训练样本	模型	MAE/V	MAPE	RMSE/V
1 ~ 240h	LSTM	11.0586	0.0323	11.5489
	CNN	2.9709	0.0087	3.9058
	CNN-LSTM	2.6465	0.0078	3.4885
	CEEMD-CNN-LSTM	2.0954	0.0061	2.8142
1 ~ 400h	LSTM	6.9857	0.0204	7.5921
	CNN	2.7256	0.0080	3.5259
	CNN-LSTM	2.3407	0.0068	2.9962
	CEEMD-CNN-LSTM	1.7035	0.0050	2.1803
1 ~ 560h	LSTM	6.4879	0.0190	7.3338
	CNN	2.3713	0.0069	3.0691
	CNN-LSTM	2.2231	0.0064	2.8012
	CEEMD-CNN-LSTM	1.3307	0.0039	1.8005

在之前预测过程中使用了 1h 延迟测量值用于更新模型，在实际运行过程中，车辆可能不会实时发回传感器数据，所以部署在云平台的预测模型可能无法及时获得测量电压。由此，采用 5h 和 10h 测量延迟，即多步预测，以探究测试过程中状态更新延迟时间的影响。多步预测使用当前测量的时间序列来预测未来多个时刻的值，即每次预测后将测量值输入模型中更新模型以预测接下来多个时刻的值，如图 7-39b 所示。

图 7-42 显示了 641 ~ 800h 数据下针对不同步长预测结果，很明显预测精度随着状态更新延迟而降低。对于 CEEMD-CNN-LSTM，与 5h 延迟相比，1h 延迟的 MAE、MAPE 和 RMSE 分别下降了 39.26%、39.66% 和 34.90%，而与 10h 延迟相比，MAE、MAPE 和 RMSE 分别下降了 49.90%、50% 和 45.76%。同时，当状态更新延迟增加时，融合预测变化趋势与实际情况基本一致，误差主要体现在小幅波动上，呈现出较差的短期动态预测。因此，应尽快将测量值发回以更新网络状态。考虑到这里研究的车辆电堆每天运行 5 ~ 6h，数据每天返回一次，在状态更新延迟时间为 5h 的情况下，预测结果仍然是合理的。

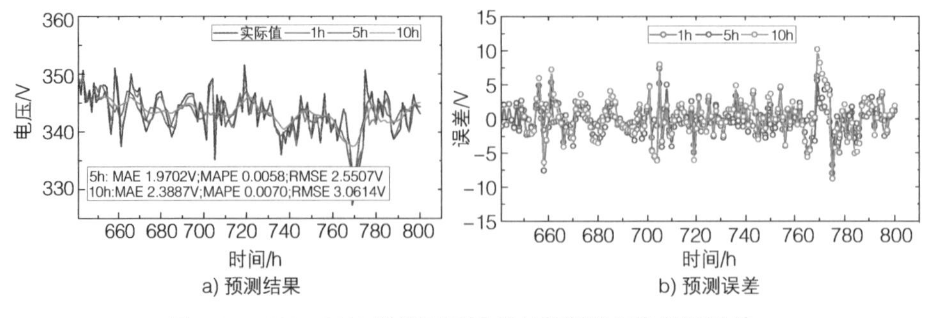

图 7-42 641 ~ 800h 数据下不同步长预测结果及预测误差

7.4　本章小结

本章针对燃料电池内部状态识别和短时衰减预测进行了阐述。在燃料电池系统状态方程基础上，利用滑模变结构控制原理设计燃料电池系统阴极状态观测器，对燃料电池系统阴极侧氧气质量和氮气质量进行观测，进而实现在全工况、大范围负载变化下的氧气过量系数估计，结果表明，即使在进气歧管体积、排气歧管体积及孔口系数等模型参数存在不确定性的条件下，所设计观测器依然可以准确实现阴极侧氧气质量和氮气质量观测。在燃料电池内部故障识别方面，针对基于时间序列的内部状态识别特征提取和序列处理能力弱的问题，在传统采集的电压、电流和流量等时域信号基础上融合特征频率阻抗，构建残差 - 长短时记忆混合网络的内部状态识别方法，在不同训练比例、噪声干扰以及输入条件下对内部识别效果进行验证，结果表明，本章所提出方法能够实现燃料电池故障类型和故障程度多维准确识别。此外，本章提出了基于卷积神经网络与长短时记忆网络结合的混合深度学习燃料电池短时性能衰减预测方法，其中原始电压序列被互补集合经验模态分解解析为表示短期随机波动的多个模态分量和表示长期衰减的残差分量，采用深度学习模型分别准确学习外部操作条件以及固有衰减对燃料电池输出电压的影响，从而实现了对燃料电池短时性能衰减的准确预测。

燃料电池控制系统设计

燃料电池控制系统是实现燃料电池系统管理控制策略及算法的载体，涉及各子系统关键零部件的管理、协调、监控和通信，从而确保燃料电池工作在高效稳定区间内，并确保在收到整车控制器指令后，能正确执行对应的开机、运行、关机以及紧急停机等流程。本章针对燃料电池控制系统进行阐述，涉及软件架构、输入输出模块、模式管理、控制模块以及故障诊断模块等内容。

8.1　控制系统的一般软件架构

燃料电池控制系统的应用层软件架构是指管理燃料电池系统运行的软件结构，通常包括几个模块共同监视和控制燃料电池系统运行。良好设计的软件架构可以帮助优化燃料电池系统控制性能，确保其高效和可靠运行，降低维护成本；且能及时消除故障，并最大限度地降低系统进一步损坏的风险，并允许对燃料电池系统进行性能优化，如在最小化燃料消耗的同时最大化功率输出；允许燃料电池系统控制器与其他控制器之间进行通信，实现更高层面的控制和监测能力。

某款燃料电池发动机的软件架构如图 8-1 所示，其主要根据整车控制器或台架测试相关指令，对燃料电池系统状态进行管理，并在对应的状态下进行进气和温度控制，同时进行燃料电池系统状态识别及故障诊断，最后将具体的指令通过硬线或网络发送给执行器和整车控制器。具体的应用层软件主要包含以下几个模块：

1）输入信号处理模块，负责收集燃料电池系统内各种传感器和零部件的数据，通常包括数据记录、传感器校准和信号调理等功能。

2）模式管理模块，负责管理燃料电池系统的整体运行模式，通常包括系统启动流程、运行流程、停机流程等功能。

3）子系统控制模块，负责调节燃料电池关键参数使其达到目标要求，以维持所需的功率输出和效率水平，通常包括电流控制、温度控制、进气控制等功能。

4）状态识别及故障诊断模块，负责监测燃料电池状态以及系统各个层面可能出现的故障，并通过故障诊断模式发出警报以及故障码，以便及时进行处理。

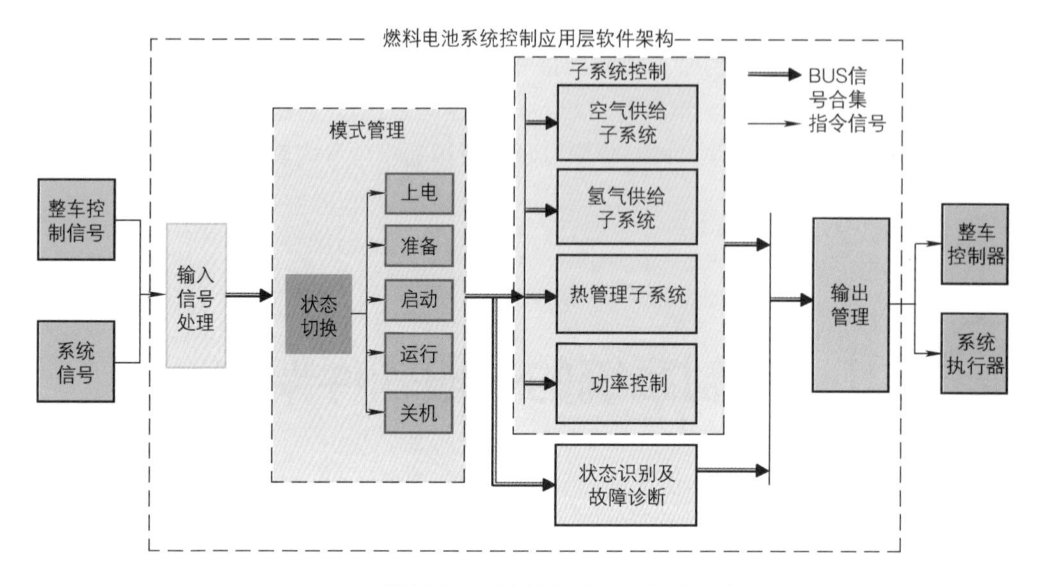

图 8-1　燃料电池系统控制应用层软件架构

5）输出管理模块，负责管理燃料电池系统与其他控制器之间的数据交换，通常包括网络协议、数据加密和数据压缩等功能，此外，通过硬线与电磁阀、比例阀、背压阀等部件进行交互。

不同的控制架构功能模块各有不同，总而言之，对燃料电池系统软件架构设计的总体要求主要有以下几点：

1）稳定性和可靠性。燃料电池系统复杂、部件众多且涉及氢气使用，因此其控制软件架构必须具有稳定性和可靠性，以确保系统的正常运行和安全性。

2）实时性。燃料电池系统需要快速响应各种操作和环境变化，因此其控制软件架构需要具有实时性，以确保系统可以在最短时间内做出反应。

3）灵活性和可扩展性。燃料电池系统的需求和配置可能随着时间而变化，因此其控制软件架构需要具有灵活性和可扩展性，以支持对系统进行修改和升级。

4）高效性和优化性。燃料电池系统需要高效运行，以最大程度地减少能源消耗和排放，因此其控制软件架构需要具有优化性，以支持最佳性能和能量利用率。

5）安全性和数据保护。燃料电池系统包含敏感的数据和信息，因此其控制软件架构需要具有安全性和数据保护功能，以确保数据不会被未经授权的人员访问或修改。

8.2　输入输出模块

输入模块的主要功能之一是对采集的模拟量信号进行处理。例如，针对采集的压力传感器输出的电压信号，需通过对应的电压 - 压力公式进行反推计算，实现具体的压力值计算；针对采集的温度传感器输出的阻值信号，需通过温度 - 阻值插值查表的方式实现温度计算；针对采集的流量传感器输出的电压信号，需通过电压 - 流量插值查表的方式实现具体的流量计算。另一方面，输入模块还需将传感器输出的电压或阻值输入诊断模块，以判断传感器是否对地或对电源短接故障。

FCU 除了处理硬线直接采集的信息外，还需处理其他控制器通过 CAN 发送的信息。例如，空压机控制器可通过 CAN 向 FCU 发送空压机三相电压、空压机反馈转速、电机温度信息；电子三通阀控制器可向 FCU 发送阀门角度、电机堵转、阀位置异常等信息；DC/DC 变换器向 FCU 发送电堆电压电流和 DC 输出端的电压和电流信息；整车控制器可向 FCU 发送具体的功率请求以及上高压指令等。同样，FCU 可根据目标功率以及相应算法计算得到目标空压机转速、目标风扇转速、DC/DC 变换器加载电流等命令，通过 CAN 总线发送给对应的执行器。另外，电磁阀、比例阀、背压阀、辅助水泵及辅助散热风扇的控制信号则直接通过硬线由 FCU 发送。

8.3　模式管理模块

模式管理主要是根据整车要求对燃料电池系统状态进行管理，这些状态之间的转换程序通常基于 Simulink 状态机（Stateflow）实现，燃料电池系统工作状态主要有：

1）系统上电。外部电源为燃料电池系统提供低压电，完成系统唤醒并进行自检。

2）系统预备。辅助电源给燃料电池系统辅助部件供电后进行高压自检。

3）系统启动。燃料电池电压建立后给零部件供电，等待变载指令。

4）系统运行。燃料电池根据目标功率进行加载操作。

5）系统关机。燃料电池系统根据关机指令和故障等级执行正常关机、紧急停机等操作。

8.3.1 系统上电状态控制

燃料电池系统上电过程的典型控制流程如图 8-2 所示。整车低压电源给 FCU 及各零部件控制器供电并唤醒各部件，各控制器进行自检并进行通信检查，同时对储氢瓶压力进行判断，保证上电后外部供气系统状态正常，能够正常提供氢气。随后，系统判断是否需要补氢，当氢气压力低于目标值，则进行补氢操作，降低阳极侧出现氢 - 空界面对电堆造成的不可逆损伤；若多次补氢后氢进压力很快下降，则可能系统出现了泄漏情况，此时应进入启动失败状态，并发出警报。若系统补氢流程通过，则对燃料电池系统各零部件进行状态初始化，收到整车控制器发送的启动信号和上高压信号后，进入预备状态。若在上电过程中收到休眠信号，则将各零部件状态设置为默认值，并断开低压电进入休眠模式。

8.3.2 系统预备状态控制

系统预备状态的典型控制流程如图 8-3 所示，当系统低压上电完成且系统通过自检后，将 DC/DC 变换器输出端继电器闭合，检测 DC/DC 变换器输出端的高压是否满足需求范围。若满足，则进行判断是否需要补氢流程，通过补氢流程后，系统会通过环境温度传感器判断后续燃料电池启动方式是采用低温冷启动策略还是常温冷启动，若是低温冷启动则需要等待 PTC 加热器对循环冷却液加热或者进入自加热流程。最后等待整车控制器发送的功率命令，若请求功率大于启动设定功率，则系统正式进入启动流程。在系统准备阶段，若发现故障或者收到燃料电池系统关闭指令，则将空压机、水泵等部件状态进行默认设置后，将 DC/DC 变换器输出端继电器断开，并转入系统上电的补氢流程中。

8.3.3 系统启动状态控制

当系统准备阶段工作完成后，进入启动阶段，该阶段的典型控制流程如图 8-4 所示。由于质子交换膜密封性因素，电堆阴、阳极侧可能会相互窜气，为

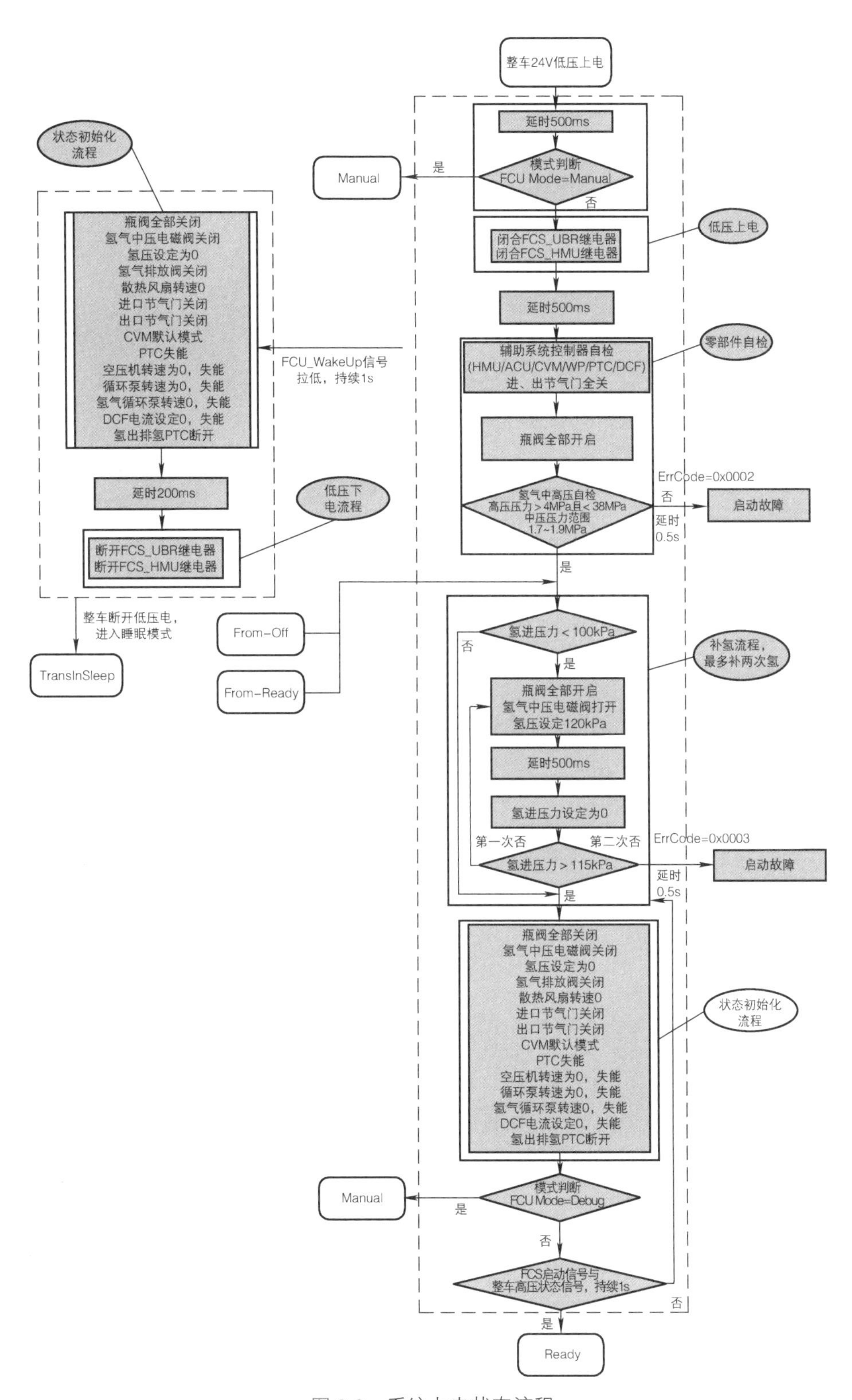

图 8-2　系统上电状态流程

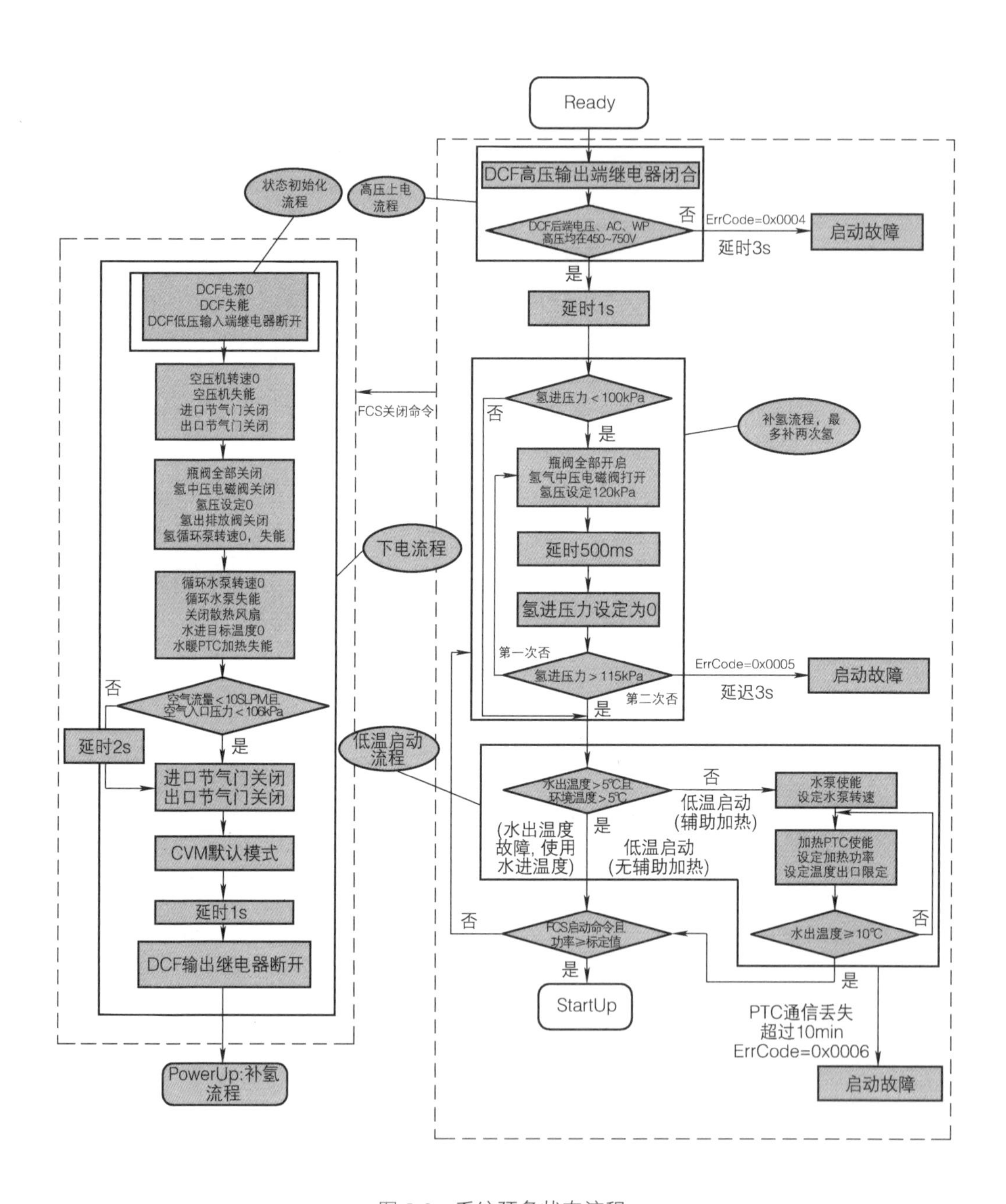

图 8-3　系统预备状态流程

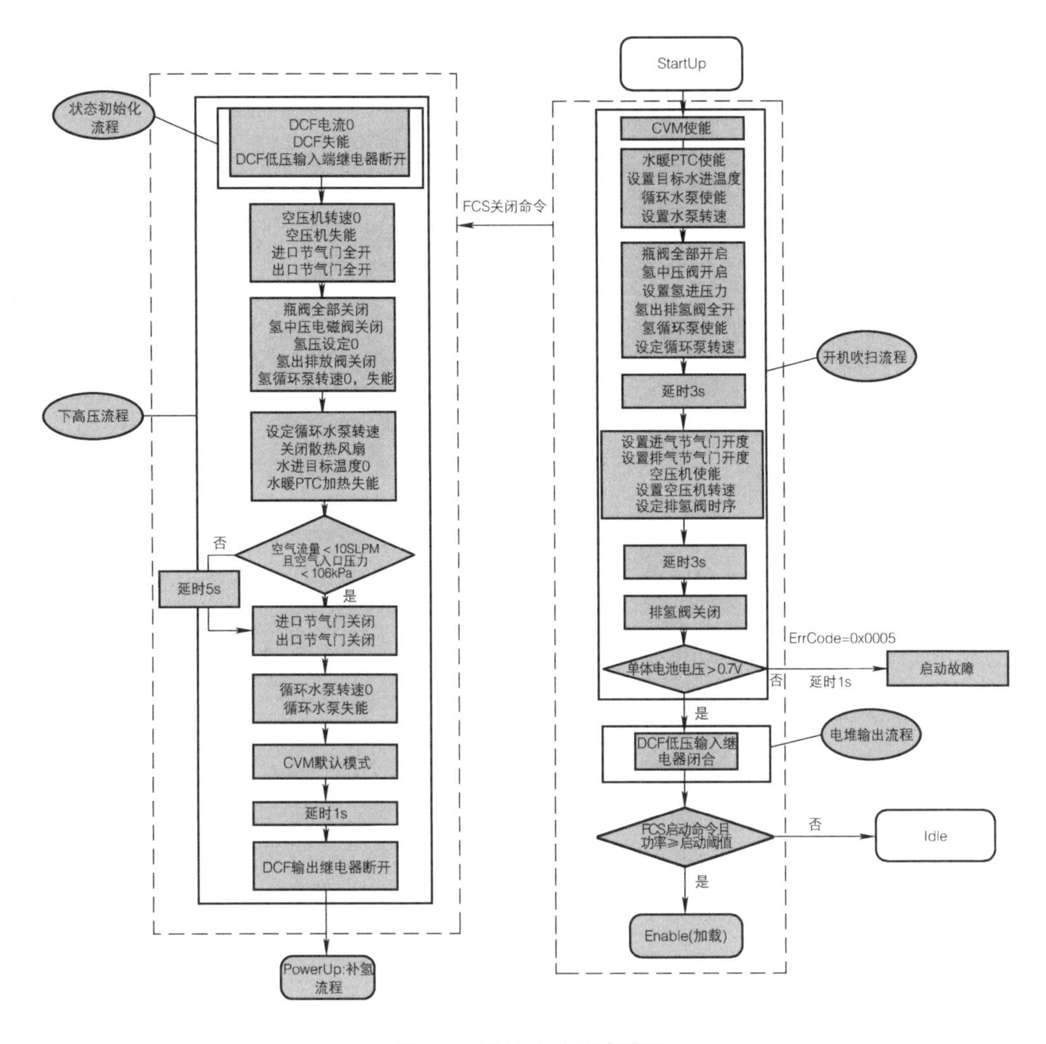

图 8-4　系统启动状态流程

此通过比例阀开度调节设置合适的氢进压力、空压机转速和背压阀开度调节设置合适的空气流量和空气压力，对阴极、阳极侧腔体内部不纯气体进行吹扫，保证反应的纯度。当吹扫结束后，燃料电池电压同时会建立，判断当前燃料电池单体平均电压是否超过阈值（比如 0.7V），若条件成立则表明燃料电池能够进行正常反应，可以进入下一状态流程，此时 DC/DC 变换器输入侧继电器关闭，通过电堆发电给关键零部件供电，系统启动成功，并等待整车功率请求。若请求功率大于启动功率，则进入自动运行模式，若没达到预设启动功率，则进入怠速状态，并等待进一步指令。同样，若启动过程中出现严重故障或者收到关机指令，则将 DC/DC 变换器输入端继电器断开，同时将空压机、氢进压力、水泵进行关闭，节气门全开，等到空气流量及空气压力下降到特定值后将节气门（背压阀）关闭，随后断开 DC/DC 变换器输出端继电器，并进入系统上电状态的补氢流程。

8.3.4 系统运行状态控制

当系统启动状态流程执行完毕后，且整车功率请求大于最低启动阈值时，系统进入自动运行模式，如图 8-5 所示。在该模式下，首先根据燃料电池系统当前输出功率和目标功率进行判断加减载模式，随后根据标定的功率，将空压机转速、节气门开度、压力等加减载斜率输入控制模块中，同时将自动运行模式激活，子系统将执行闭环控制或者相应自动运行策略。

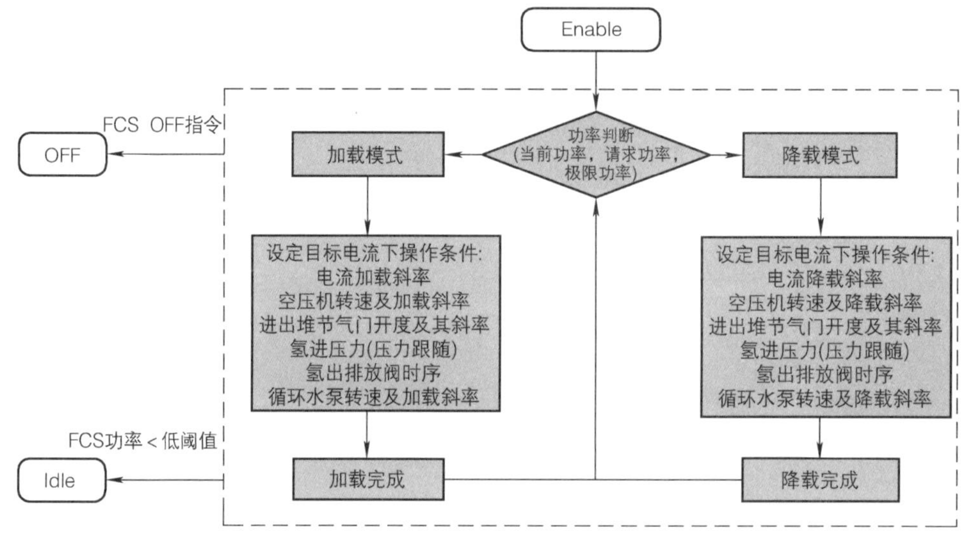

图 8-5 系统运行状态流程

8.3.5 系统关机状态控制

当整车关机指令发出时，系统即进入关机流程，系统正常关机的典型流程如图 8-6 所示。首先系统关闭自动运行，然后进入停机吹扫模式。停机吹扫是为了将电堆阴极侧液态水以及膜态水扫出，防止低温环境下冷启动过程中电堆内部初步冰含量较高。吹扫过程中由于膜水含量下降，输出电压也会下降，当吹扫电压低于标定阈值时，则停止吹扫进入放电流程。设定放电电流后，关闭空压机、设定氢进压力，等到空气流量小于设定值后，按照降载流程将工作电流降低至阈值；随后，关闭电堆空气侧进出口节气门、比例阀和循环水泵；经放电后当单体电压低于某阈值（比如 0.2V）后，断开 DC/DC 变换器输入端继电器，同时将各零部件状态设置为默认状态，随后断开 DC/DC 变换器输出端继电器并进入低压下电流程。

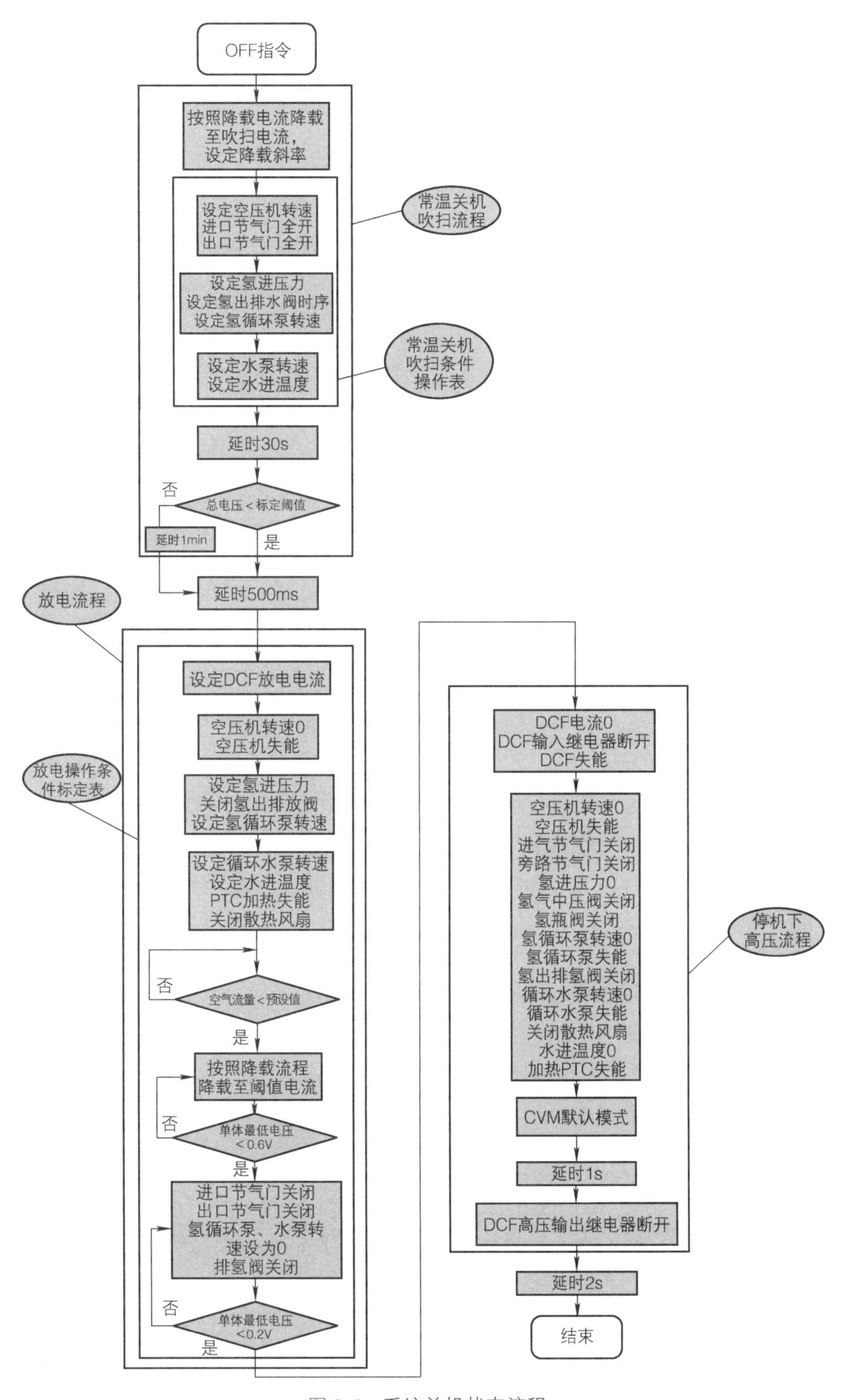

图 8-6　系统关机状态流程

8.4 子系统控制模块

空气控制模块是针对燃料电池空气供给子系统外围执行器件的控制，该模块的典型结构及接口如图 8-7 所示。模块外围根据系统需求功率进行需求空气流量、空气压力、空气湿度实时计算，经过内置的空气管理算法（如 4.3 节中提出的空气路串级解耦控制算法）进行控制计算，得到相应的执行器输出指令，如空压机转速、背压阀开度、组合阀开度等，并将这些控制指令发送给 FCU 信号输出模块。基于此模块，根据燃料电池运行状态及设计指令，进行阴极进气状态实时调整，保证电堆反应所需要的氧气，同时通过执行器协同配合减小控制波动和能耗。

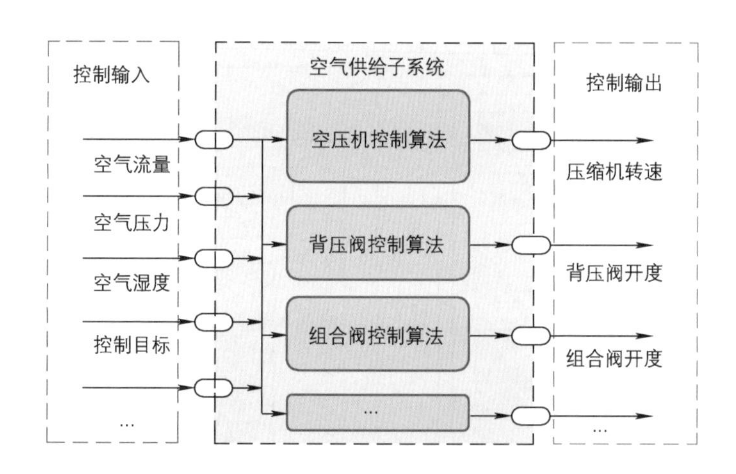

图 8-7 空气控制模块的典型结构及接口

氢气控制模块主要完成氢气供给子系统的控制执行，该模块的典型结构及接口如图 8-8 所示，通过对包括比例阀、循环泵、排氢阀等执行器的实时控制，维持燃料电池氢进压力和内部浓度的稳定性。当然，根据不同的燃料电池氢气供给子系统拓扑以及不同存储方法和概念，所包含的执行元件也有所不同。同时，针对不同使用场景及目标，控制模块侧重点也会有所不同。当氢气作为燃料以气态形式存储时，除了压力调节外，不需要进行转换，故控制重点在于氢气压力控制（如 4.4 节中提出的前馈模糊 PI 氢压控制策略）。当采用其他形式的燃料时，燃料电池存储子系统复杂性就会增加，因此氢气模块控制算法也会更加复杂。

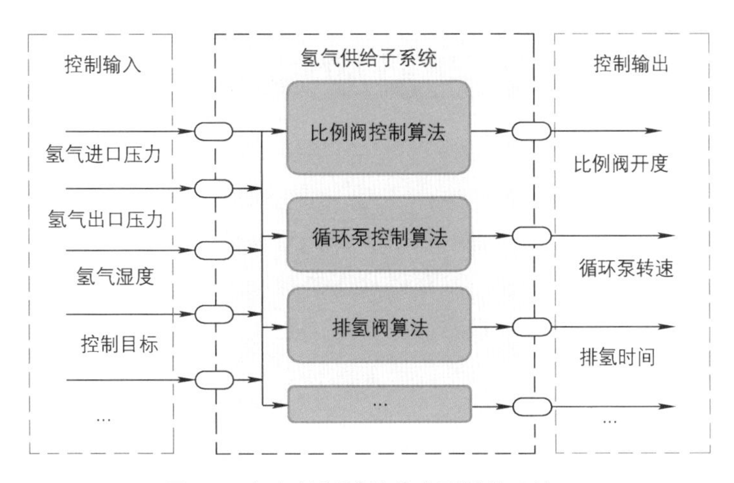

图 8-8　氢气控制模块的典型结构及接口

温度控制模块的主要目标在于控制整个燃料电池系统关键部件的温度，尤其是电堆温度。如图 8-9 所示，通过目标需求功率进行查表获取温度需求，同时接收从输入信号处理模块传递的温度信号，利用对节温器、水泵、风扇等执行器的控制算法（如第 5 章中提出的模型预测温度控制算法），实现对应的零部件开环或者闭环控制计算，并将控制信号发送到输出模块对外进行输出，完成对温度的管理。

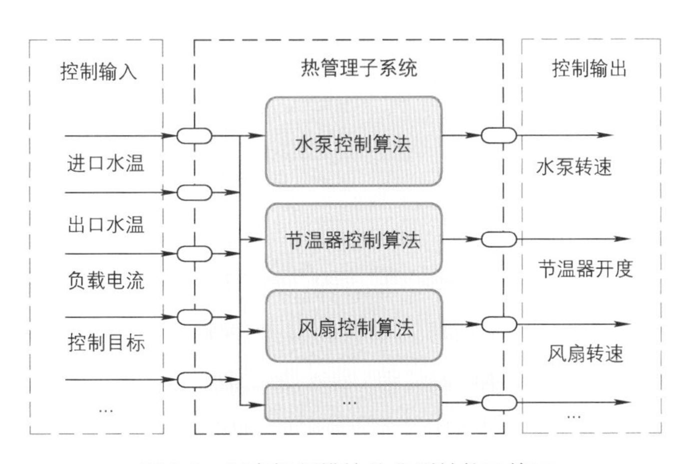

图 8-9　温度控制模块的典型结构及接口

功率控制更多的是根据当前整车对燃料电池系统所需的功率，通过查表的方式和加减载斜率进行反应电流大小计算，并通过信号输出模块发送至 DC/DC 变换器进行电流控制。与此同时，若故障诊断模块检测到燃料电池系统发生较为严重的故障，则进行燃料电池降功率操作，防止电堆出现不可逆损伤。

8.5 状态识别及故障诊断模块

在燃料电池系统运行过程中，系统状态识别及故障诊断模块至关重要，该模块需对整个系统状态进行监测、诊断以及在系统发生故障时进行及时处理以及发出警报；主要方式是通过对传感器信息和电堆电压、单体电压等信息进行分析以及综合判断，识别燃料电池系统的内部关键状态，诊断燃料电池系统发生故障的位置以及严重程度，该模块的典型架构及接口如图 8-10 所示。

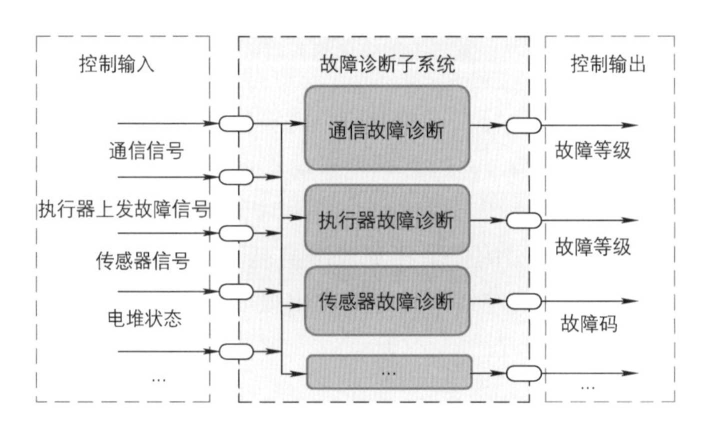

图 8-10　状态识别及故障诊断模块的典型架构及接口

燃料电池控制软件架构中，状态识别及故障诊断模块通常包含以下功能：

1）传感器数据判断。燃料电池系统包含多种传感器，用于测量系统中各种参数，如温度、压力、流量等，需要处理并判断传感器数据是否正常，以检测可能存在的故障，如对地短接、对电源短接等。

2）故障检测算法。基于传感器数据和其他系统信息，需要实现系统内部关键状态及故障检测算法，以检测系统状态以及可能存在的故障，如第 7 章中所述的采用基于深度学习方法实现燃料电池内部故障状态识别等。

3）故障分类和诊断。如果故障检测算法检测到可能存在的故障，故障诊断部分需要对故障进行分类和诊断，以确定故障的原因和影响，这通常涉及对故障特征进行分析，如故障模式、持续时间、频率等。

4）故障修复建议。一旦确定故障的原因和影响，故障诊断部分需要提供故障修复建议，以帮助操作员或维护人员及时采取行动，修复故障并避免进一步损坏。

5）故障记录和报告。故障诊断部分还需要记录故障信息和相关数据，以支持故障分析和优化。例如，对故障种类进行分类编码以及对故障类型进行评级（例如，从 1 级故障到 4 级故障），将所有信息整合到故障码中实时发送至总线，让实验人员能够第一时间知晓故障种类和级别以执行相应的措施，同时 FCU 也要根据相应的故障进行相应的操作以保证电堆系统和人员的安全。表 8-1 给出了典型的燃料电池空气供给子系统故障诊断分类示例（1 级故障最严重）。

表 8-1　典型的燃料电池空气供给子系统故障诊断分类

相关部件	故障情况	故障说明	故障等级	处理方式
温度传感器	输出超过理论值	传感器短路 / 失效	1	停机
流量计	流量大于设定最大值	超出流量范围	2	降低负载电流
	流量低于设定最小值	空压机故障	1	停机
	计量比小于设定值	供气不足	3	提高空压机转速

8.6　本章小结

本章针对燃料电池控制系统软件架构中的信号输入输出、模式管理、子系统控制、状态识别及故障诊断模块进行了描述，详细介绍了各模块的主要功能，并重点阐述了燃料电池系统上电、预备、启动、运行和关机状态的控制流程，分析了控制系统中不同功能模块的工作原理。

燃料电池系统控制的发展趋势

当前燃料电池系统以能满足车辆日常使用需求为主，从系统控制的工程实施层面来看，仍以外部测量信号进行开环查表或简单闭环控制为主，且系统故障诊断仍侧重于外部测量信号的阈值判断。在学术领域，本书前几章介绍的燃料电池特性建模方法，进气自适应控制策略，热管理及低温冷启动控制技术，以及系统内部状态估计、诊断及预测技术正在被广泛研究，并有望被逐步部署到实际燃料电池系统中，从而提高燃料电池系统性能及使用寿命。

随着“双碳”战略的提出，能源动力转型势在必行，燃料电池应用也将从新能源汽车领域逐步向其他领域渗透，如交通领域轨道、船舶、航空等的电动化，电力领域新能源发电及储能应用等，燃料电池应用场景将日益多样、应用环境及应用工况将日益复杂。在上述背景下，燃料电池系统要能覆盖高、低温湿和高、低海拔等全天候条件，适应短时动态、长时稳定等不同工况，并将由十千瓦、百千瓦级应用向兆瓦级大规模应用演变。这对未来燃料电池系统的集成控制也会提出新的需求。另一方面，数字化和智能化技术的发展给燃料电池特性建模、状态估计及故障诊断、性能预测、系统控制等研究提供了新的思路，开始逐渐发展出领域新的研究前沿。

本章针对上述未来复杂应用场景下的高性能燃料电池系统集成控制技术进行展望。与已有的燃料电池系统控制技术相比，下一代燃料电池系统控制中的信息维度将更高、数据规模会更大、管控算法会更智能，由此，会使得“数据”“智能”等逐渐成为未来燃料电池系统控制的显著特征关键词。

9.1　先进智能传感技术提升管控的信息维度及空间尺度

受限于燃料电池传感器的发展，传统测量数据更多地涉及电池的电、热信息（主要为电压、电流和温度）。由于测量信息是燃料电池系统管控中关键的反馈量，因此，测量信息维度的不足会阻碍燃料电池系统控制技术的进步，逐渐无法适应未来燃料电池系统的应用及控制要求。除了上述的这些传统物理量之外，通过先进智能传感技术，在线获取一些与燃料电池电化学、声学和光学行为相关的信息将能够为系统控制燃料电池提供更全面的信息，从而有助于对燃料电池状态进行更精确的控制。

（1）电化学传感技术 电化学传感技术可用于研究电极的动力学过程，常见的表征形式是燃料电池阻抗谱。在实验室中，目前利用阻抗谱技术对燃料电池进行表征和建模已经取得了很大成就。在实际车用燃料电池系统中，直接在DC/DC变换器中集成交流激励源测量单频阻抗谱被证明是有效的，且已经得到了一定规模的商业化应用，但仍无法实现快速测量宽频阻抗谱；另一种方法更为灵活，其对燃料电池施加谐波成分丰富的激励信号，结合傅里叶变换、小波变换、S变换等信号处理方法，实现宽频阻抗谱快速获取，但实际商业化应用仍需进行激励源设计和计算方法在车用环境下鲁棒性的检验。

（2）感应磁场测量技术 燃料电池在运行中产生电流，因此燃料电池将自带感应磁场。基于电磁关系判断燃料电池内部变化情况是一种可行的方法，这一点已经被不少学者通过仿真分析或实验进行了验证。电磁检测的特点是通过感应磁场，采用非接触测量方式进行检测，不会对电池内部结构及其正常工作产生干扰，对于电磁检测在质子交换膜燃料电池性能分析和故障诊断中的应用已有不少研究。然而与实验室测量不同，燃料电池系统中含有多个高压部件，这会带来电磁兼容问题，并且由于安装及应用环境等条件限制，能否在车用环境下准确测量燃料电池内部状态引起的磁场变化仍有待进一步验证。

（3）超声波测量技术 超声波是另一种原位检测技术，通过超声波与被测试件的相互作用，就反射、透射和散射的波进行研究，能够对被测试件进行宏观缺陷检测、几何特性测量、组织结构和力学性能变化的检测和表征。有学者同样将超声波技术应用于燃料电池内部水状态检测，出发点是认为燃料电池流道内部或扩散层内部有液态水的话，会影响超声波的反射。然而在实际车用燃料电池系统中，电堆被封装在箱体内部，还有多个辅助部件进行包络，所以超声波检测的有效性仍有待考究，另外超声波的产生也是个问题。

（4）光纤测量技术 光纤传感器可以将燃料电池状态转换为可测量的光信号，具有高速、高精度和高鲁棒性等优点，被认为是最有前途的传感方法之一。目前光学传感器已在动力电池管理中表现出有效性，例如，在电池表面附加光纤布拉格光栅传感器以监测应变，可进一步分析SOC和放电深度对应变的影响；与热电偶相比，光纤传感器在大电流条件下的实时温度监测具有更好的分辨率和更快的响应速度。由于光学传感器体积小，可以嵌入电池中监测更多的信号；在合适密封工艺和流道结构设计下，光学传感器同样可布置在流道内部，以实现更精确的温度分布检测。

（5）智能软测量技术 智能软测量主要是基于易直接测量信号和智能算法对难以测量的内部关键物理量进行估计，能够在一定程度上节省硬件成本。例如，

有学者以电压、电流、空气流量、冷却液温度等传统测量信号时间序列为特征输入，利用深度学习技术对高频阻抗进行实时估计，与集成激励的DC/DC变换器测量相比，该方法节省了激励源和高精度采样模块的硬件成本。然而当前智能软测量方案仍停留于实验室阶段，在进行实际应用前需充分考虑面向复杂车用工况估计结果的有效性和实际测量噪声的干扰。

燃料电池内部信息是燃料电池系统控制的基础，单一测试和状态检测手段往往很难准确、全面获取燃料电池系统状态，具有多维数据的智能传感对燃料电池控制技术的创新具有重要意义，未来智能传感的趋势还将集中在从外部传感向内部传感的转变、无线传感的发展以及多种传感的集成发展，并将实现硬测量与智能软测量的多维信息融合，从而实时准确获取及诊断燃料电池内部状态，提升燃料电池系统管控的信息维度。

此外，传统电压巡检的布置方式难以全面评估电堆内部性能分布，故当前燃料电池管控通常忽略内部状态参数分布偏差导致的寿命衰减。未来，通过先进的多维信息测量，可进一步从均质化管理向考虑片内、片间不一致的管理发展。例如，基于分区测量装置对燃料电池面内不同位点进行电势、电流密度和温度等参数测量，有助于评估双极板不同位点氧气、含水量等内部状态的片内分布均匀性；类似地，除了电堆的整体阻抗外，对单片（或多片一检）进行电化学阻抗谱测量，分析片间的质子传输、电荷转移和质量传递等动力学信息，可评估燃料电池片间的内部状态一致性。据此，基于多维空间尺度的内部参数分布，通过合理的操作条件调节，可提高燃料电池片内均匀性和片间一致性，从而摆脱只追求燃料电池整体性能，而忽略内部状态参数分布偏差导致寿命衰减的问题，实现更为精准的管理控制，进而提升燃料电池整体性能且延长其使用寿命。

9.2　数据驱动的智能技术提升管控的性能及时间尺度

传统燃料电池系统管控方法除了缺乏高维度和高精度反馈量外，还缺乏准确的未来性能预测，因此当前燃料电池运行参数调节主要依托实时测量的闭环反馈控制，缺乏基于未来内部和外部信息的可靠主动调控手段，导致长时间尺度运行下燃料电池效率低甚至偏离良好工作区间，进而加速燃料电池衰减老化。在数字技术时代，数据智能化已被视为一种重要的信息资源，通过多维数据采集、分析和功能构建，将隐藏在数据背后的客观规律充分挖掘并加以利用，能够深度提取有效特征；此外，将原始测量数据转化为特征信息和数字孪生模型后，对未来行为进行诊断和预测，据此在剖析过去和未来的基础上，可对研究对象进行主动调控和引导。

近年来，随着电子信息技术、智能网联技术和人工智能技术的进步，燃料电池系统管控技术的发展也迎来了新机遇。例如，高性能处理器的发展给大量数据训练提供了硬件基础，车云互联及大数据平台可解决车载计算能力有限导致智能算法无法在车载应用中实现的问题，机器学习技术的发展可实现复杂物理物体与数字虚拟空间之间的映射。目前，数据智能化在锂离子电池领域已广泛应用于电池健康状态评估、SOC 估计和故障诊断。相较于锂电池，燃料电池在数据智能化方面的应用还处于起始阶段，未来有必要将数据智能化技术持续创新应用于下一代燃料电池管控。

相比传统管控技术，数据智能化技术可以处理复杂燃料电池建模、准确故障诊断和高效系统控制。例如，通过深度神经网络、遗传模糊聚类、极限学习机、支持向量机等机器学习方法可构建燃料电池输入条件和输出电压之间的非线性关系，据此可通过实时测量的时间序列进行燃料电池输出功率预测，并发送给整车控制器以优化整车能量管理策略；此外，可通过机器学习方法对燃料电池未来质子传输损失、电荷转移损失和氧气传递损失等动力学信息进行预测，以实时更新燃料电池最优工作条件，据此实现最优内部状态控制；在燃料电池故障诊断方面，传统阈值判断只能定性判断当前燃料电池系统故障，无法确定内部具体故障的发生原因和故障程度，通过预先试验及标签化处理，机器学习方法可实现高精度不同类型不同程度的多维故障诊断，甚至对未来可能发生的故障进行预测，以便及时进行操作条件调控，防止故障发生。未来，结合车云互联和大数据平台，人工智能将逐渐渗透到燃料电池管控各个层面，实现基础层面的智能机理分析、算法层面的智能建模和估计以及应用层面的智能控制和故障诊断。

另外，基于数据智能化的燃料电池数字模型与物理实体同步交互，有望实现燃料电池系统在车载使用阶段和退役使用阶段的全生命周期数字化管控。在车载使用阶段，依托实际运行数据和数字模型分析，进行燃料电池短时间尺度衰减和长时间尺度剩余使用寿命预测，量化预测中的各种不确定性，以便对燃料电池进行及时更换或维修，保障燃料电池汽车行驶的可靠性和稳定性。在燃料电池系统退役阶段，利用数据智能化技术进行状态估计、诊断和控制的同时，预测退役燃料电池系统在固定式能源发电、热电联供等领域的梯次利用寿命，获取燃料电

池系统在梯次利用阶段的持续运行时间，判断是否适合梯次利用，对提高车用燃料电池系统全生命周期利用价值、降低生产成本、发挥燃料电池剩余价值尤为重要。

当然，数据智能化应用的前提是采集大量有用数据，这一般可通过大数据平台或云平台的搭建来实现，基于规范化的云信息管理平台，可以获得实时采集的燃料电池系统报文上的数据。然而，目前大数据平台的目标是满足示范运行数据监测，未来需不断提高以满足以下要求：①高并发：支持大量燃料电池车辆数据采集；②无偏差：全天候、高频次（秒级）数据采集，数据不间断和无偏差提取；③高时效：支持海量数据根据不同时间尺度需求进行实时分析；④高可靠：通过校验和加密机制，确保数据和指令安全、可靠推送；⑤高容量：支持PB级数据存储，形成大数据资源池；⑥不间断：通过集群计算和数据容灾机制，规避宕机、断电等风险，实现不间断数据服务；⑦高扩展：灵活支撑业务扩展和变化；⑧安全性：防止数据篡改和外部入侵。基于此，为燃料电池系统控制提供及时、准确、可靠的数据依据。

9.3 本章小结

本章对燃料电池系统控制的发展趋势进行了展望。燃料电池系统控制技术是一个多学科交叉、多领域结合的新能源技术，未来随着电化学、拓扑结构、先进电气部件、传感设计以及人工智能算法的技术进步，燃料电池系统控制技术也将不断进行更迭和适应未来发展，以实现下一代燃料电池系统稳定、精确、高效、多方位、全生命周期的智能监测与管控，加速推进燃料电池作为新一代核心能源体系的产业化进程。

参考文献

[1] 魏兆平．氢燃料电池电动汽车技术 [J]. 中国汽车，2019（9）：34-37.

[2] 元勇伟，许思传，万玉．燃料电池汽车动力总成方案分析 [J]. 电源技术，2017，41（1）：165-168.

[3] 邱晨曦．氢燃料电池汽车的发展与展望 [J]. 汽车实用技术，2019（23）：25-27.

[4] 廖晋杨．车用质子交换膜燃料电池建模与仿真研究 [D]. 南宁：广西大学，2019.

[5] O'HAYRE R，车硕源，COLELLA W，等．燃料电池基础[M]. 王晓红，黄宏，等译．北京：电子工业出版社，2007.

[6] BAROUTAJI A，ARJUNAN A，RAMADAN M，et al. Advancements and prospects of thermal management and waste heat recovery of PEMFC[J]. International Journal of Thermofluids，2021，9：100064.

[7] 谭旭光，余卓平．燃料电池商用车产业发展现状与展望 [J]. 中国工程科学，2020，22（5）：152-158.

[8] DAUD W R W，ROSLI R E，MAJLAN E H，et al. PEM fuel cell system control：a review[J]. Renewable Energy，2017，113：620-638.

[9] RAMOS-PAJA C A，GIRAL R，MARTINEZ-SALAMERO L，et al. A PEM fuel-cell model featuring oxygen-excess-ratio estimation and power-electronics interaction[J]. IEEE Transactions on Industrial Electronics，2009，57（6）：1914-1924.

[10] YUAN H，DAI H，WEI X，et al. Internal polarization process revelation of electrochemical impedance spectroscopy of proton exchange membrane fuel cell by an impedance dimension model and distribution of relaxation times[J]. Chemical Engineering Journal，2021，418：129358.

[11] REN P，PEI P，LI Y，et al. Degradation mechanisms of proton exchange membrane fuel cell under typical automotive operating conditions[J]. Progress in Energy and Combustion Science，2020，80：100859.

[12] PUKRUSHPAN J T，STEFANOPOULOU A G，VARIGONDA S，et al. Control of natural gas catalytic partial oxidation for hydrogen generation in fuel cell applications[J]. IEEE Transactions on Control Systems Technology，2004，13（1）：3-14.

[13] ZHAO D，LI F，MA R，et al. An unknown input nonlinear observer based fractional order PID control of fuel cell air supply system[J]. IEEE Transactions on Industry Applications，2020，56（5）：5523-5532.

[14] YANG B，LI J，LI Y，et al. A critical survey of proton exchange membrane fuel cell system control：summaries，advances，and perspectives[J]. International Journal of Hydrogen Energy，2022，42（17）：9986-10020.

[15] FAN Z，YU X，YAN M，et al. Oxygen excess ratio control of PEM fuel cell based on self-adaptive fuzzy PID[J]. IFAC-PapersOnLine，2018，51（31）：15-20.

[16] OU K，WANG Y X，LI Z Z，et al. Feedforward fuzzy-PID control for air flow regulation of PEM fuel cell system[J]. International Journal of Hydrogen Energy，2015，40（35）：11686-11695.

[17] PILLONI A，PISANO A，USAI E. Observer-based air excess ratio control of a PEM fuel

cell system via high-order sliding mode[J]. IEEE Transactions on Industrial Electronics, 2015, 62 (8): 5236-5246.

[18] LIU J, LUO W, YANG X, et al. Robust model-based fault diagnosis for PEM fuel cell air-feed system[J]. IEEE Transactions on Industrial Electronics, 2016, 63 (5): 3261-3270.

[19] RAKHTALA S M, NOEI A R, GHADERI R, et al. Control of oxygen excess ratio in a PEM fuel cell system using high-order sliding-mode controller and observer[J]. Turkish Journal of Electrical Engineering and Computer Sciences, 2015, 23 (1): 255-278.

[20] PIFFARD M, GERARD M, DA FONSECA R, et al. Sliding mode observer for proton exchange membrane fuel cell : automotive application[J]. Journal of Power Sources, 2018, 388 : 71-77.

[21] MA Y, ZHANG F, GAO J, et al. Oxygen excess ratio control of PEM fuel cells using observer-based nonlinear triple-step controller[J]. International Journal of Hydrogen Energy, 2020, 45 (54): 29705-29717.

[22] YUAN H, DAI H, MING P, et al. A fuzzy extend state observer-based cascade decoupling controller of air supply for vehicular fuel cell system[J]. Energy Conversion and Management, 2021, 236 : 114080.

[23] LIU Z, CHEN H, PENG L, et al. Feedforward-decoupled closed-loop fuzzy proportion-integral-derivative control of air supply system of proton exchange membrane fuel cell[J]. Energy, 2022, 240 : 122490.

[24] LIU H, FANG C, XU L, et al. Decoupling control strategy for cathode system of proton exchange membrane fuel cell engine[C]//2020 4th CAA International Conference on Vehicular Control and Intelligence (CVCI) . [S.l.] : IEEE, 2020 : 567-572.

[25] WANG Y X, KIM Y B. Real-time control for air excess ratio of a PEM fuel cell system[J]. IEEE/ASME Transactions on Mechatronics, 2013, 19 (3): 852-861.

[26] WANG X, CHEN J, QUAN S, et al. Hierarchical model predictive control via deep learning vehicle speed predictions for oxygen stoichiometry regulation of fuel cells[J]. Applied Energy, 2020, 276 : 115460.

[27] CHEN J, LI J, XU Z, et al. Anti-disturbance control of oxygen feeding for vehicular fuel cell driven by feedback linearization model predictive control-based cascade scheme[J]. International Journal of Hydrogen Energy, 2020, 45 (58): 33925-33938.

[28] BOINOV K O, LOMONOVA E A, VANDENPUT A J A, et al. Surge control of the electrically driven centrifugal compressor[J]. IEEE Transactions on Industry Applications, 2006, 42 (6): 1523-1531.

[29] GRAVDAHL J T, EGELAND O. Centrifugal compressor surge and speed control[J]. IEEE Transactions on Control Systems Technology, 1999, 7 (5): 567-579.

[30] ZHAO D, BLUNIER B, GAO F, et al. Control of an ultrahigh-speed centrifugal compressor for the air management of fuel cell systems[J]. IEEE Transactions on Industry Applications, 2013, 50 (3): 2225-2234.

[31] LAGHROUCHE S, MATRAJI I, AHMED F S, et al. Load governor based on constrained extremum seeking for PEM fuel cell oxygen starvation and compressor surge protection[J]. International Journal of Hydrogen Energy, 2013, 38 (33): 14314-14322.

[32] HAN J, YU S, YI S. Adaptive control for robust air flow management in an automotive fuel cell system[J]. Applied Energy, 2017, 190 : 73-83.

[33] LU H, CHEN J, YAN C, et al. On-line fault diagnosis for proton exchange membrane fuel cells based on a fast electrochemical impedance spectroscopy measurement[J]. Journal of

Power Sources，2019，430：233-243.
[34] YUAN H，DAI H，WEI X，et al. Internal polarization process revelation of electrochemical impedance spectroscopy of proton exchange membrane fuel cell by an impedance dimension model and distribution of relaxation times[J]. Chemical Engineering Journal，2021，418：129358.
[35] LI J，YU T，YANG B. Coordinated control of gas supply system in PEMFC based on multi-agent deep reinforcement learning[J]. International Journal of Hydrogen Energy，2021，46（68）：33899-33914.
[36] JAVAID U，MEHMOOD A，IQBAL J，et al. Neural network and URED observer based fast terminal integral sliding mode control for energy efficient polymer electrolyte membrane fuel cell used in vehicular technologies[J]. Energy，2023，269：126717.
[37] YUAN H，DAI H，WEI X，et al. Model-based observers for internal states estimation and control of proton exchange membrane fuel cell system：a review[J]. Journal of Power Sources，2020，468：228376.
[38] HEINZMANN M，WEBER A，IVERS-TIFFÉE E. Advanced impedance study of polymer electrolyte membrane single cells by means of distribution of relaxation times[J]. Journal of Power Sources，2018，402：24-33.
[39] HU M，CAO G. Research on the long-term stability of a PEMFC stack：analysis of pinhole evolution[J]. International Journal of Hydrogen Energy，2014，39（15）：7940-7954.
[40] LIU J，LAGHROUCHE S，AHMED F S，et al. PEM fuel cell air-feed system observer design for automotive applications：an adaptive numerical differentiation approach[J]. International Journal of Hydrogen Energy，2014，39（30）：17210-17221.
[41] SHARAF O Z，ORHAN M F. An overview of fuel cell technology：fundamentals and applications[J]. Renewable and Sustainable Energy Reviews，2014，32：810-853.
[42] WANG G，YU Y，LIU H，et al. Progress on design and development of polymer electrolyte membrane fuel cell systems for vehicle applications：a review[J]. Fuel Processing Technology，2018，179：203-228.
[43] BAO C，OUYANG M，YI B. Modeling and control of air stream and hydrogen flow with recirculation in a PEM fuel cell system—II. Linear and adaptive nonlinear control[J]. International Journal of Hydrogen Energy，2006，31（13）：1897-1913.
[44] ASAI Y，TAKAHASHI N. Control of differential air and hydrogen pressures in fuel cell systems[J]. Journal of System Design and Dynamics，2011，5（1）：109-124.
[45] QIN C，WANG J，YANG D，et al. Proton exchange membrane fuel cell reversal：a review[J]. Catalysts，2016，6（12）：197.
[46] DAUD W R W，ROSLI R E，MAJLAN E H，et al. PEM fuel cell system control：a review[J]. Renewable Energy，2017，113：620-638.
[47] STEINBERGER M，GEILING J，OECHSNER R，et al. Anode recirculation and purge strategies for PEM fuel cell operation with diluted hydrogen feed gas[J]. Applied Energy，2018，232：572-582.
[48] LIU Z，CHEN J，LIU H，et al. Anode purge management for hydrogen utilization and stack durability improvement of PEM fuel cell systems[J]. Applied Energy，2020，275：115110.
[49] PUKRUSHPAN J T，STEFANOPOULOU A G，PENG H. Control of fuel cell power systems：principles，modeling，analysis and feedback design[M]. [S.l.]：Springer Science & Business Media，2004.
[50] KARNIK A Y，SUN J，STEFANOPOULOU A G，et al. Humidity and pressure regulation

in a PEM fuel cell using a gain-scheduled static feedback controller[J]. IEEE Transactions on Control Systems Technology，2008，17（2）：283-297.

[51] ROSANAS-BOETA N，OCAMPO-MARTINEZ C，KUNUSCH C. On the anode pressure and humidity regulation in PEM fuel cells：a nonlinear predictive control approach[J]. IFAC-PapersOnLine，2015，48（23）：434-439.

[52] MATRAJI I，LAGHROUCHE S，WACK M. Pressure control in a PEM fuel cell via second order sliding mode[J]. International Journal of Hydrogen Energy，2012，37（21）：16104-16116.

[53] HE Y，LI Y，WU B，et al. Research and development of the common-rail injector system for fuel cell based on MotoTron platform[J]. Automotive Engineering，2013，35（2）：133-137.

[54] FANG C，LI J，XU L，et al. Model-based fuel pressure regulation algorithm for a hydrogen-injected PEM fuel cell engine[J]. International Journal of Hydrogen Energy，2015，40（43）：14942-14951.

[55] YE X，ZHANG T，CHEN H，et al. Fuzzy control of hydrogen pressure in fuel cell system[J]. International Journal of Hydrogen Energy，2019，44（16）：8460-8466.

[56] YUAN H，DAI H，WU W，et al. A fuzzy logic PI control with feedforward compensation for hydrogen pressure in vehicular fuel cell system[J]. International Journal of Hydrogen Energy，2021，46（7）：5714-5728.

[57] HONG L，CHEN J，LIU Z，et al. A nonlinear control strategy for fuel delivery in PEM fuel cells considering nitrogen permeation[J]. International Journal of Hydrogen Energy，2017，42（2）：1565-1576.

[58] STEINBERGER M，GEILING J，OECHSNER R，et al. Anode recirculation and purge strategies for PEM fuel cell operation with diluted hydrogen feed gas[J]. Applied Energy，2018，232：572-582.

[59] CHEN F，YU Y，LIU Y，et al. Control system design for proton exchange membrane fuel cell based on a common rail（I）：control strategy and performance analysis[J]. International Journal of Hydrogen Energy，2017，42（7）：4285-4293.

[60] LI J，YU T，YANG B. Coordinated control of gas supply system in PEMFC based on multi-agent deep reinforcement learning[J]. International Journal of Hydrogen Energy，2021，46（68）：33899-33914.

[61] LI J，YU T. A new adaptive controller based on distributed deep reinforcement learning for PEMFC air supply system[J]. Energy Reports，2021，7：1267-1279.

[62] HUANG Y，XIAO X，KANG H，et al. Thermal management of polymer electrolyte membrane fuel cells：a critical review of heat transfer mechanisms，cooling approaches，and advanced cooling techniques analysis[J]. Energy Conversion and Management，2022，254：115221.

[63] PHILIP N，GHOSH P C. A generic sizing methodology for thermal management system in fuel cell vehicles using pinch analysis[J]. Energy Conversion and Management，2022，269：116172.

[64] XU J，ZHANG C，WAN Z，et al. Progress and perspectives of integrated thermal management systems in PEM fuel cell vehicles：a review[J]. Renewable and Sustainable Energy Reviews，2022，155：111908.

[65] YU Y，CHEN M，ZAMAN S，et al. Thermal management system for liquid-cooling PEMFC stack：from primary configuration to system control strategy[J]. eTransportation，2022，

12：100165.

[66] CHEN Q，ZHANG G，ZHANG X，et al. Thermal management of polymer electrolyte membrane fuel cells：a review of cooling methods，material properties，and durability[J]. Applied Energy，2021，286：116496.

[67] ZHU D，AIT-AMIRAT Y，N'DIAYE A，et al. Active thermal management between proton exchange membrane fuel cell and metal hydride hydrogen storage tank considering long-term operation[J]. Energy Conversion and Management，2019，202：112187.

[68] KANDLIKAR S G，LU Z. Thermal management issues in a PEMFC stack–a brief review of current status[J]. Applied Thermal Engineering，2009，29（7）：1276-1280.

[69] PENG F，REN L，ZHAO Y，et al. Hybrid dynamic modeling-based membrane hydration analysis for the commercial high-power integrated PEMFC systems considering water transport equivalent[J]. Energy Conversion and Management，2020，205：112385.

[70] CHEN X，XU J，LIU Q，et al. Active disturbance rejection control strategy applied to cathode humidity control in PEMFC system[J]. Energy Conversion and Management，2020，224：113389.

[71] YUAN H，DAI H，WEI X，et al. Internal polarization process revelation of electrochemical impedance spectroscopy of proton exchange membrane fuel cell by an impedance dimension model and distribution of relaxation times[J]. Chemical Engineering Journal，2021，418：129358.

[72] YUAN H，DAI H，MING P，et al. Understanding dynamic behavior of proton exchange membrane fuel cell in the view of internal dynamics based on impedance[J]. Chemical Engineering Journal，2022，431：134035.

[73] ZHAO J，HUANG Z，JIAN B，et al. Thermal performance enhancement of air-cooled proton exchange membrane fuel cells by vapor chambers[J]. Energy Conversion and Management，2020，213：112830.

[74] TANG W，CHANG G，YUAN H，et al. A novel multi-step investigation of in-plane heterogeneity for commercial-size fuel cells based on current distribution model and multi-point impedance method[J]. Energy Conversion and Management，2022，272：116370.

[75] ZHAO L，HONG J，XIE J，et al. Investigation of local sensitivity for vehicle-oriented fuel cell stacks based on electrochemical impedance spectroscopy[J]. Energy，2023，262：125381.

[76] SAEEDAN M，AFSHARI E，ZIAEI-RAD M. Modeling and optimization of turbulent flow through PEM fuel cell cooling channels filled with metal foam–a comparison of water and air cooling systems[J]. Energy Conversion and Management，2022，258：115486.

[77] LI X，DENG Z H，WEI D，et al. Parameter optimization of thermal-model-oriented control law for PEM fuel cell stack via novel genetic algorithm[J]. Energy Conversion and Management，2011，52（11）：3290-3300.

[78] MÜLLER E A，STEFANOPOULOU A G. Analysis，modeling，and validation for the thermal dynamics of a polymer electrolyte membrane fuel cell system[J]. Journal of Fuel Cell Science and Technology，2006，3（2）：99-110.

[79] ZENG T，ZHANG C，ZHANG Y，et al. Optimization-oriented adaptive equivalent consumption minimization strategy based on short-term demand power prediction for fuel cell hybrid vehicle[J]. Energy，2021，227：120305.

[80] WANG Y X，CHEN Q，OU K，et al. Time delay thermal control of a compact proton exchange membrane fuel cell against disturbances and noisy measurements[J]. Energy Conver-

sion and Management，2021，244：114444.
[81] O'KEEFE D，EL-SHARKH M Y，TELOTTE J C，et al. Temperature dynamics and control of a water-cooled fuel cell stack[J]. Journal of Power Sources，2014，256：470-478.
[82] VEGA-LEAL A P，PALOMO F R，BARRAGÁN F，et al. Design of control systems for portable PEM fuel cells[J]. Journal of Power Sources，2007，169（1）：194-197.
[83] LISO V，NIELSEN M P，KÆR S K，et al. Thermal modeling and temperature control of a PEM fuel cell system for forklift applications[J]. International Journal of Hydrogen Energy，2014，39（16）：8410-8420.
[84] XING L，XIANG W，ZHU R，et al. Modeling and thermal management of proton exchange membrane fuel cell for fuel cell/battery hybrid automotive vehicle[J]. International Journal of Hydrogen Energy，2022，47（3）：1888-1900.
[85] HU P，CAO G Y，ZHU X J，et al. Coolant circuit modeling and temperature fuzzy control of proton exchange membrane fuel cells[J]. International Journal of Hydrogen Energy，2010，35（17）：9110-9123.
[86] WANG Y X，QIN F F，OU K，et al. Temperature control for a polymer electrolyte membrane fuel cell by using fuzzy rule[J]. IEEE Transactions on Energy Conversion，2016，31（2）：667-675.
[87] CHEN X，XU J，FANG Y，et al. Temperature and humidity management of PEM fuel cell power system using multi-input and multi-output fuzzy method[J]. Applied Thermal Engineering，2022，203：117865.
[88] HAN J，YU S，YI S. Advanced thermal management of automotive fuel cells using a model reference adaptive control algorithm[J]. International Journal of Hydrogen Energy，2017，42（7）：4328-4341.
[89] HUANG L，CHEN J，LIU Z，et al. Adaptive thermal control for PEMFC systems with guaranteed performance[J]. International Journal of Hydrogen Energy，2018，43（25）：11550-11558.
[90] SANKAR K，JANA A K. Nonlinear multivariable sliding mode control of a reversible PEM fuel cell integrated system[J]. Energy Conversion and Management，2018，171：541-565.
[91] YAN C，CHEN J，LIU H，et al. Model-based fault tolerant control for the thermal management of PEMFC systems[J]. IEEE Transactions on Industrial Electronics，2019，67（4）：2875-2884.
[92] LI D，LI C，GAO Z，et al. On active disturbance rejection in temperature regulation of the proton exchange membrane fuel cells[J]. Journal of Power Sources，2015，283：452-463.
[93] OH S R，SUN J，DOBBS H，et al. Model predictive control for power and thermal management of an integrated solid oxide fuel cell and turbocharger system[J]. IEEE Transactions on Control Systems Technology，2013，22（3）：911-920.
[94] ZHANG B，LIN F，ZHANG C，et al. Design and implementation of model predictive control for an open-cathode fuel cell thermal management system[J]. Renewable Energy，2020，154：1014-1024.
[95] WANG Z，PAN J，PEI H，et al. Review on cold start of proton exchange membrane fuel cells[J]. Chinese Battery Industry，2012.
[96] OSZCIPOK M，RIEMANN D，KRONENWETT U，et al. Statistic analysis of operational influences on the cold start behaviour of PEM fuel cells[J]. Journal of Power Sources，2005，145（2）：407-415.
[97] HWANG G S，KIM H，LUJAN R，et al. Phase-change-related degradation of catalyst lay-

ers in proton-exchange-membrane fuel cells[J]. Electrochimica Acta，2013，95：29-37.
[98] 詹志刚，吕志勇，黄永，等. 质子交换膜燃料电池冷启动及性能衰减研究 [J]. 武汉理工大学学报，2011，33（1）：151-155.
[99] ALINK R，GERTEISEN D，OSZCIPOK M. Degradation effects in polymer electrolyte membrane fuel cell stacks by sub-zero operation—an in situ and ex situ analysis[J]. Journal of Power Sources，2008，182（1）：175-187.
[100] YANG X G，TABUCHI Y，KAGAMI F，et al. Durability of membrane electrode assemblies under polymer electrolyte fuel cell cold-start cycling[J]. Journal of The Electrochemical Society，2008，155（7）：B752.
[101] ISHIKAWA Y，MORITA T，NAKATA K，et al. Behavior of water below the freezing point in PEFCs[J]. Journal of Power Sources，2007，163（2）：708-712.
[102] ISHIKAWA Y，HAMADA H，UEHARA M，et al. Super-cooled water behavior inside polymer electrolyte fuel cell cross-section below freezing temperature[J]. Journal of Power Sources，2008，179（2）：547-552.
[103] JIAO K，LI X. Three-dimensional multiphase modeling of cold start processes in polymer electrolyte membrane fuel cells[J]. Electrochimica Acta，2009，54（27）：6876-6891.
[104] KO J，KIM W，HONG T，et al. Impact of metallic bipolar plates on cold-start behaviors of polymer electrolyte fuel cells（PEFCs）[J]. Solid State Ionics，2012，225：260-267.
[105] HOTTINEN T，HIMANEN O，LUND P. Performance of planar free-breathing PEMFC at temperatures below freezing[J]. Journal of Power Sources，2006，154（1）：86-94.
[106] LIN R，WENG Y，LIN X，et al. Rapid cold start of proton exchange membrane fuel cells by the printed circuit board technology[J]. International Journal of Hydrogen Energy，2014，39（32）：18369-18378.
[107] JIANG F，WANG C Y. Potentiostatic start-up of PEMFCs from subzero temperatures[J]. Journal of The Electrochemical Society，2008，155（7）：B743.
[108] JIAO K，ALAEFOUR I E，KARIMI G，et al. Simultaneous measurement of current and temperature distributions in a proton exchange membrane fuel cell during cold start processes[J]. Electrochimica Acta，2011，56（8）：2967-2982.
[109] JIAO K，ALAEFOUR I E，KARIMI G，et al. Cold start characteristics of proton exchange membrane fuel cells[J]. International Journal of Hydrogen Energy，2011，36（18）：11832-11845.
[110] JIANG F，WANG C Y，CHEN K S. Current ramping：a strategy for rapid start-up of PEMFCs from subfreezing environment[J]. Journal of The Electrochemical Society，2010，157（3）：B342.
[111] ROBERTS J，GEEST M，ST-PIERRE J，et al. Method and apparatus for increasing the temperature of a fuel cell：US6329089[P]. 2001-12-11.
[112] COLBOW K M，GEEST M，LONGLEY C J，et al. Method and apparatus for operating an electrochemical fuel cell with periodic reactant starvation：US6472090[P]. 2002-10-29.
[113] AHLUWALIA R K，WANG X. Rapid self-start of polymer electrolyte fuel cell stacks from subfreezing temperatures[J]. Journal of Power Sources，2006，162（1）：502-512.
[114] SILVA R E，HAREL F，JEMEI S，et al. Proton exchange membrane fuel cell operation and degradation in short-circuit[J]. Fuel Cells，2014，14（6）：894-905.
[115] FULLER T F，WHEELER D J. Start up of cold fuel cell：US6068941[P]. 2000-05-30.
[116] GHOSH D，THOMPSON S. High temperature gas seals：US6902798[P]. 2005-06-07.
[117] SUN S，YU H，HOU J，et al. Catalytic hydrogen/oxygen reaction assisted the proton ex-

change membrane fuel cell（PEMFC）startup at subzero temperature[J]. Journal of Power Sources，2008，177（1）：137-141.

[118] 俞红梅，王洪卫，孙树成，等. 一种燃料电池低温启动的方法及装置：200610134075.4[P]. 2009-08-12.

[119] 孙树成，俞红梅，王洪卫，等. 一种质子交换膜燃料电池在零度以下启动的方法：200610134077.3[P]. 2008-04-30.

[120] GUO Q，LUO Y，JIAO K. Modeling of assisted cold start processes with anode catalytic hydrogen–oxygen reaction in proton exchange membrane fuel cell[J]. International Journal of Hydrogen Energy，2013，38（2）：1004-1015.

[121] ROCK J A，PLANT L B. Method of cold start-up of a PEM fuel cell：EP1113516[P]. 2004-04-28.

[122] BLANK F，HELLER C. Fuel cell having a preheating zone：US20040058212[P]. 2004-03-25.

[123] 徐洪峰，明平文，侯中军，等. 一种质子交换膜燃料电池低温启动系统及启动方法：200910012179.1[P]. 2009-11-25.

[124] GE S，WANG C Y. Characteristics of subzero startup and water/ice formation on the catalyst layer in a polymer electrolyte fuel cell[J]. Electrochimica Acta，2007，52（14）：4825-4835.